Journal
für
die Baukunst.

In zwanglosen Heften.

Herausgegeben

von

Dr. A. L. Crelle,

Königlich-Preufsischem Geheimen-Ober-Baurathe, Mitgliede der Königlichen Akademie der Wissenschaften zu Berlin, Correspondenten der Kaiserlichen Akademie der Wissenschaften zu St. Petersburg und der Königlichen Akademieen der Wissenschaften zu Neapel und Brüssel, auswärtigem Mitgliede der Königlichen Akademie der Wissenschaften zu Stockholm, Ehrenmitgliede der Hamburger Gesellschaft zur Verbreitung der mathematischen Wissenschaften.

Sieben und zwanzigster Band.

In vier Heften.

Mit vier Figurentafeln.

Berlin.

Bei G. Reimer.

1849.

Inhalt des sieben und zwanzigsten Bandes.

Erstes Heft.

Zweites Heft.

Drittes Heft.

Viertes Heft.

Journal für die Baukunst.

In zwanglosen Heften.

Herausgegeben

von

Dr. A. L. Crelle,

Königlich-Preufsischem Geheimen-Ober-Baurathe, Mitgliede der Königlichen Akademie der Wissenschaften zu Berlin, Correspondenten der Kaiserlichen Akademie der Wissenschaften zu St. Petersburg und der Königlichen Akademieen der Wissenschaften zu Neapel und Brüssel, auswärtigem Mitgliede der Königlichen Akademie der Wissenschaften zu Stockholm, Ehrenmitgliede der Hamburger Gesellschaft zur Verbreitung der mathematischen Wissenschaften.

Sieben und zwanzigster Band.

Erstes Heft.

Mit zwei Figurentafeln.

Berlin.

Bei G. Reimer.

1848.

1.

Des Grafen v. Pambour „Theorie der Dampfmaschinen."

(Nach der zweiten Auflage dieses Werks von 1844; möglichst kurz; und mit einigen Anmerkungen des Herausgebers dieses Journals.)

(Fortsetzung der Abhandlung No. 8. und 12. im 23ten, No. 3., 5. und 9. im 24ten, No. 5. und 11. im 25ten und No. 3. im 26ten Bande.)

Zwölfter Abschnitt.

Von den einfach-wirkenden Cornwallisschen Maschinen, mit hohem Druck, Absperrung und Niederschlag.

Erste Abtheilung.

Beschreibung dieser Maschinen.

433.

Diese Maschinen sind von den im vorigen Abschnitt beschriebenen *Watt*schen Maschinen nur darin verschieden, dafs man

Erstlich, dem Dampf im Kessel *zwei, vier* bis *fünf* Atmosphären wirksame Spannung giebt;

Zweitens, dafs die *Absperrung* im Stiefel viel eher geschieht, selbst schon wenn der Kolben erst den *zehnten* Theil seines Laufs zurückgelegt hat; was nur bei anfänglich *starker* Dampfspannung möglich ist;

Drittens, dafs die Nutzwirkung, z. B. das Heben des Wassers in den Pumpen, nicht beim *Hinabdrücken* des Kolbens durch den *Dampf,* sondern durch das *Hinabsinken* des *Gegengewichts* hervorgebracht wird.

434.

Man läfst hier den Dampf aus dem Kessel in den Stiefel *über* den Kolben strömen, während der Stiefelraum *unter* dem Kolben mit dem Niederschlaggefäfs in Verbindung ist und folglich der Dampf *unter* dem Kolben niedergeschlagen wird. Der Dampf aus dem Kessel drückt den Kolben im Stiefel *hinab* und hebt dadurch ein *sehr beträchtliches* Gegengewicht, welches in nichts anderem besteht, als in dem Übergewicht der Last der *Pumpenstangen* am andern Ende des Wagebalkens. Bald nachdem der Kolben seinen

Niedergang angetreten hat, wird die Zuströmung des Dampfs aus dem Kessel in den Stiefel *abgeschnitten* und der Kolben setzt nun seine Bewegung nach unten nur durch den erhaltenen Stofs und durch die Wirkung der Spannung des über ihn eingelassenen, jetzt allmälig weiter sich ausdehnenden Dampfs fort. Die auf den Kolben von oben wirkende bewegende Kraft nimmt also immerfort ab, während das Gewicht des Widerstandes dasselbe bleibt. Die Geschwindigkeit der Bewegung des Kolbens wird also immer schwächer, bis er zuletzt still steht. Der über den Kolben eingelassene Dampf mufs so abgemessen sein, dafs die Bewegung des Kolbens nicht eher aufhört, als bis er unten das Ende seines Laufs erreicht hat.

Dann schliefst sich die ***Auslafsklappe*** und die ***Vertheilungsklappe*** öffnet sich. Durch diese letztere vertheilt sich jetzt der Dampf in den *ganzen* Stiefel, über und unter den Kolben, so dafs der Kolben nun von oben und von unten *gleich stark* gedrückt wird. Das ***Gegengewicht,*** welches beim Niedergange des Kolbens gehoben wurde, gelangt demnach jetzt zu seiner vollen Wirkung, hebt den Kolben wieder in die Höhe und bringt zugleich durch sein Niedersinken die verlangte Nutzwirkung in den Pumpen hervor. Ist der Kolben nahe an das *obere* Ende seines Laufs angelangt, so schliefst sich die Vertheilungsklappe; der *über* dem Kolben befindliche Dampf wird allmälig *zusammengeprefst,* und dadurch wird der Kolben zuletzt *gehemmt.* Hierauf öffnen sich die Zulafsklappe oben und die Auslafsklappe unten durch die Wirkung des Wassersturzes (cataracte), und das vorige Kolbenspiel beginnt von Neuem.

435.

Auf der Tafel No. 23. findet man eine Maschine dieser Art abgebildet. Sie ist nach den Zeichnungen des Herrn ***W. West*** aus Saint-Blarey in Cornwallis, eines der berühmtesten Baumeister dieser Art von Maschinen, ausgeführt. Ihr Stiefel hat 77,7 Zoll Pr. im Durchmesser und der Kolbenlauf ist 139,8 Zoll Pr. lang. Die Maschine ist also eine der gröfsten vorhandenen. Indessen baut man jetzt noch gröfsere Maschinen. Die Kessel haben die Essen im Innern, und Kochröhren, und sind also von der Art wie Fig. 21. und 22. Taf. No. 3. sie vorstellt und wie sie im §. 132. beschrieben sind.

C ist der Dampfstiefel. Er steht in einer metallenen Hülle ***c, c,*** die einen kleinen Zwischenraum zwischen sich und dem Stiefel läfst; in welchen Raum dann Dampf aus dem Kessel dringt; und zwar mittels der Röhre ***c*** (Fig. 95.), welche zugleich dient, das in dem Zwischenraum etwa niedergeschlagene Wasser wieder in den Kessel zu führen. [„Diese Hülle mufs „demnach wegen der beträchtlichen Dampfspannung sehr stark sein." D. H.] Aufserdem ist das Ganze noch mit Filz umkleidet, oder auch mit einer hölzernen, etwas abstehenden Wand umschlossen, zwischen welcher und der metallenen Hülle gesiebte Asche sich befindet. Eben solche Umhüllungen haben die Zuleitungsröhre und die Dampfbüchse. Über der Decke des Stiefels ist eine zweite, davon abstehende Decke c', c', und der Zwischenraum ist mit Asche, Holzsägespänen oder andern schlechten Wärmeleitern gefüllt. So ist dem Verlust an strahlenden Wärmestoff vorgebeugt. Durch die kleinen Becher c'', c'' kann Öl in den Dampfstiefel gebracht werden, um den Kolben zu schmieren. Der Kolben ist mit Hanf und einem Druckringe umgeben, durch welchen sich die Verdichtung wiederherstellen läfst, wenn sie unfest geworden ist. Der Durchgang der Kolbenstange durch den Deckel ist ebenfalls mit Hanf verdichtet; nach der Beschreibung in (§. 188. bis 192.).

436.

Der Dampf strömt aus dem Kessel durch die Röhre *s* (Fig. 96.) dem Stiefel zu und geht zunächst durch die Stellklappe *r*, welche durch die Stange r' und die Kurbel r'', auf den Hebel b_1 wirkend (der in Fig. 95. bedeckt ist), mehr oder weniger geöffnet werden kann. Die Stellklappe ist kegelförmig und von der Art der in (§. 206.) beschriebenen.

Durch die Stellklappe gedrungen, gelangt der Dampf in eine Büchse, welche die Klappen zum Zulassen und zum Vertheilen des Dampfs, *a* und *b* (Fig. 96.) enthält, die so eingerichtet sind, wie es (Fig. 79. Taf. No. 15.) vorstellt. Die Büchse hat drei Fächer. Das obere Fach steht mit der Stellklappe, also mit der Dampfröhre in Verbindung; das mittlere mit dem Innern des Dampfstiefels und das untere mit der Vertheilungsröhre. Die Scheidewand zwischen dem obern und dem mittlern Fach trägt die ***Zulafsklappe a***, und die Wand zwischen dem mittlern und untern Fach die ***Vertheilungsklappe b***, so dafs das Innere des Dampfstiefels mit dem Kessel oder mit der Vertheilungsröhre in Verbindung kommt; je nachdem die eine oder die andere Klappe geöffnet ist. Das Nähere ist schon in (§. 351. etc.) beschrieben.

In Fig. 96. sieht man die Kehlklappe, die Zulafs- und die Vertheilungsklappe neben einander in *r*, *a* und *b*; in Fig. 95. nur die Vertheilungsklappe in *b*. Wenn dieselbe verschlossen und die Zulafsklappe offen ist, dringt der Dampf aus dem Kessel in das mittlere Fach *d* der Klappenbüchse und durch den obern Eingang *D* in den Stiefel. Ist im Gegentheil die Vertheilungsklappe offen und die Zulafsklappe verschlossen, so strömt der Dampf durch *D* aus, durch die Röhre *B* nach unten und durch den Eingang *D' unter* den Kolben. Unter dem Stiefel sieht man in (Fig. 95.) die Auslafsklappe *e*. Ist dieselbe offen und die Vertheilungsklappe *b* verschlossen, so strömt der *unter* dem Kolben befindliche Dampf durch die Röhre *H'* in das Niederschlaggefäfs, und der Raum *unter* dem Kolben wird leer.

Die drei Klappen, von welchen die Rede ist, sind *Kronklappen* (§. 165.). Sie werden eine nach der andern durch zwei *Wassersturze* geöffnet. Der eine öffnet die Zulafs- und die Auslafsklappe, wenn der Kolben nach unten sich bewegen soll; der andere öffnet die Vertheilungsklappe, wenn der Kolben aufsteigen soll. Verschlossen werden sie zur gehörigen Zeit durch das Aufstofsen von Knaggen an den Kolbenstangen der Maschine auf Hebel; und zwar die Zulafs- und die Auslafsklappe beim Niedergange und die Vertheilungsklappe beim Aufsteigen des Kolbens; und zwar auf folgende Weise:

437.

Vor dem Dampfstiefel stehen zwei Ständer *N, N* Fig. 96., welche drei wagerechte Achsen oder Wellen 1, 2, 3 tragen.

A. Die Welle 1 dient zur Steuerung der *Zulafsklappe* und hat drei kleine Hebel (Fig. 95.). Der eine derselben wirkt durch die Stange a' und einen in der Figur von dem Hebel b_1 bedeckten, aber ihm ähnlichen Hebel, auf die Zulafsklappe und öffnet oder verschliefst sie, je nachdem die Achse gedreht wird Der zweite Hebel trägt an der Stange a'' ein Gegengewicht A'', welches, herunterfallend, die Achse so dreht, dafs die Zulafsklappe geöffnet wird. Der dritte Hebel hat eine Klaue *A*, die, von oben nach unten gedrückt, das Gegengewicht aufhebt und die Zulafsklappe verschliefst. Endlich befindet sich noch an der Achse 1 ein nicht gezeichneter Kreis-Ausschnitt, dessen Wirkung aber leicht zu sehen ist. Wenn nämlich die Klaue *A* die Achse so dreht, dafs das Gegengewicht A'' gehoben wird, legt sich der Kreis-Ausschnitt unter die Klinke α, und hebt sie; aber so wie der Kreis-Ausschnitt bis zu Ende unter die Klinke hingestrichen und über einen Haken an derselben hinausgekommen ist, fällt die Klinke wieder und hält den Kreis-Ausschnitt zurück, so dafs nun die Achse sich nicht *zurück*drehen kann und also die Zulafsklappe verschlossen *bleiben* mufs, bis die Klinke wieder ausgehakt ist. Wird die Klinke wieder ein wenig gehoben, so wird der Kreis-Ausschnitt wieder frei; das Gegengewicht dreht ihn zurück und die Zulafsklappe öffnet sich. Man sieht einen solchen Kreis-Ausschnitt bei α in (Fig. 78. Taf. No. 15.).

B. Die Welle 2 steuert die ***Vertheilungsklappe b.*** Sie hat ebenfalls drei kleine Hebel. Der eine wirkt durch die gebogene Stange b' (Fig. 95.), und durch den Hebel b_1 auf die Klappe. Der zweite, in der Figur theilweise durch die Stange ***TT*** bedeckte Hebel trägt ein Gegengewicht ***B''***, welches, hinunterfallend, die Klappe öffnet; der dritte ist der Hebel mit dem Griffe ***B***. Nach unten gedrückt, hebt er das Gegengewicht, verschliefst die Klappe und hakt eine der oben gedachten ähnliche Klinke ein, die man in der Figur nicht sieht. So wie diese Klinke gehoben wird, fällt das Gegengewicht herunter und die Klappe öffnet sich. Sie verschliefst sich, wenn der Hebel ***B*** gehoben wird.

C. Die Welle 3 steuert die ***Auslafsklappe e.*** Ihr erster Arm wirkt durch die Stange e' und den Hebel e auf die Klappe. Ein zweiter Arm trägt an der Stange e'' ein Gegengewicht ***E''***, welches, hinabfallend, die Klappe öffnet. Ein dritter Arm ***E*** verschliefst die Klappe, wenn er nach unten gedrückt wird. Endlich streicht ein Kreis-Ausschnitt unter die Klinke ε hin und hält die Achse fest, so dafs das Gegengewicht sie nicht drehen kann, wenn die Klappe verschlossen ist. Dann befindet sich auch noch an der Achse 3 ein in die Stange h' greifender Hebel, welcher aber nicht zur Steuerung der Dampfklappen bestimmt ist, sondern, um zu gehöriger Zeit diejenige Klappe zu öffnen und zu verschliefsen, durch welche Wasser in das Niederschlaggefäfs gespritzt wird; wie es weiter unten wird beschrieben werden.

438.

Das Spiel der Maschine begiebt sich nun wie folgt.

Man setze, der Dampfkolben sei an der Decke des Dampfstiefels in Ruhe: so hebt der Maschinist, um das Werk in Bewegung zu setzen, die Stange des Wassersturzes (von welcher weiter unten) und löset dadurch die beiden Klinken α und ε. Alsbald fallen die Gegengewichte ***A''*** und ***E''*** hinunter, die Zulafs- und die Auslafsklappe öffnen sich und der Dampf dringt aus dem Kessel in den Stiefel ***über*** den Kolben, während derjenige Dampf, welcher sich noch unter dem Kolben befindet, durch die Röhre ***H'*** nach dem Niederschlaggefäfs hin ausströmt. Der Kolben, jetzt von dem stark gespannten Dampf aus dem Kessel von oben her gedrückt und unter sich nur die schwache Spannung des fast ganz erkalteten Dampfs im Kühlfasse zur Gegenwirkung habend, beginnt demnach seinen Niedergang, und mit ihm bewegt sich auch die oben an dem grofsen Wagebalken befestigte Stange ***TT*** hinab. Hat der Kolben einen Theil seines Laufes nach unten zurückgelegt, so stöfst der doppelte Knaggen $A'A'$ (Fig. 95. und 96.) auf den Hebel A, welcher durch das Herunterfallen des Gegengewichts A'', durch welches die Zulafsklappe war verschlossen worden, gehoben worden war. Der Knaggen drückt den Hebel A hinab, hebt dadurch das Gegengewicht A'', verschliefst so die Klappe und *hält* den Hebel darnieder, so lange er daran hinstreicht (nemlich bis zu Ende des Niederganges des Kolbens), also auch eben so lange die Klappe verschlossen. In der Figur ist der Hebel so gezeichnet, wie er von dem Knaggen darnieder gehalten wird. Ist der Kolben beinahe unten angelangt, so trifft der (in der Figur theilweise bedeckte) Knaggen E' auf den Hebel E, welcher beim Anfange des Kolben-Niederganges durch das Hinabfallen des Gegengewichts E'' gehoben worden war. Er drückt ihn hinab, hebt dadurch das Gegengewicht, verschliefst so die Auslafsklappe und hakt die Klinke ein. Alsdann sind alle drei Klappen verschlossen und der Dampfkolben, nachdem die Geschwindigkeit, welche er erlangt hatte, erschöpft ist, kommt am Boden des Stiefels zum Stillstand.

In diesem Augenblick hebt die Stange des die *Vertheilungsklappe* steuernden Wassersturzes die Klinke dieser Klappe. Dadurch wird das Gegengewicht B'' an der Achse 2 gelöset: es fällt hinab und die Klappe öffnet sich. Dadurch gelangt das Übergewicht der Stange der Wasserpumpe, welche die Maschine in Bewegung zu setzen bestimmt ist, zur vollen Wirkung und zieht also den Dampfkolben wieder in die Höhe. Durch den Druck der Pumpenstange werden die festen Kolben oder Stempel der Pumpen, welche *Druckpumpen* sind, nach unten getrieben und das zu hebende Wasser wird in der Steigeröhre in die Höhe geprefst. Ist der Dampfkolben der Decke des Stiefels nahe gekommen, so trifft der Knaggen B' (Fig. 95. und 96.) auf den Hebel B, welcher bei dem Öffnen der Vertheilungsklappe von dem Gegengewicht B'' hinuntergezogen war. Der Knaggen hebt nun den Arm B, verschliefst folglich die Klappe und hakt ihre Klinke ein: darauf setzt der Dampfkolben, vermöge der Bewegung, die er erlangt hat, noch ein wenig weiter sein Aufsteigen fort, aber der über ihm befindliche Dampf, welcher, dort eingeschlossen, von dem Kolben immer mehr zusammengedrückt wird, bringt ihn durch seine zunehmende Federkraft bald zum Stillstand. Die Maschine steht also nun wieder völlig still, und bleibt ruhig, so lange bis der für die Zulafs- und die Auslafsklappe bestimmte Wassersturz diese Klappen wieder öffnet; worauf dann ein neuer Niedergang des Kolbens erfolgt; und so weiter.

439.

Die Wirkung der Wassersturze ist schon in (§. 207 — 210.) beschrieben. Es ist also hier nur wenig hinzuzufügen. Es sind hier *zwei* Wassersturze *F* und *G* (Fig. 96.) vorhanden; der eine *F* öffnet die *Zulafs-* und *Aulafsklappen* zum *Niedergange,* der andere *G* die *Vertheilungsklappe* zum *Aufsteigen* des Kolbens. Jeder der beiden Wassersturze besteht aus einem gufseisernen Gefäfs, worin sich ein kleiner Pumpenstiefel befindet, mit festem Kolben oder Stempel und zwei Klappen. Die untere Klappe *i* öffnet sich *nach innen,* so, dafs sich der Pumpenstiefel mit Wasser füllt, wenn der Pumpenstempel in die Höhe steigt: die andere Klappe *i'* öffnet sich *nach aufsen* und läfst das Wasser aus dem Stiefel wieder heraus, wenn der Pumpenstempel niedergedrückt wird. Der Ausgang für das Wasser kann mittels der Stangen *f', f''* und *g', g''* nach Erfordern verengt oder erweitert werden.

Beim Niedergange des Dampfkolbens, und folglich der Stange *TT* (Fig. 96.), trifft der Knaggen *F'* an der Stange *TT* auf den langen Hebel des Wassersturzes *F,* drückt ihn nieder, rollt dadurch die Kette *i''* auf das Rädchen, welches man in der Figur sieht, und hebt das Gegengewicht *I.* Der Stempel der kleinen Wassersturzpumpe wird dadurch ebenfalls gehoben und der Stiefel der Pumpe füllt sich mit Wasser. So wie der Dampfkolben wieder aufsteigt, verläfst der Knaggen *F'* den Hebel *f* des Wassersturzes. Das Gegengewicht *I* drückt also den Pumpenstempel wiederum hinunter; aber nur langsam, weil das Wasser aus dem Stiefel hinauszupressen ist. Inzwischen ist der Dampfkolben oben angelangt und dort zum Stillstande gekommen. Er bleibt noch in Ruhe, weil die Zulafsklappe sich noch nicht öffnet. Aber nach einiger Zeit hat das Gegengewicht *I* des Wassersturzes aus dessen Stiefel so viel Wasser hinausgetrieben, dafs die Stange *i'''* des Wassersturzes hoch genug hinaufgekommen ist, um die beiden Klinken α und ε zu heben. Dadurch werden, wie oben beschrieben, die Zulafs- und die Auslafsklappen geöffnet, und ein neuer Kolben-Niedergang beginnt. Die Stange *i'''* hat unten einen Schlitz, damit der Hebel *f* sie nicht eher angreife, als es sein soll, und oben stöfst sie ein wenig eher auf die Klinke der Auslafsklappe, ehe sie die der Einlafsklappe erreicht.

Der andere Wassersturz *G* wirkt ganz ähnlich wie der *F,* nur dafs hier, in Folge der Aufwicklung der Kette auf das Rädchen, die Wassersturzpumpe durch die Wirkung des Knaggens *G'* beim *Aufsteigen* statt beim Niedergange der Stange *TT,* und also des Dampfkolbens, mit Wasser sich füllt.

Beim Niedergange des Dampfkolbens senkt sich der Hebel allmälig, so wie das Gegengewicht *G''* das Wasser aus dem Pumpenstiefel hinaustreibt. Ist der Dampfkolben am Boden des Stiefels angelangt, so hat auch das Gewicht *G''* den Boden erreicht und die Stange des Wassersturzes, nun wieder aufsteigend, hakt die Klinke der Vertheilungsklappe aus und bringt dadurch das Aufsteigen des Dampfkolbens hervor.

440.

Die Röhre *H'* leitet den Dampf aus dem Stiefel nach dem *Niederschlaggefäfs H.* Dieses Gefäfs ist luftdicht verschlossen und steht in einer mit kaltem Wasser gefüllten Kufe *H''H''*. Durch eine Röhre, deren Mündung man in *h* sieht, kann kaltes Wasser in das Kühlfafs gespritzt werden, um den aus dem Dampfstiefel anlangenden Dampf niederzuschlagen. Aber damit sich das Kühlfafs nicht in den Zwischenzeiten, während welcher die Maschine stillsteht, mit Wasser fülle, kann die Einspritzungsröhre an ihrer äufsern Mündung durch eine Klappe verschlossen werden, auf welche mittels der Stange *h'* ein kleiner Hebel an der Welle 3 wirkt. Dadurch wird die Einspritzklappe mit der Auslafsklappe für den Dampf *zugleich* verschlossen, und auch *zugleich* wieder geöffnet, so dafs nur so lange Wasser eingespritzt wird, als Dampf zum Niederschlage herbeiströmt. Aufserdem hat die Einspritzröhre einen Hahn, um die Einspritzung verstärken oder schwächen zu können; nach der Beschreibung in (§. 197.).

441.

Das Wasser, welches sich am Boden des Kühlfasses gesammelt hat, wird durch die *Luftpumpe L* herausgehoben. Es ist dies eine Saugpumpe, mit Klappenkolben. Beim Aufsteigen des Kolbens *l* wird das Wasser aus *H* durch die untere Klappe *h''* angesogen. Beim Niedergange des Kolbens dringt es durch die Klappen *l'*, *l'* über den Kolben, der es dann beim Wiederaufsteigen durch die Ausgangsklappe in den Heifswasser-Behälter treibt. Alle Klappen öffnen sich so, dafs das gehobene Wasser nicht zurückdringen kann (§. 198.).

442.

Das *Heifswassergefäfs* sieht man in *P.* Die Pumpe *p* hebt es aus demselben in den Kessel, und das überflüssige heifse Wasser fliefst in *P'* ab. Die Heifswasserpumpe *p* ist eine *Druck*pumpe, mit Stempel ohne Klappen; sie saugt das Wasser beim Aufsteigen des Stempels an und prefst es beim Niedergange desselben durch die Röhre *p''* in den Kessel. Eine Kaltwasserpumpe ist hier nicht vorhanden. Die Pumpen selbst, welchen die Maschine dient, liefern das nöthige kalte Wasser. Die Kolbenstangen der Luft- und der Heifswasserpumpe werden von dem grofsen Wagebalken in Bewegung gesetzt und bei l''' und p''' durch feste Dillen in ihrer senkrechten Richtung erhalten.

443.

Auch die Dampfkolbenstange und die Steurungsstange TT sind an den grofsen Wagebalken gehängt und werden durch ein (§. 193.) beschriebenes *Vierseitgelenk* in ihrer Bahn gehalten. Dies Gelenk besteht aus vier paarweise gleich langen Stangen, welche ihre Gelenke in r, r'', s' und s'' haben. Man ziehe durch r und O eine gerade Linie und bemerke den Punct s, wo dieselbe die Stange $s's''$ schneidet. Die Winkelspitze s' des Vierseits verbinde man durch die Stange Rs' mit dem festen Punct R, der so liegt, dafs $\frac{Rs'}{Os''} = \frac{s''s}{ss'}$ ist; dann wird der Punct r, an welchen die Dampfkolbenstange gehängt ist, nahe eine senkrechte gerade Linie beschreiben, wenn sich der Wagebalken um O auf- und abbewegt. Denn so wie das Ende s'' der Linie $s''s'$ rechts und links von der Senkrechten abweicht, wird durch die feste Stange Rs' das andere Ende s' der Linie $s''s'$ entgegengesetzt links und rechts getrieben und die Abweichungen verhalten sich umgekehrt wie Os'' zu Rs': also wird der Punct s, welcher $s's''$ im umgekehrten Verhältnifs theilt, *gar nicht* abweichen. Und da nun s *immer* in der geraden Linie Or liegt, welche Stellung auch der Wagebalken haben möge, und aufserdem $\frac{Os''}{Or''} = \frac{ss''}{rr''}$ ist, so werden die Puncte r und s ähnliche und ähnlich liegende Linien durchlaufen, und folglich r sowohl als s senkrechte gerade Linien. Da ferner mit dem ersten Vierseit ein zweites $s''st''t'$ verbunden und die Steuerungsstange TT in dem Puncte t angehängt ist, wo die gerade Linie Or, welche s bestimmte, die Stange $t't''$ schneidet, so wird auch der Punct t eine senkrechte gerade Linie beschreiben.

444.

Damit am Ende des Niederganges des Dampfkolbens der Kolben nicht auf den Boden des Stiefels aufstofse, wenn etwa zu viel Dampf vor der Absperrung in den Stiefel über den Kolben gelangt wäre, ist am Ende r'' des grofsen Wagebalkens ein Querstück k befestigt, welches auf federnde Hölzer aufstöfst und so den Stofs aufhält. Am andern Ende des Wagebalkens ist diese Vorkehrung nicht nöthig, weil die Pumpenstangen ZZ selbst, am Ende ihres Niederganges auf Querhölzer stofsen. Der Niedergang der Pumpenstangen erfolgt indessen immer nur langsam, weil sie gewöhnlich nur den dritten Theil des Kolbenhubes durchlaufen.

445.

Die Pumpen, welche die Maschine in Bewegung setzt, sind, wie schon bemerkt, ***Druckpumpen.*** Blofs die Pumpe am Boden der Schöpfgrube ist eine ***Saugepumpe.*** Diese Pumpe wirkt also beim ***Niedergange*** des Dampfkolbens; alle übrigen heben das Wasser bei ***Aufsteigen*** desselben. Man macht jetzt auch ***doppelt wirkende Druckpumpen,*** die das Wasser eben sowohl beim Auf- als beim Absteigen des Dampfkolbens heben. Solche Pumpen haben eine weniger weite Steigeröhre nöthig; welches bei sehr tiefen Gruben bedeutende Vortheile hat. Man findet eine solche Pumpe in Fig. 69. Taf. No. 10. vorgestellt. Beim ***Niedergange*** des Stempels öffnen sich die Klappen a und b', und a' und b schliefsen sich. Also steigt das Wasser durch die Saugröhre A in den Pumpenstiefel ***über*** den Kolben, während dasjenige Wasser, welches sich ***unter*** demselben befindet, durch die Röhre B' in die Hauptröhre M getrieben wird. Beim ***Aufsteigen*** des Stempels öffnen sich die Klappen a' und b, und die Klappen a und b' schliefsen sich: folglich wird das ***über*** dem Kolben befindliche Wasser in die Röhre M getrieben, während durch die Saugeröhre B Wasser aus dem Brunnen ***unter*** den Kolben gelangt. Die in der Figur vorgestellte Art von Klappen sind von den Herren ***Harvey*** und ***West*** angegeben. Es sind Klappen mit doppeltem Schlufs, wie die in (§. 165.) beschriebenen. Aber da die beiden Schlüsse ungleich grofs sind und also die Kraft zum Öffnen und Schliefsen der Klappe nur von dem Unterschiede dieser Gröfse abhangt, so kann man diese Kraft nach Belieben verändern. Diese Klappen haben demnach den Vorzug, ohne Stofs sich zu schliefsen. Aufserdem öffnen und verschliefsen sie dem Wasser den Durchgang ***plötzlich;*** und verhindern, dafs das Wasser beim Schlufs der Klappen nicht wieder theilweise zurückdringen kann.

Zweite Abtheilung.

Theorie der Cornwallisschen einfach-wirkenden Dampfmaschinen.

---

1. *Von der Regelung der Maschine.*

446.

Wie oben beschrieben, gelangt beim *Niedergange* des Kolbens nur soviel Dampf in den Stiefel *über* den Kolben, als nöthig ist, den Kolben bis gerade nach unten zu treiben; nicht darüber hinaus; und zwar auf die Weise, dafs *bis zur* Absperrung der Dampf mit seiner vollen Spannung, und *nach der* Absperrung, sich ausdehnend, mit stetig abnehmender Spannung auf den Kolben wirkt. Die dazu nöthige Regelung der Maschine findet man durch Proben. Zuerst stellt man den Knaggen, welcher die Zulafsklappe verschliefst, so, dafs die Absperrung auf dem voraus bestimmten Puncte des Kolbenlaufs erfolgt. Alsdann öffnet man vorsichtig die Kehlklappe, von welcher die Einströmung des Dampfs aus dem Kessel in den Stiefel abhangt. Die Maschine wird sich nun in Bewegung setzen und der Kolben hinabgedrückt werden. Erreicht er nicht ganz den Boden des Stiefels, so öffnet man die Kehlklappe etwas mehr. Stöfst er auf (nemlich der Wagebalken zuletzt auf die ihn hemmenden federnden Hölzer), so mufs die Kehlklappe etwas mehr verschlossen werden: so lange, bis gerade der Kolben den Boden erreicht, ohne aufzustofsen. Auch durch *Verschiebung* des Knaggens, welcher die Zulafsklappe verschliefst, kann man, wie leicht zu sehen, das Gleiche erreichen; denn es wird dadurch die Zeit der Einströmung des Dampfs in den Stiefel verlängert, oder verkürzt.

Für das *Aufsteigen* des Kolbens läfst man die Vertheilungsklappe ein wenig früher oder später sich schliefsen, bis der Kolben nach oben nur gerade seinen Lauf *vollendet,* ohne *anzustofsen.* Man kann durch das frühere oder spätere Verschliefsen der Vertheilungsklappe mehr oder weniger Dampf *über* dem Kolben sich zusammendrücken lassen; wobei aber keine Kraft verloren geht, indem der zusammengedrückte Dampf mit dem für den nächsten Niedergang des Kolbens aus dem Kessel neu anlangenden Dampf sich vereinigt, also das Seinige zum Niederdrücken des Kolbens beiträgt. Auch durch Veränderung des Gegengewichts kann man das Aufsteigen des Kolbens mäfsigen. Die Verminderung geschieht durch Gegengewichte, die einen Theil des Gewichts der Pumpenstangen aufheben. Da auch das Gewicht der Pumpenstangen abnimmt, so wie die Pumpenstempel weiter in das Wasser eintauchen, so wird die Bewegung nach unten, und folglich das Aufsteigen des Kolbens (welches beides immer nur sehr langsam geschieht) sehr leicht und ohne Stofs zur Ruhe gebracht, sobald die Pumpenstangen die Knaggen erreichen, welche ihr Hinabsteigen begrenzen. Man führt auch die etwa nöthige Aufhebung eines Theils des Gewichts der Pumpenstangen zuweilen durch eine Wassersäule in einer Heberröhre aus, auf welche ein Stempel wirkt. So wie dieser hinabgedrückt wird, steigt das Wasser in dem andern Arme des Hebers in die Höhe, und der stets zunehmende Unterschied der Wasserstände in den beiden Röhren des Hebers bringt die verlangte Gegenwirkung hervor.

447.

So also läfst sich machen, dafs der Dampfkolben seinen Lauf, sowohl hinauf als hinab, ohne bedeutenden Stofs beim Ende des Auf- und Niederganges, also *ohne Verlust an lebendiger Kraft* zurücklegt. Alles was demnach in (§. 407. etc.) von den *Watt*schen einfach-wirkenden Maschinen (die den gegenwärtigen ganz ähnlich sind) gesagt worden ist, pafst daher auch hier, und die Verhältnisse zwischen den verschiedenen, auf den Kolben wirkenden Kräften lassen sich nach den gleichen Regeln finden; nemlich in Gemäfsheit der Bedingungen, dafs, *Erstlich*, das Moment der bewegenden Kraft dem des Widerstandes gleich sei, sowohl beim Auf- als beim Niedergange des Kolbens, und dafs, *Zweitens* auch das nöthige Wasser zu dem im Stiefel verbrauchten Dampf dem im Kessel verdampften Wasser gleich sei. Also wiederum nach diesen beiden Grundsätzen sind auch hier die Wirkungen der Maschine und ihre Maafse zu berechnen.

II. Von den Wirkungen der Maschine unter den verschiedenen Umständen, und von den Bedingungen für ihre möglich-gröfste Wirkung.

448.

Die vier verschiedenen Umstände, unter welchen die Maschine arbeiten kann, sind wieder die nemlichen, wie bei den einfach-wirkenden *Watt*schen Maschinen, nemlich:

Erstlich. Die Maschine kann mit einer *beliebigen* Ladung und Geschwindigkeit arbeiten, nachdem Absperrung, Gegengewicht und Verschlufs der Vertheilungsklappe im voraus *willkürlich* bestimmt worden sind.

Zweitens. Ladung und Geschwindigkeit der Maschine können für eine *bestimmte* Absperrung, für ein *bestimmtes* Gegengewicht und für einen *be-*

stimmten Verschlufs der Vertheilungsklappen so zugemessen sein, dafs die Nutzwirkung die *möglich-gröfste* sei.

Drittens. Auch noch der Verschlufs der Vertheilungsklappe kann so geordnet sein, dafs auch in Beziehung auf sie die Wirkung die *möglich-gröfste* sei.

Viertens, endlich, kann auch die Absperrung oder das Gegengewicht so angenommen werden, wie es der *möglich-gröfsten* Wirkung entspricht. Diese Wirkung ist dann von allen oder unbedingt die *möglich-gröfste.*

Immer aber müssen, wie gesagt, die Momente der bewegenden Kraft und des Widerstandes und die Masse des erzeugten und des verbrauchten Dampfs einander *gleich* sein.

449.

Es sei, wie oben bei den *Watt*schen einfach-wirkenden Maschinen,

P_1 die noch unbekannte mittlere Spannung des in den Stiefel gelangenden Dampfs;

a die Kolbenfläche;

λ die Länge des ganzen Kolbenlaufs;

λ_1 der Theil derselben bis zur Absperrung;

c der Spielraum am Boden und Deckel des Stiefels; welchen der Kolben nicht durchläuft, der aber mit Dampf sich füllt;

m und n seien, wie oben, die auf die Ausdehnung des Dampfs sich beziehenden unveränderlichen Zahlen (59. 1. u. 2.); auch sei, wie oben in (360.),

$$449. \quad \frac{\lambda_1}{\lambda_1+c} + \log\text{nat}\frac{\lambda+c}{\lambda_1+c} = k_1.$$

A. Alsdann ist, zunächst ***für den Niedergang des Dampfkolbens,*** ganz wie in (§. 414. Form. 356.), das ***Moment der bewegenden Kraft***

$$450. \quad = ak_1(\lambda_1+c)(n+P_1) = n\lambda a.$$

Der ***Widerstand gegen den Kolben*** besteht aus dem Gegengewicht G; aus der Spannung p des unter dem Kolben unvollkommen niedergeschlagenen Dampfs; aus dem Widerstand ϱ_1 der Pumpe, welche das Wasser aus der Schöpfgrube in den Raum hebt, aus welchem die Druckpumpen es weiter emporschaffen, und welchen Widerstand wir, wie alles andere, auf die Einheit der Fläche und die Geschwindigkeit des Kolbens gebracht annehmen; aus der Reibung φ_1 der leergehenden Maschine beim Niedergange des Kolbens; und endlich aus der zusätzlichen Reibung $\delta(\varrho_1+G)$, die von dem Gegengewicht und der Ladung ϱ_1 herkommen; unter welchem ϱ_1 auch noch alle übrigen Widerstände für die Nutzwirkung mitzubegreifen sind; so dafs also das Moment des gesammten Widerstandes durch

$$451. \quad \lambda.[(1+\delta)(\varrho_1+G)+p+\varphi_1]a$$

ausgedrückt wird. [„Nemlich durch den Widerstand $a((1+\delta)(\varrho_1+G)+p+\varphi_1)$, „multiplicirt mit der Länge λ des Kolbenlaufs, als der Länge des Weges, um „welche der Widerstand fortgetrieben wird." D. H.] Es findet also [wegen der Gleichheit der Momente der bewegenden Kraft und des Widerstandes (450. und 451.)] die Gleichung

$$452. \quad ak_1(\lambda_1+c)(n+P_1)-n\lambda a = a\lambda[(1+\delta)(\varrho_1+G)+p+\varphi_1]$$

Statt, aus welcher

$$453. \quad n+P_1 = \frac{\lambda((1+\delta)(\varrho_1+G)+p+\varphi_1+n)}{k_1(\lambda_1+c)}$$

folgt [eben wie (362.)].

Unter φ_1 ist nicht blofs die Reibung der Maschinentheile zu verstehen, sondern auch die noch nöthige Kraft zur Bewegung der Heifswasserpumpe und der andern zur Maschine gehörigen Pumpen, die erst in Bewegung gesetzt werden müssen, um zur Nutzwirkung zu gelangen, und die also offenbar einen Theil des zu überwindenden Widerstandes ausmachen.

B. Beim *Aufsteigen des Dampfkolbens* ist das Gegengewicht die *bewegende Kraft* und der *Widerstand* besteht zunächst aus der für die Druckpumpen nöthigen Kraft, welche ϱ_2 bezeichnet (und zwar auf die Geschwindigkeit und Einheit der Kolbenfläche gebracht, und mit Rücksicht auf das Verhältnifs der beiden Hebelsarme des grofsen Wagebalkens); sodann aus der Spannung des über dem Kolben nach dem Schlufs der Vertheilungsklappe eingesperrten Dampfs, der allmälig immer stärker zusammengedrückt wird; endlich aus der Reibung φ_2 der leergehenden Maschine beim Aufsteigen des Kolbens; wozu auch der Widerstand der Luftpumpe und der Kaltwasserpumpe und der Betrag des Aufstofsens der Pumpenstangen gehört, falls ein solches Statt findet. Eine *zusätzliche* Reibung für ϱ_2 kommt nicht in Rechnung, weil die Pumpen unmittelbar durch das Gewicht der Pumpenstangen in Bewegung gesetzt werden, ohne Zuthun der Dampfmaschine.

Das Moment der Wirkung des über dem Kolben zusammengeprefsten Dampfs ist zunächst, wie in (378.),

$$454. \quad = \lambda.ak_2(n+P_1)(\lambda_1+c),$$

wo nach (377.)

$$455.\quad k_2 = \left[(\lambda - \lambda_2 + c)\log\text{nat}\frac{\lambda - \lambda_2 + c}{c} - (\lambda_2 + c)\log\text{nat}\frac{\lambda + c}{\lambda_2 + c}\right]\frac{1}{\lambda + 2c}$$

ist. [„Nemlich das Moment ist der Widerstand $ak_2(n+P_1)(\lambda_1+c)$ (378.), „multiplicirt mit der Länge λ des Kolbenlaufs, als der Länge des Weges, durch „welchen der Widerstand fortgetrieben wird; das Moment der andern Wider- „stände φ_2 und ϱ_2 ist $= \lambda a(\varphi_2 + \varrho_2)$: also ist das gesammte Moment des „*Widerstandes*

$$456.\quad = a\lambda[k_2(n+P_1)(\lambda_1+c)+\varphi_2+\varrho_2].$$

„Das Moment der *bewegenden Kraft G* dagegen ist

$$457.\quad = G\lambda a.\text{"}]$$

Setzt man daher die beiden Momente, wie es sein mufs, einander gleich, so ergiebt sich

$$458.\quad k_2(n+P_1)(\lambda_1+c)+\varphi_2+\varrho_2 = G,$$

woraus

$$459.\quad n+P_1 = \frac{G-\varphi_2-\varrho_2}{k_2(\lambda_1+c)}$$

folgt. [Ganz wie (380.)]

450.

Bei einigen Maschinen wird der Dampf über dem Kolben nicht blofs *nach* dem Verschlufs der Vertheilungsklappe, sondern schon *vorher*, während eines Theils des Kolbenlaufs, allmälig zusammengedrückt; welches daher rührt, dafs die Vertheilungsklappe den Dampf nicht schnell genug durchläfst. Dies ist also eben so, als wenn eine *hinreichend* weite Vertheilungsklappe nicht plötzlich ganz, sondern nur allmälig geöffnet würde. Die endliche Zusammenpressung des Dampfs in den gleichen Raum, welcher der Spielraum am Deckel des Stiefels ist, und folglich auch ihre Kraft, den Kolben aufzuhalten, ist aber immer die nemliche, wie wenn die Vertheilungsklappe *plötzlich* verschlossen würde, und kommt immer eben so beim nächsten Niederdrücken des Kolbens zu Hülfe. [„Es wird demnach vorausgesetzt, dafs die Zusammenpressung des „Dampfs über dem Kolben gerade von einem solchen Belange sei, dafs der Kolben „seinen *vollen* Lauf bis zu dem Spielraum *c* zurücklegen könne." D. H.] Die Wirkung der Maschine ist also auch noch eben die, welche die Rechnung voraussetzt; blofs bezeichnet jetzt λ_2 nicht den Theil des Kolbenlaufs, an dessen Ende die Vertheilungsklappe völlig verschlossen wird, sondern es ist in Rechnung zu bringen, dafs der Verschlufs der Klappe theilweise schon vorher erfolge. Kennt man die Spannung des Dampfs beim *Anfange* des Aufsteigens des Kolbens, und diejenige am Ende desselben, in dem Raume c, so läfst sich derjenige Theil λ_2 des Kolbenlaufs finden, an dessen Ende die Vertheilungsklappe *plötzlich* verschlossen werden müfste, um gerade jenen beiden Spannungen gemäfs zu sein. Bezeichnet nemlich ω_1 und ω_2 die Spannungen des Dampfs über dem Kolben am Anfange und am Ende des Aufsteigens desselben, und nimmt man für die kurze Zeitdauer dieser Bewegung an, dafs sich die Spannungen blofs [nach dem *Mariotte*schen Gesetz] umgekehrt wie die Räume $a(\lambda-\lambda_1+c)$ und ac verhalten, die der Dampf einnimmt, so ist

$$\frac{\omega_2}{\omega_1}=\frac{a(\lambda-\lambda_2+c)}{ac}=\frac{\lambda-\lambda_2+c}{c};$$

woraus

$$460.\quad \lambda_2=\lambda+c\left(1-\frac{\omega_2}{\omega_1}\right)$$

folgt. Man kann dann immer von den obigen Formeln Gebrauch machen, wenn man dem λ_2 diesen Werth giebt.

451.

Bei Maschinen, wo man von der Zusammendrückung des Dampfs *über* dem Kolben gar nicht Gebrauch macht, um den Kolben nach seinem Aufsteigen zur Ruhe zu bringen, sondern dazu nach (§. 446.) einer ***Wassersäule in einem Heber*** sich bedient, oder auch den Wagebalken leicht aufstofsen läfst, ist $\lambda_2=\lambda$ zu setzen; was nach (455.) $k_2=0$ giebt.

452.

Bezeichnet nun weiter, wie oben,

v den vom Kolben *bei seiner Nutzwirkung* in einer Minute durchlaufenen Raum und

S das im Kessel in einer Minute für die Nutzwirkung verdampfte Wasser,

so ist, ganz wie in (§. 416. Form. 389.),

$$461.\quad n+P_1=\frac{m\lambda S(\lambda+2c)}{av(\lambda_1+c)(\lambda_2+c)}.$$

Setzt man hierauf erst die beiden Ausdrücke (453. und 461.) von $n+P_1$ und dann die beiden (459. und 461.) wieder gleich, so ergiebt sich

$$462.\quad \frac{(1+\delta)(\varrho_1+G)+n+p+\varphi_1}{k_1}=\frac{mS(\lambda+2c)}{av(\lambda_2+c)}\ \text{und}$$

$$463.\quad \frac{G-\varphi_2-\varrho_2}{k_2}=\frac{mS(\lambda+2c)}{av(\lambda_2+c)}.$$

Setzt man hierauf

$$464. \quad \varrho_1 + \varrho_2 = r,$$

welches die Gesammtmasse des von der Maschine beim Auf- und beim Niedergange des Kolbens gehobenen Wassers ist, und

$$465. \quad G = \frac{mk_2 S(\lambda+2c)}{av(\lambda_2+c)} + \varphi_2 + \varrho_2 \cdot$$

aus (465.) in (462.), so erhält man

$$(1+\delta)\Big(\frac{mk_2 S(\lambda+2c)}{av(\lambda_2+c)} + \varphi_2 + r\Big) + n + p + \varphi_1 = \frac{mk_1 S(\lambda+2c)}{av(\lambda^2+c)}$$

oder

$$466. \; mS(\lambda+2c)((1+\delta)k_2 - k_1) + av(\lambda_2+c)[(1+\delta)(\varphi_2+r)+n+p+\varphi_1] = 0,$$

und daraus

$$467. \quad v = \frac{mS(\lambda+2c)(k_1-(1+\delta)k_2)}{a(\lambda_2+c)(n+p+\varphi_1+(1+\delta)(\varphi_2+r))},$$

$$468. \quad ar = \frac{mS(\lambda+2c)(k_1-(1+\delta)k_2)}{v(\lambda_2+c)(1+\delta)} - \frac{a[n+p+\varphi_1+(1+\delta)\varphi_2]}{1+\delta},$$

$$469. \quad S = \frac{av(\lambda_2+c)[n+p+\varphi_1+(1+\delta)(\varphi_2+r)]}{m(\lambda+2c)(k_1-(1+\delta)k_2)}.$$

Dies sind die allgemeinen Ergebnisse für diese Art von Maschinen. Die Tafeln in (§. 426.) geben für diese Formeln die Werthe (449. und 455.) von k_1 und k_2 für die verschiedenen Werthe, welche λ_1 und λ_2 haben können. [„Die „Formeln (467. bis 469.) sind, wie man sieht, völlig *dieselben*, wie die (395. „bis 397.) für die *Watt*schen Maschinen von einfacher Wirkung." D. H.]

453.

Da λ_2 gewöhnlich nicht im Voraus bestimmt ist, sondern von dem *gegebenen* Gegengewicht G abhangt, so mufs λ_2 durch G ausgedrückt werden. Dies geschieht, wenn man die beiden Werthe von $\frac{mS(\lambda+2c)}{av(\lambda_2+c)}$ (462. und 463.) wieder gleich setzt, welches, weil $\varrho_2 = r - \varrho_1$ ist (464.),

$$470. \quad k_2 = \frac{k_1(G-\varphi_2-(r-\varrho_1))}{(1+\delta)(\varrho_1+G)+n+p+\varphi_1}$$

giebt. Desgleichen giebt (462.) allein:

$$471. \quad \frac{\lambda_2+c}{\lambda+2c} = \frac{mSk_1}{av[(1+\delta)(\varrho_1+G)+n+p+\varphi_1]}.$$

Diese, wie bei den *Watt*schen Maschinen aufzulösenden Gleichungen geben $\frac{\lambda_2}{\lambda}$, wenn das Gegengewicht G und die Ladung oder die Geschwindigkeit der Maschine bekannt sind. Im Fall der möglich-gröfsten Wirkung, von welcher wir sogleich sprechen werden, sind die Ladung und Geschwindigkeit der Maschine nicht im Voraus gegeben; allein dann findet sich $\frac{\lambda_2}{\lambda}$ unmittelbar. Andernfalls kann $\frac{\lambda_2}{\lambda}$, wenn G gegeben ist, durch (471.) als bekannt angenommen werden.

454.

Da die Formeln für die gegenwärtige Art von Maschinen völlig dieselben sind, wie für die einfach-wirkenden *Watt*schen Maschinen, so folgt auch weiter aus denselben das Nemliche wie dort. Demnach ist

Erstlich, wenn λ_2, λ_1 und G bestimmt sind, für die *möglich-gröfste* Wirkung, ganz wie (401 und 402.):

472. $$v_1 = \frac{m\lambda S(\lambda+2c)}{a(n+P)(\lambda_1+c)(\lambda_2+c)} \text{ und}$$

473. $$ar_1 = \frac{a(n+P)(\lambda_1+c)}{\lambda}\left(\frac{k_1}{1+\delta}\right)-k_2\Big)-\frac{a(n+p+\varphi_1+(1+\delta)\varphi_2)}{1+\delta}.$$

Diese Gleichungen dienen zugleich, wie in (§. 421.) bei den *Watt*schen Maschinen, die Reibung der leergehenden Maschine zu finden.

Zweitens. Für dasjenige λ_2, welches für ein gegebenes λ der *gröfsten* Nutzwirkung entspricht, ist, wie in (410.),

474. $$\log\text{nat}\,\frac{\lambda-\lambda_2+c}{c} = \frac{k_1}{1+\delta} - \frac{\lambda(n+p+\varphi_1+(1+\delta)\varphi_2)}{(1+\delta)(\lambda_1+c)(n+P)}.$$

Drittens. Für diejenige Absperrung, welche der *unbedingt gröfsten* Nutzwirkung zukommt, ist, wie in (416.),

475. $$\frac{\lambda_1}{\lambda} = \frac{n+p+\varphi_1(1+\delta)\varphi_2}{n+P},$$

und das dieser Nutzwirkung entsprechende *Gegengewicht* findet sich aus (453.), wenn man dort, wie es für diese Wirkung nach (§. 420.) sein mufs, $P_1 = P$ setzt. Die Gleichung (453.) giebt alsdann

476. $$(n+P)k_1(\lambda_1+c) = \lambda[(1+\delta)(\varrho_1+G)+n+p+\varphi_1],$$

also ist für die *unbedingt-gröfste* Nutzwirkung

477. $$G = \frac{(n+P)k_1(\lambda_1+c)-\lambda(n+p+\varphi_1)}{\lambda(1+\delta)} - \varrho_1.$$

455.

Hier wird das vortheilhafteste Gegengewicht in (477.) durch λ_1 bestimmt; statt wie bei den *Watt*schen Maschinen in (§. 422.) durch λ_2. Dies kommt daher, dafs bei den *Cornwallis*schen Maschinen der Dampf nicht auf den veränderlichen Widerstand wirkt [nicht das *Wasser* in den Pumpen hebt, sondern nur die *Pumpenstangen*], so dafs in dem Fall der möglich-gröfsten Wirkung, für welche $P_1 = P$ ist (§. 420.), und in der Gleichung (453.) nur G und λ_1 unbestimmt sind, während bei den einfach-wirkenden *Watt*schen Maschinen der Kolben *ohne* die Belastung aufsteigt; so dafs dann die Gleichung (459.), welche nur G und λ_2 enthält, zur Bestimmung einer dieser Gröfsen durch die andere dient. Ähnliches werden wir bei den Luftdruck- (atmosphärischen) Maschinen sehen, die in einem ähnlichen Falle sich befinden, wie die *Cornwallis*schen Maschinen.

[„Die Bemerkungen in (§. 424.) finden auch hier Anwendung." D. H.].

456.

Geben die obigen Formeln für das Gegengewicht, für die Geschwindigkeit und für die Absperrung Maafse, welche nicht wohl für die Ausübung passend sind, so mufs man sich ihnen nur zu *nähern* suchen. Auch ist Alles, was sonst oben bei den einfach-wirkenden *Watt*schen Maschinen bemerkt wurde, hier ebenfalls zu berücksichtigen.

457.

Wegen der Wirkung der *Wassersturze* (cataractes), die bei der Rechnung nicht berücksichtigt zu sein scheinen, die aber bei den *Cornwallis*schen Maschinen allgemein üblich sind, ist noch eine Erläuterung nöthig. Wir haben schon im 3. Abschnitt VIII. erinnert, dafs die unmittelbare Wirkung eines Wassersturzes, gleich jeder andern Vorrichtung, welche den *Verbrauch* von Dampf vermindert, auch darin besteht, eben so die Masse des *erzeugten* Dampfs zu beschränken; denn der Maschinist wird immer sorgen und das Feuer so einrichten, dafs nicht mehr Dampf entwickelt werde, als verbraucht wird, weil sonst das Überflüssige unnütz durch die Sicherheitsklappe würde entweichen müssen. Des Wassersturzes wegen wird also auch weniger Dampf *erzeugt;* und ist das Maafs der Dampf-Entwicklung einmal geregelt, so wird die Wirkung des Dampfs im Stiefel gerade die sein, welche die Formeln ausdrücken. Beobachtet man also an einer Maschine die Verdampfung S im Kessel (sei ein Wassersturz wirksam oder nicht) und setzt den beobachteten Werth von S in die Formeln, so werden dieselben immer die Wirkung der Maschine angeben. Es wird sich Dies an den Versuchen zeigen, welche wir an einer Maschine von *Oldford* in London angestellt haben und von welchen wir weiter unten berichten werden. Diese Maschine hatte Wassersturze.

Dritte Abtheilung.

Practische Formeln für einfach-wirkende Cornwallissche Maschinen; mit einem Beispiel.

458.

Es kommt wieder nur auf die Werthe der unveränderlichen Zahlen in den Formeln an.

A. Da der Dampf bei diesen Maschinen niedergeschlagen wird, so ist zunächst gemäfs (59. 1.)

478. $m = 4212576$ und $n = 257$.

B. Die Spannung des Dampfs im Kessel wechselt hier von 40, 50 bis 80 Pfund auf den Quadratzoll, und es mufs also jedesmal P unmittelbar gemessen werden.

C. Eben so mufs die Spannung p des niedergeschlagenen Dampfs mit dem *Watt*schen Werkzeuge jedesmal gemessen werden. Da die Bauart dieser Maschinen sehr vervollkommnet ist und kaltes Wasser zum Niederschlagen des Dampfs von den Pumpen, welche die Maschine in Bewegung setzt, im Überflufs herbeigeführt wird, so ist p hier viel geringer als bei den meisten andern Dampfmaschinen. Da ferner die Durchgangs-Öffnungen vom Stiefel nach dem Kühlfafs hier sehr weit sind und die Kronklappen sie immer auf einmal *ganz* öffnen, so kann immer nur eine geringe Verschiedenheit der Spannung des Dampfs im Niederschlaggefäfs und im Stiefel unter dem Kolben Statt finden. Hat man nicht p unmittelbar gemessen, so kann man füglich

479. $p = 0{,}77 . 144 = 111$ Pfd. auf den Quadratfufs (Pr.)

annehmen.

D. Auch die ***Reibung*** ist in diesen Maschinen geringer als gewöhnlich. Die Wirkungen der Maschinen in den Bergwerken von Cornwallis werden von einer besonders dazu beauftragten Commission von Ingenieurs aufgezeichnet und monatlich bekannt gemacht. Dies hat einen besondern Wetteifer unter den Maschinen-Baumeistern erregt und hat grofse Vervollkommnungen der Maschinen zur Folge gehabt. Es ist den Ingenieurs gelungen, nicht allein einen sehr vollständigen Niederschlag des Dampfs zu erzielen, sondern auch die Reibung noch unter der der *Watt*schen Maschinen zu verringern. Nach den Versuchen des Herrn *Wicksteed,* von welchen wir unten näher sprechen werden, betrug die Reibung einer leergehenden, gut gebauten *Cornwallis*schen Maschine, mit einem Stiefel von $6\frac{1}{2}$ F. Pr. im Durchmesser, beim *Aufsteigen* des Kolbens nur 0,191 und beim *Niedergange* desselben nur 0,348 Pfd. auf den Pr. Quadratzoll Kolbenfläche; womit zugleich die Luftpumpe und die Kaltwasserpumpe in Bewegung gesetzt wurde. Auch war darunter noch der Widerstand des Wassers in der Steigeröhre der grofsen Pumpen und ihrer Kolben mitbegriffen. Ohne diese Widerstände betrug also die Reibung noch weniger. In Ermangelung von Messungen für die Absonderung setzen wir aber die obigen Zahlen unverändert, und bemerken nur, dafs sie auch die Reibung in den grofsen Pumpen mit in sich begreifen. Es wäre also auf solche Weise

480. $\varphi_1 = 0{,}348.144 = 50{,}1$ Pfd. und $\varphi_2 = 0{,}191.144 = 27{,}5$ Pfd.

Da sich nun bei den *Watt*schen Maschinen ergeben hat, dafs die Reibung im umgekehrten Verhältnifs des Durchmessers des Stiefels zunimmt und die obigen Werthe von φ_1 und φ_2 für einen Stiefel von $6\frac{1}{2}$ F. Durchmesser gelten, so ist für einen andern Durchmesser von d Fufs,

481. $$\varphi_1 = \frac{50{,}1.6\frac{1}{2}}{d} = \frac{326}{d} \quad \text{und} \quad \varphi_2 = \frac{27{,}5.6\frac{1}{2}}{d} = \frac{180}{d}$$

zu setzen; worunter nun die Reibung in den grofsen Pumpen mitbegriffen ist.

E. Die zusätzliche, durch δ bezeichnete, auf die Ladung der Maschine sich beziehende Reibung mufs nothwendig in demselben Verhältnifs geringer sein, wie die der leergehenden Maschine, weil sie gleichmäfsig von der Bauart der Maschine abhangt. Weiter oben haben wir gesehen, dafs φ, sowohl für Hochdruckmaschinen, als für Dampfwagen und für *Watt*sche Maschinen, im Durchschnitt $= \frac{296}{d}$ (z. B. in 435.) und dann $\delta = 0{,}14$ zu setzen sei (436.). Hier in (481.) beträgt der Durchschnitt nur $\frac{253}{d}$, und zieht man, näherungs weise, noch zwei Fünftheil davon für die Schöpfpumpen ab, so bleibt nur $\frac{150}{d}$, also nur *halb* so viel als für *Watt*sche Maschinen. Man wird, bis auf nähere Ermittelungen,

482. $$\delta = 0{,}07$$

setzen können.

459.

Mit der *Verdampfung* endlich verhält es sich bei den *Cornwallis*schen Maschinen ebenfalls anders. Da sich hier die Durchgänge für den Dampf sehr plötzlich öffnen und der Raum für den Dampf im Kessel wegen der Esse im Innern desselben nur klein ist, so ist zwar kein Zweifel, dafs viel Wasser vom Dampf mit fortgerissen wird, aber, in den Stiefel gelangt, verhält es sich damit eigenthümlich. Da nemlich die Absperrung im Stiefel beträchtlich ist und die Wärme des Dampfs mit seiner Ausdehnung abnimmt, so wird hier der Dampf bei seiner Ausdehnung bis zu Ende des Kolbenlaufs beträchtlich kalt. Dagegen wird aber auch wieder der Stiefel sehr stark erwärmt: theils durch den Dampf, welcher den Zwischenraum zwischen seinen Wänden und der ihn umgebenden Hülle ausfüllt, theils sogar zuweilen noch durch ein, besonders unter dem Stiefel angezündetes Feuer. So wird dann der im Stiefel sich ausdehnende Dampf von neuem wieder erwärmt, in dem Maafs, wie es mit dem Stiefel selbst geschieht, und nach Verhältnifs der Absperrung und der Langsamkeit des Kolbenlaufs. Durch diese Wieder-Erwärmung erwächst der Maschine mit hoher Dampfspannung, starker Absperrung und langsamer Bewegung des Kolbens ein neuer Vortheil. Denn das aus dem Kessel mit fortgerissene Wasser wird im Stiefel selbst mehr oder weniger verdampft; und dies vergröfsert die Nutzwirkung. Nach Umständen kann das in den Stiefel gelangte Wasser zum Theil oder ganz verdampft werden, oder der Dampf im Stiefel überhaupt kann sogar noch durch die ihm dort zugeführte Wärme eine gröfsere Spannung und folglich eine gröfsere Kraft bekommen. Der letzte Fall ist besonders günstig; in der Regel aber wird wenigstens anzunehmen sein, dafs das in den Stiefel gedrungene Wasser völlig in Dampf verwandelt werde, wenn auch sonst der Wärmegrad des Dampfs, welcher sich ausgedehnt hat, nicht erhöht wird. Untersucht man die Linien, welche der *Watt*sche Spannungsmesser gezogen hat, nimmt auf die für jeden Kolbenschlag im Kessel verdampfte Wassermenge Rücksicht, bemerkt darauf den Raum, welchen der daraus erzeugte Dampf in dem Augenblick des Verschlusses der Kehlklappe im Stiefel einnimmt, und sieht endlich auf die Spannung, welche der Spannungsmesser für eben diesen Augenblick anzeigt, so findet sich zunächst, dafs der Raum, welchen der Dampf im Stiefel einnimmt, kleiner ist, als der, welchen der aus der *gänzlichen* Verdampfung des Wassers entstehende Dampf für die an ihm beobachtete Wärme nöthig haben würde. Im ersten Augenblick also ist nicht alles aus dem Kessel gezogene Wasser in Dampf verwandelt worden, sondern ein Theil davon befindet sich, mit dem Dampf gemischt, noch in flüssigem Zustande. Vergleicht man aber hierauf ferner die Räume, welche nach und nach der Dampf im Stiefel einnimmt, so wie er sich ausdehnt, mit denen, welche der gänzlichen Verdampfung des Wassers entsprechen, und zwar für die Wärmegrade, welche der Spannungsmesser anzeigt, so findet sich, dafs diese Räume allmälig einander näher kommen und am Ende des Kolbenlaufs gewöhnlich nur noch sehr wenig verschieden sind. Es läfst sich aus diesen Vergleichungen, die wir den Practikern empfehlen, schliefsen, dafs in der That in den *Cornwallis*schen einfach-wirkenden Maschinen das aus dem Kessel mit fortgerissene Wasser im Stiefel während des Kolbenlaufs wirklich in Dampf verwandelt und also nutzbar wird; wenn auch nicht immer durch die Erwärmung des Stiefels der darin gebildete Dampf eine noch stärkere Spannung bekommt.

Wir setzen daher die *wirksame* Verdampfung hier bei dieser Maschine der *gesammten* Verdampfung *gleich* und also

$$483. \quad S_1 = S.$$

Sollte gar der Dampf im Stiefel durch die dortige Erwärmung in diesem oder jenem Falle *dieselbe* Wärme erlangen, welche er im Kessel hat, so würde in den Formeln nach (§. 100.)

$$484. \quad n = 0$$

zu setzen sein; denn wenn der Dampf bei seiner Ausdehnung *nicht* an Wärme verliert, so folgt seine Spannung blofs dem *Mariotte*schen Gesetz. Doch ist dieser Fall nicht für den gewöhnlichen anzunehmen.

460.

Setzt man nun die obigen Zahlenwerthe in die gefundenen Formeln, so gehen sie in folgende über.

Practische Formeln zur Berechnung einfach-wirkender *Cornwallis*scher Maschinen.

A. Für eine beliebige Ladung, Geschwindigkeit und Absperrung, für einen beliebigen Verschlufs der Vertheilungsklappe, so wie für ein beliebiges Gegengewicht.

[In Preufsischem Maafs und Gewicht.]

$$485. \quad v = 4212576 \cdot \frac{S(\lambda+2c)(k_1-(1+\delta)k_2)}{a[\lambda_2+c][257+p+\varphi_1+(1+\delta)(\varphi_2+r)]} \quad (467.) \text{ F. Kolbenlauf in 1 Minute.}$$

$$486. \quad ar = 4212576 \cdot \frac{S(\lambda+2c)(k_1-(1+\delta)k_2)}{v(\lambda_2+c)(1+\delta)} - \frac{a(257+p+\varphi_1+(1+\delta)\varphi_2)}{1+\delta} \quad (468.)$$

Pfund Kraft des Kolbens.

$$487. \quad S = \frac{av(\lambda_2+c)[257+p+\varphi_1+(1+\delta)(\varphi_2+r)]}{4212576(\lambda+2c)(k_1-(1+\delta)k_2)} \quad (469.) \text{ Cub. F. in der Minute verdampftes Wasser.}$$

[„Die übrigen Ausdrücke der Nutzwirkung avr in Pferdekräften etc. „finden sich wie oben bei den andern Maschinen." D. H.]

***B.* Für die möglich-gröfste Nutzwirkung, bei einem beliebigen Schlufs der Vertheilungsklappe, beliebiger Absperrung und beliebigem Gegengewicht.**

488. $v_1 = 4212576 \cdot \frac{\lambda S(\lambda+2c)}{a(257+P)(\lambda_1+c)(\lambda_2+c)}$ (472.) F. Kolbenlauf in 1 Minute.

489. $ar_1 = \frac{a(257+P)(\lambda_1+c)(k_1-(1+\delta)k_2)}{\lambda(1+\delta)} - \frac{a(257+p+\varphi_1+(1+\delta)\varphi_2)}{1+\delta}$ (473.)

Pfund Kraft des Kolbens.

490. $S = \frac{av_1(257+P)\lambda_1+c)(\lambda_2+c)}{4212576\lambda(\lambda+2c)}$ (aus 488.) Cub. F. in der Minute verdampftes Wasser.

***C.* Für denjenigen Verschlufs der Vertheilungsklappe, der mit beliebiger Absperrung und beliebigem Gegengewicht die möglich-gröfste Nutzwirkung hervorbringt, ist**

491. $\log\frac{\lambda-\lambda_2+c}{c} = \frac{k_1}{1+\delta} - \frac{\lambda}{(1+\delta)(\lambda_1+c)} \cdot \frac{257+p+\varphi_1+(1+\delta)\varphi_2}{257+P}$ (474.).

***D.* Für die vortheilhafteste Absperrung und für das vortheilhafteste Gegengewicht, also für die unbedingt-gröfste Nutzwirkung ist**

492. $\frac{\lambda_1}{\lambda} = \frac{257+p+\varphi_1+(1+\delta)\varphi_2}{257+P}$ (475.) und

493. $G = \frac{(257+P)k_1(\lambda_1+c)-\lambda(257+p+\varphi_1)}{\lambda(1+\delta)} - \varrho_1.$

461.

Wir wollen nun diese Formeln auf eine Maschine anwenden, die kürzlich unter der Leitung des Herrn *Wicksteed* zu London für die Oldford- oder die östlichen Wasserkünste der Stadt erbaut worden ist, und mit welcher dieser geschickte Baumeister fünf verschiedene Versuche angestellt hat, die durch ihre Sorgfalt und lange Dauer lobenswerth sind. Er hat dieselben in einer Schrift: „An experimental inquiry concerning the Cornish- and Boulton- and Watt-pumping engines. Weale London 1841." bekannt gemacht.

Die Maschine hatte folgende Maafse (auf Preufsische gebracht):

a. Der Durchmesser des Stiefels war 6,48 Fufs. Die Kolbenfläche betrug nach Abzug der Kolbenstange $a = 32{,}875$ Q. F.

b. Der Kolbenlauf war $\lambda = 9{,}71$ Fufs.

c. Die Absperrung betrug

beim	1ten,	2ten,	3ten,	4ten und	5ten Versuch,
$\lambda_1 =$	0,603,	0,477,	0,397,	0,352 und	0,313 λ.

d. Die Länge des Kolbenlaufs bis zum Verschlufs der Vertheilungsklappe war $\lambda_2 = 0{,}985\,\lambda$.

e. Der gesammte Druck des Dampfs im Kessel betrug

beim	1ten,	2ten,	3ten,	4ten	und	5ten	Versuch
$P =$	4500,	5128,	6310,	6754	und	7641	Pfund auf den Quadratfufs.

f. Die Spannung des Dampfs im Niederschlaggefäfs und unter dem Kolben war

$$p = 108 \text{ Pfd. auf den Quadratfufs.}$$

g. Das verdampfte Wasser wurde gewogen und ist danach in Cubikfufsen für die Minute berechnet. Die Versuche währten

der	1te,	2te,	3te,	4te	und	5te	Versuch
	96,	144,	168,	154,25	und	117,6	Stunden.

Ein Theil des verdampften Wassers wurde in dem Raume zwischen den Wänden und der Hülle des Stiefels niedergeschlagen, kommt aber nicht in Betracht, weil es in den Kessel zurückgelangte. Die Verdampfung betrug

beim	1ten,	2ten,	3ten,	4ten,	5ten	Versuch
$S =$	0,66651,	0,69911,	0,57202,	0,56341,	0,56017	C. F. in der Minute.

h. An Kohlen bester Art aus *Wallis* waren 1 Pfund auf 9,493 Pfund verdampften Wassers nöthig [also nahe an 7 Pfd. auf den Cubikfufs Wasser]. Dies macht

beim	1ten,	2ten,	3ten,	4ten,	5ten	Versuch
$N =$	4,637,	4,864,	3,979,	3,920,	3,897	Pfund Kohlen in der Minute.

i. Die Belastung der *Hebepumpe* beim *Niedergange* des Kolbens, welche Pumpe das Wasser aus der Schöpfgrube in die Kufe der Druckpumpe hebt, betrug $\varrho_1 = 121{,}3$ Pfd. auf den Quadratfufs Kolbenfläche. Sie ist, gleich der folgenden, in der Voraussetzung berechnet, dafs die Pumpen sich *ganz* mit Wasser füllen; was sich auch, da sie *Harvey*- und *West*-sche Klappen hat, wirklich fand.

k. Die Belastung der *Druckpumpen* beim *Aufsteigen* des Kolbens betrug $\varrho_2 = 1517{,}6$ Pfd. auf den Quadratfufs Kolbenfläche; also ist, mit Hinzurechnung des obigen ϱ_1, $r = 1638{,}9$ Pfd. auf den Q. F. Kolbenfläche zu setzen.

l. Das Übergewicht am andern Ende des Wagebalkens betrug

$$G = 1631{,}1 \text{ Pfd. auf den Quadratfufs Kolbenfläche.}$$

m. Die Reibung der leergehenden Maschine, ohne die Kraft zur Bewegung der Maschinenpumpen, betrug 0,19 Pfd. auf den Q. Zoll Kolbenfläche. Dazu 0,001 Pfd. für die Heifswasserpumpe, giebt 0,191 Pfd. für φ_2 beim

Aufsteigen des Kolbens. Beim *Niedergange* kommt noch für die Kaltwasserpumpe 0,038 Pfd. und für die Luftpumpe 0,120 Pfd. hinzu. Dies giebt 0,348 Pfd. für φ_1, so dafs man

$\varphi_1 = 50,1$ und $\varphi_2 = 27,5$ auf den Q. F. Kolbenfläche setzen kann, mit Inbegriff der Reibungen und des Widerstandes des Wassers in der Druckpumpe.

Zu (*d.*) ist noch zu bemerken, dafs die Zusammendrückung des Dampfs über dem Kolben nicht sogleich nach dem Schlusse der Vertheilungsklappe erfolgte. Sie fand schon allmälig während des Kolbenlaufs Statt. Da aber die Wirkung der Zusammenpressung am Schlusse des Kolbenlaufs immer *die* ist, den Kolben zum Stillstand zu bringen und eine gewisse Dampfmasse bleibt, welche wieder bei dem folgenden Kolbenlauf nutzbar wird, so haben wir, zufolge Dessen, was in (§. 450.) gesagt ist, den *plötzlichen* Verschlufs der Vertheilungsklappe angenommen, um den in die Formeln zu setzenden Werth von λ_2 zu finden. Nach der Zusammendrückung in dem Spielraum an der Decke des Stiefels, der den 20ten Theil des Kolbenlaufs beträgt, hatte der Dampf hier bei dieser Maschine 8,9 Pfd. und beim Anfange des Aufsteigens, also *vor* der Zusammendrückung, 6,9 Pfd. Spannung auf den Quadratzoll. Setzt man nun näherungsweise, dafs die Spannung des Dampfs umgekehrt sich verhalte wie der Raum, den er ausfüllt, so hätte der Spielraum, um *ohne* Zusammendrückung die nemliche Wirkung hervorzubringen, statt $0,05\lambda$, gleich $0,05\cdot\frac{8,9\lambda}{6,8} = 0,065$ sein müssen. Auf diese Länge $\lambda - \lambda_2 + c$ hätte also der Dampf abgeschnitten werden müssen. Dies giebt, da $c = 0,05\lambda$ ist, $\lambda - 0,065\lambda + 0,05\lambda = 0,985\lambda$; und dies ist der oben in (*d.*) angenommene Werth von λ_2.

Zu (*m.*) ist zu bemerken, dafs Herr *Wicksteed*, um die Reibung der leergehenden Maschine zu finden, gerade das Übergewicht an dem Wagebalken auf der dem Stiefel entgegengesetzten Seite in Rechnung gebracht hat. Und da dieses Übergewicht allein es ist, welches den Kolben nach oben treibt, während er die in der Druckpumpe enthaltene Wassersäule, so wie das Wasser in der Heifswasserpumpe hebt, so hat er das Gewicht dieser Wassersäulen von dem Übergewicht abgezogen; den Rest hat er für einen näherungsweisen Werth der Reibung genommen. Auf diese Weise hat er 0,206 Pfd. Reibung auf den Quadratzoll Pr. Kolbenfläche gefunden: aber offenbar ist dies zu viel. Denn das Übergewicht des Gegengewichts hebt nicht blofs das Wasser in den Pumpen, sondern drückt auch noch am Ende des Kolbenlaufs den Dampf, der sich über dem Kolben befindet, zusammen und bringt ihn von 6,9 Pfd. auf 8,9 Pfd. Spannung auf den Quadratzoll. Betrachtet man diese Wirkung als erst *nach* dem Schlufs der Vertheilungsklappe hervorgebracht, so giebt sie einen mittlern Widerstand von $\frac{1}{2}(8,9-6,9)=1$ Pfd. Spannung auf den Q. Z., der auf den 0,015ten *Theil* des Kolbenlaufs überwunden wird, und das ist so viel als 0,015 Pfd. für den *ganzen* Kolbenlauf. Zieht man dies von den obigen 0,206 Pfd. ab, so bleiben nur 0,191 Pfd.; wie in (*m.*) angenommen. Übrigens ist unter diesem Widerstande auch noch der des Wassers und der Stempel in den Pumpen mitbegriffen. Da wir indessen keinen Maafsstab haben, um diese Widerstände *besonders* zu schätzen, so deuten wir sie blofs an und bemerken, dafs auf diese Weise dafür nichts weiter von der Nutzwirkung abzuziehen ist.

462.

A. Setzt man nun die Zahlen von (§. 461.) in die obigen Formeln (§. 460.) und vergleicht die Ergebnisse mit denen, welche Herr *Wicksteed* durch die *Versuche* erhielt, so ergiebt sich Folgendes.

		Dauer der Versuche. Stunden.	Absperrung $\frac{\lambda_1}{\lambda}$.	Geschwindigkeit nach der Erfahrung. Fufs Pr. in 1 Minute.	Geschwindigkeit nach der Rechnung. Fufs Pr. in 1 Minute.
494.	1ter Versuch	96	0,603	58,61	56,90
	2ter - - - -	144	0,477	71,86	67,90
	3ter - - - -	168	0,397	61,13	60,48
	4ter - - - -	154,25	0,352	62,37	63,14
	5ter - - - -	117,6	0,313	67,85	65,88

Es zeigt sich hier, obgleich die Absperrung bei den sehr lange fortgesetzten Versuchen bedeutend verschieden war, eine gute Übereinstimmung der Ergebnisse der Erfahrung und der Rechnung.

B. Nimmt man ferner verschiedene andere Absperrungen an, und für jede das nach der Theorie *vortheilhafteste* Gegengewicht, so wie das *vortheilhafteste* Maafs für den Verschlufs der Vertheilungsklappe, und dann für das verdampfte Wasser und den Verbrauch an Brennstoff ein Mittel dessen, was bei den Versuchen Statt fand, nemlich $S=0,61225$ Cub. F. und $N=4,259$ Pfd. Pr. Kohlen in der Minute, so wie $P=144.48,396=6969$ Pfd. Pr. für die gesammte Dampfspannung im Kessel auf den Quadratfufs, so erhält man Folgendes.

495.

					Für die unbedingt gröfste Wirkung.	
1.	$\frac{\lambda_1}{\lambda} =$	0,30	... 0,20	...	0,10.	
2.	$\frac{G}{144} =$	30,60	... 24,45	...	16,26	Pfd. Pr. Gegengewicht auf den Quadratzoll Kolbenfläche.
3.	$\frac{\lambda_2}{\lambda} =$	0,78	... 0,71	...	0,62	vortheilhafteste Absperrung der Vertheilungsklappe.
4.	$v_1 =$	37,11	... 56,75	...	107,29	F. Pr. vortheilhaftester Kolbenlauf in 1 Minute.
5.	$ar_1 =$	127413	... 95897	...	58936	Pfd. Pr. Kraft des Kolbens.
6.	$\frac{r_1}{144} =$	26,90	... 20,26	...	12,44	Pfd. Pr. Widerstand von 1 Q. Z. Kolbenfläche.
7.	$S =$	0,61225	... 0,61225	...	0,61225	Cub. F. Pr. in 1 Minute verdampften Wassers.
8.	$W_1 = ar_1 v_1 =$	4728296	... 5442154	...	6323243	Nutzwirkung in 1 Minute.
9.	$\frac{W_1}{\varepsilon} =$	152	... 175	...	204	Pferdekräfte.
10.	$\frac{W}{N} =$	1110189	... 1277801	...	1484678	Nutzwirkung von 1 Pfd. Kohlen.
11.	$\frac{W}{S} =$	7722819	... 8888777	...	10327877	Nutzwirkung von 1 C. F. verdampften Wassers.
12.	$Q = \frac{\varepsilon N}{ar_1 v_1} =$	0,028	... 0,025	...	0,022	Pfd. Brennstoff für 1 Pferdekraft.
13.	$O = \frac{\varepsilon S}{ar_1 v_1} =$	0,00403	... 0,00349	...	0,00300	C. F. Wasser für 1 Pferdekraft.
14.	$\frac{ar_1 v_1}{\varepsilon N} =$	35,69	... 41,09	...	47,90	Pferdekräfte für 1 Pfd. Brennstoff.
15.	$\frac{ar_2 v}{\varepsilon S} =$	248	... 286	...	333	Pferdekräfte von 1 C. F. verdampften Wassers.

C. Bei dem 5ten Versuch war die Geschwindigkeit des Kolbens $v = 67,85$ F. in der Minute; die Absperrung war $\frac{\lambda_1}{\lambda} = 0,313$; das Gegengewicht betrug nach (§. 461. *l.*) $\frac{1631,1}{144} = 11,327$ Pfd. und die Ladung nach (§. 461. *k.*) $\frac{1638,9}{144} = 11,381$ Pfd. Pr. auf den Quadratzoll Kolbenfläche; was eine Nutzwirkung von $arv = 3656000$ giebt.

Will man bei der Absperrung $\frac{\lambda_1}{\lambda} = 0,30$ stehen bleiben, damit die Bewegung nicht zu ungleichförmig werde, und giebt dann der Maschine nach

(495. 2.) ein Gegengewicht von 30,60 Pfd. und nach (495. 6.) eine Ladung von 26,90 Pfd. auf den Quadratzoll, so läfst sich zufolge (495. 8.) eine Nutzwirkung von 4728296 erlangen.

Will man dagegen eine Absperrung von 0,20 zulassen, aber ungefähr die gleiche Geschwindigkeit wie bei dem Versuch beibehalten, so kann man nach (495. 2. 6. und 8.) mit einem Gegengewicht von 24,45 Pfd. und einer Ladung von 20,26 Pfd. auf den Quadratzoll eine Nutzwirkung von 5442154 erlangen.

Endlich läfst sich durch eine Absperrung von 0,10 nach (485. 2. 6. und 8.), mit einem Gegengewicht von 16,26 und einer Ladung von 12,44 Pfd. auf den Quadratzoll eine Nutzwirkung von 6323243 erreichen.

Hieraus sieht man, welcher Gebrauch sich von den Formeln machen läfst. Es lassen sich daraus die vortheilhaftesten Anordnungen abnehmen, und behält man diejenigen bei, welche am ausführbarsten sind, oder welche am besten für das jedesmalige Bedürfnifs passen, so hat man das Mittel, der möglich-gröfsten Nutzwirkung, so weit es thunlich ist, sich zu nähern.

Vierte Abtheilung.

Gründe, aus welchen die Cornwallisschen Maschinen von einfacher Wirkung vortheilhafter sind als alle andern.

463.

Die grofse Wirkung dieser Maschinen ist fast von allen Schriftstellern, welche davon gesprochen haben, als theoretisch *unmöglich,* in Zweifel gezogen worden, und noch im Jahre 1838 hat sich darüber zu London zwischen den Ingenieurs, welche die Wirkung an Ort und Stelle *gemessen* hatten und zwischen Denen, welche darauf beharrten in der Art der Messung Fehler zu suchen, ein Streit erhoben. Späterhin hat man zwar die Messungs-Ergebnisse nicht mehr bezweifeln können, aber nun hat ein Englischer Ingenieur die Ursach der grofsen Wirkung noch in etwas anderm als in der *Spannung* des Dampfs, nemlich in einem *Stofse* gesucht, welchen der Dampf, wenn er in den Stiefel eindringt, auf den Kolben ausübe. Da indessen, wie wir sahen, die Ergebnisse der Formeln, welche sich aus den nemlichen Grundsätzen ergeben, die für andere Maschinen gelten, mit der Erfahrung gut übereinstimmen, so scheint es uns nöthig, die *wahren* Ursachen, aus welchen die *Cornwallis*schen Maschinen vortheilhafter wirken als andere, besonders auseinanderzusetzen.

464.

Nach dem 5ten Versuch mit der Maschine zu *Oldford* gaben nach (§. 461. *c.* und *h.*), mit 0,313 Absperrung, 3,897 Pfund Kohlen in der Minute, wie in (§. 462. *C.*) berechnet, eine Nutzwirkung von 3656000. Dieses beträgt auf einen Englischen Scheffel Kohlen, welcher 91 Pfd. Pr. wiegt, eine Nutzwirkung von 85 325 668 Pfd. Pr. in der Minute 1 F. hoch gehoben, und, wie Rechnung und Erfahrung bewiesen, kann durch eine stärkere Absperrung eine noch gröfsere Nutzwirkung erzielt werden. Durch die besten *Watt*schen Maschinen dagegen läfst sich mit einem Englischen Scheffel oder 91 Pfd. Kohlen nur eine Nutzwirkung von etwa 26 300 000 Pfd. Pr. 1 F. hoch gehoben erzielen. Die *Cornwallis*schen Maschinen leisten also *bei weitem* mehr als die *Watt*schen. Die Ursachen davon liegen

a) In der wirksameren Einrichtung der Esse;

b) In der vortheilhafteren Einrichtung der Pumpen und

c) In der Maschine selbst.

465.

Erstlich. Was zuerst die Esse betrifft, so hat *Watt* seinen Versuchen zufolge angenommen, dafs in den für seine Maschinen üblichen Kesseln von der *Frachtwagenform*, um 1 Cub. F. Pr. Wasser zu verdampfen, 8,87 Cub. F. Kohlen von der besten Art nöthig sind und dafs nur in einzelnen Fällen 7,65 Pfd. ausreichen. In den Kesseln der *Cornwallis*schen Maschinen, *mit der Esse im Innern*, sind nur 7,13 und selbst zuweilen nur 6,34 Pfd. nöthig; was schon einen wesentlichen Unterschied macht.

Zweitens sind die Pumpen, welche von den *Watt*schen und andern Maschinen in Bewegung gesetzt werden, *Saugpumpen* mit *Klappen:* bei den *Cornwallis*schen Maschinen dagegen sind die Pumpen, weil sie beim *Niedergange* des Gegengewichts wirken, sämmtlich, mit Ausnahme der Vorschöpfpumpe unten in der Schöpfgrube, *Druckpumpen, mit festen Stempeln,* die, wie bekannt, weniger Reibung haben, weil die Klappen nicht da und die Kolben nicht verliedert sind. Auch geht in diesen Pumpen weniger Wasser verloren, da jeder Verlust sogleich sichtbar wird und, wenn man ihn bemerkt, nur die Schrauben der Verdichtung angezogen werden dürfen; auch kein Wasser wieder durch die Klappen *zurück*fliefsen kann; wodurch denn also die Nutzwirkung ebenfalls vergröfsert wird.

Drittens. Die Stiefel der *Cornwallis*schen Maschinen sind von einer zweiten metallischen Hülle mit Zwischenraum umgeben, in welchen Raum Dampf aus dem Kessel strömt; und um die metallene Hülle ist noch eine zweite von Holz, mit Zwischenraum, der mit gesiebter Asche gefüllt ist; zuweilen wird auch noch unter dem Stiefel und den Dampfbüchsen ein besonderes Feuer angezündet. Ähnliches findet sich zwar auch bei den gröfsern *Watt*schen Maschinen, aber da bei diesen der Dampf im Kessel nur etwa 103 Centigr., bei den *Cornwallis*schen Maschinen hingegen wegen des hohen Drucks 140 Centigr. Wärme und darüber hat, so ist bei den *Watt*schen Maschinen jene Anordnung viel weniger *wirksam,* als bei den Maschinen von *Cornwallis.* Nun wird bei allen Dampfmaschinen eine nahmhafte Menge Wasser vom Dampf aus dem Kessel mit fortgerissen: dieses Wasser wird bei den *Cornwallis*schen Maschinen während des Kolbenlaufs im Stiefel verdampft und trägt also ebenfalls zur Nutzwirkung bei, während bei den *Watt*schen Maschinen der Stiefel dazu nicht heifs genug ist, folglich dort ein Theil des erwärmten Wassers verloren geht. Aufserdem wird bei den *Watt*schen Maschinen das zwischen dem Stiefel und seiner Hülle niedergeschlagene Wasser durch eine besondere Röhre *nach aufsen* abgeleitet; was ein Verlust von etwa 2 pro cent der gesammten Verdampfung zur Folge hat, während bei den *Cornwallis*schen Maschinen jenes Wasser in den Kessel zurückgeschafft wird.

Viertens. Die Reibung der leergehenden Maschine und die von der Ladung herkommende zusätzliche Reibung beträgt, wie weiter oben bemerkt, bei den *Cornwallis*schen Maschinen der Erfahrung nach nur etwa *halb so viel,* als bei doppelt-wirkenden *Watt*schen Maschinen mit Stiefeln von gleichem Durchmesser; was ebenfalls ein Vorzug jener ist. Sodann haben die *Cornwallis*schen Maschinen keine besondere Kaltwasserpumpe, weil ihnen die grofsen Pumpen, die sie treiben, das nöthige kalte Wasser im Überflufs liefern; und statt kegelförmiger Klappen haben sie Kronklappen, welche sich mit viel geringerer Kraft öffnen lassen.

Fünftens wird in dem Niederschlaggefäfs einer *Cornwallis*schen Maschine der Dampf viel vollkommner niedergeschlagen, als in dem Kühlgefäfs einer *Watt*schen Maschine: denn jenen wird das kalte Wasser zum Niederschlage des Dampfs in Menge zugeführt, während für Maschinen in Fabriken noch eine besondere Kraft nöthig ist, um das kalte Wasser herbeizuschaffen; welche Kraft bedeutend sein kann, wenn das Wasser aus einer grofsen Tiefe heraufgeschöpft werden mufs.

Sodann öffnen sich die Kronklappen für den Austritt des Dampfs aus dem Stiefel sehr plötzlich und weit; was, zusammen mit dem Umstande, dafs der Kolben nur langsam sich bewegt, dem Niederschlage mehr *Zeit* verschafft. Bei den doppelt-wirkenden *Watt*schen Maschinen öffnen die Schiebeklappen die Ausströmungs-Öffnung nur allmälig und der Kolben bewegt sich schneller und ohne Ruhezeiten. So geschieht es, dafs bei den *Cornwallis*schen Maschinen, wo auch die Luftpumpe kräftig wirkt, die Spannung des niedergeschlagenen Dampfs im Stiefel sich fast mit der im Kühlfafs ins Gleichgewicht setzt, während sie bei den *Watt*schen Maschinen wohl noch 4 Pfd. auf den Quadratzoll beträgt, obgleich sie im Niederschlaggefäfs bis auf $1\frac{1}{4}$ Pfd. gesunken ist.

Sechstens. Besonders sind die *Cornwallis*schen Maschinen durch die starke Spannung des Dampfs in ihren Kesseln vor den *Watt*schen Maschinen mit nur schwacher Spannung im Vortheil. In der oben gedachten Maschine mit 78zölligem Stiefel betrug die mittlere Reibung, zusammen mit dem Gegendruck des niedergeschlagenen Dampfs auf den Kolben, nur 0,915 Pfd. auf den Quadratzoll Pr. der Kolbenfläche, also von den 11,29 Pfd. Druck der Nutzlast, der noch viel stärker hätte sein können, etwa nur den *12ten Theil.* In einer *Watt*schen Maschine dagegen, von gleicher Gröfse, belaufen sich jene beiden Widerstände, wie oben bemerkt, bis auf 4,4 Pfd. auf den Quadratzoll, während für eine Dampfspannung im Kessel von 16,9 Pfd., die Nutzlast nur etwa 8,2 Pfd. auf den Q. Z. ist, so dafs also hier die Widerstände, statt des *12ten Theils,* die *Hälfte* der Nutzwirkung wegnehmen. Diesen Vorzug haben *alle* Hochdruckmaschinen vor den Maschinen mit niedrigem Druck.

Siebentes endlich ist es ganz vorzüglich die *Absperrung,* welche die Wirkung der *Cornwallis*schen Maschinen erhöht, und der Nutzen derselben ist um so gröfser, je weiter sie getrieben wird. Die doppelt-wirkenden *Watt*schen Maschinen, welche uns hier zur Vergleichung dienen, haben *gar keine* Absperrung. In den einfach-wirkenden sperrt man den Stiefel auf etwa *zwei Drittheil* des Kolbenlaufs ab, und da erhebt sich auch sogleich die Nutzwirkung von 1 Scheffel oder 91 Pfd. Kohlen zuweilen schon bis auf 37 588 400 Pfd. Pr. in der Minute 1 F. hoch gehoben. In den *Cornwallis*schen Maschinen geschieht die Absperrung schon auf den *fünften, sechsten* und selbst *zehnten* Theil des Kolbenlaufs; wovon dann der Nutzen noch viel bedeutender ist.

Bei den *Cornwallis*schen Maschinen dringt der Dampf beim *Anfange* der Bewegung des Kolbens mit einer Kraft in den Stiefel, welche vermöge seiner hohen Spannung bei weitem *stärker* ist, als der Widerstand des Gegengewichts. Und da nun nur die *mittlere* Kraft des Dampfs dem Gegengewicht gleich sein mufs, so ist am *Ende* des Kolbenlaufs die Dampfspannung viel *schwächer* als der Widerstand des Kolbens. So also geht in diesen Maschinen durch den nur noch mit geringer Spannung entweichenden Dampf nur wenig Kraft und folglich nur wenig Brennstoff verloren: viel weniger, als wenn, ohne Absperrung, der Dampf mit seiner vollen Spannung entwiche. Man verkennt die Wirkung der Absperrung, wenn man sich darüber wundert, dafs am Ende des Kolbenlaufs der Dampf im Stiefel bei weitem nicht mehr so viel Spannung hat, als nöthig ist, das Gegengewicht zu heben, so dafs der Kolben von selbst seinen Rückweg antreten kann, ehe noch die Vertheilungsklappe geöffnet ist. So auch geschieht es mit Unrecht, wenn man, nächstdem, dafs man die Reibung viel zu hoch anschlägt, die Dampfspannung in den *Cornwallis*schen Maschinen für zu gering hält, ihre Last fortzutreiben, und einen *Stofs* annimmt, der, vom Dampf im Anfange des Kolbenlaufs auf den Kolben ausgeübt, denselben forttreibe. [„Zwar ist es freilich kein eigentlicher *Stofs*, „der den Kolben forttreibt, insofern man unter *Stofs* eine Kraft zu verstehen „hat, die augenblicklich, nachdem sie ihre Wirkung that, wieder aufhört; „denn die starke Dampfspannung, die auf den Kolben im Anfange seiner Be- „wegung wirkt, hört hier nicht augenblicklich wieder auf, sondern dauert bis „zur Absperrung fort: indessen ist es gleichwohl, ähnlich wie beim Stofs, das „*Beharrungsvermögen* der Masse, vermöge dessen der Kolben bis ans Ende „seines Laufs gelangt; und so wird allerdings, *ähnlich* wie durch einen *Stofs*, „der Kolben gleichsam fortgeschleudert. Wir werden darauf bei den unten „folgenden zusätzlichen Bemerkungen des weitern zurückkommen." D. H.]

466.

Zu den Vervollkommnungen der *Cornwallis*schen Maschinen ist man *allmälig* gelangt; und zwar vorzüglich durch den oben erwähnten Gebrauch in den Bergwerken dieser Gegend, dafs ein Verein von Ingenieurs die Wirkungen der Maschinen beobachtet und die Ergebnisse davon monatlich bekannt macht. Dadurch ist ein solcher Wetteifer entstanden, dafs man von 1811 bis 1840 die Wirkung eines Scheffels Kohlen von 91 Pfd. von $18\frac{1}{2}$ bis zu 75 und selbst bis zu 117 Millionen Pfund, in der Minute 1 Fufs hoch gehoben, gebracht hat. Der Unterschied zwischen den verschiedenen Beträgen der Wirkung rührt hier insbesondere von dem Grade der *Absperrung* des Dampfs her, welchen die Umstände gestatten; denn eine starke Absperrung ist nur zuläfslich, wenn die zu hebende Last noch nicht sehr grofs, oder das Bergwerk noch nicht sehr tief ist. [„Nemlich insofern sich die Spannung „des Dampfs im Kessel nicht für die stärkere Absperrung erhöhen läfst." D. H.]

(Die Fortsetzung folgt.)

2.

Über die zweckmäfsigste Cultur der einheimischen Bau- und Nutzhölzer.

(Von *J. H. Schmidt*, Landgüter-Verwalter, jetzt in Pommern.)

(Fortsetzung der Abhandlung No. 4. und 11. im 26. Bande.)

---

18. Der Maulbeerbaum. *Morus.*

Derselbe hat sich aus Italien und dem südlichen Frankreich, wohin er aus seinem Stammlande Persien und China gelangt war, nach Deutschland verbreitet und wird jetzt, seit der Seidenbau bei uns wieder einen neuen Aufschwung erlangte, zwar schon häufig angebaut, jedoch immer noch nicht in dem Maafse, wie es für die Seidenzucht und für andere gewerbliche Zwecke nützlich und nöthig wäre. Man hat häufig gesagt, der Maulbeerbaum komme nur in südlicheren Gegenden fort und eigne sich also nicht für das nördliche Deutschland. Es liefsen sich indessen die auffallendsten Beweise des Gegentheils aufstellen. Der Verfasser hat sogar in den Ostseegegenden und im nördlichen Preufsen die schönsten, gröfsten Maulbeerbäume, ja selbst in sehr gutem Stande sich befindende Plantagen davon angetroffen; leider aber auch an einem Orte vor einigen Jahren es mit angesehen, dafs man die gröfsten, vorzüglichsten Bäume vernichtete, während für die Anzucht junger Bäume nichts geschah. Der grofse Werth und Nutzen des Baumes scheint bei uns noch nicht hinreichend anerkannt zu werden, wenn gleich einige ausgezeichnete Männer, wie z. B. der verewigte Herr ***v. Türk***, um den Anbau und die zweckmäfsige Cultur des Baumes sich sehr verdient gemacht haben.

Der Maulbeerbaum nimmt mit einem mittelmäfsigen, ja schotterigen Grunde vorlieb; einige Arten widerstehen einem bedeutenden Grade von Kälte, und das Aufziehen desselben hat, unter gehöriger Beobachtung einiger Vorsichtsmaafsregeln, keine grofsen Schwierigkeiten. Ein etwas besserer, lockerer, nicht zu feuchter Boden und eine gegen den Anfall heftiger Winde geschützte Lage befördert noch dessen Gedeihen. Und nicht allein wegen seiner angenehmen, säuerlich-süfsen, erquickenden Früchte (besonders von schwarzen

Maulbeerbäumen) die in den heifsen Sommermonaten sehr erfrischend sind, und wegen seines Laubes zur Fütterung der Seidenraupen, sondern auch wegen der Benutzung des Laubes und Bastes zu andern Zwecken, z. B. zu Papier und zur Fütterung der Ziegen, der Schafe und des Rindviehs, wenn anderes Futter mangelt, verdient er einen ausgebreiteteren Anbau.

Es giebt verschiedene Ab-Arten des Maulbeerbaums, welche wahrscheinlich durch die verschiedenen Cultur-Arten, oder auch aus der Mannigfaltigkeit der climatischen Verhältnisse entstanden sind. Folgende sind die vorzüglicheren:

1. Der weifse Maulbeerbaum, *Morus alba,* hat ziemlich glatte, mittelmäfsig grofse, etwas längliche, mehr oder weniger ausgeschnittene, zugespitzte, 3 auch 5lappige Blätter und rundliche, zuweilen weifsliche oder röthliche, öfters schwärzliche, aber nur wenig schmackhafte Früchte, die man nur meist zum Viehfutter nimmt. Er erreicht eine bedeutende Höhe und einen grofsen Umfang, bekommt eine besonders schöne, dicht belaubte Krone und eine stark aufgesprungene Rinde. Er kommt fast in jedem Boden gut fort, ist gegen die Kälte wenig empfindlich und läfst sich leicht erziehen. Das Holz ist im Wasser dauerhaft, und gut zu Weinfässern; Tischler und Drechsler benutzen es gern. Nach den Erfahrungen des Herrn *v. Türk* haben sich die Sorte aus *Montpellier* und die sogenannte *Madiotschsorte* (aus Lyon) zur Vervielfältigung durch Pfropfen am besten geeignet. Seit einigen Jahren erregt der *vielstenglichte* oder *philippinische* Maulbeerbaum, eine Ab-Art des weifsen, eigentlich ein Strauch (M. multicaulis), viel Aufmerksamkeit. Er wird in Nord-Amerika, in der Gegend von Boston und New-York, mit Erfolg gezogen und hat dort starke Fröste ausgehalten, würde sich also vorzüglich für unsere Gegend eignen. Sein Laub wird begierig von den Seidenraupen gefressen und liefert 4 bis 5mal gröfsere feine Blätter als der gewöhnliche Baum, besonders wenn er heckenartig gezogen wird. Ein Hauptvortheil bei der Cultur dieses Strauchs ist, dafs er sich durch Stecklinge vermehren läfst, wodurch die Fortpflanzung bedeutend schneller geschieht. Die Seide von den mit diesem Laube gefütterten Würmern soll in der Qualität und leichten Annahme von Bleiche und Farbe nichts zu wünschen übrig lassen. Der Anbau dieser Art des Maulbeerbaums verdient daher die gröfste Aufmerksamkeit.

2. Der rothe Maulbeerbaum, *Morus rubra,* hat seinen Namen von den schönen hellrothen, jedoch nur kleinen Früchten, die aber einen ziemlich angenehmen Geschmack haben. Er ist deshalb zu empfehlen, weil er unter allen Arten gegen Frost und Kälte am unempfindlichsten ist. Sein Blatt hat

indessen stärkere Fasern, so dafs er zur Ernährung der Seidenwürmer und zur Gewinnung von Seide in Quantität und Qualität dem vorigen weit nachsteht. Er gedeiht auf mittelmäfsigem, jedoch nicht ganz trocknem Boden. Er hat rauhe, dunkelgrüne, herzförmige, länglich gespitzte, ungleich, 3 bis 5fach gelappte Blätter und wird aus Samen, so wie auf jede andere Art gezogen.

3. Der schwarze Maulbeerbaum, ***Morus nigra,*** trägt die angenehmsten, säuerlich-süfsen, ungemein wohlschmeckenden, dabei bedeutend gröfseren, dunkelschwarzrothen Früchte und wird vorzugsweise ihretwegen gezogen. Das Blatt ist dunkelgrün, rauh, herzförmig, meist fünflappig, am Rande gezahnt und als Futter für die Seidenraupen von geringem Werthe, wird nicht gern von ihnen gefressen und dient also nur für den Nothfall. Der Baum wird ansehnlich hoch, mufs seiner gröfsern Empfindlichkeit wegen auf besserem Boden in geschützter Lage gezogen werden und wird nicht durch Samen vermehrt, sondern an mehrjährigen Bäumchen durch Oculiren und Copuliren veredelt, oder auch durch Ableger fortgepflanzt. Als Spalierbaum trägt er besonders gute, grofse und schmackhafte Früchte.

4. Der Papiermaulbeerbaum, ***Morus papyrifera (Borussonetia p.),*** hat auf einem und demselben Baume sehr verschieden gestaltete Blätter, mit mehr oder weniger oder gar keinen Ausschnitten, mit gezahntem oder glattem Rande, mit rauher, oder fast glatter Oberfläche u. s. w. Er stammt aus Japan, wo er bedeutend grofs und umfangreich wird. Dort trägt er purpurfarbene, erbsengrofse Beeren; hier nicht. Seine grofsen Blätter zeigen sich zeitig im Frühlinge, werden aber von den Seidenraupen gar nicht, oder doch nur ungern gefressen. Aus dem Baste der Zweige macht man ein Papier, welches dem Chinesischen gleich kommt und sich besonders zum Kupferdruck eignet. Dieser Baum verdient, weit verbreitet angebaut zu werden, da er einen neuen Erwerbzweig herstellen und die Papierfabrication ungemein heben würde.

5. Der Spanische weifse Maulbeerbaum hat grofse, breite Blätter und gröfsere Früchte als die andern Arten, ist aber für die Seidenraupen nur zu benutzen, wenn andere Arten fehlen. Er wird sehr hoch und von grofsem Umfange.

6. Der Italienische Maulbeerbaum, mit rosenrother Frucht, ist eine Spiel-Art des rothen.

Anbau. Im Allgemeinen läfst sich der Maulbeerbaum aus Samen, durch Wurzelschöfslinge, durch Ableger, Stecklinge, Oculiren und Copuliren ziehen; nur der schwarze Maulbeerbaum kann wegen seiner grofsen Empfindlichkeit nicht aus Samen gewonnen werden, weil die jungen Bäumchen leicht erfrieren; man mufs ihn durch eins der Veredlungsverfahren fortpflanzen.

Zu gutem Samen mufs man die reifsten und schönsten Beeren von gesunden Bäumen nehmen, die in dem Jahre nicht abgelaubt worden sind. Der reife Samen ist in den Früchten enthalten, die von selbst abfallen. Die gesammelten Maulbeeren läfst man an einem warmen Orte weich werden, zerdrückt sie mit der Hand, prefst den Saft durch Leinwand und wäscht den Rückstand in einem weitlöcherigen Durchschlage in einer Schüssel mit Wasser aus. Die guten Körner senken sich dann auf den Boden; die leichten schwimmen oben auf. Nur die guten werden zur Saat genommen und an einem luftigen Orte im Schatten getrocknet. Die schicklichste Zeit der Saat ist die, wenn die Natur selbst sie verrichtet. Man kann aber auch am Ende des Sommers, oder sobald die reifen Beeren abgefallen sind, säen, und gewinnt dadurch einen bedeutenden Vorsprung; nur verderben noch oft frühe Herbstfröste die jungen aufgehenden Pflanzen. Die Beeren mit dem Fleische zu säen ist nicht so gut, weil sie von einem klebrigen Safte und einer Haut umgeben sind, die ihre Entwickelung aufhalten. Die sicherste Aussaat ist im Frühlinge, Ende Mai, wenn keine Nachtfröste mehr zu fürchten sind.

Das zur Saat bestimmte Beet, gegen Norden geschützt, wo möglich in der Nähe von Wasser, wird im Herbste gut gedüngt, umgegraben oder rigolt, im Frühlinge noch zweimal umgestochen und der Same dann ganz dünn in 6 bis 8 Zoll von einander entfernten Reihen auf 4 Fufs breiten Beeten ausgestreut; am besten mit Sand gemengt. 1 Loth Samen reicht für ein 12 F. langes und 4 F. breites Beet hin. Der Samen wird $\frac{1}{2}$ bis 1 Zoll hoch mit Erde bedeckt, das Beet öfter mit *weichem* Wasser begossen und stets von Unkraut rein gehalten. Auch ist es gut, wenn die jungen Pflanzen, die nach 10 bis 14 Tagen aufgehn, durch einen kleinen Zaun gegen die kalten Winde und gegen sonstige Beschädigungen geschützt werden. Gegen heifse Sonnenstrahlen schützt man sie auch durch Matten und Strohdecken, die man auf Pflöcken darüber legt, oder durch Sträucher und Streifen von Moos, welche man zwischen die Pflänzlinge ausbreitet. Ende August hört man auf, oft zu begiefsen, damit sich das Holz mehr befestige und der Winterkälte besser widerstehe. Gegen den Frost mufs man die Pflänzlinge durch zwischengestreutes Laub, von Reisig festgehalten, schützen. Im nächsten Frühlinge werden die stärksten Pflanzen, besonders die, welche zu dicht stehen, in die Baumschule versetzt; die stehenbleibenden werden auf 4 bis 5 Augen über der Erde abgeschnitten, worauf sie dann kein unreifes Holz behalten und stärkere Triebe machen. Man kann sie auch schon vor dem Winter bis auf 2 bis 3 Zoll abschneiden.

Der Boden der Baumschule mufs den Herbst vorher vorbereitet, 2½ F. tief rigolt und mit Compost oder verwittertem Dünger gemischt werden. Anfangs April wird so viel davon wieder umgegraben, als man bepflanzen kann; in 3½ F. breite Beete zu zwei Reihen getheilt, zwischen welchen Beeten 2 F. breite Steige bleiben. Die Bäume setzt man, 2½ Fufs von einander entfernt, im Verbande. Es ist schädlich, die Bäumchen in der Baumschule zu dicht stehen zu lassen, weil die Stämme dann nicht hinreichende Stärke erlangen, um im Freien auszudauern. Die Verpflanzung in die Schule geschieht von Mitte März bis Mitte Mai. Die Bäumchen hebt man mit dem Spaten behutsam und so aus, dafs die Wurzeln nicht beschädigt werden. Der Stamm wird bis auf 4 bis 5 Augen gestutzt, wenn es nicht schon geschehen ist. Die faserigen Stellen der Wurzeln werden beschnitten; die starken Seitenwurzeln nur wenig, die Pfahlwurzel bis auf ½ Zoll. Man setzt sie ½ Zoll tiefer, als sie im Samenbeet gestanden haben, schlämmt sie ein und tritt sie an. Im ersten Sommer müssen die Bäumchen öfter, im zweiten seltener und im dritten nur während anhaltender Dürre begossen werden. Von kränkelnden Bäumchen mufs man die Wurzeln untersuchen und, wenn sich eine Höhlung findet, dieselbe ausfüllen und die Erde um die Stämme andrücken. Alle Wurzelschöfslinge und Reiser werden weggeschnitten, weil sie den Baum entkräften und in einen blofsen Strauch verwandeln. Es mufs überhaupt die Gestalt des zu erziehenden Baumes berücksichtigt werden. Soll er ein Hochstamm werden, so drückt man auch an Edelreisern alle an der Seite hervorgetriebenen Knospen mit dem Daumen ab; kleine Zweige werden weggeschniten und nur der Haupttrieb bleibt unberührt; die Krone bildet man erst, wenn der Baum 6 bis 8 F. hoch und so stark ist, dafs er sie allein tragen kann. Deshalb werden Anfangs nur einige der stärksten Seiten-Äste abgeschnitten, und dann wird die Spitze gestutzt, worauf neue Seiten-Äste hervortreiben und die Krone bilden; was ganz der Natur überlassen werden mufs, weil das viele Beschneiden den Früchten Eintrag thut und dem Baume selbst schadet. Um recht schöne *Früchte* zu erlangen, zieht man den Baum am Spalier. Um viel *Blätter* zum Seidenbau zu gewinnen, zieht man Buschbäume in Hecken, weil die öfter geschnittenen jungen, zarten Blätter ein besseres Futter, also feinere Seide geben. Das Unkraut in der Baumschule mufs sorgfältig vertilgt werden.

In 4 Jahren werden, unter angemessener Behandlung, auf gutem Boden die meisten Bäumchen stark genug sein, um versetzt zu werden; nemlich unten am Stamme 3 bis 4 Zoll in der Rundung. Die schwachen läfst man noch ferner in der Baumschule stehen. Auf alle jungen Bäumchen, welche kleine, schmale, tief eingeschlitzte Blätter haben, die den Seidenraupen schädlich sind, setzt man Reiser von Maulbeerbäumen mit breiten runden Blättern, insofern die Bäume zum Seidenbau gezogen werden sollen.

Das Pfropfen, Copuliren und Oculiren geschieht wie bei den Obstbäumen. Die zum Pfropfen bestimmten Reiser werden im Februar geschnitten und im Keller in feuchtem Sande aufbewahrt. Im April und Mai wird der junge Stamm 3 bis 4 Zoll über der Erde abgeschnitten und das Pfropfreis wird aufgesetzt. Wenn es 2 bis 3 F. hoch gewachsen ist, bekommt es einen Pfahl. Nach 3 bis 4 Wochen werden die Bänder, mit welchen die Pfropfreiser befestigt waren, gelöset, und kommen nun unterhalb wilde Triebe hervor, so werden sie weggenommen. Im ersten Jahre behält das Reis die Nebenzweige, im zweiten und dritten werden dieselben etwas gestutzt, und im vierten ganz entfernt und die Krone wird gebildet, die man Anfangs auf 1 F. im Durchmesser beschränkt.

Die Löcher, an den Stellen auf welche die Maulbeerbäume aus der Baumschule gepflanzt werden sollen, werden schon im Herbste vorher gegraben, damit Regen, Luft und Schnee darauf wirken können. Je schlechter der Boden ist, desto breiter und tiefer mufs das Loch gemacht und nöthigenfalls mit besserer Erde ausgefüllt werden. In zu festem Boden mufs man das Baumloch mit leichter, lockerer Erde ausfüllen. Die obere Schicht Erde wird auf die eine, die untere auf die andere Seite geworfen. Wenn das Loch gegraben ist, wird es auf Einviertel seiner Tiefe mit guter Erde ausgefüllt; dann wird rund um das Loch die Erde $\frac{1}{2}$ F. tief abgestochen und hineingeworfen; beim Pflanzen wird das Loch mit der untersten Erde gefüllt. 3 F. tiefe und 4 bis 6 F. im Durchmesser haltende Löcher sind überall hinreichend. Die Pfahlwurzel der zu pflanzenden Bäume wird stark gestutzt; die Seitenwurzeln bleiben aber breiter als die Krone ist. Die Ausbildung der Krone richtet sich immer nach der Wurzelkrone. Der Baum wird nicht tiefer gesetzt, als er vorher gestanden hat; er wird gut eingeschlämmt und erhält einen Pfahl, wenn er zu schwach ist. Man kann nun Feld- oder Gartenfrüchte zwischen den Bäumen ziehen. Die Reihen werden dann, im Verbande, von Osten nach Westen 4 bis 5 Ruthen, von Norden nach Süden 2 bis $2\frac{1}{2}$ Ruthen, an Wegen und

Chausséen 2 Ruthen von einander entfernt gesetzt. Die Maulbeerbäume dürfen nicht von andern Bäumen beschattet werden, weil sonst ihr Laub, abgesehen davon, dafs sie im Wachsthum aufgehalten werden, zur Fütterung der Seidenraupen nicht tauglich ist. In grofser Dürre müssen die Bäume noch einigemal begossen werden. Im ersten Jahre nimmt man dem gepflanzten Baume nur die Wasserreiser, welche unterhalb hervorkommen, im Februar des nächsten Jahres aber alle Nebentriebe, bis zur Krone, damit sich dieselbe gehörig ausbilde: so wie auch die in der Mitte des Baumes emporstrebenden Zweige.

Um einen lebendigen Zaun oder eine Hecke von Maulbeerbäumen zu ziehen, wozu sich am besten der oben beschriebene vielstenglichte, philippinische Maulbeerbaum *(M. multicaulis)* eignet, pflanzt man 2 bis 3 F. hohe Stämmchen, 1 F. von einander, in einen vorher rigolten oder aufgeschütteten Graben und heftet sie an ein kleines Schutzgeländer aus Latten. Im ersten Jahre läfst man die Stämmchen frei wachsen und beschneidet im Winter die Hecke mit der Scheere. Im zweiten Jahre fängt man an die Blätter zu sammeln und beschneidet die Hecke, zu der Zeit wo die Seidenraupen viel Nahrung bedürfen, zu welcher man die Blätter der abgeschnittenen Reiser benutzt. Die im Nachsommer an die Stelle der abgeschnittenen Zweige hervortreibenden neuen Äste werden im Winter wieder abgeschnitten; worauf die Hecke dichter wird und im Frühlinge nur stärkere Zweige, mit fetten, frischen Blättern hervortreibt. Mit Buschbäumen verfährt man auf dieselbe Weise und erhält so immer viel Futter für die Seidenraupen.

Um Ableger zu gewinnen, füllt man kleine Blumentöpfe mit Erde, oder bindet blecherne Düten an die Äste, senkt die Zweige in die Erde ein, trennt sie im Herbste, wenn sie Wurzel gefafst haben, vom Stamme und versetzt sie in die Baumschule. Weniger gut sind die aus Wurzelschöfslingen gezogenen Bäume. Die Versuche, den Maulbeerbaum durch Stecklinge fortzupflanzen, besonders einiger Arten, sind überall gut gelungen.

Nutzen. 1. Des Hauptnutzens des Laubes, beim Seidenbau, ist schon gedacht worden. Zieht man dazu Hecken und Buschbäume, so können, während man die Seitentriebe beschneidet, um die Blätter zur Fütterung zu benutzen, die obersten Zweige stehen bleiben; man kann die Blätter abpflücken und die Zweige im Winter, wenn sie 2 bis 3 F. Höhe erreicht haben, abschneiden, um den Bast zur Papierfabrication zu benutzen. Eine 100 F. lange Hecke lieferte 12 bis 14 Pfd. Bast. Rechnet man den Centner zu 7 Thlr., so macht dies 23 bis 26$\frac{4}{5}$ Sgr.; das Holz davon war werth 1 bis 1$\frac{1}{4}$ Sgr.; thut zusammen

24 bis 28 Sgr.; welches noch eine gute Nebennutzung neben dem Ertrage des Seidenbaues geben würde. Von der Blätterfütterung erhält man mindestens 7 Pfd. Cocons, zum Werthe von 12½ Sgr., thut 2 Thlr. 27 Sgr. 6 Pf. Dies gäbe also im Ganzen einen Ertrag von 3 Thlr. 23 Sgr. 6 Pf., und wenn man auf 100 F. Hecke 5 Quadratruthen Land rechnet, so trüge der Morgen 136 Thlr. 6 Sgr. ein; vom Bast und Holz allein 31 Thlr. 6 Sgr., also durch den Seidenbau 105 Thlr. Die Kosten des Abschneidens der Zweige und des Abziehens der Rinde sind unbedeutend.

Nach einer genauen Berechnung der Einnahmen und Ausgaben beim Seidenbau in Sanssouci bei Potsdam vom 1. Juni und 20. Juli 1846 wurden im Jahre 1845 46 Loth Grains ausgelegt, mit 793 Thlr. 2 Sgr. Betriebskosten, 2300 Pfd. Cocons gewonnen und für 1798 Thlr. 20 Sgr. verwerthet: mithin wurden 1005 Thlr. 18 Sgr. gewonnen. Im Jahre 1846 wurden 50 Loth Grains ausgelegt, mit 939 Thlr. 25 Sgr. Betriebskosten, 2126 Pfd. Cocons gewonnen und für 1453 Thlr. 12 Sgr. 6 Pf., einschliefslich der Prämie und Grains, verwerthet: mithin wurden 503 Thlr. 17 Sgr. 6 Pf. gewonnen. Im Jahre 1845 wurde also das Pfund Cocons zu 13 Sgr. 1⅓ Pf., im Jahre 1846 nur zu 7 Sgr. 1¼ Pf. (mit Grains und Prämie) ausgebracht. Der Unterschied entstand besonders dadurch, dafs 1846 die Grains zu zwei verschiedenen Zeiten ausgelegt werden mufsten, wodurch der Betrieb um 14 Tage verlängert und die Kosten vermehrt wurden; und dann auch noch hauptsächlich dadurch, dafs man Versuche mit der Zucht im Freien, in Räumen und Schafställen anstellte, welche ¼ Meile entfernt waren, so dafs jeder Ort besondere Aufsicht und Arbeitskräfte erforderte und die Gewinnung des Laubes mühsamer und kostspieliger war; auch verursachte die grofse Hitze des Sommers 1846 einigen Verlust in den Orangeriehäusern. Die Übersicht dieser Berechnung wird aber jedem Unbefangenen die Überzeugung von der bedeutenden Vortheilhaftigkeit dieser so lange vernachlässigten Industrie geben, welche einen immer höhern Aufschwung im Vaterlande so sehr verdient. In andern Gegenden werden die Ausgaben, z. B. für Maulbeerbaumpacht, Tagelohn und Fuhrlohn noch bedeutend geringer sein; und wäre dies auch nicht, so ist es, aufser dem in der kurzen Zeit von 6 bis 7 Wochen erzielten beträchtlichen Rein-Ertrage, als ein wesentlicher Gewinn anzusehn, dafs die Maulbeerbaumzucht eine so hohe Rente abwirft und eine Menge arbeitsloser Menschen reichlichen Gewinn dadurch erzielen können.

2. Zur Papierfabrication eignet sich besonders die Rinde oder der Bast vom Papiermaulbeerbaum. Er wird ebenfalls als Buschbaum, oder auch in Hecken

gezogen. Die jährlich im Winter abgeschnittenen Zweige werden in 1 F. lange Stücken zerschnitten und so lange in kochendes Wasser gelegt, bis sich der Bast vom Holze ablösen läfst; hierauf wird die dicke, faserreiche Rinde abgezogen, die äufsere dünne, grüne Schale davon abgelöset und der übrige Faserstoff durch Kochen und Stampfen zu Papierteig verarbeitet, der dann wie gewöhnlich geformt wird. In China und Japan geschieht dies meistens durch Hand-Arbeit. Der Bast ist sehr stark, läfst sich sehr durch Kochen und Stampfen verkleinern und enthält viel Pflanzenleim, welcher bei der einfachen Papierbereitung der Chinesen nicht zersetzt wird und die Faserstoffe fast mit einander verbindet, weshalb diese Papiere sehr dünn geschöpft werden können und zum Kupferdruck so gut sich eignen. In Heidelberg haben die mit dem Papiermaulbeerbaum angestellten Versuche einen noch bei weitem höhern Ertrag gegeben. Man hat aus den Zweigen von 6 Stämmen, die heckenartig, 2 F. hoch und 3 F. von einander entfernt, gezogen waren und kräftige daumdicke Zweige von 3 bis 5 F. lang getrieben hatten, auf 80 Q. F. Land $3\frac{1}{2}$ Pfd. trocknen Bast und 10 Pfd. Holz gewonnen. Dies würde auf den Preufs. Morgen 10 Centner Bast und $29\frac{1}{2}$ Centner Holz betragen. Die Versuche zeigten auch, dafs sich aus dem Bast eben so feine und starke Papiere wie die Chinesischen verfertigen lassen und dafs sie, zumal zum Kupferdruck, besser geeignet sind, als alle aus Lumpen bereiteten Papiere

3. Tischler und Drechsler nehmen das Holz zu Tischen, Commoden, Schreibpulten, Kästchen, Haspeln, Rollen, Wickeln, Spielsachen, Handschraubstöcken, u. dergl. Stellmacher und Wagenfabricanten zu Schlitten- und Wagengestellen, Eggebalken, Zinken und Kummten. Die Mühlen-Arbeiter und Maschinenbauer gebrauchen es zu Wellen, Pressen und verschiedenen Maschinentheilen, welche im Wasser dauern sollen; die Böttcher zu Dauben der Weinfässer; die Holz-Arbeiter zu Mulden, Kannen, Schippen, Schaufeln und Löffeln.

4. Aus den Früchten läfst sich Syrup und Essig bereiten; auch macht man sie ein. Man bereitet auch ein methartiges Getränk daraus.

5. Als Brennholz ist das Maulbeerbaumholz eins der bessern; es hat ziemlich viel Heizkraft, wegen seiner Festigkeit, und giebt gute Kohlen und Asche; es wird aber seines anderweiten Nutzens wegen nicht zu Brennholz angebaut. Es wäre Schade, den Baum, ehe er durch Alter und Krankheit abgestorben ist, zu verbrennen.

19. Die Pappel. *Populus.*

Es giebt unter dem Namen *Pappel* verschiedene Baum-Arten, welche man jetzt bei uns anbaut: einheimisch, ihrem Ursprunge nach, ist aber nur die *Espe;* alle übrigen Arten sind ausländische und aus Italien und Amerika zu uns gekommen.

A. Die Espe, Aspe, Zitterpappel. *P. tremula.*

Sie hat rundliche, stark gezahnte, an beiden Seiten glatte Blätter, deren obere Seite hellgrün, die untere weifslich ist; in der Jugend behaarte Zweige. Die Blätter stehen auf langen, schwachen Stielen und zittern bei der geringsten Bewegung der Luft; daher der Name. Die Rinde alter Bäume ist grünlichweifs, an jungen Bäumen bräunlich und weifs punctirt. Die Espe ist ein sehr nutzbarer Waldbaum, wächst schnell und leicht, und bedarf, einmal angepflanzt, fast gar keiner Pflege mehr. Man pflanzt ihn am besten durch Stecklinge und Wurzel-Ausläufer fort und er gedeiht am besten auf frischem Sandboden. Er wird auch häufig als Alleebaum benutzt; wozu er aber eben nicht taugt, da seine weitlaufenden Wurzeln und häufigen Wurzelschöfslinge den anliegenden Feldern schaden. Das specifische Gewicht des Espenholzes ist nach *Hartig:* vom frischen Baum 0,755, vom dürren 0,425. Ein Cubikfufs frisch wiegt 50, trocken 35 bis 40 Pfd. Die Heizkraft des Stammholzes ist 0,630, des Stangenholzes 0,717. Die Espe verdient, ihres schnellen Wuchses wegen und weil sie nicht so leicht als andere Pappeln- und Weiden-Arten hohl wird, häufiger angebaut zu werden. Ihr Holz ist weich, weifs, leicht, ziemlich zähe und spaltig, wirft sich wenig, läfst sich glatt bearbeiten und eignet sich zu allerlei Hausgeräthen, so wie zu Schindeln, welche dauerhafter als die Schindeln aus Nadelholz sind. Die Kohle der Espe wird zur Pulverfabrication, die Rinde zum Färben und zur Bereitung von Fackeln benutzt. Ziegel, mit frisch gehauenem Espenholze gebrannt, erhalten ein bläuliches Ansehn und werden fester und haltbarer. Das lufttrockne Laub wird von den Schafen gern gefressen.

Im Trocknen hat das Espenholz eine lange, im Freien nur eine geringe Dauer; die man aber verlängern kann, wenn man den Baum in der Saftzeit auf dem Stamme abschält und austrocknen läfst. Als Strauch wird er zu Faschinen und Flechtzäunen benutzt.

Die Espe giebt im 60jährigen Umtriebe im Hochwalde und als 20 bis 30jähriges Schlagholz im Mittel- oder Niederwalde gröfsere Holz-Erträge als die Eiche oder Buche und wird, besonders in Gegenden wo es an Nadelholz fehlt, mit Nutzen zu Bauholz gezogen. Auch beschattet die Espe das Unterholz im Walde nur wenig. Das Laub wird vom Weidevieh, so wie vom Wilde, gern gefressen, und in strengen Wintern werden mit Vortheil zur Erhaltung des Wildstandes Espen gefället. Die Espe wird 60 bis 80 F. und darüber hoch und 2 bis 3 F. dick. Sie ist in 70 bis 90 Jahren vollkommen ausgewachsen.

Schläge, in welchen früher alte Espen standen, findet man nach dem Abtriebe oft dicht mit Espenwurzelbrut überzogen, weil diese erst nach dem Abtriebe des Stammes zum Vorschein kommt. Die Wurzelbrut, von starken, flachliegenden Wurzeln, welche am Kern schon faul sind, taugt weder zu Pflanzstämmen, noch zur Fortzucht im Walde als Schlagholz. Da die Ausschläge zu hoch in und über der Erde vorkommen, können sie keine neue Wurzeln aus der Rinde entwickeln; die alte Mutterwurzel fault bald aus und ihr Verderben theilt sich dem Ausschlage mit.

Eine Spiel-Art ist die unechte Zitterpappel, ***P. tremuloides,*** welche aus Canada stammen soll; sie wird eben so grofs, hat aber kleine, rundliche, abgebrochene und spitzige, gezahnte, am Rande flaumhaarige Blätter.

B. Die italienische, lombardische oder Pyramidenpappel. *P. italica, fastigiata.*

Sie ist ein hoher, pyramidenförmiger Baum, mit dichten und aufrechtstehenden Ästen. Ihre Blätter sind an beiden Seiten glatt, sägezähnig, mehr breit als lang und haben lange, steife Stiele. Diese Pappel stammt aus Italien und wird bekanntlich häufig an Alleen und Chausséen angebaut. Die Blüthen kommen vor dem Laube zum Vorschein, im April oder Mai, und sind fast alle männlich. Die Blätter sind in der Jugend klebrig und wohlriechend. Wenn der Baum umgehauen wird, treiben die weitauslaufenden Wurzeln eine Menge Loden.

Die italienische Pappel wächst sehr schnell, und zwar in 24 Jahren 50 bis 70 F. hoch und 2 F. dick. In 60 Jahren hat sie ihren Wachsthum vollendet und eine Höhe von 80 bis 100 F. und darüber erreicht. In ganz trocknem Boden wird sie zwar nur kleiner, liefert dann aber festeres Holz; welches man auch erlangt, wenn man sie ein Jahr vor dem Fällen schält.

Anbau. Diese Pappel-Art wird am leichtesten durch Stecklinge vermehrt und wächst in gutem, lockerem, mäfsig feuchtem Boden ungemein schnell. Thonig-bündigen, rehr nassen Boden und ein sehr rauhes Clima erträgt sie nicht. Man nimmt zu Stecklingen 1 Jahr alte Reiser, legt dieselben 24 Stunden ins Wasser, steckt sie 9 bis 12 Z. tief in die Erde, so dafs noch 2 bis 3 Augen hervorstehn, und begiefst sie alle Abende, bis sie angewachsen sind. Im folgenden Frühlinge läfst man von den 2 bis 3 Sprossen die beste zum Stamm stehn und schneidet die übrigen zu Stecklingen ab. Man läfst dem Baume später seine Seiten-Äste, die man aber in den ersten Jahren abschneidet, damit er unten einen starken Schaft bilde, weil er sonst schon von der Wurzel ab Zweige treibt.

Nutzen. Das Holz dieser Pappel ist leicht und brüchig; doch ist es für Tischler und Drechsler brauchbar. Als Brennholz hat es nur geringen Werth; zum Büchenholz verhält es sich wie 174 zu 360. Der Cub. F. wiegt frisch nur 50 Pfd., halbtrocken 38 und dürr 28 Pfd. Die Zweige werden zu Fafsreifen, Bindeweiden, Korbmacher-Arbeit, Zäunen, u. s. w. benutzt; auch mit der Rinde zum Färben wollener, baumwollener, leinener und seidener Zeuge. Die Farbe davon soll der von Quercitron gleich kommen, aber auf Baumwolle und Leinen nicht sehr haltbar sein.

C. Die Silberpappel, *P. alba,*

ist bei uns schon einheimisch und wird 100 bis 120 F. hoch. Sie hat herzförmig-rundliche, gezahnte, unten spitzige und weifse Blätter und eiförmige Kätzchen. Eine Spiel-Art davon, *canescens* oder *grisea,* hat etwas rundliche, eckige, gezahnte, grauliche Blätter und walzenförmige, schlaffe Kätzchen. Dieser Baum nimmt leichten, so wie thonigen, kühlen und feuchten Boden vorlieb, und wird durch Wurzelschöfslinge, Absenker und Stecklinge, desgleichen durch Pfropfreiser vermehrt.

D. Die griechische Pappel. *P. graeca.*

Sie stammt aus dem Archipelagus und ist ein hoher Baum, mit walzenförmigen unbehaarten Zweigen, eiförmig-rundlichen, spitzen, etwas herzförmigen, gleichgezahnten, unbehaarten, am Rande etwas gewimperten Blättern, mit zusammengedrückten Stielen.

E. Die schwarze, deutsche Pappel, Pappelweide. *P. nigra.*

Sie ist ein Baum von der ersten Gröfse, treibt starke Wurzeln und Zweige und ist seit lange bei uns einheimisch. Ihre Blätter sind auf beiden Seiten glatt, zugespitzt, deltaförmig, mehr lang als breit, am Rande rundlich gezahnt und hangen an langen zusammengedrückten Stielen; sie haben eine glänzende Oberfläche und unten ein matt-hellgrünes Ansehn. Sie kommen aus wohlriechenden, klebrigen, spitzen Knospen hervor und stehen abwechselnd an den Zweigen. In feuchtem Boden wächst dieser Baum schnell zu einer erstaunlichen Höhe empor, erreicht eine ansehnliche Stärke und breitet sich mit seinen starken Ästen weit aus.

Er vollendet seinen Wachsthum in 40 bis 50 Jahren, wird 70 bis 90 F. hoch, $2\frac{1}{2}$ bis 3 F. dick und 70, 80 bis 100 Jahre alt. An jungen Stämmen ist die Rinde gelblich und glatt, an alten aschgrau und tief aufgeborsten. Das Holz ist weifs, weich, von geringer Festigkeit und Zähigkeit, aber doch sehr brauchbar.

Anbau. Unter allen deutschen Holz-Arten hat wohl dieser Baum, auf ihm zusagenden Boden, den schnellsten Wuchs. Er eignet sich daher besonders da, wo Holzmangel ist, diesem schnell abzuhelfen. Durch Samen ist er schwierig, leicht und rasch aber durch Stecklinge und Wurzel-Ausläufer fortzupflanzen. Er eignet sich besonders zum Anbau nasser Niederungen, an Flüssen, Teichen und Mooren; selbst auf Sandschollen, wenn sie feuchten Grund haben. Als Alleebaum wird er wegen seines raschen Wuchses sehr häufig benutzt; doch thut er auch den angrenzenden Feldern durch seine weit schattenden Äste und vielen Seitenwurzeln Schaden. Stärkere Pflanzstämme erzieht man in Pflanzschulen, welche feuchten sandigen Boden haben müssen; Busch- und Schlagholz wird aus dicht gesteckten Stecklingen erlangt. In 20 bis 25jährigem Umtriebe erhält man aus einem Pappelniederwalde gegen andere Hölzer die 2 bis 3fache Holzmasse, so dafs also ihre geringere Heizkraft selbst gegen Buchen- und Eichenholz ersetzt wird und, durch die Masse, sogar gröfser ist: da die Heizkraft gegen die der Buche wie 185 zu 360 sich verhält, so haben 2 Klafter Pappeln, die man schneller als 1 Klafter Buchen und Eichen erzielt, mehr Brennstoff. Der Anbau dieses Baumes verdient daher in holzarmen Gegenden die gröfste Aufmerksamkeit, um so mehr, da dieser Anbau so sehr leicht ist. Der Cubikfufs dieses Holzes wiegt frisch $50\frac{3}{4}$ Pfd., halb trocken 38 Pfd., ganz dürr 25 Pfd.

Nutzen. 1. Das weifse, zähe, leichte Holz wird an alten Bäumen ziemlich hart; besonders, wenn man den Baum in der Saftzeit schält. Es giebt gutes Bauholz für das Innere der Gebäude: Balken, Sparren, Säulen, Ständer, Riegel, und besonders schöne Bretter zu Fufsböden, so wie zu Tischen, Spinden, Kasten u. s. w. Die Tischler verarbeiten es wegen seiner schönen braunen Farbe zu den feinsten Möbeln gern; besonders eignet es sich dazu, wenn die gehobelten Bretter gebeizt und mit Lack getränkt werden, wodurch das Holz dichter und fester wird und nachher die feinste Politur annimmt. Das Holz, aufser der Saftzeit geschlagen, reifst nie auf. Für Lastwagen giebt es, zu 1 bis 1½zölligen Brettern geschnitten, vortreffliche Wagenbretter; eben so für Ackerwagen. Auch eignet es sich vorzüglich zu Stubenthüren und Pfosten; besonders wenn die Bretter 8 Tage lang im Wasser gelegen haben und dann wieder im Schatten getrocknet sind. Grofse Backtröge, Mulden, Schaufeln und Schippen, Bohlen und Wände in Scheunen werden ebenfalls daraus verfertigt. Die Wagenfabricanten und Stellmacher nehmen es gern zum Austäfeln der Kutschkasten, zu Böden, Kinderwagen (aufser zu den Rädern), zu Eggebalken und Pflugstöcken, weil es sich weder wirft, noch reifst. Zu Getreidemaafsen ist es besser als das buchene. Die Bildhauer, Formschneider und Drucker gebrauchen es ebenfalls, jener Eigenschaften und seiner Leichtigkeit und Zähigkeit wegen.

2. Die Blätter geben ein gutes Futter und zugleich ein in der Thierheilkunde bekanntes Mittel gegen Koliken und Darmgicht. Aus den Knospen wird die Pappelsalbe (unguentum populeum) verfertigt, welche als gelindereizendes balsamisches Mittel gegen schmerzhafte Hämorrhoidalknoten, Verbrennungen, Frostbeulen u. dergl. äufserlich nützlich ist. Auch gewinnt man durch Einweichen der Knospen in siedendes Wasser und durch Auspressen eine Art Wachs, aus welchem die wohlriechenden Wachslichte verfertigt werden. Auch zum Räuchermittel kann auf diese Art, so wie durch Ausziehn mit Alkohol, ein wohlriechendes Harz gewonnen werden. Es nähert sich im Geruch dem Benzoë und Storax.

3. Die Samenwolle der Schwarzpappel und anderer Pappel-Arten ist bisweilen als Baumwolle benutzt worden; sie eignet sich aber nur zu Watten, wozu sie mit Vortheil zu verwenden ist.

4. Die Rinde und Blätter liefern gekocht eine gelbe Farbe, die mit einer Zinn- und Wismuth-Auflösung versetzt wird. Auch die Knospen eignen sich zum Gelbfärben von Firnissen und Ölen. Die Rinde wird als Lohe für Oberleder gebraucht, welches dadurch hell und wohlriechend wird. Der Wohlgeruch kommt von dem Antheil Benzoëharz her, den die Rinde enthält und der durch Extraction gewonnen werden kann.

F. Die Carolinische Pappel. *P. heterophylla.*

Diese Pappel erreicht in fettem, feuchtem Boden eine aufserordentliche Höhe und Stärke. Ein 1½ F. hohes Reis kann in 3 Jahren einen geraden, schönen Stamm von 16 bis 18 F. hoch liefern. Ihre oben glatten, unten weifslichen, mehr langen als breiten, wenig gezahnten Blätter sind mit dem Stiele oft über 1 F. lang und 8 Z. breit. Der Baum verlangt aber, seines schnellen Wuchses und der vielen Blätter wegen, einen gegen starke Winde geschützten Stand. Er wächst auch auf Sandboden, wenn nur derselbe unten feucht ist. Er läfst sich durch Stecklinge sehr leicht fortpflanzen, mufs aber in der Jugend gegen Frost in Acht genommen werden. Werden in Baumschulen die Stecklinge nur 12 Z. von einander entfernt gesteckt, so reinigen sie sich selbst von den Ästen. Sie treiben mächtige Seitenwurzeln an der Oberfläche, oft 20 bis 30 Ellen weit, weshalb sie den andern Laubholz-Arten und den Getreidefeldern schädlich sind. Diese Pappel-Art müfste an den Ufern von Flüssen und Bächen, an der mittäglichen Seite der Wälder, und zu Park- und Gartenbefriedigungen angebaut werden; so wie sie sich denn auch zu Allee- und Chausséebäumen eignet, da, wo ihre Wurzeln keinen Schaden thun können. Ihr Holz, ihre Blätter und Knospen haben denselben Nutzen, wie die der Schwarzpappel.

G. Die Balsampappel. *P. balsamifera.*

Sie wächst in Nord-Amerika und Sibirien wild, ist jetzt aber auch bei uns einheimisch geworden, wird jedoch nur mehr als Zierbaum in Parken und Gärten gezogen, weil sie viel von den Insecten leidet. Sie hat glatte, mehr lange als breite Blätter, die oben dunkel-, unten weifsgrün, am Rande fein gezahnt sind. Die Rinde des Baumes ist glatt und grünlich-schwärzlich. Ihre Knospen lassen im Frühling, in der Sonne einen gelblichen, zähen, harzartigen Saft hervortröpfeln, der als Räuchermittel gebraucht wird. Diese Pappel liebt ein feuchtes, fettes, mit Sand gemischtes Erdreich und einen etwas beschützten Stand, kommt jedoch auch auf trocknem Grunde gut fort. Ein rauhes Clima pafst nicht für sie, denn ihre Äste brechen leicht unter dem Schnee.

Zum gewerblichen Gebrauch ist das Balsampappelholz, so wie das der Schwarzpappel, nicht sehr zu empfehlen; dagegen im Park, als Lustgebüsch, in Alleen und an Waldrändern sieht der Baum sehr schön aus und kann auch zu einigen Arbeiten benutzt werden. Sein Holz ist weich, weifs, aber wenig dauerhaft. Das Laub giebt ein gutes Futter für Schafe und Ziegen. Der Baum wird durch Stecklinge und Wurzel-Ausschöfslinge, so wie aus Samen gezogen. Man hat bisher die Erziehung der verschiedenen Pappel-Arten durch Samen für nicht möglich, wenigstens für sehr schwierig gehalten; neuere Versuche haben aber gezeigt, dafs die aus Samen gezogenen Bäume noch besser und schöner, fester und gesunder sind, als die aus Stecklingen freilich rascher erzielten. Der Same wird auf folgende Art gewonnen. Zur Zeit, wenn die Samenkätzchen sich öffnen wollen, im Mai, streift man sie ab und bringt sie in ein mäfsig warmes Zimmer, wo man sie auf den blofsen Boden oder auf Tücher handhoch ausbreitet. Nachdem sich alle Samenkapseln geöffnet und ihre Wolle hergegeben haben, die dann den Boden des Zimmers bald hoch bedeckt, läfst man alles mit Ruthen so lange peitschen, bis die in der Wolle enthaltenen feinen Körner herausgefallen sind, und sondert diese dann durch Sieben und Schütteln davon ab; was freilich etwas mühsam ist, aber zum Zwecke führt.

Dafs überhaupt wenig gewerblich-nutzbares Holz von den meisten Pappel-Arten erlangt wird, liegt meistens in der Vernachlässigung bei dem Anbau dieses Holzes und in dem fast allgemeinen Gebrauch, die Schwarzpappel, so wie einige andere Arten, als Köpfholz zu benutzen; wobei dann das Köpfen fast überall mit so geringer Beachtung des ferneren Gedeihens der geköpften Bäume und oft zu so unrechter Zeit geschieht, dafs es kein Wunder ist, wenn die Bäume faule Stellen bekommen, hohl werden und endlich absterben. Der Verfasser hat schöne Alleen leichtsinnig auf diese Weise ruiniren gesehen. Das stehenbleibende Holz der geköpften Bäume ist für die Gewerbe unbrauchbar. Man darf *nur solche* Bäume köpfen (kappen), oder kröpfen, von deren Stamm keine Ausbildung zu irgend einem gewerblichen Nutzen verlangt wird, und kann dann das Kappen, in regelmäfsigen Abschnitten, alle 2, 3, 4, 5 Jahre wiederholen, mufs aber dabei durchaus darauf sehen, dafs es, erstlich, mit einem scharfschneidenden Instrumente, einem Beil oder Schneidemesser, von oben nach unten, mit glatt und schräg stehenden Schnitten geschehe, ohne irgend einen Stumpf oder Absatz stehen zu lassen, damit das Regenwasser, ohne sich zu setzen, so wie etwa hervorquellender Saft, glatt an der Wunde ablaufen könne. Zweitens mufs das Kappen im Winter, vor dem Eintritt des Saftes geschehn. Drittens mufs, wo möglich, nicht die ganze Krone der Bäume auf einmal weggenommen werden, sondern mindestens die Hälfte der Äste stehen bleiben, damit nicht der in den Ästen circulirende Saft plötzlich gehemmt werde und im Hauptstamm eine Überfüllung oder Stockung entstehe, woran der Stamm dann erkrankt und abstirbt. Viertens mufs das Abschneiden oder Abhauen nicht ganz nahe am Stamme, aber auch nicht zu weit davon entfernt geschehn, damit nicht zu viel Saft verloren gehe. Zum Köpfen eignen sich übrigens, aufser der Pappel, auch die Weide, die Esche, die Ulme u. a. Es geschieht aber immer auf Kosten des Stammes. Wie viele solcher Bäume werden nicht durch Nachlässigkeit, Bequemlichkeit oder Unkenntnifs ruinirt, wenn man das Köpfen nachlässigen, faulen oder ungeschickten Arbeitern überläfst, die häufig mit stumpfen Beilen in die Äste hineinhauen und stummelhaft sie abpicken, nicht selten auch den Stamm selbst dabei beschädigen; was dann zur Folge hat, dafs in einigen Jahren ganze Alleen ausgehn und man, wo früher schöne, weit schattende Bäume standen, nur noch verkrüppelte, kranke oder abgestorbene Stumpfe sieht, die das Auge und Gefühl des Reisenden beleidigen!

20. Die Rofskastanie. *Aesculus hippocastonum.*

Dieser schöne Baum, von grofsartigem Aussehn und vielfachem Nutzen, stammt aus dem nördlichen Asien, von wo er vor etwa 300 Jahren nach Europa kam. Er wächst schnell und in jedem Boden, jedoch gedeiht er am besten in etwas feuchter Damm-Erde mit Sand gemischt. In unsern Wäldern findet er sich nicht, sondern kommt nur als Alleebaum vor, verdient aber seiner vorzüglichen Eigenschaften wegen eine viel verbreitetere Anzucht. Er wird weit über 100 Jahre alt, ehe er anfängt abzusterben. Der älteste Kastanienbaum ist oder war aber wohl der in England auf den Gütern des Lord Ducin zu Tortworth. Derselbe war im Jahre 1826 urkundlich schon 1029 Jahre alt, hatte 52 F. im Umfange und war so gesund, dafs er 1824 noch Früchte trug, aus welchen damals noch Bäumchen gezogen wurden. Auch bei uns giebt es einige herrliche Kastanien-Alleen und einzelne ausgezeichnete Bäume.

Anbau. Die Fortpflanzung des Baumes geschieht sehr leicht durch im Herbste gelegte Früchte. Im zweiten Jahre mufs man den jungen Stämmchen die Seiten-Äste abschneiden. Man verpflanzt sie, wenn sie 3 bis 4 Jahr alt sind und verschont dabei möchlichst die Wurzeln, weil die Bildung einer schönen Wurzelkrone auch bei diesem Baume Einflufs auf die Bildung einer guten Astkrone hat. Die jungen Bäume werden auf ihren Stand-Ort etwas weit auseinander gepflanzt, damit sie ihre Äste, die sie weit umherstrecken, frei entwickeln können.

Nutzen. 1. Das Holz des Kastanienbaums ist im Innern der Gebäude als Bauholz fast unvergänglich; in der Nässe aber hält es sich nicht. Da es nie wurmstichig wird, nehmen es auch die Tischler und Drechsler gern zu Möbeln und feinen Arbeiten. Es hat eine schöne Farbe, nimmt eine gute Politur an, und verdient auch so noch weit mehr benutzt zu werden.

2. Als Brennholz steht es mit dem Birkenholz in einer Classe. Die

Asche ist noch besser als die buchene. 1000 Pfd. Buchenholz geben nur 58 Pfd. Asche und 219 Pfd. Pott-Asche: 1000 Pfd. Kastanienholz-Asche dagegen geben 400 Pfd. Pott-Asche, und 1000 Pfd. Asche von den Fruchtcapseln geben 378 Pfd. sehr feine Pott-Asche (nach *Hermbstädt*). Schon wegen dieser höchst einträglichen Benutzung verdient der Kastanienbaum weit mehr angebaut zu werden.

3. Die Rinde wird zum Gerben und Färben benutzt und für ersteres in Nord-Amerika der Eichenrinde vorgezogen. Auch dient sie als ein Surrogat der Chinarinde.

4. Die Früchte sind sehr brauchbar:

a. Um Öl daraus zu schlagen. Sie werden zu dem Ende klein gestofsen, getrocknet, geröstet und dann gestampft und geschlagen. Der Scheffel giebt 8 Quart Öl, von gutem Geschmack und schöner Farbe, welches als Speise- und Brenn-Öl und zur Bereitung der weichen Seifen benutzt werden kann. Es gerinnt nicht in der Kälte und die Ölkuchen dienen mit Vortheil zur Mastung des Viehes.

b. Man kann auch die Kastanien, frisch zerstampft, oder zerquetscht, oder trocken geschrotet, den Kühen, Pferden und Schafen zum Futter geben; sie sind dazu besser als viele andere Futter; besonders sind sie für die Schafe zugleich ein Mittel, den Appetit zu befördern, die Thiere zu stärken und bei nasser Witterung der Fäule, als der Folge nasser und niedriger Weiden, vorzubeugen, so wie den Durchfall der Lämmer zu heben. 10 Pfd. Kastanien reichen für eine Kuh täglich zur Nahrung hin; zum Mästen giebt man 15 bis 20 Pfd. Giebt man etwas Stroh dazu, so wird das Thier fetter und bleibt gesunder, als bei eben soviel Getreideschrot, oder der doppelten Masse Kartoffeln. Es wäre daher diese Fütterung in *Zeiten der Noth* und bei Mifs-Erndten des Korns und der Kartoffeln mehr zu berücksichtigen. Damit das Futter bei den Lämmern den Durchfall hebe, müssen die säugenden Mutterschafe keine Erbsen, Bohnen, Wicken, oder fettes und schlechtes Heu, sondern ebenfalls $\frac{2}{3}$ Kastanienschrot und $\frac{1}{3}$ Weizen- oder Haferschrot bekommen. Den Lämmern giebt man von diesem Futter soviel sie mögen und mit Wasser verdünnt, damit ihnen dies Futter nicht zu widerlich werde. Vor der Erhitzung und dem Säuern mufs man das Schrot sehr in Acht nehmen. Neuerdings hat sich der Einflufs der Kastanienfütterung auf die Beschaffenheit der Wolle sehr vortheilhaft gezeigt. Die abwechselnd damit gefütterten Schafe bekamen eine milde, weifse, kernhafte Wolle; ohne mastig zu sein. Ein grofser Kastanienbaum liefert 12 bis 15 Scheffel Kastanien. Um die Kastanien zur Fütterung zu benutzen, sammelt man sie, wenn sie reif sind, bei trocknem Wetter, schüttet sie auf luftige Böden, nicht höher als $\frac{1}{2}$ F. hoch auf, schaufelt sie öfter um, damit sie nicht modrig oder schimmlig werden, und schrotet sie dann mit der Schale nach Bedarf. Hat man nur wenig davon, so hebt man es als Arzenei für geeignete Fälle auf. Auch die Pferde gewöhnen sich sehr bald an die Kastanienfütterung und halten sich dabei sehr gut; 1 Metze Hafer, neben 6 Pfd. Kastanienschrot und etwas Heu und Stroh, geben ein nährendes Futter, wenn man viel Kastanien hat; wenige hebt man auf, um sie abwechselnd beizumengen. Sie sind auch ein gutes Mittel gegen die Drüse. Die Schweine lassen sich sehr gut damit mästen. In Frankreich mästet man die Hühner und Puten mit Kastanien, die man in Laub, Kalk und Asche einweicht, gleichsam gähren läfst, und woraus man dann, nachdem sie gekocht sind, einen Teig macht.

c. Man macht auch ***Stärke*** aus den Kastanien, indem man ihnen die äufsere Schale nimmt, sie zerpulvert, oder mahlt, und dann wie bei der Kartoffelstärkebereitung damit verfährt. Ein Scheffel Kastanien von 80 Pfd. giebt etwa 22 Pfd. Stärke. Mischt man diese Stärke mit Einviertel Gerstenmalzschrot, so läfst sich daraus ***Branntwein*** brennen und ***Essig*** machen. Auch macht man sehr gute ***Schlichte*** daraus, indem man $\frac{1}{8}$ Weizenmehl dazu mischt und die Mischung mit etwas Senegalgummi kocht.

d. Die äufsern Schalen der Fruchtkapseln der Kastanien geben eine zur Pott-Asche sehr geeignete Asche; wie schon bemerkt. Mit den grünen Schalen lassen sich dauerhaft und schön wollne und seidne Zeuge färben.

e. Die Blüthen geben den Bienen reichliche Nahrung und enthalten viel Stoff zu Honig und Wachs.

Dieser vielfachen und einträglichen Benutzungs-Arten wegen und da der Rofskastanienbaum fast in jedem Boden geräth, auch ein kaltes Clima erträgt, wäre es gut, ihn besonders zu Alleen und an Chausséen weit mehr als es geschieht zu benutzen.

21. Der zahme Kastanienbaum. *Fagus castanea. Castanea vesca.*

Dieser ansehnliche, hohe, starke, auf mehr als eine Art sehr nützliche Baum, obgleich mehr in den wärmeren Theilen von Europa heimisch, geräth auch im nördlichen Deutschland, in Boden von gemischter, milder Erd-Art sehr gut, und verdient ebenfalls, seines grofsen Nutzens wegen, noch häufiger angebaut zu werden, obgleich es schon an einigen Orten schöne Anpflanzungen dieses Baumes giebt: wie z. B. in Gr. Leuthen bei Lübben, wo zahme Kastanienbäume so stark wie die stärksten Eichen stehn, von deren Früchten der Verkauf einen Hauptnahrungszweig der Einwohner ausmacht; bei Blankenburg an der Bergstrafse; bei Dauenfels, wo ein ganzer Kastanienwald ist; zu Schwobber bei Hameln und zu Wandsbeck bei Hamburg; im Elsafs in Franken u. a. a. O. In seinen Eigenschaften kommt der zahme Kastanienbaum mit der Rofskastanie ziemlich überein; im Holzwerth übertrifft er ihn noch, und seine Früchte sind wohlschmeckend und nahrhaft. Er hat lanzenförmig zugespitzte, gezähnte, schön glänzende, kurzstielige, wechselsweise stehende Blätter. Die männlichen Blüthenkätzchen sind öfters länger als die Blätter und stehen in den Winkeln derselben; die weiblichen sind etwa ½ Zoll lang, eiförmig und zeigen sich am Grunde der männlichen. Nach der Blüthe, welche gewöhnlich in den Juni fällt, erscheint die Frucht in einer dicken, grünen Hülle, welche, gleich der Rofskastanie, mit vielen Stacheln besetzt ist und die, wenn die Frucht reif ist, in 4 Theile auseinanderfällt. Der Baum wächst schneller als die Eiche und widersteht besser der Kälte als diese, wenn er beschützt, jedoch nicht so steht, dafs ihn ganz die Mittagssonne bescheint, weil er dann von den späten Frösten im Frühlinge leidet.

Anbau. Man zieht den Kastanienbaum aus seinem Samen, und nur die bessern Arten werden durch Pfropfen in den Spalt, Oculiren, oder Anpfeifeln vermehrt, welches mit jungen, ächten Kastanienbäumchen, wie mit Rofskastanien, sogar im Nothfall mit jungen Eichen geschehen kann, aber dann weniger angenehme Früchte giebt. Von den reif gewordenen, aus den aufgesprungenen Hüllen ausgefallnen Früchten hebt man die gesundesten und vollkommensten über Winter an einem frostfreien aber kühlen Orte auf; am besten schichtweise zwischen Sand, im Keller. Man kann sie aber auch noch im Herbste legen, und es mufs dann das dazu bestimmte Beet sorgfältig gelockert und die Kastanien müssen 3 Z. tief, 6 Z. von einander entfernt gesteckt und leicht mit Erde und über Winter mit Laub bedeckt werden. Aus Vorsicht gegen unterbleibendes Keimen ist es gut, die Kastanien paarweise, aber so, dafs sie sich unmittelbar berühren, etwa 1 Z. weit auseinander zu legen und, wenn zwei Pflänzchen aufgehn, das schwächere auszuziehn und zu versetzen. Im ersten Jahre wird die Erde zwischen den jungen Bäumchen einigemal gelockert, vom Unkraut gereinigt und bei trockner Witterung begossen. Bei strenger Kälte mufs man die Beete mit Stroh, Laub und Reisig bedecken. Im zweiten Jahre kann man den jungen Bäumchen, wenn man sie zu Hochstämmen erziehen will, einige Seitenzweige nehmen und ihnen die Richtung nach aufwärts geben; sollten sie keinen geraden Stamm ansetzen, so giebt man ihnen Pfähle. Im dritten oder vierten Jahre werden sie vorsichtig ausgehoben und auf 7 bis 8 F. hoch gestutzt, damit sich die Krone durch neue Seiten-Äste bilde. Von da an darf an dem Baume nicht mehr geschnitten und gekünstelt werden, sondern er mufs seinem Wachsthum ungehindert überlassen bleiben; nur die abgestorbenen Zweige werden abgenommen. Die Veredlung hat einige Schwierigkeiten, weil die Reiser von alten Bäumen selten männliche und weibliche Augen haben. Man mufs daher Reiser aus andern Gegenden nehmen: von jungen, bereits veredelten, oder von alten Bäumen, die ihre Krone abgeworfen und frische Zweige getrieben haben. Ist der Same von Maronen der besten Art, so bedürfen diese Bäume keiner Veredlung. Jedoch mufs man da, wo Reiser zu haben sind, das Veredeln nicht versäumen, weil die veredelten Bäume in der Regel viel fruchtbarer sind.

Sind die Früchte reif, was man am Aufspringen der äufsern Hüllen und am Ausfallen der Kastanien erkennt, so müssen sie auf die für Zweige und Äste schonendste Weise durch Schütteln abgenommen werden, durchaus nicht durch Dreinschlagen mit Stangen und Knitteln. Die gesammelten Früchte, die sich noch nicht von den grünen Hüllen trennen wollen, läfst man einige Tage dünn-aufgeschichtet an einem luftigen, trocknen Orte liegen, worauf sie mit den Fingern ausgelöset, durch Umschaufeln von ihren Hüllen befreit und in frostfreien Gemächern aufbewahrt werden. Sie halten sich bis zum Februar; dann aber pflegen sie auszuwachsen. Um dies zu verhüten und sie zur Verspeisung zu erhalten, trocknet man sie im Back-Ofen, nachdem das Brot herausgenommen ist, und hebt sie in Kisten schichtweise zwischen trocknem Sande auf.

Noch ist bei der Cultur des Kastanienbaums in nördlichen Gegenden zu bemerken, dafs derselbe besonders von allem dürren Holze schnell befreit und dafs die Rinde gegen jede Beschädigung sogleich geschützt und davon geheilt werden mufs; besonders wenn der Frost dem Baume geschadet hat.

Nach den Früchten unterscheiden sich einige Spiel-Arten, nemlich: *a*) die gemeine Kastanie, *b*) die Frühkastanie, *c*) die Waldkastanie, *d*) die Zwiebelkastanie und *e*) die Maronen; welches die gröfsten und besten Gattungen sind, die wieder mehrere Abarten haben. Die Maronen sind mehr glatt, ziemlich breit und vorzüglich schmackhaft; der Baum ist aber weniger ergiebig.

Nutzen. 1. Der Stamm des Baumes giebt Bauholz; so wie Nutzholz für Tischler und Drechsler. Das Holz nimmt eine schöne Politur an und ist fast unvergänglich. Zu Weinpfählen, Fafsreifen und Tonnen ist es vorzüglich gut.

2. Die Rinde wird zum Gerben und zur Dinte gebraucht.

3. Die Früchte sind nahrhaft und sättigend. An einigen Orten hält man sie dadurch lange frisch, dafs man sie in Tonnen schichtweise zwischen dürre Kastanienblätter packt; dann entwickelt sich die innere Gährung nur langsam, welche nachher die gekochte Frucht noch zuckerreicher macht. Brustkranken besonders sind die ächten Kastanien zuträglich.

22. Die Ulme. *Ulmus.*

Es giebt von diesem Baume drei Arten, nemlich:

1. Die glatte Ulme, Feldrüster. *Ulmus campestris.* Dieser Baum wächst in ganz Europa wild, liebt ein gemäfsigtes Clima und einen milden, nahrhaften, etwas feuchten Boden. Man findet die Rüster jedoch auch auf flacher, auf Felsen ruhender Krume, wenn der Boden nur nicht mager und trocken ist. An Berg-Abhängen, an der Sonnenseite, kommt der Baum gut fort; bis zu 2500 F. hoch über dem Meere.

Die Ulme hat einen geraden, ziemlich hohen Stamm, eine schwärzliche Rinde, sperrig nebeneinanderstehende Äste, länglich-zugespitzte, rauhe, steife, dunkelgrüne, wechselweise stehende Blätter mit doppelt-gezahntem Rande. Die Zwitterblüthe ist röthlich und zeigt sich an den Seiten der Zweige in runden, dichten Köpfen, noch eher als die Blätter; der geflügelte Same wird im Juli reif. Die Rinde ist bräunlich-aschgrau und nicht sehr rauh. In guten Boden treibt der Baum eine ziemlich tiefe Pfahlwurzel, aber öfters auch 10 F. weit gehende Seitenwurzeln, und erlangt in 80 bis 100 Jahren zuweilen die Stärke der Eichen und 60 bis 90 F. Höhe; er dauert, wohl erhalten, 150 bis 200 Jahre. Das Ulmenholz ist weifsgelblich, im Alter röthlich und gefleckt, oder geadert, hart, zähe, fest, feinfaserig, schwerspaltig, wirft sich nicht leicht und läfst sich spiegelglatt bearbeiten. Es wird vom Wurm nicht angegriffen, hält sich unter Wasser gut und erträgt auch die Abwechslung von Nässe und Trockenheit.

Die Heizkraft des Ulmenholzes ist nach *Hartig* 0,935 frisch und 0,545 dürre.

2. Die Korkrüster, kleinblättrige Rüster, rauhe Ulme hat elliptische, meist ungleichseitige, am Grunde ungleich gespitzte, doppelt säge-

zähnige, oben scharfe, unten auf den Adern fein behaarte, harte Blätter, und eine korkartige, aufgerissene Rinde, die oft nach der Länge der Äste laufende flügelförmige Häute und Kämme hat. Sie verlangt eben den Boden, wie die Feldrüster. Ihr Holz ist noch fester als das der vorigen; man hält sie für die vorzüglichste Rüster-Art.

3. Die Flatter-Ulme, Flatter-Wasser-Rüster. *Ulmus effusa*, wächst in niedrigen, fruchtbaren Ebenen und auf feuchten Gebirgsstellen. Ihre Blätter sind öfters 4 bis 5 Z., der Blattstiel ist $\frac{1}{4}$ Z. lang. Sie erreicht die gleiche Höhe wie die Feldrüster, wächst aber langsamer und ihr Stamm ist gewöhnlich höckerig und knorrig. Ihr Holz ist nicht so fest, als das der glatten Ulme und Korkrüster. Ein Cubikfuſs trocken wiegt 40 bis 45 Pfd.

Anbau. Die Ulme oder Rüster wird aus Samen, oder auch aus der Wurzelbrut gezogen. Besonders schöne, starke Nutzholzstämme erhält man durch Anpflanzung im Unterwalde. Der Same wird gleich nach dem Einsammeln (im Juli) in wundgemachten, aber nicht lockern Boden gesäet und ganz flach mit Erde bedeckt. Nach 3 bis 4 Wochen kommen die Pflänzchen zum Vorschein und werden noch in demselben Sommer 4 bis 6 Z. hoch. Wird der trockne Samen aber erst im nächsten Frühlinge gesäet, so liegt er 6 bis 8 Wochen; auch bleibt vieler Samen aus, der die Keimkraft verloren hatte. Nach dem ersten oder zweiten Jahre versetzt man die Pflanzen in eine Pflanzschule, wo man sie 3 bis 4 Jahre, oder so lange stehen läſst, bis sie Stärke genug erlangt haben. Beim Ausheben der Pflänzlinge muſs man weit vom Stamme einstechen, um möglichst lange Wurzeln zu behalten. Die Rüster ist gegen unsere Witterung ziemlich abgehärtet, und die jungen Bäumchen bedürfen keines besondern Schutzes. In dichtem Schlusse, unter sich, oder mit andern Holz-Arten, wächst sie nur spärlich; sie muſs also nicht zu dicht stehn. Im Freien und an Waldrändern erlangt sie einen groſsen Umfang. In der ersten Zeit ihres Wachsthums muſs man sie gegen das Überhandnehmen des Graswuchses behüten, weil sie sonst leicht ganz eingehen kann, mindestens sehr unterdrückt wird; später erdrückt sie Alles unter sich. Um langschaftige Stämme zu ziehen, muſs man öfter die Äste wegnehmen; was sie ganz gut erträgt. Anfangs zu schnell wachsend, wird sie leicht kernfaul. Von Wildpret, Weidenvieh, Mäusen und einer Bienen-Art (apis ulmi) wird sie häufig beschädigt. Die Biene macht Blasen an den Blättern, welche, wenn sie häufig vorkommen, den Wachsthum des Baumes aufhalten. Auch durch Ableger läſst sich die Rüster fortpflanzen.

Der Rüsternsame bleibt $1\frac{1}{2}$ Jahr keimfähig; ein Scheffel wiegt 5 Pfd. und 1 Pfd. enthält 70000 Körner. Zur Vollsaat sind 12 bis 15 Pfd., zur Reihensaat 10 bis 12, zu stellenweisen Saat 8 bis 10, zum Stecken 3 bis 6 Pfd. Samen auf den Morgen nöthig.

Nutzen. 1. Das Ulmen- oder Rüsternholz pafst besonders in der Nässe, z. B. zu Wasserrädern, Wehren, Wellen, Schaufeln, Schützen und allerlei Mühlenholz, zu Brunnenröhren, Flöfsen, zu Schiffen und Kähnen, zu Pumpenkolben und Eimern. Ferner pafst es zu Pressen, Prefsnäpfen, Keltern und Schraubenstöcken; zu Deichseln, Naben, Felgen, Leiterbäumen, Pflugsterzen, Eggebalken, Kutschbäumen, Ortscheiden, Wagenbrettern und Verschlägen. Die Tischler verarbeiten es gern zu allerhand Möbeln, Kasten, Spinden, Schreibschränken, Tischen, Stühlen und zu Sachen, die eine lange Dauer haben sollen. Auch giebt es schöne Gewehrschäfte. Die Instrumentenmacher verarbeiten dies schöne und fasrige Holz, wegen seiner Festigkeit und weil es sich nie wirft, zu Flügeln, Clavieren und andern Instrumenten.

2. Als Brennholz ist es, der Kohle wegen, noch besser als das eichene. 1000 Theile Holz geben 195 Theile Kohle (nach *Davy's* Agric. Chem.). Nach *Sprengel* geben 100 Theile Holz 22 Procent Asche

3. Die Rinde, in Wasser gekocht, giebt eine ockerfarbne Brühe, die, mit einigen Zusätzen, Wollenzeug blafsgelb und andersfarbig dauerhaft färbt. Die innere Rinde, besonders der Feldrüster, giebt Bast zum Binden.

4. Das Laubholz von den Kopfbäumen ist, frisch und getrocknet, ein nahrhaftes Futter für Rinder und Schafe. Die zarten und weichen Blätter sind schon als Nahrung für die Seidenwürmer empfohlen worden; wozu sie sich auch als Ersatzmittel eignen, wenn Maulbeerlaub fehlt. Die Blätter haben das Eigenthümliche, dafs sie nach dem längsten Tage die untere Fläche nach oben kehren. Das lufttrockne Laub enthält 81 Procent nahrhafte Bestandtheile. Aus den noch feinen, grünen Fruchtbüscheln kann man mit Öl und Essig Salat machen. Mit dem Samen füttert man das Federvieh.

23. Die Weide. *Salix.*

Man kennt von diesem nützlichen Baume an 42 Arten. Alle haben zweihäusige Blüthen, in Kätzchen, mit dachziegelförmig übereinanderstehenden einblüthigen Schuppen, ohne Kelche. Die männlichen und weiblichen Blüthenkätzchen befinden sich, wie bei der Pappel, auf besondern Stämmen; nur bei einigen Arten finden sich Zwitterblüthen. Die weiblichen Blüthenkätzchen lassen eine zweischalige, oval zugespitzte, einfächerige Samenkapsel nach, worin der wollige Samen enthalten ist.

Die vorzüglichsten Arten Weiden sind folgende.

1. Die Silber- oder weifse Bachweide. *S. alba.*

Sie ist die gröfste von allen und gehört der Gröfse nach zu den Bäumen zweiter Classe. Sie ist in Deutschland allgemein verbreitet, kommt fast in jedem hinlänglich feuchtem Boden fort, wird jedoch am vollkommensten in niedrigem, fettem Moorboden, wo sie, unter günstigen Verhältnissen, in 40 Jahren eine Höhe von 50 bis 60 F. und eine Stärke von 2 bis 2½ F. erreicht. Oft findet man sie auch nur als Strauch. Sie wird in der Regel zu Kopfweiden gezogen, hat ein weiches, faseriges, weifses Holz, das zwar von geringer Festigkeit, aber zähe, gleichmäfsig dicht ist, sich gut bearbeiten läfst und sich nicht wirft. Wenn diese Weide geköpft wird, bleibt sie gewöhnlich klein und wird bald hohl. Ihre Blätter sind 3 Z. lang, 1½ Z. breit und an beiden Ecken zugespitzt. Die obere Fläche der Blätter ist blafsgrün, glänzend und mit feinen, kurzen Haaren besetzt; die untere Fläche ist silberweifs-glänzend. Das Holz wird von den Würmern gesucht und ist, dem Wechsel der Witterung unterworfen, von geringer Dauer.

Anbau. Die Fortpflanzung der Weiden ist sehr leicht. Man steckt im Frühlinge abgeschnittene Zweige in die Erde, welche, wenn der Boden feucht ist, ohne weitere Pflege Wurzeln treiben und fortwachsen. Die gröfseren Satzweiden oder Stecklinge erfordern mehr Vorsicht und man mufs besonders darauf achten, dafs die Rinde nicht beschädigt wird. Die Löcher werden meistens mit dem Pfahl-Eisen und nicht tief genug gemacht. Dabei sind öfters die Eisen rund und die Erde wird durch das Hin- und Herbiegen desselben so glatt, dafs die junge Sprosse nicht leicht eine Öffnung zum Wurzelschlagen findet. Drei oder viereckige Eisen, die unten spitz zulaufen, sind besser. Noch besser aber ist es, die Löcher mit dem Spaten zu machen. Nie darf man, in Ermangelung eines Pfahl-Eisens, die Öffnung in die Erde mit der Satzweide selbst machen. Auch durch das Festtreten der Erde wird oft die Rinde beschädigt; was dann das Absterben des Baumes befördert. Dann setzt man auch oft die Stämme zu dicht, und junge zwischen alte. Die Kopfweiden müssen 12 bis 16 F. auseinander stehen, denn sonst halten die Kronen der ausgewachsenen Nachbarn Sonne und Luft von den Setzlingen ab und erschweren ihr Fortkommen. Am besten ist es, 1½ bis 3 Z. dicke und 6 bis 8 F. hohe Satzweiden, die eine schöne, glatte Rinde und auch sonst keinen Fehler haben, am obern und untern Ende mit einem schrägen, glatten Schnitte abzuschneiden, sie mit dem untern Ende ins Wasser zu setzen und so lange darin stehen zu lassen, bis sie zu grünen und im Wasser Wurzeln zu schlagen anfangen, worauf man sie sofort an Ort und Stelle setzt, sanft festtritt, ohne die Wurzeln und die Rinde zu beschädigen und, wenn der Boden nicht feucht ist, sie begiefst oder einschlämmt.

Nutzen. 1. Die Stämme ungeköpfter Weiden liefern gute Bohlen und Bretter für Tischler, Drechsler und andere Holzarbeiter. Sie sind, wegen des weifsen Holzes und weil sie sich nicht werfen, zu leichten Fufsböden, ferner zu Speiseschränken, die keinen Geruch annehmen, zu Holzschuhen, Mulden, Löffeln und andern leichten Arbeiten passend. Die Zweige der Kopfweiden werden zu Strauchzäunen und Faschinen gebraucht. Auch macht man aus den jungen Weiden Fafsreifen.

2. Die dreimännige Weide. *S. triandra.*

Sie ist ein einheimischer, 30 F. hoher Baum, mit einer Rinde, welche stückweise abfällt, wie bei den Platanen, länglich gezahnten, glatten Blättern und gestielten Fruchtknoten. Sie verlangt freies Land und feuchten Boden, geräth am besten am Wasser und läfst sich leicht durch Stecklinge vermehren. Sie wird wie die vorige Art gezogen. Sie dient meistens zu Kopfholz und zu Zäunen.

3. Die Korb- oder Bandweide. *S. viminalis.*

Sie ist ein Strauch, mit langen, ruthenförmigen, sehr biegsamen Zweigen, lanzettförmigen, fast ganzrandigen, sehr langen, unten seideweifsen Blättern. Die Haare an den Schuppen der weiblichen Kätzchen sind länger als der Fruchtknoten. Sie wächst am Wasser und eignet sich zur Bekleidung der Ufer. Ihre langen Ruthen sind besonders zu Flechtwerk passend; deshalb werden diese Weiden an die Korbmacher verpachtet.

4. Die Saalweide. *S. caprea.*

Sie ist ein strauchartiger Baum, der zuweilen 30 F. hoch wird. Die Blüthenkätzchen sind dick und eirund, die männlichen dottergelb und von angenehmem, weinartigem Geruch. Sie dienen, da sie schon früh, Anfangs April hervorkommen, vorzüglich den Bienen zur Nahrung. Die Blätter sind grofs, eiförmig und runzlich; die Rinde der jungen Zweige ist grau und wollig, die der ältern grau und ohne Wolle. Diese Weide geht in trocknem, wie in feuchtem Boden gut fort und wuchert sehr stark. Zur Befestigung der Ufer, wie zum Fafsbinden und zu Korbmacherarbeiten, ist sie eine der nützlichsten Weiden-Arten.

5. Die Purpurweide. *S. purpurea.*

Sie ist ein Strauch mit lebhaft purpurrothen Zweigen, umgekehrt wie lanzettförmig sägezahnigen, glatten Blättern und mit Blüthen, mit einem Staubgefäfse, mit sehr kurzen Narben. Sie wird als Band- und Korbweide gleichfalls sehr geschätzt.

6. Die Dotterweide. *S. vitellina.*

Sie ist ein strauchartiger, öfters 10 bis 12 F. hoher Baum, hat spitzige, wie lanzettförmig sägezahnige, oben glatte Blätter, mit knorplichen Zähnen, biegsame gelbe und rothgelbe Zweige, gedeiht am besten in sandigem Boden am Wasser, und die Ruthen eignen sich vorzüglich zum Binden.

7. Die Bachweide. *S. monandra.*

Sie ist strauchartig. Die männliche Blüthe hat ein Staubgefäfs. Die Rinde der Zweige ist in der Jugend gelbröthlich, im Alter dunkler. Sie wird zu Korbmacherarbeiten, zum Binden und zur Befestigung der Dämme benutzt.

Aufser diesen Weiden-Arten giebt es noch eine Menge anderer, meist Spielarten der vorstehenden, unter welchen sich noch besonders die Thränenweide, *S. babilonica,* mit ihren dünnen, hangenden, langen Zweigen, für Gärten und am Rande der Gewässer, vortheilhaft auszeichnet, deren Holz aber, obgleich sie einen 30 bis 40. F. hohen Stamm treibt, selten benutzt wird, weil man den Baum nur als Zierbaum anbaut.

Das specifische Gewicht des Weidenholzes beträgt (nach *Werneck*) zwischen 0,454 bis 0,522. Beim 6jährigem Umtriebe einer Kopfweidenzucht kann man auf gutem Boden einen jährlichen Durchschnitts-Ertrag von 240 Cubikfufs Holz vom Morgen, auf mittlem 190, und auf schlechtem Boden 145 Cubikfufs rechnen.

Werden die Pflanzlöcher gegraben, so macht ein Mann ihrer täglich 80 bis 90; werden sie nur mit dem Pflanz-Eisen gestofsen, so pflanzt ein Mann 80 bis 100 Reiser.

Man rechnet zum Ersatz einer Weidenpflanzung auf gutem Boden 10, auf mittlem 15, und auf schlechtem 20 bis 25 Procent.

Die Heizkraft des Weidenholzes ist (nach *Werneck*) zwischen 0,508 bis 0,764; je nach der Weiden-Art. Das Stammholz der Saalweide hat die gröfste, das der Dotterweide die geringste Heizkraft; wobei es aber auf Boden-Art und Alter des Holzes ankommt.

Der Aschengehalt der Weiden beträgt zwischen 68 bis 80 Theile.

Der Futterwerth des lufttrockenen Weidenlaubes ist gleich dem des Heues von Höhenwiesen.

Aufser zu Dem, was oben angegeben, braucht man die Weidenrinde auch zum Gerben. Bitterstoff und Salicin (ein der Weide eigenthümlicher alkalischer Stoff) sind am meisten in der Rinde der jungen Zweige vorhanden; dagegen ist der adstringirende Bestandtheil mehr in der ältern Rinde enthalten. Aufserdem findet sich darin noch etwas balsamischer Harz und ein wenig Säure. Daher ist die Wirkung der Rinde der der Chinarinde ähnlich, und sie wird häufig als Surrogat derselben, so wie innerlich und äufserlich als zusammenziehendes Mittel gebraucht.

(Die Fortsetzung folgt.)

3.

Übersicht der Geschichte der Baukunst, mit Rücksicht auf die allgemeine Culturgeschichte.

(Von Herrn Regierungs- und Baurath *C. A. Rosenthal* zu Magdeburg.)

(Fortsetzung der Abhandlung No. 2., 6. und 8. im 13ten, No. 1., 7., 8. und 12. im 14ten, No. 1., 9., 11. und 15. im 15ten, No 10. im 16ten, No. 3., 5. und 10. im 17ten, No. 4. im 18ten, No. 2. im 20ten, No 9. im 22ten, No. 1., 9. und 13. im 25ten und No. 2. und 12. im 26ten Bande.)

---

§. 175.

Der Dom zu Cöln.

(Von *Boisserée*.)

Dieser, leider nur im Chor vollendete, reiche und mit Recht allbewunderte, riesenmäfsige Bau, von etwa 500 F. Länge, 180 F. Breite des Langhauses, 290 F. gröfsester Breiten-Ausdehnung in den Kreuzarmen, 154 F. lichter Höhe der Kirche und 208 F. Höhe mit dem Dache, mit 536 F. hohen Thürmen, jeder auf einer Grundfläche von 100 F. im Quadrat, wurde unter *Conrad von Hochstaden*, gleich nachdem der alte Dom 1248 abgebrannt war (nach neuesten Forschungen vielleicht einige Jahre später) gegründet. Von 1260 bis 1298 gerieth der Bau in Folge der heftigen Fehden zwischen den Erzbischöfen und der Stadt ins Stocken, und erst 1322 wurde der Chor eingeweiht. Der südliche Thurm war erst 1437 so weit vollendet, dafs die Glocken eingehängt werden konnten, und noch im XVI. Jahrhundert schmückte man die Fenster mit Glasmalereien. *Boisserée* nimmt an, nicht allein, dafs das Gebäude, so weit es vollendet, mit wenigen Abweichungen, nach dem ursprünglichen Plane gebaut sei, sondern auch, dafs die neuerdings aufgefundenen Originalrisse der Thürme zu dem ersten Entwurf gehört haben. Diesemnach würde *Cöln* um etwa ein *Jahrhundert* allen andern Städten und Ländern in der Ausbildung der germanischen Baukunst vorangegangen sein. Der Widerspruch ist indefs leicht aufzuklären. Jedes ausgedehntere mittelalterliche Bauwerk nemlich liefert den sichern Beweis, dafs man dem ursprünglichen Bauplane *nicht* treu blieb, und dafs jeder nachfolgende Baumeister, so weit es die bereits fertige Anlage irgend zuliefs, unbekümmert um die Harmonie des Ganzen, seine und die Ideen seiner Zeit ausführte. Wegen der bedeutenden Ausdehnung und Tiefe der Fundamente, welche *Boisserée* bis auf 44 F. aufgraben liefs, ohne den Grund zu erreichen, und wegen der Langsamkeit, mit welcher damals gebaut wurde, läfst sich kaum annehmen, dafs in den ersten 10 Jahren viel mehr geschehen sei, als das Legen des Fundaments. Darauf folgten 40 unruhige Jahre, in welchen der Bau wenig oder gar nicht fortrückte: also könnte der zur Ausführung gekommene Baurifs, von welchem noch einzelne Specialzeichnungen vorhanden sind, sehr wohl erst um das Jahr 1300 gemacht sein; und selbst die Einweihung von 1322 beweiset noch keineswegs, dafs *alle* äufsern und innern Verzierungen damals schon vollendet waren. Die Originalzeichnungen zu den Thürmen können sogar *noch* bedeutend jünger sein, und es kann also *mit Sicherheit* nur der *Grundplan* als ein Erzeugnifs aus der Mitte des dreizehnten Jahrhunderts angesehen werden.

Das Langhaus hat fünf Schiffe; das Mittelschiff ist doppelt so breit als jede Abseite; die einzelnen Gewölbreihungen der letztern sind Quadrate, die des Mittelschiffs Oblongen; der Länge nach hat das Langhaus fünf Reihungen; es ist mithin zwischen den Thürmen und dem Querbau auffallenderweise nur fünfsechstel so lang als breit. Die Thürme umfassen in ihrer Grundfläche je vier Abseitenquadrate, sind nach Innen durch weite Bogen geöffnet und haben verhätnifsmäfsig unbedeutende Eckpfeiler. Der Querbau hat drei Schiffe und die Kreuz-Arme treten um zwei Reihungen vor die Abseitenmauern vor. Der Chor bildet noch auf drei Reihungen die Fortsetzung des fünfschiffigen Langhauses; dann folgt der siebenseitige Schlufs, um welchen sich nur die innern Abseiten herumziehen, während die äufsern durch einen Kranz von sieben fünfseitig geschlossenen Capellen ersetzt werden; dergestalt, dafs die centralen Scheidemauern gemeinschaftlich sind, die äufsere Grenze also eine fortlaufende gebrochene Linie ist. Nach innen sind die Capellen geöffnet und nur durch Gitterwerk abgeschlossen; auch der Chor ist vom Umgange, wie gewöhnlich, mittels zierlich durchbrochner steinerner Wände geschieden. Die gröfsere Stärke der vier innern Gewölbpfeiler in der Durchschneidung des Kreuzes deutet auf die Absicht, in der Mitte einen Thurm zu errichten. Diese ganze Anlage entspricht durchaus dem *romanischen* Kirchenstyl um das Jahr 1200; und wenn gleich hiermit keineswegs behauptet werden soll, dafs ursprünglich der Cölner Dom ein *romanisches* Bauwerk habe werden sollen, so beweisen doch die dem Emporstreben sehr ungünstige grofse Ausdehnung in die Breite, der beabsichtigte Mittelthurm, der Bau mit niedrigen Abseiten (der nach dem Grundplan ebenfalls schon beabsichtigt war), der geringe Vorsprung der Eckpfeiler an den mächtigen Thürmen u. s. w., dafs der erste Baumeister des Doms in Wahrheit weniger in den Geist des germanischen Baustyls eingedrungen war, als z. B. der der gleich alten *Elisabethkirche* zu *Marburg*.

So mufs man es denn auch als völlig begründet zugeben, dafs der *Cölner* Dom, wie neuerdings behauptet worden, eine Nachbildung älterer *französischer* Kirchen sei, ohne jedoch die daraus gezogene Folgerung einzuräumen, dafs sich der germanische Baustyl in Frankreich früher als in Deutschland finde; vielmehr sehen wir ja, dafs gerade dieser Nachahmung wegen der *Cölner* Dom, abweichend von andern gleichzeitigen deutschen Kirchen, einen Grundplan erhalten hat, welcher dem germanischen Style *nicht* zusagte; und auf diesen Grundplan beschränkt sich vorzugsweise die Nachahmung. Betrachten wir nun das Bauwerk näher.

Der Chor.

Die äufsern Abseiten und die Capellen im Chorschlufs sind 67½ F. in den Mauern hoch; hier bildet sich ein etwa 60 F. breiter Absatz, und dann erhebt sich das Mittelschiff mit seinen Mauern noch 86½ F. und mit dem Dache 140½ F. hoch. Die Erhebung der Massen hat demnach nicht grade sehr günstige Verhältnisse, indem, aus der Ferne gesehn, das Mittelschiff gegen die Abseiten etwas zu hoch ist, aus der Nähe aber der breite Vorsprung zu viel vom obern Gebäudetheile bedeckt, und die Gesammthöhe dadurch verliert. Allerdings wird dieses Mifsverhältnifs einigermafsen durch die einzelnen steilen und ringsum gewalmten Abseitendächer und durch die auf den Strebepfeilern der Abseiten und ferner in einer zweiten Reihe über den innern Gewölbpfeilern, so wie endlich auf den Strebepfeilern des Mittelschiffes sich erhebenden Spitzpfeiler mit den dazwischen gespannten Strebebögen vermindert; allein es entstehen aus dieser Anordnung auch wiederum andere Nachtheile für das Gesammtverhältnifs, indem sich das Mittelschiff hinter dem Pfeilerwalde versteckt und die einzelnen Pfeiler zu sehr die Aufmerksamkeit an- und von den Hauptmassen abziehn, dadurch und durch die vielen sich durchkreuzenden Linien die Klarheit der Total-Ansicht und die Harmonie in etwas leidet und durch die zu phantastische Gestaltung die ernste Würde einer Kirche beeinträchtigt wird.

Fragen wir, ob sich irgendwo ein Abschnitt zeige, der auf einen *Wechsel* der Architektur und auf eine durchgreifende Abweichung vom ersten Bauplane deutet, so finden wir auf den ersten Blick einen solchen Wechsel wirklich, nemlich in der Vollendung der Abseiten. Die Mauern, so wie die bedeutend starken Strebepfeiler, sind ganz glatt; die Gesimse haben einfache Profile; die Abseiten sind oben, statt mit den spätern Giebeln, mit wagerechten starken Gesimsen und Geländern geschlossen, welche letztere, auf ältere Art, aus Kleeblättern ohne die einschliefsenden Kreise des germanischen Styls zusammengesetzt sind. Die

Fensterdurchbrechungen haben alle dieselbe Form, und zwar sind die der Capellen aus Kleeblattbogen statt aus Rosetten zusammengesetzt, während indefs die breitern Fenster der Abseiten im geraden Theile, nach Art der ausgebildeteren Formation, zuerst mit einem Mittelstock, zwei Spitzbogen und einer Rosette, dann wieder in jeder Abtheilung mit derselben Durchbrechung und einem Mittelstock von kleinerem Profil, überall in ächt germanischer Art, mit Spitzen oder Bogenzacken besetzt sind. Im Innern sind die Gewölbe einfache Kreuzgewölbe. Die Gewölbepfeiler haben einen runden Kern, aus welchem Dreiviertheil-Rundstäbe von abwechselnder Gröfse hervortreten. Die gröfsern 4 Rundstäbe sind an den Ecken, die kleinern (an den Pfeilern der Abseiten 4, an denen des Mittelschiffs 8, an denen im Chorschlufs 10 und an den 4 Hauptpfeilern des Kreuzes 12) dazwischen angebracht; so dafs die äufsere Form der Pfeiler ein über Eck gestelltes Viereck bildet. Das an den Capitälen und dem äufsern Hohlkehlengesimse angebrachte Blattwerk hat, in der Nachbildung wirklicher Pflanzen, eine noch etwas steife Form, und nirgend zeigen sich am Unterbau wirkliche oder scheinbare Durchbrechungen, Giebel, Kronen u. s. w. Es ist mit einem Worte der Baustyl am untern Theile des Chors (mit unbedeutenden romanischen Reminiscenzen) *entschieden-* aber auch *früh-germanisch,* und ein wenig mehr ausgebildet als an der ***Elisabethkirche zu Marburg;*** nur allein die Fensterdurchbrechungen der Abseiten geben, obgleich sie auch noch einfach organisch gestaltet sind, eine merklich gröfsere Ausbildung zu erkennen, können indessen auch leicht, zur Verhütung von Beschädigungen, nach der Vollendung der Hauptmassen eingesetzt sein. Dasselbe ist auch von dem Geländer der Abseiten und den auf die kleinern Strebepfeiler der Capellen aufgesetzten, etwas schwerfälligen Bilderhäuschen anzunehmen; wobei dann der darin sich aussprechende romanische Styl sogar auf eine sehr späte Zeit deuten würde, wenn nicht dieselbe Geländerform auch in der Thurmzeichnung vorkäme. So mag man denn annehmen, dafs diese Gegenstände früh ausgearbeitet, aber spät aufgesetzt sind, obgleich auch dies nicht nöthig ist, da dergleichen Reminiscenzen an den frühern Styl einzeln in allen Zeiten vorkommen. Eine interessante Vergleichung bieten die innern Gewölbpfeiler dar. Sie haben im Wesentlichen die Grundform derer in der ***Marburger*** Kirche, d. h. einen runden Kern, mit Rundstäben besetzt. Dort und hier, bei den Pfeilern zwischen beiden Abseiten, wo nur die von allen Seiten dagegen umlaufenden Gewölbegurte darauf ruhen, war diese Form natürlich; bei dem Mittelschiffe dagegen, wo die Bogen noch hohe Mauern zu tragen haben, wäre es constructiv richtiger gewesen, in der Fortsetzung der Mauern schmale Streifen zwischen den vortretenden Gliederungen davon hinunterzuführen; es ist hier der umgekehrte Fehler des *Meifsner* Doms gemacht; wo der Mauer-Aufsatz fehlt, dennoch aber die Pfeiler glatte Streifen zwischen den Rundstäben haben; man mag dort einen Bau mit erhöhetem Mittelschiffe, hier die *Elisabethkirche* vor Augen gehabt haben.

Eine von der des Unterbaues sehr wesentlich verschiedene Gestaltung findet sich am obern Theile des Chors. Im Innern ist hier die den reichen Kirchen gewöhnliche Galerie *unter* den Fenstern angebracht. Dort geschah es, um die glatte Mauer, welche durch das aufsen anliegende Pultdach der Abseiten entstand, leichter zu gestalten: hier hatte man es nicht nöthig, weil die Abseitendächer hinten gewalmt sind, mithin die obern Fenster tief hinunterreichen konnten. Auch hier zeigt sich also noch eine Nachahmung älterer, wohl französischer Kirchen (an welchen sich schon im romanischen Style diese Anordnung fast durchweg findet), und zwar eine ziemlich grundlose Nachahmung, die deshalb zu einer eigenthümlichen Anordnung führte. Jene innere Galerie ist nämlich nicht scheinbar, sondern wirklich durchbrochen, mit einem Gange dahinter; aufsen tritt die Mauer vor die obere 18 F. hoch vor, oben eine Galerie vor den Fenstern mit Geländer bildend, dessen Durchbrechung auch nicht recht germanisch zusammengesetzt ist. Die vortretende Mauer ist mit einer sehr breiten, oben vom Gesimse abgeschnittenen Fenster-Öffnung durchbrochen, welche die Fortsetzung des obern Fensters zu bilden scheint. Diese an Stöcken und Durchbrechungen reiche Gestaltung, an der Stelle mehrerer schmaler Fenster, wie sie, wenn man sie nicht lieber ganz weglassen wollte, hierher gehörten, ist unzweckmäfsig und ungermanisch; es kommt indefs wenig darauf an, weil sich der untere Theil der Mauer hinter die Abseitendächer versteckt. Von hier aus steigen die Mauerfelder mit breiten und hohen Fenstern zwischen den Strebepfeilern empor; die Fensterdurchbrechungen sind wenig reicher als die untern, zugleich aber auch weniger rein und organisch geformt. In den obern Rosetten schliefsen die Spitzen fast zusammen; die untern Spitzbogen sind mit einem ganzen und einem halben Kleeblattbogen ausgefüllt; die letztern in den geraden Theil hinuntergreifend. Über den Fensterbögen tritt die Mauer auf einem zwischen die Pfeiler gespannten Spitzbogen etwas vor und ist mit einem Blätterkranz ausgelegt. Die nemliche, nicht gerade sehr lobenswerthe Anordnung findet sich auch in den Abseiten. Darüber folgt nun, das wagerechte Dachgesims durchbrechend, ein steiler Giebel mit Blättern und Krone, vorn mit reicher und verschieden gestalteter, aber schon mitunter nicht ganz organischer, scheinbarer Durchbrechung, in den Winkeln mit geländerartigen Durchbrechungen, welche, nach einer mehr germanischen Zeichnung als bei den untern, die gewöhnlichen aufsteigenden Stöcke mit Bogenschlufs haben. Am reichsten, zugleich aber auch am wenigsten lobenswerth ist die Architektur der Spitzpfeiler (Wiederhalter) und Bogenstreben, welche das Mittelschiff in zwei Reihen, den Chorschlufs in einer Reihe umstehen und von denen die äufsere bis auf 154 F. (gerade so hoch wie die Mauern des Mittelschiffes), die folgenden bis auf 166½ F. und die auf den Strebepfeilern des Mittelschiffes selbst stehenden bis auf 189 F. emporsteigen. Die äufsern Pfeiler bilden im Grundrifs ein lateinisches Kreuz; der Stamm findet seine Basis auf den untern Strebepfeilern, ist jedoch (vielleicht ein Beweis der Veränderung des Bauplans) bedeutend dünner als jene; die beiden Arme stehen auf den Abseitenmauern, der Kopf tritt auf den innern Gurtpfeiler hinaus, beim Emporsteigen schliefsen Stamm und Arme mit Giebeln ab, der innere Kern erhebt sich als einzelner Spitzpfeiler, mit steiler Spitze über den Giebelschlufs, mit Blättern und Krone von der gewöhnlichen Form. Alle Seiten der so gruppirten Pfeilermasse haben Füllungen, welche diesen, ziemlich starken und zum Halt der Strebebögen bestimmten Massen ein reiches aber gebrechliches Ansehen geben. Die in der zweiten Reihe stehenden Spitzpfeiler bilden, nach richtiger Schätzung ihrer Basis und Bestimmung, ein griechisches Kreuz, und sind mithin aus fünf quadratischen Pfeilern zusammengesetzt, von denen der mittlere sich aus den ihn umgebenden heraushebt. Die Pfeiler an der Südseite sind wahrscheinlich etwas jünger und es endigen sich hier auch die Nebenpfeiler in frei aufsteigenden gekrönten pyramidalen Spitzen. Etwas jünger zeigen sich die den Schlufs-Ecken des Chors gegenüberstehenden Pfeiler; wozu ihre Stellung auf den stumpfen Ecken und die breitere Basis auf den Quermauern der Capellen und zugleich der Umstand, dafs hier *nur eine* Reihe Pfeiler vorhanden ist, die Veranlassung gab. Die Strebebögen sind in doppelten Reihen über einander angeordnet; demzufolge liegen ihre Gesimse ziemlich wagerecht. Darüber ziehen sich geländerartige Durchbrechungen mit blättergekrönten Gesimsen als eine bedeutungslose Verzierung hin. Die constructionelle Bedeutung dieser Anordnung ist auf solche Weise ziemlich in den Schatten gestellt. Hätte man die Bogen nur einfach unten gegen den Fufs der Spitzpfeiler gestellt und sie oben gegen die Kämpferpuncte der Gewölbe anlaufen lassen, so würde der statische Zweck deutlicher ausgedrückt worden sein, und man hätte zugleich den äufsern Spitzpfeilern eine geringere, die Hauptmasse weniger beeinträchtigende Höhe geben können; etwa so wie am *Halberstädter* Dom. Will man, obgleich die Strebebögen gegen Ende des vierzehnten Jahrhunderts auch in Deutschland häufig vorkommen, auch hier eine Nachbildung französischer Kirchen sehen, wo allerdings gerade jene fehlerhafte Anordnung allgemein vorkommt, so ist dagegen nichts einzuwenden. Wir haben schon früher angemerkt, dafs diese der Ausbildung der Kreuzgewölbe entsprechende Construction ebensowohl dem romanischen als dem germanischen Baustyle angehöre (wie ja auch dergleichen schon an einzelnen romanischen Kirchen vorkommt), und dafs nur die emporstrebende Endigung in Spitzpfeiler als germanisch anzusehen sei, der ächte germanische Baustyl aber auf den Bau mit gleich hohen Schiffen hinwies, mithin für ihn die Strebebogen entbehrlich waren. Es ist nach dieser Darstellung und im Vergleich zu der einfachen Bau-Art der Abseiten kein Zweifel, dafs man bei der Aufführung des Mittelschiffs wesentlich vom ersten Entwurf abwich: gleichviel, ob man einen neuen Entwurf machte, oder, wie die aufgefundenen Zeichnungen fast muthmafsen lassen, blofs einzelne neue Detailzeichnungen entwarf. Das vorkommende Blattwerk hat übrigens noch denselben Typus wie unten, und es ist wohl möglich, dafs die feinere Ausarbeitung des letzteren ebenfalls erst nach der Vollendung erfolgte; obgleich sich die Nachahmung der heimischen Natur, in etwas steifen Formen, sowohl früh, als auch noch im vierzehnten Jahrhundert erhalten hat. Als ein Fortschritt ist zu bemerken, dafs die Capitäle im Innern nicht mehr um den ganzen Pfeiler herumgehen, sondern nur die Rundstäbe und Blattverzierungen haben.

Langhaus und Kreuzarm.

Von diesen Theilen haben sich die Baurisse nicht erhalten, und auch der Bau ist nicht weit gediehen; indessen zeigen sich an denselben doch Abweichungen vom Baustyl des Chores, welche eine spätere Bauzeit verrathen. So haben namentlich die innern Gewölbpfeiler den glattrunden Kern nicht mehr, sondern zwischen den vortretenden Rundstäben, nach ächt germanischer Art, Hohlkehlen; ferner zeigen sich an den fertigen Capitälen die knollenartig geworfenen Phantasieblätter aus dem funfzehnten Jahrhundert.

Entwurf zu den Thürmen.

Die deutlichen Zeichen, dafs dieser Entwurf einer ungleich spätern Zeit als der des Chores angehört, finden sich in dem allgemeinen Reichthum;

in der Profilirung der Pfeiler, welche aus zahlreichen kleinen ***Spitzstäben***, statt der Rundstäbe und Hohlkehlen dazwischen, zusammengesetzt sind; in den scheinbaren Durchbrechungen, mit welchen alle Pfeilerflächen, Mauern, Brüstungen u. s. w. von unten an besetzt sind; in den unzähligen Bilderblenden, den zierlichen Baldachinen und den luftigen Bilderhäuschen; in den durchbrochenen Dachspitzen; in den Sterngewölben des Innern u. s. w. Andrerseits deutet die noch etwas steife Form der Blätter und Kronen, die reine Zeichnung der Durchbrechungen, von einfacher, organischer Gestaltung, welche bei den Dachfeldern fast allzu monoton ist, und die Nachricht, dafs der südliche Thurm 1437 bis zu seiner jetzigen Höhe vollendet gewesen sei, darauf hin, dafs die Zeichnung in keinem Fall nach 1400 gemacht sein kann und wahrscheinlich wohl noch der Mitte des vierzehnten Jahrhunderts angehört.

Die Thürme haben unten mit den Pfeilern 100 F. und im reinen Mauerwerk 80 F. im Quadrat; sie werden durch rings umlaufende, wagerechte, sehr stark markirte Gesimse in vier Stockwerke getheilt. Die beiden untern Stockwerke bilden zugleich den Zwischenbau; das obere Geschofs formt sich zum Achteck. Die Stockwerke messen nach ***Boisserée*** in der Höhe:

Das erste	72	F. 5	Zoll.
Das zweite	92	- 3	-
Das dritte } nebst Geländer	81	- 5	-
Das Achteck } nebst Geländer	81	- -	-
Die Dachpyramide	179	- 1	-
Die Krone darauf	29	- 6	-
Zusammen	535	F. 8	Zoll.

Das Verhältnifs der untern Breite zur Höhe, von 100 zu 536, ist günstiger wie bei manchen andern Gebäuden, namentlich beim ***Münsterthurm zu Ulm***, der 106 F. breit und noch nicht 500 F. hoch ist: gleichwohl drücken die ***Cölner*** Thürme ein weniger kräftiges Emporstreben aus, und zwar, weil eine durchgehende Querverbindung mehr angebracht ist, die einzelnen Stockwerke nicht scharf genug sich absetzen, die Haupt-Einziehung erst bei den Eckpfeilern neben dem Achteck Statt findet und die Dachpyramide etwas zu schwer ist. Besonders ist es übel, dafs sich die sämmtlichen Gesimse, mit ihrer ansehnlichen Höhe von 4 F., zu scharf markiren und um alle Pfeiler herumgekröpft sind; blofs die Giebelverdachungen der Fenster steigen über sie hinweg; was jedoch bei weitem nicht die Wirkung macht, als wenn die Gesimse von den Pfeilern unterbrochen, oder auch nur von den Verdachungen der weiter unten abgelöseten Pfeilerchen theilweise bedeckt würden, statt dessen hier die kleineren Pfeiler-Pyramiden regelmäfsig unter den Gesimsen enden. Dafs die letztern in der Hohlkehle reich mit Blattwerk geschmückt sind, ist, obgleich auch dadurch dies Gesims hervorgehoben wird, doch nicht zu tadeln, weil dadurch immer die horizontale Lage unterbrochen wird; eben so ist es durchaus zu billigen, dafs nirgend am *Cölner* Dom der Bogenfries vorkommt.

Die Pfeiler stehen 5 F. von der Gebäude-Ecke ab und sind im viereckigen Kern nur 10 F. im Quadrat grofs, haben aber noch 6 kleinere Eckpfeiler, von etwas über 2 F. im Quadrat; diese kleinern Pfeiler lösen sich noch unter dem Gesims des ersten Stockwerks von den gröfsern ab. Im zweiten Geschofs wiederholt sich dieselbe Form; nur dafs die Eckpfeiler viel schlanker sind und mehrfach aus einander emporwachsen, ebendeshalb aber auch nur unmerklich sich ablösen; dazwischen ist der Pfeiler selbst zu einer weiten Bilderlaube umgewandelt; mit Giebel und tabernakelartiger Krönung vor dem weiter fortlaufenden Kern. Im dritten Geschofs stellt sich die reiche Thürmelung der kleinern Pfeiler mehr *vor* als *zur Seite* der Hauptpfeiler auf, und vom Gesimse des dritten Stockwerks ab steigt die ganze Pfeilermasse, nachdem sich ein bedeutender Nebentheil davon abgelöset hat, isolirt vor die abgeschrägten Seiten des Achtecks in reicher tabernakelartiger Gestaltung bis weit über das Achteck hinaus empor. Alle Flächen der Pfeiler sind reich mit gegliederten Füllungen, scheinbaren Durchbrechungen, kleinern Bilderblenden, Giebeln, Blättern und Kronen von oben bis unten geschmückt: alles im reinsten Styl; nur freilich mit Hintansetzung der statischen Bedeutung; denn abgesehen davon, dafs diese Pfeiler durch massenhafte Gestaltung sich als die Hauptstützpuncte der Thürme zeigen sollten, ist keineswegs eine zunehmende Erleichterung nach oben zu beobachtet; aufser wo sie sich durch die Ablösung der Eckpfeiler von selbst ergab; die untern Gliederungen sind sehr zart, und zum Theil noch zarter als die obern; und stellenweise sind sogar die Pfeiler in den obern Theilen massiger als darunter. Der innern Pfeilerstellung zwischen den Abseiten entsprechend, hat jeder Thurm noch einen kleinern Mittelpfeiler, welcher, ähnlich gestaltet wie die Hauptpfeiler, über dem zweiten Stockwerk in eine freistehende Verdachung endet.

In den äufsern der durch den Mittelpfeiler gebildeten beiden Felder befindet sich ein Fenster, in dem innern ein Seitenportal, dessen Laibung drei grofse Hohlkehlen hat; mit reichen Untersätzen und Baldachinen zu Statuen, bis zur Bogenspitze. Darüber erhebt sich ein steiler Giebel, mit Thürmchen und kleinen Untersätzen zu freistehenden Statuen, statt der Blumen und Krone. Das Fenster im andern Felde hat eine scheinbar-durchbrochene Brüstung, gute Verhältnisse, eine reiche Einfassung und ganz die reine Form der Abseitenfenster. Darüber erhebt sich ein Giebel, welcher, wie der des Portals, wirklich durchbrochen, jedoch mit Blumen und Krone verziert ist und bis über das Gesims emporsteigt. Auch hinter dem Portal wird der obere Theil eines eben solchen Fensters mit Zubehör sichtbar. Das Geländer der ersten Galerie hat dieselbe ungermanische Form, wie das der Chor-Abseite, ist wahrscheinlich aber nur eine Nachbildung der letztern. Im zweiten Stockwerke wiederholen sich die beiden Fenster; ganz ähnlich den untern, nur ungleich schlanker und mit scheinbarer Durchbrechung, statt der wirklichen, im Giebelfelde. Das nun folgende Geländer hat die rein germanische Form, mit lothrechten Stöcken und Spitzbögen; jedes Feld ist noch einmal durch einen kleinern Stock mit zwei Spitzbögen und rautenförmiger Rosette getheilt. Das dritte Stockwerk hat nur ein breiteres Fenster; daneben schmale Nischen (oben mit einem Spitzbogen und Giebel geschlossen) und mit hohem Rundstab-Untersatz und tabernakelartigem Baldachin vor der Nische, zu einer Statue. Das Geländer vor dem Achteck und das Dachgeländer haben dieselbe Durchbrechung wie die beiden vorhergehenden; ersteres geht zwischen den Rundstäben der Pfeiler fort. Das Achteck hat einfache Eckpfeiler und in jedem Felde ein Fenster mit sehr breiter und reicher Laibung; sonst, wie die untern, nur mit voller Brüstung, die sich jedoch hinter das Geländer versteckt. Über den kleinen Eckpfeilern erheben sich breite, die ganze Galerie bedeckende und daher wohl zu Durchgängen bestimmte Pyramiden, welche, fast aus blofsen Verdachungen zusammengesetzt und ziemlich stumpf geformt, bis zur Höhe der vier Eckpfeiler aufsteigen. Das pyramidale Dach hat acht reich gegliederte, jede mit nicht weniger als 28 Blumen besetzte Sparren; die Felder sind durch eben so starke Querriegel zunächst in 6 Reihen quadratischer und 2 Reihen länglicher Öffnungen getheilt: erstere mit durchbrochnen Rosetten, letztere mit andern Durchbrechungen. Die Form der Rosette ändert sich, angemessen, mit der verminderten Gröfse, nach oben zu. Die Thurmspitze ziert eine bedeutende doppelte Blätterkrone von der alten, naturgetreuen Form.

Der Zwischenbau zwischen den Thürmen erreicht die Höhe des zweiten Stockwerks und überragt mithin ausnahmsweise die Kirche nicht. Hier schliefst denselben ein mit einfach-schönen, scheinbaren Durchbrechungen gezierter Giebel, welcher (nicht eben im Sinne der germanischen Kunst) auf dem durchgehenden wagerechten Gesimse unmittelbar aufsteht. Das Gesims dieses Giebels zeichnet sich vor allen andern an dem Gebäude dadurch aus, dafs die daran hinauflaufenden Blumen nicht die steife spitzblättrige, sondern die krause und geworfene runde Blattform haben. Das Hauptportal nimmt das erste Stockwerk des Zwischenbaues ein. Dasselbe ist den Nebenportalen ähnlich, jedoch in der Laibung und Öffnung breiter. Es ist durch einen Mittelstock, mit einer Statue davor, getheilt; das Bogenfeld hat zwei Reihen flacher Bilderblenden, deren Giebel und Spitzpfeiler an den Seiten, ziemlich unorganisch, unter den Bogen stofsen; auch das Giebelfeld ist, statt mit scheinbarer Durchbrechung, zu stufenförmiger Aufstellung von Statuen, mit Consolen, Pfeilerchen und Baldachinen eingerichtet, die, der Zeichnung nach, theilweise vom Gesims abgeschnitten werden. Hinter dem Giebel ist die Mauer scheinbar durchbrochen. Das zweite Stockwerk des Zwischenbaues nimmt ein breites, sechsfeldriges Fenster mit gut gezeichneter reicher Durchbrechung ein; vor demselben erhebt sich, etwas höher als an den Thürmen, eine scheinbar durchbrochene Brüstungswand, mit Galerie darauf. Der Giebel über dem Fenster greift hoch in den eigentlichen Dachgiebel hinein.

Im Allgemeinen ist das Detail in der Zeichnung der Thürme, von welcher Zeichnung der Bau selbst, so weit er vollendet ist, hin und wieder nicht unwesentlich abweicht, als ein seltnes Muster von Ausbildung und Reinheit des Styls zu loben. Die Profile sind nach ächt germanischer Art aus Rundstäben, Spitzstäben und Hohlkehlen zusammengesetzt, wenn auch anscheinend etwas gleichartig; die Durchbrechungen haben fast alle eine einfach-organische Gestaltung, die Formen einen angenehmen Wechsel, ohne jene unleidliche Sucht nach Verschiedenartigkeit für gleiche Zwecke zu verrathen, die in späterer Zeit zu einem, alle Übersicht und Einheit störenden Formenwirrwar führte. Auch die sonstigen Zeichen des beginnenden Verfalls, die Eselsrückenform, die sich durchkreuzenden und verlaufenden Gliederungen, die Baum-Äste u. s. w. sieht man hier so wenig, wie die früheren rohen Profil-Abschnitte; nur die wellenförmige Profilirung in den Grundrissen wäre zu mifsbilligen, wenn nicht der Aufrifs zu erkennen gäbe, dafs dies wahrscheinlich nur eine Flüchtigkeit der Zeichnung sei.

Dennoch ist auch dieser Bau nicht frei von Mifsgriffen und mehr oder weniger willkürlichen und mifsverstandenen Formen. Wir nennen: den schon zu grofsen Reichthum; den von unten herauf gleichmäfsig pyramidalen Umrifs, statt stärker markirter lothrechter Absätze, welche den Massen ein kräftigeres

Emporstreben gegeben haben würde; den Mangel solider Massen, wo es auf den Ausdruck grofser Standfestigkeit ankam, namentlich die gebrechliche Gestaltung der Strebepfeiler, die nur auf dünnen Eckstäben zu ruhen scheinen, während die Mauerfelder theilweise, und zwar nicht unten, sondern oben, glatte Quaderflächen haben; den Mangel einer stufenweisen Erleichterung nach oben hin; die tabernakelartigen Endigungen der Hauptpfeiler, anscheinend auf ganz dünnen Rundstäbchen ruhend, und die etwas plumpen und ohne Übergang aus den mit dünnern untern Strebepfeilern des Achtecks stumpf auf das Dachgesims aufgesetzten Eckpyramiden am Dache; die zu hohe Dachpyramide auf dem dominirenden wagerechten Gesimse, statt dafs die Giebel des Achtecks, höher hinaufgerückt, die Grenze hätten bilden sollen, allenfalls mit schlanken Spitzpfeilern und durchbrochenen Eck-Ausfüllungen dazwischen; das Vorherrschen der um die Pfeiler herumgekröpften, das Emporstreben unterdrückende Gesims und das zu starke Heraustreten der Blätter in deren Hohlkehlen; die häufige gerade Abschliefsung der Pfeilerfüllungen, statt des reinen Spitzbogenschlusses; die theilweise sich wiederholenden Bogenzacken in den Zacken der Durchbrechungen; die schweren Blattrosetten in den innern Räumen der aus Bogenzacken gebildeten Rosetten in den Giebelfeldern der schrägen Seiten des Achtecks und die in die Spitzen hineinlaufenden Stöcke in den Giebelfeldern der andern vier Seiten; die Thürmchen statt der leichten Blumen und Kronen auf den Portalgesimsen; das stumpfe Abschneiden der Spitzpfeiler, Giebel und Baldachine in dem Giebel und Thürfelde des Hauptportals; die schiefe Lage der Statuen in den Bogenlaibungen der Portale; den quadratförmigen Schlufs der Durchbrechungen der untern Fensterbrüstung u. s. w.

Sind freilich diese Mängel zum Theil auch sehr unwesentlich, so sind sie doch, zur Zeit der höchsten Blüthe des germanischen Styls und bei einem so bewunderten und schönen Bauwerke, bedeutend; sie beweisen, dafs es an systematischer Ausbildung fehlte.

Zum Schlufs noch einige Worte über die Bemühung ***Boisserées*** und einiger Andern, die Verhältnisse zwischen den verschiedenen Theilen der germanischen Bauwerke auf die Verhältnisse zwischen den Linien geometrischer Figuren als Grund-Einheiten zurückzuführen. Wir wollen nicht leugnen, dafs die ***Bauhütten,*** denen nach ihrer ganzen Einrichtung Dergleichen wohl zuzutrauen war, solche mysterieuse Regeln aufgestellt haben mögen. Wenn man aber diese Gesetze, zu denen uns nun einmal der Schlüssel fehlt, hinterher an den Gebäuden aufsuchen will; wenn man annimmt, dafs die Vor-Eltern für ein zu entwerfendes Gebäude diese oder jene geometrische Figur aufstellten und nun nicht etwa blofs die Eintheilung des Grundrisses, sondern alle Maafse bis in das kleinste Detail nach den Verhältnissen der Grundlinio zur Höhe, Diagonale oder andrer Hülfslinien ermittelten; wenn man vollends in einer solchen, der Natur der Sache völlig fremden Pedanterie den Grund der Harmonie und der Schönheit des germanischen Styls sucht: so hat man so wenig den Geist dieses Styls als den Geist der Kunst überhaupt erfafst. Es ist wahrhaft wunderlich, dafs der sonst so achtbare *Boisserée* mit der gröfsesten Spitzfindigkeit die willkürlichsten Hülfslinien aufsucht, die so gefundenen Verhältnisse als Norm für den *Cölner* Dom aufstellt und die dann dennoch sich ergebenden Abweichungen damit entschuldigt, dafs man bei der Ausführung nicht so genau verfahren sei. Man beziehe sich hier ja nicht auf den Modul der Römer und der Griechen, der nichts weiter war als ein *Maafs*, welches, bei der Ähnlichkeit der Säulenstellungen, mehr Bequemlichkeit hatte als das gewöhnliche Fufsmaafs: hier wäre es ein Gesetz, wie wenn man nach den Regeln des Einmal-Eins eine philosophische Abhandlung schreiben wollte. Wohl mögen die altdeutschen Baumeister ähnliche Gesetze als Regeln aufgestellt haben; wohl mögen sie häufig (was wir nicht loben wollen) in der Architektur symbolische Formen zur Anwendung gebracht haben: solche Fesseln indessen, wie man ihnen hier zumuthet, hätte die frei und kühn aufstrebende germanische Baukunst nimmer ertragen; und so arge Mifsgriffe sind den deutschen Baumeistern nicht zuzutrauen.

§. 176.
Der germanische Baustyl bei den profanen Bauwerken.

Durch die Bemerkung oben in (§. 158.), dafs die christlichen Völker eines besondern Kirchenbaustyls und eines besondern Styls für die profanen Bauwerke bedurften, dafs aber im germanischen Baustyl nur der erstere seine Ausbildung gefunden habe, soll weder gesagt sein, dafs von unsern Vor-Eltern aufser den Kirchen keine werthvollen Gebäude errichtet wären, noch auch, dafs die profanen Bauwerke genau den Styl der Kirchen gehabt hätten. Es finden sich vielmehr manche einzelne neue Formen für diese andere Gebäude-Art; z. B. an den Fenstern. Indessen fehlt doch allerdings Viel, dafs sich ein förmlicher besonderer Profanbaustyl entwickelt hätte. Entweder man baute, mit Ausschlufs der Fenster und einiger wenigen andern eigenthümlichen Formen, ganz schlicht und ärmlich; oder man wendete die Details aus dem

Kirchenbaustyl an; oder man folgte auch der ältern romanischen Bauart; oder man kam endlich auf mancherlei neue Formen, die jedoch wegen des Mangels einer organischen Durchbildung zu keinem consequenten Baustyle führen konnten; wie es denn schon dieses Schwanken selbst beweiset, dafs es an systematischer Entwickelung durchaus fehlte.

Unter den auf uns gekommenen profanen Bauwerken sind die ***Klostergebäude*** die zahlreichsten; namentlich diejenigen, welche, unmittelbar an die Kirche sich anschliefsend, die drei andern Seiten eines Friedhofs umgeben. Man sollte meinen, dafs gerade bei den Klostergebäuden der Kirchenbaustyl am ehesten Anwendung finden konnte und gefunden hätte: es geschah indessen nicht mehr als bei andern profanen Bauwerken, und sogar weniger als z. B. bei den ***Rathhäusern.***

Die äufsern Seiten der mehrentheils zweistöckigen Klostergebäude wurden gewöhnlich aus gemeinen Stoffen, ohne Plinte, Pfeiler und Gesimse, ganz schlicht, kaum mit einem einfachen Dachgesimse, aufgeführt; die kleinen unregelmäfsigen Fenster-Öffnungen, selten mit Spitzbogen, öfter gekuppelt und mit Kleeblattbogen geschlossen, häufig aber auch mit geraden Sturzen, dazwischen mitunter grofse spitzbogige Kirchenfenster, bildeten die einzige Abwechslung. Die geradsturzigen Fenster, mit gegliederter Einfassung und je nach ihrer Gröfse durch ein oder zwei lothrechte Stöcke und einen dergleichen Querstab auf Zweidrittheil der Höhe in mehrere Felder getheilt, von welchen die obern quadratischen auch wohl mit Spitzen oder Rosetten geziert wurden, mag man als eine der oben gedachten, an sich lobenswerthen Erfindungen und als eine dem profanen Baustyl eigenthümliche Form ansehen. Diese Art von Fenster scheinen aus dem Bedürfnifs hervorgegangen zu sein und der besten Zeit anzugehören. Reicher wurde die Fronte nach dem Friedhof hin gestaltet. Das untere Stockwerk bildete hier den ***Kreuzgang;*** im Wesentlichen ganz nach romanischer Art; nur dafs man statt der Rundbogen ziemlich niedrige Spitzbogen machte, welche indessen wegen der bedeutenden Breite und geringen Höhe der Öffnung noch sehr an den romanischen Character erinnerten, besonders wenn, wie bei dem Magdeburger Dom, die Ausfüllung von durchbrochenen Steinplatten auf Säulen gebildet wurde, statt deren später natürlich germanische Durchbrechungen gemacht wurden, noch später auch wohl statt der breiten Durchgänge nur schlankere Fenster-Öffnungen in Gebrauch kamen, während an andern Orten die Bogen ganz offen blieben. Das zweite Stockwerk bildete nach dieser Seite hin einen breiten Corridor, mit den oben gedachten kleinen Fenster-Öffnungen; mitunter aber auch ursprünglich, wie im untern Stock, eine offne Galerie. Im Innern reiheten sich um den Kreuzgang und den Corridor die Remter und andere saalartige Räume: die untern mit Kreuzgewölben überwölbt, die obern häufig mit hölzernen Decken, und die gröfsern Räume in das Dach hineingreifend, wo dann unter den Sparren und Kehlbalken eine Vertäfelung gemacht wurde, während die einzelnen Binderbalken, ohne Unterstützung, wohl auf einige dreifsig Fufs Länge und in ganz roher Gestalt, quer durch den Saal hindurchgingen. Natürlich finden sich häufige Abweichungen von dieser Anordnung; namentlich ist öfter der Corridor vor dem grofsen Remter im zweiten Stockwerk mit zum Hauptraume gezogen, um diesen zu erweitern, während umgekehrt unten auf der Erde der Saal nach dem Kreuzgange zu offen ist, so dafs derselbe hier eine doppelte oder dreifache Reihe von Bogengängen, also einen offnen Saal bildet. Bemerkenswerth ist, dafs auch da, wo es wegen der Kreuzgewölbe nöthig gewesen wäre, aufsen selten Strebepfeiler vorgemauert, dagegen die Mauern nur gleichmäfsig verstärkt sind; weshalb denn auch häufig Ausbauchungen entstanden sind, namentlich bei den einzelnen Pfeilern des Kreuzganges. Auch hier, wie bei allen den andern Anordnungen, zeigt sich daher das Festhalten an der früheren romanischen Bauart. Die Kreuzgewölbe der gröfseren überwölbten Säle bedurften natürlich in der Mitte einer Unterstützung durch Pfeiler, indem sie nicht über die ganze Breite hinüber gespannt werden konnten. Hier setzte man dann häufig, statt der gegliederten germanischen Pfeiler, förmliche Säulen, die wegen der mäfsigen Höhe des Stockwerks, und weil die Spitzbogen hinuntergriffen, nur ganz kurz werden konnten; welches unangemessene Verhältnifs der Schönheit der Kreuzgewölbe, so wie der Benutzbarkeit der Räume wesentlich schadete. Häufig kommen quadratische Räume vor, mit vier Kreuzgewölben überspannt, die sich auf eine Säule in der Mitte stützen.

Die ***Burgen*** und ***Schlösser*** scheinen ebenfalls noch lange im romanischen Styl gebaut worden zu sein. Sie wurden aber allmälig immer gröfser, so dafs statt des frühern einzelnen thurmartigen Baues eine mehr oder weniger zusammengesetzte Gruppe verschiedenartiger Gebäude, Thürme und Mauern entstand. Indessen blieb immer der eine colossale Hauptthurm der Mittelpunct der Burg. So hat z. B. in der von ***Carl IV.*** erbauten ***Feste Carlstein bei Prag*** der Hauptthurm einen bedeutenden Umfang; in dem einen seiner Stockwerke befindet sich die noch wohl erhaltene, geräumige und prachtvoll ausgeschmückte Capelle, deren Wände zum Theil mit bunten Marmor-, Porphyr-,

Achat- und Carneolstücken ausgelegt sind, die Fugen mit kleinen vergoldeten Käntchen bedeckt, theils auch getäfelt und mit Brustbildern verziert, denen statt der gemalten Ordensketten, Ringen u. s. w. wirkliche Edelsteine eingesetzt sind; die gewölbte Decke ist mit vergoldeten Sternen reich bedeckt. Von aufsen konnten, der Belagerungen wegen, die Burgen, noch weniger als die Klöster, eine zierliche Architektur bekommen; man sieht daher nur volle Mauern, Schiefsscharten und (wiewohl nicht sehr häufig) Zinnen; Fenster-Öffnungen nur selten und nur da, wo die Lage der Burg sie gegen das Wurfgeschofs schützte, oder auch etwa da, wo eine schöne Aussicht war, auf die man indessen wohl nur selten Viel geben mochte. Nach dem Innern der Höfe zu liefsen sich Fenster und andere Öffnungen anbringen und es liefs sich hier eine zierlichere Architektur entfalten; jedoch scheint man davon auch hier wenig Gebrauch gemacht zu haben; aufser etwa in fürstlichen Burgen und dergleichen.

Eins der am vollständigsten erhaltenen und bedeutendsten Schlösser ist das der *Deutschen Ritter zu Marienburg,* welches zugleich, als ein aus Ziegelsteinen aufgeführtes Bauwerk, mit geringeren Mitteln eine reichere Gestaltung bekommen konnte. Wir wollen dasselbe etwas näher betrachten.

Die *Marienburg* besteht aus drei gesonderten Theilen: dem *Hochschlofs,* dem *Mittelschlofs* und der *Vorburg;* welche letztere die untergeordneten Räume enthielt.

Das *Hochschlofs* ist der älteste, aus den Jahren 1271 bis 1276 herrührende Bau; er bildet ein geschlossenes Viereck. Dem doppelten Character der geistlichen Ordensritter gemäfs, hat diese Burg eine völlig klösterliche Anordnung, mit Kirche und Kreuzgang; nur mit den nöthigen Befestigungen nach aufsen, zu welchen auch ein überwölbter Vertheidigungsgang gehört, der sich oben in der Mauer um das ganze Schlofs herumzieht. Das Hochschlofs ist jetzt so bedeutend zerstört, dafs wir die nähere Beschreibung auf das Mittelschlofs beschränken müssen und von jenem nur bemerken können, dafs daran noch häufig der Rundbogen vorkommt; wenn auch nur untergeordneterweise. Sodann ist des colossalen, 25 F. hohen berühmten Marienbildes zu gedenken, welches aus Stuck, in Hautrelief und mit Mosaikstiften besetzt, am Äufsern der Kirche angebracht ist und weit in das Land hineinleuchtet.

Im Jahre 1309, als der Hochmeister selbst seinen Sitz hierher verlegte und das nur für den Landmeister bestimmte Hochschlofs nicht mehr ausreichte, soll das *Mittelschlofs* gegründet und auch bald darauf vollendet worden sein; was indessen wegen einzelner Theile, die auf einen späteren Ursprung deuten (ich meine insbesondere die reichen Sterngewölbe der obern Stockwerke und die grofsen geradsturzigen und verzierten Fenster), zu bezweifeln ist.

Das *Mittelschlofs* nimmt drei Seiten eines länglichen Vierecks ein; die vierte, nach dem Hochschlofs zu, ist offen. Am südlichen Ende des westlichen Flügels erhebt sich, mit einem bedeutenden Vorsprunge oder Flügel nach Westen oder nach der *Nogat* zu, ein höheres Gebäude: die ehemalige Wohnung des Hochmeisters. Sie ist nach aufsen vier Stockwerke, nach dem Hofe hin zwei Stockwerke hoch; das obere Stockwerk ist ungewöhnlich hoch. In der Verlängerung schliefst sich, in einem hofwärts einstöckigem Gebäude, der grofse *Remter* oder *Convent-Remter* an; der nördliche und östliche Flügel, zwei Stockwerke hoch und von einfacher Bauart und jetzt mehr zerstört, enthielt die Wohnungen der Ritter u. s. w.

Die reichste Front, nach der *Nogat* zu (die Giebelseite des Vorsprungs), ist 65 F. breit und mag sich früher mit ihren Zinnen 80 bis 90 F. hoch erhoben haben, während der höher liegende Hof an der andern Seite die untern 29 F. hoch verdeckt. An den beiden Ecken sind mächtige, schlichte, vor die untere Mauer etwa 3 F. vortretende Pfeiler, welche oben achteckig vorspringende, von hohen Kragsteinen unterstützte Eckthürmchen, oder doch erhöhete Theile von Zinnen getragen haben mögen. Im untern Kellergeschofs geht die Mauer zwischen den Eckpfeilern gerade hindurch, und von hier ab bilden sich vier Mauerfelder und drei Pfeiler, von welchen die erstern über jedem Stockwerk bedeutend absetzen, so dafs die 4 F. breiten Pfeiler im zweiten Geschofs $2\frac{1}{4}$ F., im dritten Geschofs 4 F., im folgenden 5 F. vor den Nischenfeldern vortreten. Ganz oben unter den Zinnen sind diese Pfeiler aber eigenthümlicherweise durch gegliederte flache Stichbogen mit einander verbunden, so dafs hier die Mauerflucht wieder hergestellt wird, die Mauer, oben wie unten, 9 F. dick ist und das Ganze ein ungemein schwerfälliges Ansehn bekommt. Im untern Geschofs sind nur kleine, flach überwölbte Fenster-Öffnungen; im zweiten und dritten Stockwerk haben die im Lichten 5 F. breiten und 7 F. hohen Fenster gegliederte Einfassungen, gerade Sturze und einfache Fensterkreuze aus Kalkstein. Das obere oder Prachtgeschofs hat die bedeutende Höhe von 33 F., bis zu den oben gedachten, zwischen die Pfeiler gespannten flachen Bogen. Es befinden sich hier zwei Reihen, ebenfalls geradsturziger Fenster dicht über einander, durch eine, die Pfeiler umschliefsende Gesimsgliederung getrennt. In der Höhe der untern Fenster sind die mittlern Pfeiler ganz ausgeschnitten, die Eckpfeiler aber nur schräg eingeschnitten; die obern Pfeilerfortsetzungen werden je von zwei dünnen achteckigen Säulchen aus Granit getragen (die ausgeschmückten Ecken der Eckpfeiler nur durch eine Säule); die Fenster dazwischen sind, mit der sie einschliefsenden Gliederung, 9 F. breit und eben so hoch, so dafs sie nur 3 F. breite Pfeiler zwischen sich haben und breiter sind als die Nische selbst; welches durch das gänzliche Ausschneiden der Pfeiler möglich wurde. Diese Anordnung ist im höchsten Grade gebrechlich; weshalb man denn auch hier statt des Backsteins Kalkstein genommen und die Stirnseite der Pfeiler darüber in der Höhe der zweiten Fensterreihe durch mageres Nischenwerk scheinbar zu erleichtern versucht hat. Die breiten Fenster sind in drei Theile getheilt und in den obern quadratischen Feldern über dem Querstock mit Kleeblattbogen gefüllt. Die obern Fenster, welche wieder zwischen die vollen Pfeiler treffen, sind, einschliefslich der Gliederung, $6\frac{3}{4}$ F. breit (der Nischengrund ist 8 F. breit) und 11 F. hoch; im Lichten sind sie $4\frac{1}{2}$ F. breit und 9 F. hoch. Sie sind nur durch einen lothrechten Fensterstock getheilt und haben in jedem der beiden Felder ein ganzes und ein halbes Kleeblatt. Über diesen Fenstern ist bis zum Schlusse der Nische, noch an 10 F. hoch, eine volle und glatte Mauer. Über den Schlufsbogen soll früher noch ein bedeckter und dann erst der offene, von Zinnen geschützte Vertheidigungsgang herumgeführt haben. Dem eben beschriebenen westlichen Giebel sind auch die andern freistehenden Fronten dieses, wahrscheinlich später angebauten oder doch vollendeten Flügelgebäudes ähnlich; nur dafs an der Nordseite ein Corridor zur Hälfte vorgebaut ist und dafs an der Südseite, welche zugleich den Giebel des ganzen westlichen Flügels vom Mittelschlofs ausmacht, und welcher anscheinend älter ist, die Architektur einfacher und das Gebäude um 12 F. niedriger ist, und dafs auf der östlichen oder Hofseite, welche überhaupt nur einige dreifsig Fufs in der Mauer hoch aus der Erde hervorragt, sich wahrscheinlich vor dem (hier zweiten) Prachtgeschofs eine offene Halle oder Galerie befand, welche zur Zeit der Polenherrschaft vermauert wurde und die schönste Ansicht dargeboten haben mag. Auch hier sind die Strebepfeiler vor dem zweiten Stockwerk ausgeschnitten und nur durch eine freistehende Säule ersetzt. Diese Säulen sind an und für sich bedeutender; es ruhet nur noch eine geringe Pfeilerlast auf ihnen; auch der untere Theil der Pfeiler ist leichter geformt.

Will man die beschriebene äufsere Architektur dieses prachtvollsten Theils der *Marienburg* einer Critik unterwerfen, so mufs man sie, ungeachtet der germanischen Details, dem Total-Eindrucke nach durchaus für romanisch erklären. Man bemerkt deutlich das Bestreben des Baumeisters, sich des Kirchenbaustyls zu *enthalten* und den Charakter einer zur Vertheidigung bestimmten Burg auszudrücken, dabei aber eine möglichst reiche Architektur anzubringen. Er wufste sich aber nicht anders zu helfen, als dafs er in der Hauptsache zu romanischen Formen griff; und selbst da, wo ihm anderswo schon bekannte passende germanische Formen zu Gebot standen, wufste er nicht, sie rein und angemessen anzuwenden. Dies beweisen nicht allein die eingerahmten Kleeblattbogen in den Pfeilernischen und die Kleeblattbogen statt der Rosetten in den Fenstern, sondern auch namentlich der Umstand, dafs er die geradsturzigen Fenster auch da anordnete, wo im Innern spitzbogig überwölbte Säle sind und wo mithin spitzbogige Fenster die allein passenden waren; vorausgesetzt nämlich, dafs nicht etwa die innern Sterngewölbe erst später eingebaut sind und früher hier nur Balkendecken waren; was indefs nicht wahrscheinlich ist. Unter solchen Umständen ist es denn kein Wunder, dafs der Baumeister, trotz aller Plumpheit und Schwerfälligkeit des Bauwerks, den Ausdruck des Gebrechlichen statt des der beabsichtigten gediegenen Festigkeit erreichte. Erwägt man nun, dafs der Theil des Schlosses, von welchem wir reden, keineswegs der früheren germanischen Zeit angehört (wie es die reichen Sterngewölbe beweisen), so wird man die Behauptung, dafs es das Mittelalter nicht zur Ausbildung eines profanen Baustyls brachte, vollkommen und durch dieses Prachtgebäude entscheidend bestätigt finden.

Im Innern finden sich hier die gewöhnlichen, mannigfachen und oft verworren genug angeordneten Gänge, Treppen, Kammern und gröfsern und kleinern Zimmer, unter welchen die Remter mit ihren Gewölben und Pfeilern besonders sich auszeichnen. Die beiden Kellergeschosse sind theilweise mit Tonnengewölben, im vorspringenden Theile aber (ebenfalls ein Beweis einer nicht sehr frühen Bauzeit) mit ganz flachen Kreuzgewölben, wie sie in der norrmannischen Architektur vorkommen und hier wegen der mangelnden Höhe passend waren, überwölbt. Im Erdgeschofs und in dem östlichen (älteren) Theile des Prachtgeschosses kommen einige rundbogige, mehrentheils aber spitzbogige Kreuzgewölbe vor; jedoch von ganz einfacher Form, ohne vortretende Rippen. Die beiden neben einander liegenden Remter, der eine 39 F. lang und breit und 20 F. bis zum Schlufs der Gewölbe hoch, der andere am westlichen Giebel 45 F. lang und breit und 30 F. hoch, sind beide mit Sterngewölben überspannt, die sich in der Mitte auf einen zierlichen Granitpfeiler, mit Fufs und Capitäl aus Kalkstein stützen. Beide Gewölbe sind lobenswerth und ohne die spätern Verzierungen der Rippen angeordnet, und machen, besonders im grofsen Remter, wegen seiner bedeutenden Höhe, eine ungemein schöne Wirkung; nur dafs die, wenn gleich reichen, geradsturzigen Fenster die Harmonie stören.

Einen noch bedeutenderen Eindruck macht der in der einstöckigen Fortsetzung des Gebäudes befindliche *Conventremter*, von 96 F. lang und 48 F. breit, der ebenfalls mit einem reichen, zierlichen und hoch geschwungenen Sterngewölbe bedeckt ist, welches sich in der Mitte auf drei, nur 15 Zoll starke, $10\frac{1}{3}$ F. hohe Granitsäulen stützt, auf deren Capitäle sich je 24 Gewölbrippen vereinigen. Die aus Kalkstein verfertigten Basen und Capitäle der Pfeiler, so wie die Kragsteine an den Wänden, haben reiche Sculpturen, während sich in den früher beschriebenen Remtern nur Gliederungen und Spuren von Wandmalereien finden. Auch sind in dem grofsen Remter Spitzbogenfenster und das Ganze ist zierlicher; so dafs auf eine spätere Bauzeit zu schliefsen ist. Die Mauern haben übrigens keine Strebepfeiler und sind an 7 F. dick; vielleicht aber sind die Mauern des Gebäudes älter als die Einrichtung des Saals. Schon das Kellergeschofs unter dem Remter zeichnet sich aus. Auch hier finden sich schon einfache spitzbogige Sterngewölbe, mit breiten, ungegliederten Rippen. Der gröfsere Kellerraum unter der vordern Hälfte des obern Saals hat in der Mitte einen starken runden Pfeiler von Backsteinen, ohne Base und Capitäl; an den Seiten sind statt der Kragsteine halbrunde Pfeiler vorgemauert. Es macht dieser Saal, mit seinen schweren, aber wohlgeordneten Massen, dem hohen Gewölbe und den kleinen, nach der Nogat hin gehenden Fenstern einen gewaltigen Eindruck. Vielleicht war er während der Belagerungen, wo die obern Säle kaum die genügende Sicherheit darboten, zum Remter bestimmt. Der Umstand, dafs man auch den untergeordneten Räumen, bei aller Einfachheit, doch diejenige Schönheit zu geben suchte, welche ohne besondere Geldmittel zu erzielen war, beweiset die Tüchtigkeit der damaligen Gesinnung; so dafs wir den Bau dieses Theils des Schlosses in die beste Zeit setzen können.

Im Allgemeinen wollen wir noch bemerken, dafs die ***Marienburg*** in der Erde aus Feldsteinen, über der Erde aus Ziegeln, jedoch mit Hülfe von Granit und Kalkstein, erbaut ist. Rücksichtlich des Ziegelbaues nehmen wir auf den folgenden Paragraph Bezug.

Sodann gedenken wir noch, als eines interessanten Gegenstandes, der ***Heizungen*** in der ***Marienburg***. Aufser einigen gewöhnlichen Caminen, hat man unten in den Kellermauern grofse Öfen gemacht, von welchen Röhren, theils ins Freie, theils in die verschiedenen zu heizenden Räume gehen. So lange das Holz in bedeutender Masse im Ofen brannte, waren die Rauchzüge nach den Zimmern hin geschlossen und der Rauch zog durch die Schornsteine ab. Waren das Holz verbrannt und die Kohlen herausgenommen, so wurden die Wärmeröhren geöffnet und die Schornsteinröhren verschlossen. Um die Wärme länger festzuhalten, war über dem Feuer ein Rost, auf welchem Kieselsteine lose aufgeschüttet waren, die bis zum Glühen erhitzt werden mochten und die ihre Hitze dann später langsam absetzten. Dafs im Anfange eine nicht unbedeutende Menge Rauch mit in die Zimmer eindrang: darauf scheint man, wie auf manche andere Unbequemlichkeit, wenig geachtet zu haben.

Einen passenden Übergang vom Bau der Burgen zu denen der Städte geben die noch ziemlich zahlreich vorhandenen ***Befestigungs-*** und ***Thorthürme.*** Sie sind theils rund, theils viereckig, theils stehen sie zur Seite des eigentlichen Thores; der Mehrzahl nach aber geht der Eingang durch sie hindurch.

Bekannt ist das ***Ehrenthor zu Cöln.*** Es besteht aus zwei mächtigen, aus Bruchstein aufgemauerten runden Thürmen, mit dreifacher Gesims-Umgürtung, kleinen Öffnungen und Schiefsscharten, die oben mit Zinnen gekrönt sind, und mit einem gleich hohen und eben so geformten geraden Zwischenbau, in welchem unten das spitzbogige Thor ist. Man sollte meinen, dafs man Werke, welche fast lediglich zur Befestigung dienten, in der Regel immer nur so einfach und tüchtig gebaut haben werde, wie hier. Dies ist aber nicht der Fall, und wir haben Thorthürme aus späterer Zeit, die aufs reichste, und zwar im Kirchenstyl, wenn auch mit wenigen und kleinen Öffnungen, so doch mit scheinbaren Durchbrechungen, Thürmchen u. s. w. verziert sind; wie z. B. die unter ***Carl IV.*** erbauten Thore von ***Prag.*** Dies heifst aus Vorliebe für den Reichthum der Characteristik entsagen und zugleich das Bauwerk der muthwilligsten Zerstörung aussetzen. Auch die noch zahlreich vorhandenen Thorthürme der Städte in den Marken sind nicht selten mannigfach gestaltet und mit scheinbaren Durchbrechungen reich verziert; was hier freilich mit dem Backsteinbau leichter war.

Ausgezeichnet durch schöne Verhältnisse sind ***das Breite-Thor*** und das ***Hühnerdorfer Thor*** zu ***Tangermünde.*** Beide stehen an der Seite des eigentlichen Thors. Das erste Gebäude ist rund und hat oben reiche Zinnen. In der Mitte ist eine Gürtung, welche man für ein Gesims gehalten hat, die aber bei näherer Untersuchung als der Anfang einer schmalen Tonnenwölbung sich zeigt. Es war also hier ein umlaufender bedeckter Gang. Weiter hinunter sind noch die sandsteinernen Kragsteine in der Mauer sichtbar, auf welche sich der herausgestreckte Fufsboden des Umganges stützte. Ob der Gang nach aufsen blofs Säulen oder Pfeiler, oder eine Mauer mit Schiefsscharten gehabt habe, läfst sich nicht mehr erkennen; wahrscheinlich war das letztere der Fall. Der andere Thorthurm ist unten viereckig, oben achteckig, und hat Nischen und scheinbare Durchbrechungen, mit schlanken und sehr schönen Verhältnissen. Oben sind, hier wie dort, unten offene Ecken herausgebaut, von welchen man glaubt, dafs sie gedient haben, siedendes Wasser, Öl u. dgl. auf die anstürmenden Feinde hinabzugiefsen. Andere Thürme haben in der Mitte einen breiten Absatz mit Zinnen, so dafs man von da und von oben herab schiefsen konnte. Jetzt haben alle diese Thürme in der Regel kein eigentliches Dach mehr, und man hat sich daran gewöhnt, den Zinnenkranz als den obern Schlufs zu betrachten; ohne Zweifel war aber früher hinter dem Zinnengange ein nicht sehr hohes, kegel- oder pyramidenförmiges Dach; wie es noch einige vorhandene Dächer aus Steinen beweisen.

Am reichsten zeigen sich unter den profanen Bauwerken die ***Rathhäuser.*** Sie sind Zeugen des rasch und reich aufgeblüheten Städtewesens. Die bedeutendsten Rathhäuser findet man in den ***Niederlanden;*** mit denen wir es aber hier noch nicht zu thun haben. Auch im eigentlichen Deutschland finden sich, in vielen gröfsern und kleinern Städten, stattliche und bedeutende derartige Bauwerke; jedoch stammen viele derselben aus der spätern Zeit eines nicht mehr lobenswerthen Baustyls. Wir wählen zwei der weniger bekannten zur nähern Betrachtung aus: nicht ihrer Bedeutenheit, sondern ihrer eigenthümlichen Anordnung wegen: nemlich die Rathhäuser zu ***Braunschweig*** und zu ***Tangermünde.***

Das Rathhaus zu Braunschweig ist mit einer Wiederkehr gebaut; die äufsern Fronten sind verbaut; die beiden innern, an den Markt grenzenden, haben in beiden Stockwerken fortlaufende breite Galerieen, mit grofsen, durch Pfeiler getrennten Spitzbogen-Öffnungen, von denen die obern sehr hoch sind und Geländer und reiche Durchbrechungen nach aufsen haben. Die untere Galerie ist überwölbt; die obere hat das rohe Sparrwerk zur Decke, welches früher verschalt gewesen sein mag; indessen befinden sich nach aufsen, über den Spitzbogen, mit Blumen und Kronen verzierte Giebel. Die mit Bildsäulen und Baldachinen besetzten Strebepfeiler reichen nur bis zum Anfange der Giebel. Wahrscheinlich wollte man auch die obere Galerie überwölben.

Obgleich hier sämmtliche Details entschieden dem Kirchenstyl entlehnt sind, so sind doch die Verhältnisse und die Zusammensetzung ganz passend, und die Eigenthümlichkeit der Anordnung theilt sich dem Ganzen mit, so dafs man beim ersten Blick glaubt, der Styl selbst sei eigenthümlich. Man sieht hier, wie wenig im Grunde nöthig gewesen wäre, um die germanischen Formen auch profanen Zwecken anzupassen und wie leicht der Architektur der beabsichtigte Character hätte gegeben werden können, wenn man nur das Gebäude im Ganzen seiner Bestimmung gemäfs anordnete. Nichts konnte den Zweck und die Bedeutung eines Rathhauses (wenigstens nach einer Seite hin) deutlicher aussprechen, als offne Hallen, Galerieen, Altane u. s. w. Hätte man eine noch etwas einfachere und ernstere, vom Kirchenbaustyl noch etwas mehr sich entfernende und dabei nicht ärmliche Architektur befolgt, so würden wir hier, an diesem kleinen Reste in Braunschweig (denn das eigentliche Gebäude hinter den Galerieen ist keiner sonderlichen Beachtung werth), vielleicht einen Musterbau haben. Das Gebäude ist übrigens aus Sandsteinen erbaut.

Das Rathhaus zu Tangermünde besteht aus zwei, aus verschiedenen Zeiten stammenden Theilen. Der eine gehört schon der etwas entarteten Spätzeit an, und es ist also nur der ältere, etwa aus dem Anfange des funfzehnten Jahrhunderts stammende Theil zu berücksichtigen. Dieser Theil ist ein zweistöckiges quadratisches Gebäude; an zwei Seiten bebaut und respective bebaut gewesen, an zwei Seiten aber freistehend. Jede dieser Fronten ist durch Pfeiler, die in der Form schlanker sechseckiger Thürmchen hoch emporsteigen und mit den gewöhnlichen pyramidalen Dächern und Kronen frei über dem Dache enden, mehreremal aber mit einem Kranze durchbrochener Giebelchen umgürtet sind, in drei Felder getheilt, in deren jedem, der deutlich erkennbaren ursprünglichen Anordnung zufolge, zwei weite und hohe Spitzbogen-Öffnungen, mit reicher Gliederung eingefafst, anscheinend aber ohne Durchbrechungen, über einander sich befanden, welche man später zumauerte und in Fenster verwandelte. Unter dem Dachsims und unter den Brüstungen der obern Fenster sind reiche Rosettenfriese; wie wir sie im folgenden Paragraph bei der näheren Betrachtung des Backsteinbaues finden werden. Die Längsfront mag früher vor der Dachfläche Zinnen gehabt haben. Die Giebelfront erhebt sich zu einer sehr bedeutenden Höhe über die Dachfläche und schliefst oben in drei Giebeln. Diese hochstrebende Giebelwand ist zwischen den Pfeilern reich mit Stabwerk und oben mit durchbrochenen Rosetten verziert. In jedem Felde befinden sich deren drei; die obere nimmt das ganze Feld ein, die beiden Rosetten darunter liegen neben einander und sind also nur halb so grofs im Durchmesser. Die hohen Giebel sind jener Gegend eigenthümlich, nirgends aber so übertrieben wie hier. Die durchsichtigen Rosetten sehen zwar an sich gut aus; es fällt aber sogleich die Zwecklosigkeit derselben in die Augen. Der Giebel scheint (was aber nicht der Fall ist) einem ältern, weit höhern Gebäude angehört zu haben. Im Innern bildet jedes Stockwerk eine einzige weite Halle, deren Sterngewölbe sich in der Mitte auf einen Pfeiler stützt. So hätten wir denn also hier wieder nur eine doppelte, nach dem Markt hin geöffnete Halle; aber von bedeutender Ausdehnung. Das eigentliche Gebäude mufs nordwärts daran gestofsen haben, da wo die jetzt freistehende Front durch ihre rohe Mauern zeigt, dafs sie früher bedeckt war und wo aufserdem die noch in der Erde vorhandenen Keller das frühere Vorhandensein von Gebäuden beweisen. Der Baustyl selbst ist ungemein zierlich, aber ebenfalls dem Kirchenbaustyl entlehnt.

Noch ein anderes, nicht unwichtiges städtisches Bauwerk mag sich hier passend anschliefsen, nemlich das von ***Moller*** bekannt gemachte ***Kaufhaus zu Mainz,*** 1255 bis 1313 gebaut und im Jahre 1812 abgebrochen. Dieses Gebäude war von einfach oblonger Form; die Fronten convergirten, wahrscheinlich wegen der sie umgebenden Strafsen, etwas. Es war 131 F. lang, am einen Giebel 88½ F., am andern 74½ F. breit, bis mit dem Gesims 47 F. und mit den Zinnen 54 F. hoch, unten mit 4½ F. dicken Mauern ohne äufsere Strebepfeiler, als blofs zwei niedrige Pfeiler, die an jeder Seite des Haupt-Eingangs vortraten. Die Fronten waren ganz glatt aus Bruchsteinen aufgeführt und an den Ecken mit Quadersteinen verzahnt eingefafst. Unten herum lief ein doppelter Sockel, nebst Trottoir; die nicht grofsen Fenster der untern Etage waren theils mit Rundbogen überwölbt, theils (zufolge des geometrischen Aufrisses der einen Längsfront) geradsturzig; mit zwei eingerahmten Spitzbogen und einem Mittelstock. Die Fenster des zweiten Stockwerks, von angenehmem Verhältnifs, hatten Spitzbogen, einen Mittelstock, einfache Durchbrechungen, und waren mit einer tief eingeschnittenen Hohlkehle eingefafst. Auf Zweidrittheile der Höhe des geraden Theils lief ein Querstock durch; wahrscheinlich um zu öffnende Fensterflügel daran zu hängen. Unter diesen Fenstern lief ein schmales Brustgesims um das ganze Gebäude herum. Das ebenfalls ganz herumlaufende Dachgesims war bedeutend hoch und in der tiefen und breiten Hohlkehle mit gut angeordneten Blättern geschmückt. Auf diesem Gesimse erhoben sich vier achteckige Thürmchen von 6 F. im Durchmesser und mit den kleinen Zinnen 13 F. hoch; sie standen, ohne weitere Vermittlung, flach auf dem Gesimse; dazwischen waren bedeutende Zinnen; an der Vorderseite mit den lebensgrofsen Bildern von Kaisern und Churfürsten verziert. Das Dach mufs ringsum gewalmt gewesen sein. Etwas reicherer Schmuck zeigte sich an der Hauptgiebelseite. Die Eingangspforte, mit Spitzbogen überwölbt, trat zwischen den schon gedachten Strebepfeilern etwas vor; darüber war ein steiler, mit Blättern und Blumen gekrönter Giebel, von einem zweiten Spitzbogen unterfangen, innerhalb dessen über der Thür die Statue der Maria und darüber, im Giebelfelde, die eines Bischofs stand. Über und hinter dem Giebel trat ein Mauervorsprung heraus, rings mit Stabwerk besetzt; correspondirend damit trat auch innen die Mauer vor, und der Zwischenraum zwischen beiden war zu einem kleinen Archiv benutzt worden. Über jenem Mauervorsprung war die mittlere und breitere Zwischenzinne mit einer hohen, giebelförmig bedeckten Wand geschlossen, an welcher der heilige Martin zu Pferde abgebildet war; auch die spitzbogigen Seitenfenster im zweiten Stockwerke dieses Giebels hatten reich durchbrochne und gekrönte steile Giebel, an deren Seiten noch Bildsäulen gestellt werden sollten. Das Innere bildete in jedem Stockwerke nur einen einzigen weiten Saal, mit drei Reihen einfacher Kreuzgewölbe von fünf Reihungen bedeckt. Die Gurte waren einfach, aber scharf gegliedert und verliefen sich ganz einfach gegen die niedrigen vierseitigen Pfeiler, von welchen zwei Reihen in der Mitte und von gleicher Stärke längs der Mauern und in den Ecken angebracht waren. Das Gebäude war von seltener Regelmäfsigkeit und lieferte durch seine Einfachheit wieder den Beweis, dafs die Ausbildung des germanischen Baustyls für profane Bauten gar nicht schwierig gewesen sein würde, weil sich in der That auch hier nur wenig Störendes findet, wenn man anders nur darüber hinwegsieht, dafs die nahe bis zum Fufsboden hinuntergreifenden Gewölbe den innern Raum sehr beschränkten.

Wir haben jetzt noch der *bürgerlichen Wohngebäude* zu gedenken; bei welchen allerdings Styl und Construction des Kirchenbaues am wenigsten Anwendung finden konnte und von denen daher auch nur wenige Muster auf uns gekommen sind. Eine Art derselben, die *Fachwerksgebäude*, heben wir einer besondern Betrachtung in einem der folgenden Paragraphen auf. Was von steinernen Gebäuden übrig geblieben ist, deutet auf die mannigfachsten Versuche einer *eigenthümlichen* Gestaltung, aber auf nichts weniger als eine consequente Entwicklung dieser Absicht.

Da die Häuser mit den Giebelseiten an die Strafse stiefsen, so benutzte man namentlich die Dachgiebel, wo man freiere Hand hatte, zu Verzierungen. In der Regel aber sind die Versuche dazu, sofern man sich vom Kirchenstyl entfernte, mifslungen, und die Architektur ist mager und dürftig. Das sonst so oft sich zeigende Talent für die Erfindung schöner Verhältnisse, welche hier gerade, in Ermangelung einer reichen Architektur, wesentlich nothwendig gewesen wäre, scheint verloren gegangen zu sein; oder die Verhältnisse, namentlich die Nothwendigkeit vieler Fenster, gestatteten auch nicht, von diesem Talente Gebrauch zu machen.

So weit sich aus den noch vorhandenen Resten urtheilen läfst, mögen die *ältern* Wohngebäude in ihrer Einfachheit die schöneren gewesen sein und mit den hohen glatten Mauern und den kleinen zierlichen Fenstern den traulichen Character der nordländischen Lebensweise deutlich ausgesprochen haben; während da, wo es galt die reichere Entfaltung des südlichen Lebens auszudrücken, eine weniger gelungene Characteristik zu erwarten ist, indem hier eine reichere Architektur nöthig war und man sich, in Ermangelung eines ausgebildeten profanen Baustyls, zur Anwendung von Details des Kirchenbaustyls, oder zu willkürlichen phantastischen Formen gezwungen sah.

Von den einzelnen bessern Mustern von Wohngebäuden mögen zunächst zwei auf *dem Markte zu Hildesheim stehende Giebelfaçaden* genannt werden. Die eine, vier Stockwerke hoch, hat in der Mitte einen zweistöckigen, oben wagerecht abgeschnittenen Aufsatz, auf welchen mifsverstandenerweise vier pyramidale Pfeilerdächer, ohne die Pfeiler selbst, stumpf auf das Gesims aufgesetzt sind. An den Ecken erheben sich isolirte runde Thürme; die schmalen Zwischenräume zwischen denselben und dem mittlern Aufsatze sind mit zierlichen und schlanken Durchbrechungen ausgefüllt. Die Fenster der obern beiden Stockwerke haben kleine, einfache, jedoch zierliche und zu je zwei und drei gekuppelte Spitzbogen; die Fenster im untern Stockwerke sind später erweitert; die Thür ist mit einem Spitzbogen geschlossen. Gurtgesimse zwischen den Etagen fehlen.

Das andre Gebäude, ebenfalls mit einem, jedoch sattelförmig geschlossenen Aufsatz in der Mitte, hat fast noch angenehmere Verhältnisse. Es zeigen sich hier, als einzigen Schmuck der ganz glatten Façade, sehr zierliche Fenster, von eigenthümlichen Formen.

Aus *Cöln* nennen wir eine reichere und kräftigere, aber weniger zierliche Giebelfront: die des *Templer Herrnhauses.* Der schon etwas südlicheren Lage Cölns gemäfs, hat das Gebäude in seinen gröfsern und zahlreicheren

Öffnungen einen freiern Character. Es ist dreistöckig und hat einen einfach stufenförmig abgesetzten Giebel. Im ersten Stockwerke befindet sich eine Halle mit fünf rundbogigen Öffnungen; jedoch sind diese Öffnungen von der Strafse aus wegen der hohen Plinte nicht zugänglich. Vielleicht sind die Bogen-Öffnungen auch vertiefte Nischen, mit Fenstern im Grunde. In der perspectivischen Zeichnung läfst sich dies nicht deutlich unterscheiden. Jedes der beiden andern Stockwerke hat auf einem Brustgesimschen fünf Nischen, und darin die Fenster. Die Nischen des zweiten Stockwerks sind mit Kleeblattbogen, die obern wieder mit Rundbogen geschlossen; die Fenster selbst in beiden Stockwerken sind rundbogig geschlossen und gekuppelt; über den untern befindet sich noch eine runde Öffnung im obern Kleeblatte. Auch der Dachgiebel, ohne Gesims, hat ähnliche Fenster mit Nischen, in vier Reihen übereinander; die Nischen sind theils rund, theils gerade und treppenförmig geschlossen. In den Laibungen der Nischen und zwischen den Fenstern sind Rundstäbe mit Base und Capitäl eingesetzt. Diesemnach ist das Gebäude noch vollkommen romanisch, obgleich es wahrscheinlich erst in der germanischen Zeit erbaut ist.

Zu den wunderlich gestalteten Gebäuden gehört das *Haus Gürzenich in Cöln:* ein isolirter quadratischer Bau. Das hohe und glatte untere Stockwerk hat zwei spitzbogige Thore, mit Heiligenbildern; unten zierliche, anscheinend hölzerne Verdachungen; dazwischen sind vier einfache viereckige Fenster mit Mittelstöcken. Das zweite Stockwerk hat ein Brustgesims und ein kleines Deckgesims, und zwischen beiden sechs hohe und breite viereckige Fenster mit hölzernem Rahmenwerk, ohne Verzierung. Diese Fenster nehmen fast die ganze Fronte ein und lassen nur schmale Pfeiler zwischen sich, welche mit Stabwerk und Wappenschildern verziert sind. Über diesen Fenstern erhebt sich noch eine, eben so hohe, volle und wie die Pfeiler mit Stabwerk verzierte Wand, welche oben in Zinnen übergeht und beide gewalmten Satteldächer deckt. Auf den Ecken treten aus dieser Wand achteckige Thürmchen vor, laubenartig auf Spitzbogen und Säulchen ruhend, welche letztere auf einzeln vortretenden Kragsteinen eine unsichere Stütze finden. Diese unmittelbar auf den dünnen Fenstersturzen stehende Wand giebt dem Ganzen ein sehr gebrechliches Ansehen, indem sie in den einzelnen Fensterpfeilern nur eine sehr schwankende Unterstützung findet.

§. 177.
Der Backsteinbau im germanischen Styl.

Es ist kein geringer Vorzug der mittelalterlichen Baukunst, dafs sie sich den verschiedenartigsten landesüblichen Baustoffen so gut anzupassen wufste. Während die griechischen Baumeister, wenn ihnen Marmor oder ein andrer feiner Stein fehlte, einen Stuck-Überzug zu Hülfe nehmen mufsten, um die Details mit gewohnter Zartheit auszuführen, scheuten sich unsere Vor-Eltern nicht, Backsteine, eben wie Sandsteine, zu dem unverhüllten Rohbau zu nehmen, und es ist sehr zu billigen, dafs sie nicht versuchten, durch irgend einen Überzug einen besseren Stoff als den wirklich verbrauchten darzustellen, dafs sie es verschmähten die Formen der grofsartigen Quaderwerke auf eine unvollkommene Weise nachzubilden und dafs sie lieber dem Backsteinbau seine eigenthümlichen, wenn auch untergeordneten Zierden gaben.

Die interessantesten Kirchen, aus Backsteinen erbaut, finden sich in der ***Alt-*** und ***Churmark Brandenburg*** und, etwas verändert, weiter östlich, in ***Preufsen, Pommern*** und den ***baltischen Ländern.*** Bemerkenswerth sind der Dom und die ***Marienkirche zu Stendal,*** zwei kleinere Kirchen zu ***Tangermünde*** und ***Salzwedel,*** die Kirche zu ***Wilsnack,*** die Dome zu ***Werben*** und ***Havelberg,*** die ***Catharinenkirche*** zu ***Brandenburg,*** die ***Marienkirche*** zu ***Danzig*** und ***Stargard*** und der Dom zu ***Upsàla,*** während noch viele andere, und darunter auch Dorfkirchen, der Beachtung nicht unwerth sind. Zu bemerken ist dabei, dafs man, nach den verschiedenen Zeitaltern, so wie nach den Grenzen der ehemaligen Bisthümer, Backsteine oder Bruch- und Sandsteine verbaut findet. Aus den älteren Zeiten finden sich kleinere Kirchen, die ganz einfach, öfters noch von romanischer Form, aus Bruch- oder vielmehr Feldsteinen aufgebauet sind, und erst später scheint sich in denselben Gegenden der theurere Ziegelbau auch auf die Dorfkirchen ausgedehnt zu haben. Die äufserste Kirche südlich ist, vereinzelt, die zu ***Wolmirstedt;*** aus dem Ende des vierzehnten Jahrhunderts.

Im Allgemeinen haben alle diese Kirchen grofse Ähnlichkeit mit einander. Sie haben drei gleich hohe Schiffe, theils mit, theils ohne Kreuzarme; das Seitenschiff läuft nicht selten um den Chor mit herum. Die Gewölbpfeiler sind häufig ganz einfach rund; die Quer- und Kreuzgurte sind dünn, aber zierlich gegliedert, aus danach geformten Steinen gemacht; die Kappen und oft auch die innern Laibungsflächen der breitern Längsgurte sind mit Mörtel überzogen, während man in den Gurten, Pfeilern und Mauern, so wie auch im Innern, den rohen Stein mit starken, aber gebiegelten Fugen sieht. Die Backsteine sind gröfser als die jetzigen, und es finden sich häufig Spuren eines rothen Pigments, oder auch Reste einer Malerei auf dem blofsen Stein. Die Fensterstöcke und Durchbrechungen, letztere von sehr einfacher Form und ohne die innern Spitzen, sind ebenfalls aus dazu geformten Steinen, mit einfacheren Profilen gemacht; bei einigen Kirchen findet man auch sandsteinerne Durchbrechungen. Die äufsern Strebepfeiler schliefsen sich einfach unter das Dachgesims an, haben aber nicht selten eine Reliefverzierung an der Stirnseite, indem hier eine Füllung gemauert, mit Mörtel überputzt und darauf, zum Theil à jour durchbrochene Rosetten oder sonstige Verzierungen gesetzt sind. Ähnliches findet sich auch wohl bei den Friesen unterm Dachgesimse, oder es sind die sonst üblichen Bogenfriese, nach der Form der Mauersteine, nicht als kleine Bogen, sondern sparrenähnlich gestellt und durchkreuzen sich. Thürmelungen, mit frei emporstrebenden Krönungen, vermied man begreiflich, obgleich sie aus Thon wohlfeiler gebrannt, als aus Sandstein gemacht werden konnten und, mit einer Glasur überzogen, fast eben so dauerhaft als von Sandstein gewesen wären. Dagegen finden sich häufig Zinnen mit verzierten Stirnseiten, die freilich an Kirchen nicht passend waren. Diese Zinnen bekamen durch die Bedeckung mit Hohlsteinen, mit welchen man auch die über alle drei Schiffe fortgehenden ungeheuern Dächer belegte, eine einfache und wirksame Bekrönung. Die Thürme sind gewöhnlich ganz einfach von quadratischer Grundform erbaut und haben steile, hölzerne und mit Kupfer bedeckte Spitzen. Strebepfeiler und Absätze gehen nicht an den Thurmmauern in die Höhe; die einzige Verzierung besteht in den wenigen Gesimsen, Bogenfriesen und Schall-Öffnungen. Eine eigenthümliche Verzierung gewährten die mehrfarbig glasirten Ziegel, welche nach verschiedenen Mustern in die Mauern eingelegt wurden; seltner jedoch an den Kirchen, wie an den andern Gebäuden. Auch die Gesimse und Rosetten, desgleichen die Bedachungen, Blumen und Kronen der Thürmchen, wo sie vorkommen, sind aus glasirten Steinen gemacht. Die Laibungen der Portale sind gröfstentheils reich gegliedert; jedoch wiederholt sich immer dieselbe Profilirung; wie es auch zur Ersparung neuer Formen beim Ziegelbrennen gewissermaafsen nöthig war. Gewöhnlich schliefst das Profil vorn mit einem Spitzstabe, statt mit einem Rundstabe; ebenfalls wohl deshalb, weil diese Form für den eckigen Mauerstein besser pafste. Ein besonders reicher und eigenthümlicher Schmuck findet sich aus der spätern

Zeit an mehreren Portalen. Der Spitzbogen ist hier mit dem verkröpften Kämpfergesimse eingerahmt und der glatte Zwischenraum ist mit glasirten Rosetten oder andern durchbrochen geformten Steinen gemustert. Aus derselben Zeit sind auch statt der blofs runden, gegliederte Gewölbpfeiler mit acht Rundstäben gewöhnlich. Weniger gut sind die Eigenthümlichkeiten gegen die letzte Zeit hin, wo die geformten Backsteine zu blofsen Verzierungen und zu mancherlei Künsteleien verleiteten. Dahin gehört die häufig sich findende, fast kuppelartige Aushöhlung der Kappen, so dafs die Kreuzgewölbe, vom Dachboden aus gesehen, fast eine Zusammenhäufung von Kuppeln zu sein scheinen. Noch übler ist eine Art von Gewölben, welche, im Ganzen von der Form des Tonnengewölbes, aus lauter tief ausgehöhlten rautenförmigen Zellen oder Trichtern besteht, so dafs von der eigentlichen Gewölbfläche nur die scharfen Grade zwischen den Zellen stehen bleiben. Solcher Gewölbe, welche lebhaft an die arabische Bauart erinnern, finden sich in ***Preufsen;*** und sonderbarerweise ist auch das ***Sudenburger Thor*** in ***Magdeburg*** (aus dem sechszehnten Jahrhundert) auf diese Weise überwölbt. Noch ein anderer Übelstand ist, dafs man die Strebepfeiler nicht mehr aufsen, sondern innen vor die Mauern vorspringen liefs, wodurch zwar, indem die Pfeiler gewöhnlich Durchgänge haben, eine nicht unangenehme Galerie unter den Fenstern entstand, das Äufsere aber an Kraft und constructioneller Bedeutung verlor. Wahrscheinlich ist diese, auch bei Bauwerken aus Sandstein mitunter vorkommende Anordnung daraus hervorgegangen, dafs man, wie in der Kirche zu ***Oppenheim*** und an andern Orten, und fast allgemein in den gröfsern Kirchen der ***Altmark Brandenburg,*** die Zwischenräume zwischen den Pfeilern unten zu Capellen benutzte. Vielleicht hat man auch das baldige Verwittern der nach aufsen vortretenden Pfeiler befürchtet; obgleich solche Rücksichten wohl nicht häufig waren.

Im Allgemeinen ist der Baustyl der aus Backstein aufgeführten Kirchen streng und einfach; sogar ärmlich in der Hauptform, dagegen reich und zierlich in der Decoration. Dafs der Baustyl dabei von Einflufs war, namentlich bei den Verzierungen, und dafs freistehende Thürmchen aus den einzelnen kleinen Steinen nicht so leicht und dauerhaft sich herstellen liefsen, wie aus Sandstein, leuchtet ein; dagegen hat auch ***Kugler*** (Handbuch der Kunstgeschichte S. 562) Recht, wenn er den derben und rüstigen Character der Nordländer als Hauptmoment für die Entwicklung ihrer Architektur betrachtet; wozu denn auch noch die Berücksichtigung des Climas kam. Sicherlich würden die Bewohner dieser Gegenden, ohne ihre nüchterne Sinnesart und Lebensweise, ihren Bauwerken, auch wenn sie von Backsteinen waren, eine mannigfaltigere äufsere Gestaltung gegeben haben; und eben so wahrscheinlich wäre es geschehen, wenn ihnen der Sandstein zu Gebote gestanden hätte. Dem Backstein liefsen sich allerdings wohlfeiler die verschiedenartigsten Formen geben, als dem Sandstein, und auch die Dauer eines gut gebrannten und glasirten, geformten Backsteins steht der des Sandsteins kaum nach: aber die Zubereitung war weniger einfach und erforderte längere Vorbereitungen und verschiedenartigere Kenntnisse. Nimmt man hierzu noch, dafs jene Länder um Jahrhunderte in der Cultur zurückgeblieben waren, so ist es sehr erklärlich, dafs sich ein Baustyl mit schlichten, glatten, streng begränzten Flächen nach aufsen entwickelte; später mit reichen und zierlichen Ornamenten.

Näher betrachtet sieht man bald, dafs ein solcher Baustyl weit mehr für profane Bauwerke als für Kirchen pafste; wie sich dies auch bei der Betrachtung der auf uns gekommenen Bauwerke bestätigt. Wir haben schon zwei solche Bauwerke näher beschrieben: das Schlofs zu *Marienburg* und das Rathhaus zu *Tangermünde*. Namentlich ist das letztere ein Muster eines zierlichen Baues aus Backsteinen, und zugleich ein Beweis, dafs man in der spätern Zeit die freistehenden sandsteinernen Thürmchen u. s. w. aus Backsteinen nachzubilden wufste. Wir haben diese Bauart insofern getadelt, dafs sie dem Kirchenbaustyl zu ähnlich sei, ja ihn sogar in mancher Beziehung in seiner allgemeinen Entwicklung mehr als selbst an den Kirchen jener Gegend darstellt; allein dies beweiset seinerseits, dafs der Backsteinbau, mit seiner Zierlichkeit und seinem Decorationswesen, dem Character der profanen Bauwerke günstig war. In der That ist der Total-Eindruck in dieser Beziehung nicht unangenehm, und nur erst bei näherer Betrachtung fühlt man das Unpassende der kirchlichen Formen, z. B. der Thürmchen für ein Rathhaus; auch würde es nur einer geringen Veränderung bedurft haben, um den Übelstand zu heben. Man scheint aber im Mittelalter die Übereinstimmung im Character des Ziegelbaues und der profanen Bauwerke sehr wohl erkannt zu haben, indem man, auch über diejenigen Gegenden hinaus, wo der Backsteinbau landes-üblich war, aus der spätern Zeit Rathhäuser und andere profane Bauwerke aus Ziegeln findet; nicht aber Kirchen.

(Die Fortsetzung folgt.)

Inhaltsverzeichnifs des ersten Hefts sieben und zwanzigsten Bandes.

Berlin, gedruckt bei G. Reimer.

Journal

für

die Baukunst.

In zwanglosen Heften.

Herausgegeben

von

Dr. A. L. Crelle,

Königlich-Preufsischem Geheimen-Ober-Baurathe, Mitgliede der Königlichen Akademie der Wissenschaften zu Berlin, Correspondenten der Kaiserlichen Akademie der Wissenschaften zu St. Petersburg und der Königlichen Akademieen der Wissenschaften zu Neapel und Brüssel, auswärtigem Mitgliede der Königlichen Akademie der Wissenschaften zu Stockholm, Ehrenmitgliede der Hamburger Gesellschaft zur Verbreitung der mathematischen Wissenschaften.

Sieben und zwanzigster Band.

Zweites Heft.

Mit einer Figurentafel.

Berlin.

Bei G. Reimer.

1849.

4.

Erörterungen über das Bausystem der Thal-Überbrückung in der sächsisch-bayerischen Eisenbahn bei Werdau; so wie der gröfseren Eisenbahnbrücken überhaupt.

(Von Herrn Oberbaumeister *Engelhard* zu Cassel in Hessen.)

Die technischen Einsichten, welche ein Bau-Unternehmen von aufserordentlicher Gröfse und Kostspieligkeit in Anspruch nimmt, dürften nur dann das vollkommenste Resultat liefern, wenn sie insbesondere darauf ausgehen, die bewährtesten Constructionen zur Anwendung zu bringen; nicht durch neue Erfindungen aufserordentliche Erfolge zu erzielen. Die Resultate jeder *neuen* architektonischen Construction lassen sich nie im Voraus vollständig übersehen; denn aufser denen, die man erwartete, berechnete und voraussahe, finden sich stets noch andere, an die man nicht denken konnte und deren Vorraussetzung weit über die Schärfe des menschlichen Geistes hinausgeht; denn *alle* Beziehungen neuer Constructionen zu den Einwirkungen der Naturkräfte auf sie, so wie zu ihrer Benutzung, vor ihrer Existenz sich zur Anschauung zu bringen, würde eine tiefere Kenntnifs der ersteren und eine ausgedehntere Übersicht der letzteren erfordern, als der gegenwärtige Stand der Wissenschaft sie gewährt und wohl je eine Zeit gewähren wird. Bei grofsen Bauwerken aber darf man keine *Experimente* machen, da deren Fehlschlagen grofsen Schaden bringen würde.

Was sich durch Jahrhunderte in der Baukunst bewährt hat, lehrt das Studium älterer und neuerer Gebäude und eigene Erfahrung, und vollendet dasselbe durch Anwendung der daraus abgeleiteten Grundsätze.

Für den Fall der Thal-Überbrückung bei *Werdau* giebt es im Alterthum und in der neueren Zeit nur wenige Vorbilder.

Die vorhandenen *Strombrücken* sind nie von einer solchen Höhe, wie sie hier vorkommt; im Gegentheil hatte dabei der Architekt gewöhnlich mit der Schwierigkeit einer *zu geringen* Höhe zu kämpfen, welche ihn zu sehr flachen Bogenlinien nöthigte; dagegen kommt Das, was bei Strombrücken die gröfsten Schwierigkeiten und die gröfsten Kosten macht, nemlich die Gründung und Erbauung der Brückenpfeiler im Wasser auf schlechtem Grunde, bei dem Viaduct von *Werdau nicht* vor.

Aber die gröfseren *Wasserleitungen* alter und neuer Zeit sind lehrreiche Vorbilder für das Werk bei Werdau; um so mehr, da sie zum Theil nicht blofs Wasser-, sondern auch Wegeleitungen oder Viaducte sind.

Im Allgemeinen kommt bei dem Viaducte von *Werdau* zunächst die Wahl des Materials: ob Holz, Eisen oder Stein dazu zu nehmen sei, in Betracht.

Bei einem so grofsen Bauwerke ist die möglichste Kosten-Ersparung, unter völlig genügender Dauerhaftigkeit, unstreitig das vorzüglichste Erfordernifs.

Dafs die 1200 Ellen lange Überbrückung nicht aus einem einzigen Bogen oder einer einzigen Öffnung bestehen kann, vielmehr Brückenpfeiler nöthig sind, und dafs diese bei ihrer aufserordentlichen Höhe nicht von Holz und nicht von Eisen, sondern nur von Stein sein können, bedarf keines Beweises. Es kommt also nur darauf an, zu bestimmen, aus welchem Material derjenige Theil der Brücke, welcher die *Brückenbahn* bildet, zu machen sei.

Holz könnte beim ersten Blick am wohlfeilsten und einfachsten zu sein scheinen: bei näherer Betrachtung aber verschwindet dieser Schein, weil Holz zu vergänglich ist und die neueren Versuche, demselben eine längere Dauer zu verschaffen, nur ungenügende Resultate gegeben haben; auch weil bei hölzernen Brückenbahnen nur geringe Öffnungsweiten möglich sind, indem die neuere Baukunst die aus Häng- und Sprengwerken zusammengesetzten hölzernen Brückenbogen, als wenig dauerhaft und dennoch kostspielig, verwirft, horizontale Bahnbalken aber kaum 30 F. weit frei tragen, also eine grofse Menge, hier sehr hoher und deshalb höchst kostspieliger Brückenpfeiler nöthig sein würde.

Weit vortheilhafter scheint dagegen Eisen zur Brückenbahn zu sein, weil damit, namentlich durch Ketten, die weitesten Öffnungen möglich sind und also an den Brückenpfeilern am meisten zu sparen ist. Allein drei sehr wesentliche Gründe sind dagegen.

Erstens nemlich ist eine eiserne Brückenbahn stets sehr elastisch, und der Übergang von Wagenzügen mit Dampfmaschinen von 20 Tonnen Gewicht, bei welchen möglicherweise auch wegen Senkung einer Schiene oder anderer

Veranlassung eine percussirende Erschütterung vorkommen kann, könnte sehr nachtheilig und so wirken, dafs sich das Ganze in Bewegung setzte und ein Schwanken entstände, welches, abgesehen von der gröfsten Unannehmlichkeit für die Passagiere, nicht nur die Pfeiler nach und nach verderben, sondern auch die Eisenconstruction der Brücke selbst auf eine Weise angreifen könnte, die aufser der Berechnung liegt und die die Brücke in Gefahr des Unterganges bringen könnte. Wer je die Erschütterung, welche schon gewöhnliche, schwer beladene Lastwagen auf die stärksten eisernen Brücken hervorbringen, gesehen und gefühlt hat, wird nicht anstehn, solche, wenigstens für bedeutendere Weiten, als sich mit Stein füglich überwölben lassen, für Eisenbahnen zu verwerfen.

Der *zweite* Grund gegen die eisernen Brücken, und zwar namentlich gegen die Kettenbrücken (von welchen, wegen der nur für sie zulässigen weiten Spannungen, zur Erreichung von Ersparung hier allein die Rede sein könnte) ist die grofse Einwirkung von Hitze und Kälte auf dieselben, die wieder keinesweges so im Gebiet der Berechnung liegt, dafs man sie mit völliger Sicherheit vorhersehen oder auch nur das Niveau der Brücke bei plötzlichem Temperaturwechsel immer in seiner Gewalt haben könnte.

Ein *dritter*, vielleicht nicht so gar wichtiger, aber für den practischen Architekten bedeutender Grund ist, dafs es höchst gewagt sein würde, eine so grofse Kettenbrücke von Arbeitern, die noch nie etwas Ähnliches gemacht haben, ausführen zu lassen; während fremde Arbeiter dazu kommen zu lassen, grofse Schwierigkeiten haben dürfte.

Doch zugegeben, dafs diese Schwierigkeit noch durch das Talent des ausführenden Architekten überwunden würde, so kommt doch endlich noch ein *vierter* Grund gegen die eisernen Brücken in Betracht, der allein entscheidend sein dürfte: nemlich die leichte Zerstörbarkeit der ganzen Brücke, blofs durch die Wegnahme eines kleinen wesentlichen Theils derselben. Was wäre nun nicht in dieser Hinsicht, besonders im Fall, dafs die Werdauer Brücke im Kriege zu einem Angriffs- und Vertheidigungspunct würde, zu fürchten? Ein Paar Leute würden die Brücke in weniger als einer Viertelstunde so zerstören können, dafs die ganze Bahn zusammenstürzte und nicht ohne die gröfsten Kosten wieder zu erbauen wäre. In einen solchen Fall können aber früher oder später *alle* Eisenbahnbrücken auf dem Continent kommen; denn die Eisenbahnen werden stets die Operationslinien der Arméen sein; nicht nur wegen der Leichtigkeit der Bewegung der Heere auf denselben, sondern besonders auch wegen der Zufuhr von Lebensmitteln und Kriegsbedürfnissen. In England und

Amerika, wo so leicht nicht Kriege im Innern des Landes zu fürchten sind, mag diese Rücksicht weniger wichtig sein, aber dort, wie überall, ist doch der Fall muthwilliger und boshafter Zerstörung in Betracht zu ziehen; weswegen immer besondere kostspielige Vorsichtsmaafsregeln und Bewachungen bei solchen Brücken nöthig sein werden.

In allen diesen Rücksichten hat die *steinerne* Brücke den Vorzug. Die neuere Baukunst hält die Ausführung von Bogen von *Hundert* Fufs Spannung nicht mehr für bedenklich; es läfst sich damit eine, selbst für Eisenbahnzüge hinreichende Stabilität vereinigen; die Witterung hat wenig Einflufs auf steinerne Brücken, und ihre absichtliche Zerstörung ist, wenn die Brücken stark gebaut sind, so schwierig, dafs man sich im Kriege gern begnügt, einen einzelnen Bogen nur in so weit zu zerstören, dafs die Communication unterbrochen wird.

Freilich werden in den meisten Fällen steinerne Brücken, wenigstens in der ersten Anlage, die theuersten sein. Es kommt dabei auf die Localpreise der Steine an, welche, wegen der Kostspieligkeit des weiteren Transports, so äufserst verschieden sind, dafs der Cub. Fufs Quaderstein leicht an dem einen Ort das Zehnfache von Dem kosten kann, wofür er am andern Orte zu haben ist.

Nach meinen Erkundigungen sind die Localpreise der Steine zu der Brücke von *Werdau* nicht die günstigsten. Der Cubikfufs Granit kostet dort an Ort und Stelle 8 bis 9 Silbergroschen, der Cubikfufs Grauwackenschiefer (in der Mauer) kostet zwar nur 1 Sgr., allein dieser Stein ist wegen seiner schieferigen Beschaffenheit nicht zu allen, namentlich zu den Gewölben nur unter besondern Vorsichtsmaafsregeln tauglich. Die Ziegel endlich sind in der dortigen Gegend auch nicht wohlfeil; denn der Cubikfufs kostet (in der Mauer) 2 Sgr.; was nicht wohlfeil ist, und dabei sind die Ziegel nicht vollkommen fest und wetterbeständig; auch ist die Möglichkeit ihrer Verbesserung nicht wahrscheinlich. Die Preise des Mauerwerks betragen hiernach, einschliefslich des Mörtels, der nicht aufsergewöhnlichen Rüstgebühr und eines subsidiarischen Zuschlages:

Für eine Cubik-Elle Granitmauerwerk	2 Thlr.	15 Sgr.
- - - - Grauwackenschiefer-Mauer	- -	22 -
- - - - Backsteinmauer	1 -	2 -

Hiernach würde es am vortheilhaftesten sein, so viel als möglich das Mauerwerk aus Grauwackenschiefer zu machen und nur da, wo die Eigenschaften dieses Materials solches unzuläfslich machen, Ziegelsteine zu nehmen, insoweit sie die Nachtheile der Schiefer nicht haben; endlich aber da, wo weder mit Grauwackenschiefer, noch mit Ziegelsteinen auszureichen ist, Granit zu benutzen, dessen Eigenschaften in jedem Betracht als genügend für alle bei diesem Bauwerk vorkommenden architektonischen Anforderungen geschildert werden.

Es würde demnach der Grauwackenschiefer zu den Brückenpfeilern vortrefflich sein, da die Erfahrung lehrt, dafs diese Steine in horizontaler Lage die gröfsten Lasten zu tragen im Stande sind; worauf es bei den Brückenpfeilern besonders ankommt. Dagegen dürfte es bedenklich sein, die Grauwacke zu Wölbungen von weiter Spannung zu nehmen, weil die Steine offene Lager haben, welche natürliche Fugen bilden. Die offenen Lager lassen eine keilförmige Bearbeitung oder eine keilförmige Einsetzung nicht zu, weil sie mit einander parallel laufen, und es wäre möglich, dafs sich in grofsen und flachen, ganz aus denselben construirten Brückenbogen, Absonderungen bildeten, die den Einsturz der Bogen nach sich ziehen könnten.

Die Grauwackenschiefer bei den Brückenbogen durch Ziegelsteine zu ersetzen, dürfte nicht thunlich sein, weil die letztern keine hinreichende Wetterbeständigkeit und Festigkeit haben und auch die Masse der Fugen bei Bogen von weiter Spannung eine zu grofse und gefährliche Senkung nach Wegnahme der Lehrbogen hervorbringen könnte.

Unter diesen Umständen dürfte es zu wünschen sein, dafs die Brückenbogen ganz aus Granit verfertigt werden könnten; allein der Kosten-Unterschied ist so grofs, dafs man wo möglich ein anderes Auskunftsmittel zu finden suchen mufs.

Der Verfasser dieses Aufsatzes war, als er eine Instructionsreise durch Deutschland, Italien und Frankreich machte, schon seit längerer Zeit praktischer Architekt, und damals Ingenieur der ***Brücken,*** Chausséen und öffentlichen Gebäude einer deutschen Residenzstadt; daher war denn auch die erste Rubrik seines Wirkungskreises Hauptgegenstand seiner architektonischen Beobachtungen. In Italien fand er dazu ein reiches Feld, und eben für den vorliegenden Fall, wo zu grofsen Brücken die Quadern zu theuer, Bruchsteine nicht zu haben oder nicht durchgehends tauglich und Ziegelsteine nicht brauchbar sind, mannigfache Belehrung. Fast alle gröfsern ***römischen*** Bauwerke sind unter jenen Beschränkungen errichtet, und das Hauptprincip dabei ist immer eine ***Verbindung*** der besseren aber theuereren Materialien mit den minder guten, aber wohlfeileren, um durch die ersteren die Nachtheile der letzteren aufzuheben. Bei fast allen altrömischen Wasserleitungen, bei den Thermen und Bädern, den Kaiserpalästen, den grofsen Landhäusern und Villen, z. B. der Villa des Kaisers Hadrian, finden sich solche Constructionen.

Lehrreicher aber noch als diese Bauwerke ist für den vorliegenden Fall ein Bauwerk des Mittelalters, nemlich die grofse Brücke von *Castellvecchio* in *Verona*, deren gröfster Bogen die weiteste Spannung unter allen steinernen Brücken in Italien und wie ich glaube unter allen steinernen Brücken überhaupt hat: sie beträgt 142 veronesische Fufs (21 sind 20 französische Fufs) und der Bogen ist 35½ V. F. hoch.

Die Form des Bogens ist ein Kreis-Abschnitt und die Kanten der Wölbung, nebst dem untern Theil der Brückenpfeiler und der Wölbung, sind aus Quadern; alles Übrige ist aus Backsteinen gemacht, welche noch in dem obern Theil der inneren Wölbung mit Streifen von Quadern durchzogen sind.

Die Vereinigung von Ziegelsteinen mit behauenen Bruchsteinen ist überhaupt in dem Mauerwerk italienischer Gebäude, des Alterthums sowohl, als des Mittelalters und der neueren Zeit, so häufig, dafs man daraus sieht, es habe sich diese Construction, welche übrigens auch in Deutschland nicht unbekannt ist, durch alle Zeiten bewährt.

Wenn es nun, wie sehr möglich, thunlich sein sollte, die bei *Werdau* zu habenden Backsteine in soweit zu verbessern, dafs sie genügende Festigkeit und Wetterbeständigkeit bekommen, bin ich der Meinung, dafs es gut sein würde, sämmtliche Bogen aus Granit-Quadern und aus keilförmig, mit eingeprägten Nummern geformten Ziegeln zu machen. Sollte indefs die Verbesserung der Ziegel unthunlich, oder bedenklich sein, so würde es auch ausführbar und noch wohlfeiler sein, statt der Ziegelsteine Grauwackenschiefer zu nehmen, da deren Mängel durch die Granitdurchzüge gehoben werden; um so mehr, als die Bogen nicht flach, sondern halbkreisförmig werden können. Möge man aber zu dem Einen oder dem Andern sich entschliefsen, so wird das Resultat doch nicht gefährdet sein.

Ist auf diese Weise das Material festgestellt, so wird es ferner darauf ankommen, die *Form* des Banwerks gründlich zu bestimmen. Dazu ist der Vergleich mit andern ähnlichen Bauwerken nöthig; wozu hauptsächlich ältere und neuere Wasserleitungen über Thalschluchten dienen können.

1. Die gröfste derselben, in Höhe und Spannungsweite der Bogen, ist die unter *Trajan* erbaute Wasserleitung von *Lissabon*. Sie besteht aus

zwei und dreifsig Bogen von 90 französischen Fufsen Öffnungsweite und mehr als zweihundert Fufs (nach andern Angaben von 246 Fufs) Höhe an der tiefsten Stelle des Thales. Die Pfeiler sind 15 Fufs dick und 22 Fufs lang. Es beträgt also die Pfeilerdicke den sechsten Theil der Bogenweite.

2. Noch bedeutender in der Höhe der Pfeiler, jedoch nicht in der Bogenweite, ist die Wasser- und Wege-Leitung bei *Spoleto,* welche *Theodorich* soll haben erbauen lassen. Sie besteht aus zehn Bogen, deren Weite und Pfeilerdicke von einem englischen und von einem französischen Architekten verschieden angegeben werden. Jener sagt, jeder Bogen sei 66 englische Fufs $10\frac{3}{4}$ Zoll weit, die Pfeiler seien 10 Fufs dick und die mittelsten Bogen wären ungefähr 308 Fufs hoch; dabei sei die Leitung 41 Fufs breit und $671\frac{1}{2}$ Fufs lang und aus einem sehr harten und dauerhaften Stein erbaut und vortrefflich erhalten; wobei aber ein Zahlenfehler einleuchtet, indem die Breite der Bogen und Pfeiler mit der ganzen Länge nicht stimmt. Der französische Architekt giebt jeden Bogen 60 französische Fufs weit und die Pfeiler 18 Fufs dick an, die Höhe der mittelsten Bogen auf mehr als 300 Fufs, die Breite der Brücke auf 40 Fufs und die ganze Länge auf 740 Fufs; was aber ebenfalls nicht stimmt. Die Wahrheit ist, dafs Bogen und Pfeiler *verschieden* breit sind, und zwar die Pfeiler zum Theil selbst breiter, als die Bogenweiten. Es ist hier merkwürdig, dafs, ungeachtet der grofsen Dicke der Pfeiler, mehrere derselben noch durch in die Mitte derselben gesprengte Bogen, die aus späterer Zeit zu sein scheinen, verstärkt werden mufsten. Übrigens ist es richtig, dafs die Leitung noch gegenwärtig, sowohl als Aquaeduct, wie als Viaeduct benutzt wird; es ergiefst sich ein ganzer Bach aus demselben in den oberen Theil der Stadt *Spoleto.*

3. Bedeutend hoch ist auch der Aquaeduct von *Civita-Castellana.* Hier hat man die Schwäche der Pfeiler in der Mitte vorausgesehn, und das Bauwerk besteht deshalb aus zwei Stockwerken. Das erste, welches 120 französische Fufs hoch ist, besteht aus 9 grofsen Bogen; die drei mittelsten haben ungefähr 80 Fufs Spannung, die andern 60 Fufs. Das zweite Stockwerk wird von einer Reihe kleiner Bogen gebildet, von welchen einer so grofs ist wie der andere, und dieses Stockwerk ist ungefähr halb so hoch wie das erste.

4. Sehr interessant für den gegenwärtigen Fall ist auch die Wasserleitung von *Nismes,* gewöhnlich *Pont du Gard* genannt. Hier ist der Grundsatz, dafs hohe Brückenpfeiler ohne Zwischenbogen keine hinreichende Festigkeit haben, noch genauer berücksichtiget; denn diese Brücke hat drei Stockwerke. Das erste hat 6, das zweite 10 und das dritte, auf welchem der Wassercanal

ruht, hatte viele kleine Bogen, von denen jetzt nur noch 37 übrig sind. Die Bogen der beiden untern Stockwerke spannen ungefähr 60 französische Fufs und die dazu gehörigen Pfeiler haben durchschnittlich den vierten Theil dieser Weite zur Dicke; die Bogen des dritten Stockwerkes sind nur 16 Fufs weit; alle Bogen sind halbkreisförmig; das ganze Bauwerk ist ungefähr 150 Fufs hoch. Merkwürdig ist es, dafs in dem mittleren Stockwerk regelmäfsig an jeder Seite des Bogens einige Gewölbsteine etwas vorstehen.

5. Bei der Wasserleitung von *Metz*, von der noch Bogen zu 75 französische Fufs Höhe und 20 Fufs Weite vorhanden sind, ist zu bemerken, dafs die Pfeiler nach unten zu stufenweise stärker werden, so dafs sie, während sie oben etwas weniger als die Hälfte der Bogenweite zur Dicke haben, unten noch etwas dicker sind, als der Zwischenraum zwischen ihnen lang ist.

6. Die von *Vanvitelli* im Jahr 1753 zu *Caserta* erbauete neuere Wasserleitung hat drei Stockwerke von 20 Fufs weiten Bogen. Die gröfste Höhe dieses Bauwerkes beträgt 138 Fufs. Die Pfeiler sind fast so dick als die Bogen weit; demungeachtet sind sie noch durch schräg anlaufende Strebepfeiler verstärkt, wiewohl auch die Stockwerke nach unten zu stärker werden, so dafs das untere Stockwerk, im Querdurchschnitte, ohne die Strebepfeiler, um die Hälfte stärker ist, als das obere.

7. Eine ähnliche Construction sollte der unvollendete Aquaeduct von *Maintenon* erhalten; nur dafs die Bogen des obern Stockwerks viel kleiner als die der beiden untern Stockwerke entworfen sind, so dafs auf jeden untern Bogen darüber zwei kleinere kommen. Dieser Aquaeduct sollte 15000 französische Fufs lang und an der tiefsten Stelle 230 Fufs hoch werden.

8. Der Aquaeduct von *Montpellier*, welchen *Pitot* erbaut hat, wird als das schönste moderne Bauwerk dieser Art in Frankreich betrachtet. Es besteht aus zwei Stockwerken. Das untere hat 70 Bogen, jeder 26 französische Fufs weit; die obern Bogen haben jeder nur 8 Fufs Spannung, so dafs auf einen Bogen und Pfeiler des untern Stockwerkes drei Bogen und drei Pfeiler des obern kommen. Die gröfste Höhe des Aquaeducts beträgt 85 Fufs. Die untern Pfeiler haben die Hälfte der Bogenweite zur Dicke.

Folgendes ist eine Übersicht der genannten Bauwerke.

	Länge.	Gröfste Höhe.	Gröfste Bogenweite.	Pfeilerdicke.	Verhältnifs der Bogenweite zur Pfeilerdicke.
Die Leitung von *Lissabon* . . .	3375 fr. F.	246 fr. F.	90 fr. F.	15 fr. F.	6:1
Die Leitung von *Spoleto*	740 - -	über 300 - -	— - -	— - -	durchschnittl. etwa wie 1 : 1
Die Leitung von *Civita Castellana*	— - -	ungef. 180 - -	80 - -	27 - -	3:1
Die Leitung von *Nismes*	— - -	ungef. 150 - -	60 - -	15 - -	4:1
Die Leitung von *Metz*	— - -	75 - -	20 - -	10 - -	2:1
Die Leitung von *Caserta*	— - -	138 - -	20 - -	15 - -	4:3
Die Leitung von *Maintenon* . . (Project.)	15000 - -	230 - -	42 - -	24½ - -	6:3½
Die Leitung von *Montpellier* . .	— - -	85 - -	26 - -	13 - -	2:1.

Je gröfser die Weite der Bogen und je geringer die Dicke der Pfeiler ist: desto weniger Masse ist zur Überbrückung erforderlich; indessen ist doch die Ersparung, namentlich bei sehr weiten Bogen, nicht sehr grofs, weil dann stärkere Pfeiler und kostbarere Lehrbogen nöthig sind. Ich glaube, dafs man über die gröfste Bogenweite, nemlich die der Wasserleitung von *Lissabon,* nicht hinausgehen dürfe; besser ist es vielmehr, sie zu vermindern. Ich nehme nur 40½ Dresdner Ellen an; die Pfeiler halte ich aber für beträchtlich dicker nöthig, als die der Lissaboner Leitung, weil ich, aus Gründen die weiter unten angegeben sind, in den Pfeilern innere leere Räume nöthig finde. Durch dieselben wird zugleich an Masse gespart, indem die Pfeiler eine gröfsere Widerstandsfähigkeit bekommen, als wenn man die gleiche Quantität Mauerwerk Pfeilern ohne diese inneren Räume giebt.

Die Nothwendigkeit, nach dem Muster fast aller älterer und neuerer Wasserleitungen und Überbrückungen mehrere Stockwerke zur Verstrebung der Pfeiler zu bauen, scheint mir *ganz unabweislich.* Man betrachtet gewöhnlich den Quaderstein als eine vollkommen feste, nicht elastische Masse, weil er dies im Kleinen allerdings zu sein scheint: im Grofsen aber ist es anders. Hohe steinerne Pfeiler sind *sehr* elastisch. Dem Verfasser ist ein 180 Fufs hoher, aus Bruchsteinen und Quadersteinen in gutem Mörtel erbauter Thurm bekannt, den man bei heftigen Stürmen schwanken *sieht*, obgleich er an seiner Basis 34 Fufs lang und breit ist. Fast kein Thurm, der mehr als 100 Fufs hoch ist, dürfte wohl völlig senkrecht stehen. Bei dem Bau der Säulenhalle vor einem Schlosse waren die Säulen bis zum Aufsetzen der Architrave aufgeführt; sie waren 5 F. dick und 45 F. hoch und aus starken, sogenannten Trommelstücken von Quader-Sandsteinen gebaut. Der Architekt stand oben auf dem Gerüste, in der Nähe dieser Säulen, und sprang von demselben einige Fufs weit auf eine der Säulen, um einem Arbeiter etwas zu bescheiden: die Säule kam durch die Erschütterung dieses Sprunges in einen so heftigen elastischen Schwung, dafs der Springende fiel, und herabgestürzt sein würde, wenn ihn nicht ein Arbeiter aufgefangen hätte.

Diese Elasticität hoher Pfeiler ist der gefährlichste Gegner der Dauer solcher hohen Bauwerke; und zwar um so mehr, da es so äufserst schwierig ist, solche hohe Massen auf das vollkommenste senkrecht zu erhalten, indem die Senkung, oder das sogenannte Setzen des Mauerwerks, wegen der grofsen Zahl der horizontalen Fugen auf eine so grofse Höhe, recht viel beträgt und Jahre lang dauert, wenn das Mauerwerk sehr dick ist, weil dann der Mörtel nur sehr langsam erhärtet. Dieses ist ein zweiter Grund, warum ich in den Pfeilern *Schachte* für nöthig halte.

Die Abtheilung in Stockwerke, oder in mehrere übereinander hinlaufende Bogenreihen, verstreben nicht allein die Pfeiler, sondern sie machen auch bei dem stockwerksweisen Aufbau, dafs sich das Mauerwerk gleichförmiger setzt. Auch sind noch zwei andere sehr wesentliche Vortheile die, dafs dann die Construction an und für sich, und besonders auch in Absicht auf die Rüstung und Aufstellung der Maschinen, sehr erleichtert wird, indem sich der hohe Bau gleichsam in drei andere von mäfsiger Höhe theilt, welche alle, sowohl an ihrer Basis, als an ihrer gröfsten Höhe, mit dem Grund und Boden in unmittelbarer Verbindung stehen, so, dafs sowohl bei der ersten Erbauung, als bei künftigen Reparaturen, die Brücke in allen ihren Theilen leicht und ohne viele Gerüste zugänglich ist.

Um diese Vortheile vollständig zu erreichen, sind quer durch die Pfeiler Bogengänge nöthig, durch welche man zu den leeren Räumen oder Schachten in den Pfeilern kommen kann. In diesen Schachten können die Baumaterialien mit Haspeln heraufgefördert werden, und man durchschreitet mittels über die Schachte gelegter leichter Gerüste die ganze Brücke; was sonst nur auf sehr kostbaren Gerüsten und viel unbequemer geschehen würde. Die Haspel rücken mit den Pfeilern in die Höhe, und so läfst sich mit Leichtigkeit und grofser Kosten-Ersparung fortbauen.

Es könnte zweifelhaft sein, ob es vortheilhafter sei, drei Reihen Bogen von gleicher Gröfse, oder die obersten, nach den oben angeführten Mustern alter und neuer Gebäude dieser Art, beträchtlich kleiner zu machen; oder ob es umgekehrt besser sei, sie um so gröfser zu machen, je höher das Stockwerk ist, zu welchem sie gehören. Das Letztere könnte das Bessere zu sein scheinen: aber wegen der beträchtlichen Höhe, welche bei Werdau die Pfeiler bis zum dritten Stockwerke haben müssen, scheint die sichere Construction grofser Bogen auf solchen Unterlagen bedenklich zu sein; und dieses ist wohl die Ursache, warum bei mehreren Wasserleitungen kleinere Bogen oben vorgezogen wurden, die in so grofser Höhe jedenfalls leichter sich bauen lassen. Indessen sind für Eisenbahnzüge kleinere Bogen bedenklich, weil die Erschütterung zum Theil auf die Pfeiler der kleinen Bogen über den belasteten schwächsten Stellen der untern gröfsern Bogen wirken würde. Damit die Pfeiler der obern Stockwerke durch ihre Elasticität den Bogen keine unsichere Auflage geben, müfste man ihre Höhe, nach den Stockwerken, eben wie die Weite der Bogen, progressiv vermindern.

Dafs die untern Stockwerke im Durchschnitt *breiter* als die obern gemacht werden müssen, ist so sehr durch die Grundsätze der Stabilität und durch das Vorbild fast aller Leitungen der Art, aus alter und neuer Zeit, gerechtfertigt, dafs es keiner besondern Begründung bedarf. Man sollte jedem Stockwerke soviel an Breite zusetzen, dafs, aufser einer $1\frac{1}{2}$ Fufs breiten Brüstungsmauer, noch in jedem der beiden obern Stockwerke ein Umgang um die Brücke bleibt, der breit genug ist, um mit einem mäfsig breiten Rollwagen befahren zu werden; was dann den Materialientransport und folglich auch den Bau sehr erleichtern würde.

Da halbkreisförmige Bogen stabiler sind, als die aus flacheren Linien zusammengesetzten, so sind sie hier um so mehr gerechtfertigt, da es an Raum zur Höhe für sie nicht fehlt und der schon eben erwähnte Vortheil für die Benutzung der Grauwackenschiefer daraus entsteht.

Nachdem so die Hauptformen der Brücke gerechtfertigt sind, bleibt es noch übrig, einiges Einzelne der Construction zu erläutern.

Dahin gehört vor Allem die Bedeckung der Brücke in den verschiedenen Stockwerken, um die Gewölbe gegen das Eindringen der Feuchtigkeit zu sichern, die so häufig an Brücken Statt findet und denselben so sehr schadet. Ich halte dazu, nach dem Muster der römischen Brücken, einen dreifachen Plattenbelag, mit verwechselten Fugen, in gutem Mörtel, über welche Platten eine starke Lage von Granittafeln, in guten Mörtel gelegt wird, in welche dann der nöthige Wasserfall und die Abzugscandeln eingearbeitet sind, für zweckmäfsig. Diese Bedeckung habe ich schon vor mehr als zwanzig Jahren in meinem Wirkungskreise angewendet und sehr bewährt gefunden.

Da die Brücke sehr lang und ganz horizontal werden wird, so ist es nöthig, in allen Stockwerken auf derselben Wasser-Abzüge anzuordnen; zu welchen die obenerwähnten Pfeilerschachte zu benutzen sind; auf die Weise, dafs in denselben mittels eiserner Röhren das Regenwasser hinabgeleitet wird, die Abzugs-Öffnungen aber mit Rosten verwahrt werden. Dafs endlich die Schachte und die in allen Stockwerken durch und um die Brückenpfeiler gehenden Wege gute Gelegenheit geben werden, Dampfmaschinen zum Transport der Baumaterialien und zur Herbeiführung des zum Mörtel nöthigen Wassers zu benutzen, ist einleuchtend; so wie denn auch auf jenen Wegen Eisenschienen zum Transport der Materialien gelegt werden können.

Die Stärke der Brückenbogen wäre, sowohl was die Dicke der Schlufssteine, als die Ausrückung (Extradossirung der Gewölbsteine) betrifft, nach dem Systeme von ***Rondelet*** anzuordnen, dem man wohl eine Europäische Autorität beilegen kann; jedoch erstere in der Art, dafs die in der Tabelle Theil III. Seite 154 nach Erfahrungssätzen berechneten und deshalb nicht auf das Geringste angesetzten Maafse noch um ungefähr $\frac{1}{10}$ verstärkt werden. Die Ausrückung der Gewölbsteine halte ich ebenfalls nach dem, Theil III. Seite 156 angenommenen Systeme, dafs das Gewicht der Gewölbsteine sich unter einander verhalten müsse, wie die Differenzen der Winkel, welche ihr Fugenschnitt bildet, für zweckmäfsig; nur habe ich es bei der Zusammensetzung der Gewölbe aus Grauwackenschiefer-Mauerwerk mit Granitdurchzügen unthunlich gefunden, nach dem ***Rondelet***schen Systeme die Keilsteine nur bis zu der senkrechten Linie der Kante der Brückenpfeiler fortzusetzen; vielmehr fand ich, dafs man von dem Puncte an, wo diese Linie die Ausrückungslinie schneidet, letztere elliptisch bis auf die verlängerte Basis der innern Bogenlinie, also bis auf den verlängerten Durchmesser des Halbkreises, den die Bogen bilden, fortsetzen mufs; was die Kosten wenig, die Widerstandsfähigkeit der Bogen gegen Seitenschub aber offenbar gar sehr vermehrt. Da nach diesem ***Rondelet***schen System die Widerstandsfähigkeit der untern Bogentheile ungeheuer vergröfsert wird und deshalb die obern Bogensteine verhältnifsmäfsig schwach zu sein scheinen, so will ich daran erinnern, dafs es auf die Stärke der untern Bogentheile besonders ankommt und dafs die obern Steine doch noch immer genügend stark sind; wie erhellet, wenn man die Gröfse der Dampf- und Transportwagen, welche nicht viel höher sind als die Schlufssteine der Bogen, dazu in Verhältnifs bringt; die obige Spannungsweite vorausgesetzt.

Da sich hohe Mauern von Grauwackenschiefern wegen der vielen Mörtelfugen sehr bedeutend setzen, so ist es nöthig, in den Pfeilern horizontale Durchzüge von Granit zu machen, durch welche die Senkungen gleichsam aufgefangen und vertheilt werden. Eben solche Granitlagen sind in der Sohle der Fundamente nöthig, um die ungleiche Dichtigkeit des Grund- und Bodens auszugleichen.

Alles was an einem solchem Gebäude sichtbar ist, mufs durch wesentlich practische Zwecke bedingt, nichts irgend zum Schmuck angebracht sein.

Ich wiederhole schliefslich, dafs bei solchen Bauwerken die möglichste Sparsamkeit mit genügender Dauerhaftigkeit erreicht werden wird, wenn man:

1. Die Anwendung minder fester Materialien durch eine Verstärkung des Mauerwerks mittels einer verhältnifsmäfsig geringen Masse der festesten Steine möglich zu machen sucht.

2. Wenn die Bogen so grofs gemacht werden, wie bewährte Beispiele es zulassen; ohne jedoch das äufserste Maafs anzunehmen; also wenn man die thunlichste Massen-Ersparung erstrebt.

3. Wenn durch eine Abtheilung des Ganzen in mehrere Stockwerke, demselben nicht nur eine hinreichende Stabilität, sondern auch die möglichste Zugänglichkeit während des Baues und für künftige Reparaturen verschafft wird.

4. Wenn man, wie angegeben, die Einrichtung so macht, dafs die sonst bei so hohen Bauwerken sehr schwierige und kostspielige Rüstung möglichst erspart wird. Es werden dazu besonders die Pfeilerschachte und die Wege durch und um jedes Stockwerk dienen.

5. Wenn man den Brückenbogen durch eine vortheilhafte Ausrückung (Extradossirung) der Gewölbsteine mehr Tragbarkeit als gewöhnlich giebt; was auch noch dadurch erlangt wird, dafs man die Spannung der Bogen nach den untern Stockwerken hin progressiv vermindert, die Pfeiler aber nach unten verstärkt und deren Höhe wiederum progressiv in den obern Stockwerken abnehmen läfst.

6. Wenn man alles Unnütze, besonders hier zwecklose Verzierungen, gänzlich vermeidet.

7. Die Pfeilerschachte sind auch noch sonst von dem mannigfaltigsten Nutzen, indem sie, aufser der Ersparung der Rüstung, auch das baldige Austrocknen und die Erhärtung des Mauerwerks befördern und dann, in Verbindung mit den quer durch die Pfeiler gehenden Gängen, die Anwendung von Maschinen zu dem Baue sehr begünstigen. Es können z. B. durch diese Schachte und Gänge horizontale, durch eine feststehende Dampfmaschine umgedrehete Wellen geführt werden, welche die zur Heraufförderung der Baumaterialien aufgestellten Haspel in Bewegung setzen.

Cassel, im Juli 1848.

Anmerkung des Herausgebers dieses Journals.

Es fragt sich auch noch besonders:

Erstlich, Ob und in wie weit bei ***Werdau,*** und sonst in andern Fällen, wo eine Eisenbahn einer tiefen Schlucht begegnet, die Höhe und Länge der Brücke nicht etwa dadurch vermindert werden könne, dafs man die Hinabfahrten nach der Brücke in die Erde einschneidet. Die Länge der Brücke nimmt dann nicht allein durch die verminderte Höhe ab, sondern auch dadurch, dafs mit der Erde aus den Einschnitten, statt der ersten Brückenbogen, Anfahrten geschüttet werden können. Die Kosten der Brücke können dadurch offenbar sehr vermindert und die Festigkeit und die Dauer der Brücke kann sehr vermehrt werden. Es kommt auf die Vergleichung der Kosten der Einschnitte mit der Ersparung bei der Brücke an; diese Vergleichung giebt die vortheilhafteste Tiefe der Einschnitte.

Zweitens. Ob es nicht rathsam sei, die Einschnitte vielleicht gar so tief zu machen, dafs mit der daraus gewonnenen Erde die Schlucht *ganz* durchdämmt werden kann; in welchem Falle dann in der Durchdämmung nur die zum Durchflufs des Wassers nöthige gewöhnliche Brücke zu bauen ist. Bei ***Freiburg*** in der Schweiz z. B. wäre die Durchdämmung der Schlucht, nebst der nöthigen gewöhnlichen Brücke, selbst ohne Einschnitte, nicht kostbarer gewesen, als die dortige berühmte Drahtbrücke; aber besser, weil ein Damm für immer fest und sicher ist, eine Drahtbrücke nicht.

Drittens. Ob nicht die Schlucht durch Veränderung der Richtung der Eisenbahn, vielleicht durch einige Verlängerung derselben, ganz umgangen werden kann.

Wenn aber selbst die Kosten des einen oder des andern Mittels, um die grofse hohe Brücke zu vermeiden, oder doch ihre Höhe zu vermindern, *gröfser* sind, als die der grofsen Brücke, ist das Aushülfsmittel doch immer noch besser als die hohe Brücke, weil diese immer mifslich, unsicher und nicht zuverlässig dauerhaft ist. Man mufs, des letztern Umstandes wegen, bei der Vergleichung der Kosten der Brücke mit denen eines der Mittel, sie zu verkleinern oder ganz zu vermeiden, auch immer die Kosten der *künftigen Erhaltung* auf der einen oder der andern Seite in Rechnung bringen.

5.
Des Grafen v. Pambour „Theorie der Dampfmaschinen."

(Nach der zweiten Auflage dieses Werks von 1844; möglichst kurz; und mit einigen Anmerkungen des Herausgebers dieses Journals.)

(Fortsetzung der Abhandlung No. 8. und 12. im 23ten, No. 3., 5. und 9. im 24ten, No. 5. und 11. im 25ten, No. 3. im 26ten und No. 1. in diesem Bande.)

Dreizehnter Abschnitt.
Von den Luftdruck- (atmosphärischen) Maschinen.

Erste Abtheilung.
Beschreibung dieser Maschinen.

467.

Dieselben sind von einfacher Wirkung; der Dampf bekommt nur eine niedrige Spannung, wird abgesperrt und, nachdem er seinen Dienst gethan hat, niedergeschlagen. Der Druck der äufsern Luft auf den Kolben, während auf der andern Seite desselben der niedergeschlagene Dampf sich befindet, bringt die Kraft der Maschine hervor. Zunächst läfst man den Dampf *unter* den Kolben in den Stiefel treten, damit er den Kolben mit Hülfe eines Gegengewichts am andern Ende des Wagebalkens hinaufbewege. Darauf wird der eingelassene Dampf niedergeschlagen und die äufsere Luft treibt nun, von oben auf den Kolben drückend, denselben hinab und hebt die Last am andern Ende des Wagebalkens, nemlich die Stempel der Wasserschöpfpumpe, welche die Maschine zu treiben bestimmt ist, so wie auch das Gegengewicht, in die Höhe. Dann wird von Neuem Dampf in den Stiefel gelassen, der wieder den Kolben nach oben treibt; und so weiter fort.

468.

Auf der Tafel No. 24. stellt Fig. 97. eine solche Maschine vor. Sie hat *drei,* fast halbkugelförmige *Kessel.* Der eine steht, wie man es in der Figur sieht, unter dem Dampfstiefel; die beiden andern befinden sich in einem Nebengemach. Alle drei haben Zeigerhähne und Sicherheitsklappen, und der Dampf wird in den Kesseln bis zu einer Spannung entwickelt, welche die der äufsern Luft um 1 bis $1\frac{1}{2}$ Pfd. auf den Quadratzoll übersteigt.

469.

Der *Dampfstiefel C* ist oben offen und der *Kolben C'* in demselben ist aus Gufs-Eisen und mit Hanf verdichtet. Über demselben steht stets eine kleine Wasserschicht, zum luftdichten Verschlufs. Dieses Wasser wird durch eine kleine Röhre *h'*, welche einen Hahn *h''* zur Stellung des Ausflusses hat, aus dem Kaltwasserbecken ***H*** herbeigeführt. Unten ist der Stiefel halbkegelförmig und es sammelt sich auf dessen rundem Boden das beim Niedergange des Kolbens in den Stiefel eingespritzte, so wie das aus dem Dampf niedergeschlagene Wasser. An dem untern Theile des Stiefels sind ***vier*** verschiedene Röhren; wie es die Figur zeigt. ***Die Röhre A*** dient zur Herbeiführung des Dampfs aus dem Kessel unter den Kolben hin, wenn die Einlafsklappe offen ist; wie dies weiter unten wird beschrieben werden. ***Die Röhre I*** ist zur Einspritzung kalten Wassers bestimmt, um den Dampf niederzuschlagen. ***Die Röhre e*** führt das eingespritzte und das niedergeschlagene Wasser ab, und die ***Röhre u*** dient zur Austreibung der Luft und der Gase aus dem niedergeschlagenen Dampf. Alles dies geschieht wie folgt.

470.

A. Die ***Röhre A*** mufs offen sein, wenn der Dampfkolben ***nach oben*** getrieben werden soll. Zu dem Ende ist an ihrer untern Mündung eine Klappe, von der Art, wie sie in Fig. 55. und 56. Tafel No. 8. vorgestellt und in (§. 154.) beschrieben ist. Die Klappe besteht aus einer kreisausschnittförmigen metallenen Tafel, mit einer Achse *a'*, die aus dem Kessel nach aufsen hervortritt und dort ein Viereck mit einem Hebel *a''* hat. Durch Drehen dieses Hebels kann man die Klappe ganz, oder zum Theil, über die Mündung der Röhre ***A*** bringen, oder auch ganz von ihr sie wegziehen, folglich die Röhre ganz, oder zum Theil verschliefsen, oder auch ganz sie öffnen; wie es grade nothwendig ist. Die Röhre ***A*** ragt so hoch in den Stiefel empor, dafs kein niedergeschlagenes Wasser hineingelangen kann.

B. Die ***Röhre I*** zum Einspritzen kalten Wassers mufs offen sein, wenn sich der Kolben ***nach unten*** bewegen soll, und verschlossen werden, wenn der Kolben unten angelangt ist. Zu dem Ende hat sie einen gewöhnlichen Hahn ***i***, der durch den Hebel *i'* nach Erfordern gedreht wird. Das einzuspritzende Wasser kommt aus dem Behälter ***H*** herbei, welcher so hoch liegt, als möglich, damit das Wasser kräftig in den Stiefel dringe und dort in einzelne kleine Stralen sich verbreite. Wenn die Maschine stillstehen soll, verschliefst man die Mündung der Röhre ***I*** oben im Behälter durch ein Schütz ***h***.

C. Die ***Auslafsröhre e*** ist an dem tiefsten Punct des Stiefels angebracht und taucht unten in das Heifswasserbecken ***M*** ein. Diese Röhre ist so weit, dafs das abzuführende eingespritzte und niedergeschlagene Wasser darin Raum findet, damit es möglichst wenig den aus dem Kessel aufsteigenden Dampf erkälte. Die obere Mündung der Röhre ist *immer* offen; ihre untere Mündung, in dem Heifswasserbecken, wird durch eine nur ***nach aufsen*** sich öffnende Klappe verschlossen. Beim Niedergange des Kolbens dringt das eingespritzte und das aus dem Dampfe niedergeschlagene Wasser, welches am Boden des Stiefels sich gesammelt hat, in die Röhre *e*, wird aber vermöge des Drucks der Luft durch die Klappe verhindert, in das Heifswasserbecken einzuströmen. Sobald jedoch von neuem Dampf aus dem Kessel in den Stiefel dringt, drückt die Spannung desselben auf das Wasser in der Röhre, so dafs die untere Klappe sich öffnet und das Wasser in das Becken ***M*** getrieben wird. Dieser Ausflufs des heifsen Wassers währt so lange, als die Spannung des Dampfs stark genug ist, die Klappe offen zu erhalten; nimmt die Spannung über dieses Maafs hinaus ab, so schliefst sich die Klappe, aber das Wasser aus ***M*** kann nicht in *e* zurückfliefsen.

D. Die ***Blaseröhre u*** liegt über der Auslafsröhre *e* und dient zur Auslassung der Gase und der Luft aus dem Stiefel; auf eine ähnliche Weise, wie *e* zur Auslassung des Wassers. Die Röhre *hat* eine Klappe *u'*, welche sich von innen nach aufsen öffnet; und aufserdem, ein wenig weiterhin, einen Hahn *u''*, welchen man nach Belieben drehen kann. Da der Dampf immer Luft enthält, so befindet sich beim Niedergange des Kolbens, wo der Dampf niedergeschlagen wird, Luft unter dem Kolben, und so wie nun neuer Dampf durch die geöffnete Einlafsklappe aus dem Kessel in den Stiefel herbeiströmt, verbreitet er sich *über* der Luft, weil er leichter ist als sie, und treibt vermittels seiner Spannung die Luft durch die Röhre *u* aus, indem er die Klappe *u'* aufdrückt. Der Hahn *u''* dient, die Ausströmungs-Öffnung so zu regeln, dafs möglichst *nur* Luft ausströme; nicht auch Dampf mit entweiche. Die Ausströmungsröhre ist bis aus dem Gebäude hinaus nach der freien Luft hin verlängert.

Die beiden Röhren *e* und *u* sind an ihren Eingängen immer offen, und der Dampf selbst öffnet ihre Klappen. Die Röhren ***A*** und ***I*** dagegen müssen von der Maschine durch besondere Vorrichtungen abwechselnd geöffnet und verschlossen werden; und dies geschieht auf folgende Weise.

471.

A. Nahe bei dem Stiefel stehen zwei, in der Figur einer vor den andern tretende Ständer *M*, welche zunächst eine zur Steuerung der *Einlafsklappe a* dienende Welle oder Achse *o* tragen. Diese Achse hat *fünf Hebel*, welche man alle in der Figur sieht. Die beiden ersten y und y' dienen, die Einlafsklappe zu öffnen und zu verschliefsen. Zu dem Ende wirken sie auf den Biegel a'' am Ende der Stange der Einlafsklappe. Wenn y', wie in der Figur, den Biegel nach dem Stiefel hin treibt, so öffnet sich die Klappe; und wenn die Welle *o* zurückgedreht wird, so dafs der andere Hebel y den Biegel fafst und ihn von dem Stiefel hinwegzieht, so verfchliefst sie sich. Die beiden folgenden Hebel y'' und y''' dienen, die Achse *o*, und also mit ihr die Hebel y und y', nach Erfordern zu drehen. Zu dem Ende sind zwei Stangen *TT*, die wieder in der Figur einander decken, an den grofsen Wagebalken angehängt und haben Knaggen, welche nach der gewöhnlichen Art auf die Hebel y'' und y''' aufstofsen. Wenn *TT* hinab sich bewegt, trifft ein Knaggen aufserhalb der beiden Stangen auf den Hebel y'' und treibt ihn und den Biegel *a* so, wie es die Figur zeigt; *öffnet* also die Einlafsklappe. So wie sich die Stangen *TT* wieder hinauf bewegen, trifft ein anderer, zwischen ihnen befindlicher Knaggen auf den Hebel y''', hebt ihn, dreht also die Achse zurück und treibt folglich mittels des Hebels y den Biegel in entgegengesetzter Richtung, so, dafs nur die Einlafsklappe *verschlossen* wird. Der fünfte Hebel *Y* trägt ein Gegengewicht, welches *plötzlich* niederfällt, sobald die Achse *o* so weit gedreht ist, dafs *Y* das *Loth* durch *o* überschreitet. Das Gewicht dreht dann durch sein Niederfallen, rechts oder links von *TT*, plötzlich die Achse *o* so, dafs die Hebel y und y' schnell die Einlafsklappe in die verlangte Lage bringen. Damit sie nicht darüber hinaus getrieben werden könne, hält ein in o' befestigter Riemen das Gegengewicht *Y* so, dafs es rechts und links vom Loth oo' nicht zu weit fallen kann.

B. Der *Einspritzungshahn i* wird auf eine ganz ähnliche Weise gesteuert. Eine an dem Ständer *N* sich drehende wagerechte Achse *n* hat *drei Hebel*. Der untere x endigt in eine Gabel, welche den Hebel des Hahns fafst und den Hahn öffnet und schliefst, je nachdem die Gabel nach links oder nach rechts von dem Loth gedreht wird. Der zweite Hebel x' reicht bis nach den Stangen *TT* hin, und so wie dieselben nach unten hin sich bewegen, drückt ein Knaggen den Hebel x' an und verschliefst also dadurch den Einspritzungshahn. Der dritte Hebel hat zwei Arme. Der eine Arm trägt ein Gegengewicht X, welches stets strebt, die Achse so zu drehen, dafs der Hahn *geöffnet* wird: der andere Arm legt sich oben in eine Klinke x'' und dient, das Gegengewicht zurückzuhalten, wenn es gehoben und der Hahn verschlossen ist: so lange, bis die Klinke ausgehakt wird. Wenn sich nun TT nach unten bewegt, stöfst ein Knaggen auf den Hebel x', hebt dadurch das Gegengewicht X, die Klinke x'' hakt sich ein und der Hahn i wird verschlossen. So wie dagegen die Klinke ausgehakt wird, fällt das Gewicht X hinab, dreht die Welle und den Hebel x von rechts nach links, und der Hahn wird plötzlich geöffnet. Die Knaggen an TT können natürlich nach Belieben *verschoben* werden.

472.

Das Spiel der Maschine ist nun folgendes. Gesetzt, die Maschine sei angehalten worden, also der Dampfkolben durch das Gegengewicht oder durch die Last der Pumpenstangen ZZ bis nach oben getrieben; auch sei der Einspritzungshahn verschlossen. Will man alsdann die Maschine in Bewegung setzen, so öffnet der Maschinist mit der Hand und mittels einer Handhabe am Ende des Hebels y' die Einlafsklappe; worauf der Dampf alsbald in den Stiefel dringt. So ist die Figur gezeichnet. Nachdem der Dampf die Wände des Stiefels hinreichend erwärmt hat, füllt er ihn gänzlich an und treibt durch die Röhre e das Wasser, und durch die Röhre u die Luft aus, welche sich während des Stillstandes der Maschine in dem Stiefel gesammelt haben. Sobald der Dampf rein und ohne Luft durch u ausströmt, verschliefst der Maschinist, wieder mit der Hand, die Einlafsklappe und hebt jetzt die Klinke x'', damit das hinabfallende Gewicht X den Einspritzungshahn öffne. Das nun in den Stiefel eingespritzte kalte Wasser schlägt jetzt den Dampf unter dem Kolben nieder, und die äufsere Luft, von oben auf den Kolben drückend, dem nun von unten nur die schwache Spannung des unvollkommen niedergeschlagenen Dampfes widersteht, fängt an den Kolben nach unten zu treiben, und mit ihm die Stangen TT.

Von jetzt an setzt die Maschine ihre Bewegung ohne weiteres Zuthun des Maschinisten fort. Sobald nemlich der Kolben gegen das Ende seines Laufs anlangt, trifft ein Knaggen an TT auf den Hebel x', drückt ihn hinab, hebt dadurch das Gegengewicht X, hakt die Klinke x'' ein und verschliefst so den Einspritzungshahn. Dieses kann schon geschehen, ehe der Kolben seinen Lauf *ganz* vollendet hat; denn der Hebel x' kann an den Knaggen von TT *hinstreichen*. Der Kolben setzt also seinen Weg, vermöge der Geschwindigkeit, die er erlangt hat, auch noch fort, *nachdem* der Einspritzungshahn in einem angemessenen Zeitpuncte verschlossen worden ist; der unter dem Kolben noch nicht ganz niedergeschlagene Dampf wird also von dem Kolben allmälig mehr zusammengedrückt, bis er am Ende, und das sehr bald, den Kolben ganz hemmt. Einen Augenblick vorher, ehe dies geschieht, trifft ein Knaggen an TT auf den Hebel y'', welcher beim Verschlufs der Einlafsklappe gehoben worden war, drückt ihn nieder, hebt das Gegengewicht Y, welches rechts von TT hingetrieben worden war, so lange, bis es durch das Loth durch o geht. Darauf fällt das Gewicht in die Lage hinab, welche die Figur zeigt, öffnet die Einlafsklappe, und der Dampf dringt von neuem aus dem Kessel in den Stiefel; worauf dann der Kolben, falls er noch nicht ganz zur Ruhe gekommen sein sollte, vollends schnell gehemmt wird.

Der Dampf dringt nun mit Heftigkeit in den kleinen Raum unter dem Kolben, und nachdem er die Wände des Stiefels, so wie den Kolben, der unten mit Holz belegt ist, um den Dampf so wenig als möglich niederzuschlagen, hinreichend erwärmt hat, beginnt er einen Druck auf den Kolben auszuüben, der den Druck der äufsern Luft *übersteigt*. Dann wird das Wasser, welches sich aus dem Niederschlage und der Einspritzung am Boden des Stiefels gesammelt hat, durch die Röhre e ausgetrieben; desgleichen die Luft und das Gas, welche sich über dem Wasser befinden, durch die Röhre u, durch welche auch zugleich etwas Dampf entweicht. Der Kolben, von der den Luftdruck überwiegenden Spannung des Dampfs und zugleich von dem Gewicht der Pumpenstangen ZZ getrieben, beginnt nun sein Aufsteigen. Anfangs bewegt er sich wegen des Übergewichts der Dampfspannung *schnell* nach oben, und es wird auch noch Wasser und Luft durch e und u aus dem Stiefel getrieben; aber bald gelangt die Bewegung mehr zur Gleichförmigkeit, weil aus dem Kessel durch die Einlafsklappe nicht so schnell hinreichender Dampf, von einer den Luftdruck übersteigenden Spannung, einströmen kann, als das Gewicht der Pumpenstangen den Kolben in die Höhe zieht. Dann also schliefsen sich die Klappen e und u von selbst, und der Kolben setzt nun seinen Weg so schnell fort, als es dem Zuströmen des Dampfs zur Hervorbringung der bewegenden Kraft gemäfs ist. Mit dem Kolben zugleich bewegen sich auch die Stangen TT hinab. Ist der Kolben beinahe oben angelangt, so trifft ein Knaggen auf den Hebel y'', hebt ihn, wirft das Gewicht Y nach der Seite rechts von TT zurück, und verschliefst dadurch die Zulafsklappe. Einen Augenblick später fafst eine Kette x''', die an TT befestigt ist, die Klinke x'', hakt sie aus, und das

Gewicht *X* fällt hinab und öffnet den Einspritzungshahn. Das eingespritzte Wasser schlägt nun bald den Dampf unter dem Kolben nieder, und der Luftdruck bekommt wieder das Übergewicht und hemmt den Lauf des Kolbens, der nun wieder nach unten getrieben wird; und so weiter fort.

Die Figur stellt die Maschine in dem Augenblick vor, wo sie in Bewegung gesetzt werden soll: also den Kolben ganz oben im Stiefel, die Einlafsklappen noch nicht verschlossen und den Einspritzungshahn noch nicht geöffnet. Da letzteres beides, sobald die Maschine im *Gange ist*, wie oben gesagt, ein wenig eher geschieht, als der Kolben ganz oben anlangt, so befinden sich *während des Ganges* der Maschine die Gewichte *Y* und *X* schon einen Augenblick *vorher*, ehe der Kolben an die Stelle gekommen ist, wo ihn die Figur zeigt, *nicht* mehr in der in der Figur vorgestellten Lage. Dieses ist zu bemerken, um Mifsverständnisse zu vermeiden.

473.

A. Das in das Gefäfs *M* aus dem Stiefel durch die Röhre *e* gelangte heifse Wasser wird zum Theil durch die Speiseröhre *m* in den Kessel gefördert. Die senkrechte Röhre *m* taucht in den Kessel ein und hat oben einen Arm nach dem Gefäfse *M* hin. Da dieses Gefäfs hoch genug über dem Wasser im Kessel liegt, dafs der Druck der Wassersäule in *m* das Übergewicht der Dampfspannung über den Luftdruck bewältigen kann, so fliefst das *heifse* Wasser dem Kessel *stetig* zu. Durch einen Hahn in dem Arm der Röhre kann der Zuflufs nach Bedürfnifs eingerichtet werden.

B. Das zum Niederschlagen des Dampfs nöthige *kalte* Wasser wird durch die Pumpe *P* herbeigeschafft, welche eine gewöhnliche Saugpumpe ist und welche der Wagebalken der Maschine in Bewegung setzt. Die Stange *p* dieser Pumpe, so wie die Kolbenstangen *ZZ* der Schöpfpumpen, sind an Ketten gehangen, die sich an Kreisbogen legen, damit sie sich lothrecht hinaufbewegen mögen. Da die Schöpfpumpen das Wasser beim *Aufsteigen* der Kolbenstangen heben (also beim *Niedergange* des Dampfkolbens) und das *Aufsteigen* desselben zwar mit durch die Spannung des Dampfs, eigentlich aber durch das Übergewicht der Pumpenstangen hervorgebracht wird, so sind die Ketten, sowohl beim Niedergange, als beim Aufsteigen des Kolbens, *immer gespannt*, und es sind folglich keine *starren* Kolbenstangen nöthig.

474.

Damit der Kolben nicht auf den Boden des Stiefels aufstofse, und auch nicht etwa oben aus dem Stiefel hinausgezogen werde, befinden sich zwei

Knaggen $k_i k_i$ an dem Wagebalken, mit welchen derselbe an federnde Hölzer k', k' anstöfst. Jedoch geschieht dies, wenn die Maschine in regelmäfsigem Gange ist, selten, und der Kolben endigt oben und unten seinen Lauf ohne diesen Stofs.

475.

In der hier beschriebenen Maschine wird der Dampf in dem Stiefel selbst niedergeschlagen; und so geschieht es in den meisten Luftdruckmaschinen. Indessen giebt es auch Maschinen mit abgesondertem Niederschlaggefäfs, wie bei den *Watt*schen Maschinen, wodurch dann der Verlust an Dampf erspart wird, der daraus entsteht, dafs in der beschriebenen Maschine der Dampf immer von neuem den Stiefel erwärmen mufs. Eine besondere Beschreibung eines solchen abgesonderten Kühlfasses wird nicht nöthig sein. Übrigens sind die Luftdruckmaschinen fast ganz aufser Gebrauch gekommen. Die Zeichnung einer solchen Maschine haben wir nur aus dem Buche von *Smeaton*, dem letzten berühmten Baumeister derselben, nehmen können.

Zweite Abtheilung.
Theorie der Luftdruck-Maschinen.

I. Von der Regelung des Ganges der Maschine.

476.

Der obigen Beschreibung zufolge ist in den Luftdruckmaschinen erst die Dampfspannung, von dem Gegengewicht unterstützt, und dann der Druck der Luft auf den Kolben die bewegende Kraft, und durch *letztere*, nicht durch erstere, wird die *Nutzwirkung* hervorgebracht. Die beiden Arten bewegender Kräfte wirken *nach* einander. Da indessen der Druck der Luft nur erst wirksam werden kann, nachdem die Spannung des Dampfs ihm die Wirksamkeit vorbereitet hat, so ist im Grunde doch eigentlich die Spannung des Dampfs die bewegende Kraft.

Die Art der Wirkung einer Luftdruckmaschine kann leicht auf die einer einfach-wirkenden *Watt*schen Maschine gebracht werden. Man darf sich zu dem Ende nur statt des Luftdrucks ein demselben gleiches *Gewicht* auf den Kolben wirkend vorstellen, und dann annehmen, die Bewegung gehe im leeren Raume vor sich. Dann drückt ein Gewicht den Kolben nieder, und der in den Stiefel unter den Kolben eingelassene, nachher wieder niedergeschlagene Dampf treibt mit Hülfe des Gegengewichts den Kolben wieder nach oben. Dies ist immer der Fall bei einer einfach-wirkenden *Watt*schen Maschine, in welcher die Nutzwirkung nicht unmittelbar durch den Dampf, sondern beim Niedergange des Kolbens hervorgebracht wäre; so dafs nun der Dampf hier dieselbe Wirkung hat, wie bei den *Watt*schen Maschinen.

477.

Da die Luftdruckmaschinen in der Regel weder Kurbel noch Schwungrad haben, indem sie gewöhnlich keine drehende Bewegung hervorzubringen bestimmt sind, so bedürfen sie, eben wie die *Watt*schen Maschinen, einer besonderen Vorrichtung im Stiefel, welche den Kolben zwingt, weder über die ihm bestimmte Länge des Laufes sich hinauszubewegen, noch stehen zu bleiben, ehe er das Ende seines Laufs erreicht hat.

Zu dem Ende sperrt man ein wenig vorher, ehe der Kolben beim *Aufsteigen* oben anlangt, die Einströmung des Dampfs in den Stiefel ab; alsdann setzt der Kolben seinen Weg nur noch vermöge der erlangten Bewegung, und getrieben von dem Gegengewicht, so wie von der abnehmenden Spannung des unter ihm befindlichen, sich weiter ausdehnenden Dampfes, fort. Sehr bald nach der Absperrung bekommt daher der Druck der Luft, von oben auf den Kolben, das Übergewicht und bringt den Kolben allmälig und ohne bedeutendes Aufstofsen zum Stillstande.

Beim *Niedergange* des Kolbens dagegen unterbricht man ein wenig vorher, ehe der Kolben unten anlangt, den Niederschlag des unter ihm befindlichen Dampfs; und zwar entweder durch Unterbrechung des Einspritzens von Wasser, wenn der Stiefel selbst zum Niederschlaggefäfse dient, oder durch Abschneiden der Verbindung zwischen dem Stiefel und dem Kühlfafs, wenn ein besonderes Niederschlaggefäfs vorhanden ist. Der unter dem Kolben noch befindliche Dampf ist dann daselbst eingeschlossen, wird von dem Kolben allmälig zusammengedrückt, und bringt ihn *so* bald zum Stillstande. Die Kraft, welche hier der zusammengedrückte Dampf ausübt, geht nicht verloren, sondern kommt beim nächsten Aufsteigen des Kolbens wieder zu Hülfe. Man öffnet auch zuweilen ein wenig vorher, ehe der Kolben unten angelangt ist, die *Zulafsklappe* nach dem Kessel hin, und der Dampf aus dem Kessel hemmt dann den Lauf des Kolbens schnell.

So wird, wie bei den *Watt*schen Maschinen, der Kolben am Aufstofsen gehindert und der Verlust an bewegender Kraft vermieden. Es kann demnach auch hier die Wirkung der Maschine nach denselben Grundsätzen berechnet werden, wie bei den andern; nemlich aus der *Gleichheit* der Momente der bewegenden Kraft und des Widerstandes, sowohl beim Aufsteigen als beim Niedergange des Kolbens, und aus der *Gleichheit* der entwickelten und der verbrauchten Dampfmasse.

II. *Von der Wirkung der Luftdruckmaschinen mit einem beliebigen Gegengewicht, einem beliebigen Verschlufs des Einspritzungshahns und einer beliebigen Ladung und Geschwindigkeit.*

478.

Es giebt hier wieder vier Fälle.

Erstlich: wenn das Gegengewicht, der Verschlufs des Einspritzungshahns, die Ladung und die Geschwindigkeit der Bewegung *beliebig* sind.

Zweitens: wenn Ladung und Geschwindigkeit so abgemessen sein sollen, dafs die Wirkung für ein *beliebiges* Gegengewicht und einen *beliebigen* Verschlufs des Einspritzungshahns die *möglich-gröfste* ist.

Drittens: wenn auch die Einspritzung so gehemmt werden soll, dafs für ein beliebiges Gegengewicht die Wirkung die *möglich-gröfste* sei.

Viertens: wenn *Alles* für die *möglich-gröfste* Wirkung abgemessen ist, also die *unbedingt-gröfste* Wirkung erzielt werden soll.

479.

Wir beginnen mit dem ersten dieser vier Fälle und nennen, ähnlich wie oben:

P die gesammte Spannung des Dampfs im Kessel;

P_1 die mittlere, noch unbekannte Spannung des Dampfs bei seinem Eintritt in den Stiefel;

a die Kolbenfläche;

λ die Länge des Kolbenlaufs;

λ_1 den Theil dieser Länge beim *Aufsteigen* des Kolbens, wo der Eintritt des Dampfs aus dem Kessel in den Stiefel abgeschnitten wird;

λ_2 den Theil der Länge des Kolbenlaufs beim *Niedergange* des Kolbens, wo entweder der Einspritzungshahn verschlossen, oder die Verbindung zwischen dem Stiefel und dem Niederschlaggefäfs abgeschnitten wird;

c den Spielraum an den Enden des Stiefels; auf einen *Theil der Länge* des Kolbenlaufs gebracht;

ϱ_1 die Nutzlast auf die Einheit der Fläche des Kolbens beim *Aufsteigen;*

ϱ_2 die Nutzlast, eben so, wie beim *Niedergange* des Kolbens.
Erstere, wenn sie Statt findet, bezieht sich auf eine Druckpumpe, letztere auf eine Hebepumpe.

$r = \varrho_1 + \varrho_2$ die gesammte Nutzlast;

G den Betrag des Gegengewichts für die Einheit der Kolbenfläche;

φ_1 die Reibung der beim *Aufsteigen* des Kolbens nicht beladenen Maschine;

φ_2 die Reibung der leergehenden Maschine beim *Niedergange* des Kolbens;

δ die von der Belastung herkommende zusätzliche Reibung für die Einheit der Belastung;

q den Druck der Luft auf die Einheit der Kolbenfläche;

p die mittlere Spannung des unter dem Kolben unvollständig niedergeschlagenen Dampfs;

m und n unveränderliche Zahlen, die sich auf die Spannung des Dampfs beziehen.

Unter φ_1 und φ_2 betrachten wir den Verlust an Kraft mitbegriffen, welcher an den Enden des Kolbenlaufs etwa durch das Aufstofsen des Wagebalkens entsteht; oder durch die Öffnung des Einspritzungshahns *vor* dem Ende des Aufsteigens des Kolbens; oder auch der Einlafsklappe *vor* dem Ende seines Niederganges; was Ersteres die Wirkung des abgesperrten Dampfes beim Aufsteigen, Letzteres die Wirkung der von der Masse erlangten Bewegung beim Niedergange des Kolbens vermindert. Eben so ist unter G mitbegriffen, was auf Rechnung des Eintauchens der Kolbenstangen der Pumpen in das Wasser kommt.

480.

Nun wirkt der Dampf auf den Kolben beim *Aufsteigen* desselben hier eben so, wie in *Watt*schen Maschinen beim Niedergange: also ist das Moment der Wirkung des Dampfs, vor und nach der Absperrung, hier, eben wie in (§. 414. Form. 356.),

$$496. \quad = a(\lambda_1 + c)(n + P_1)\left[\log \text{nat} \frac{\lambda + c}{\lambda_1 + c} + \frac{\lambda_1}{\lambda_1 + c}\right] - n\lambda a.$$

Andrerseits ist das Moment der Wirkung des von der Höhe λ herabsinkenden Gegengewichts $= G\lambda a;$ dasjenige der Druckpumpe $= \varrho_1 \lambda a;$ das Moment der Reibung der jetzt leergehenden Maschine $= \varphi_1 \lambda a;$ und endlich das Moment des Luftdrucks $= q\lambda a.$ Also erhält man, vermöge der nothwendigen Gleichheit der Momente der Wirkung und Gegenwirkung:

$$a(\lambda + c)(n + P_1)\left[\log \text{nat} \frac{\lambda + c}{\lambda_1 + c} + \frac{\lambda_1}{\lambda_1 + c}\right] - n\lambda a + G\lambda a = \varrho_1 \lambda a + \varphi_1 \lambda a + q\lambda a$$

oder

$$497.\quad (\lambda_1+c)(n+P_1)\left[\log\text{nat}\frac{\lambda+c}{\lambda_1+c}+\frac{\lambda_1}{\lambda_1+c}\right]=\lambda(n+\varrho_1+\varphi_1+q-G),$$

und dies giebt, wenn man wie in (360.)

$$498.\quad \log\text{nat}\frac{\lambda+c}{\lambda_1+c}+\frac{\lambda_1}{\lambda_1+c}=k_1$$

setzt:

$$499.\quad n+P_1=\frac{\lambda(n+\varrho_1+\varphi_1+q-G)}{(\lambda_1+c)k_1};$$

welches die *erste* Grundgleichung ist.

481.

A. Beim *Niedergange* des Kolbens ist der Luftdruck die *bewegende Kraft,* und ihr Moment $=q\lambda a$.

B. Dagegen ist das Moment der Wirkung des Gegengewichts $=G\lambda a$; dasjenige der Belastung $=\varrho_2\lambda a$ und das Moment der Reibung der mit ϱ_2 und G beladenen Maschine $=(\varphi_2+\delta(\varrho_2+G))\lambda a$.

C. Ferner besteht das Moment der Dampfspannung p unter dem Kolben aus zwei Theilen. Zuerst bringt die Spannung p *bis zum* Verschlufs der Verbindung des Stiefels mit dem Kühlfafs eine Wirkung $p\lambda_2 a$ hervor. *Nach* dem Verschlufs der Verbindung hört der Niederschlag des Dampfs auf und der unter dem Kolben befindliche Dampf wird, während er den Rest $\lambda-\lambda_2$ seines Laufs zurücklegt, allmälig immer mehr zusammengedrückt.

D. Beim Anfange dieser Zusammendrückung ist die Dampfspannung $=p$, und der unter dem Kolben befindliche Dampf nimmt den Raum $a(\lambda-\lambda_2+c)$ ein. Bezeichnet man durch ω die Dampfspannung, nachdem der Kolben den Weg x zurückgelegt hat, so ist auf die unendlich kleine Länge ∂x das Moment seiner Wirkung $=a\omega\partial x$. Aber da nun der Dampf, ohne an Wärme verloren zu haben, statt des vorherigen Raums $a(\lambda-\lambda_2+c)$, jetzt den Raum $a(\lambda-x+c)$ einnimmt, so ist nunmehr seine Spannung, nach (§. 100. Form. 64):

$$500.\quad \omega=(n+p)\cdot\frac{a(\lambda-\lambda_2+c)}{a(\lambda-x+c)}-n,$$

also ist

$$501.\quad a\omega\partial x=a(n+p)(\lambda-\lambda_2+c)\frac{\partial x}{\lambda-x+c}-an\partial x.$$

Dieses giebt, integrirt, $-a(n+p)(\lambda-\lambda_2+c)\log\text{nat}(\lambda-x+c)-anx+\text{Const.}$ und, da das Integral $=0$ ist für $x=\lambda_2$,

$$\text{Const.}=a(n+p)(\lambda-\lambda_2+c)\log\text{nat}(\lambda-\lambda_2+c)+an\lambda_2.$$

Da es ferner vollständig ist für $x=\lambda$, so ist das *ganze* Moment

$$= a(n+p)(\lambda-\lambda_2+c)(\log\text{nat}(\lambda-\lambda_2+c)-\log c)+an(\lambda_2-\lambda) \text{ oder}$$

502. $$= a(n+p)(\lambda-\lambda_2+c)\log\text{nat}\frac{\lambda-\lambda_2+c}{c}+an(\lambda_2-\lambda).$$

E. Hiezu das obige Moment $p\lambda_2 a$ in (*B.*) *vor* dem Schlusse der Verbindung des Stiefels mit dem Niederschlaggefäfs gethan, giebt für das *gesammte* Moment der Gegenwirkung der Dampfspannung:

$$a(n+p)(\lambda-\lambda_2+c)\log\text{nat}\frac{\lambda-\lambda_2+c}{c}-an(\lambda-\lambda_2)+ap\lambda_2 \text{ oder}$$

503. $$a\lambda(n+p)\left[\frac{\lambda_2}{\lambda}+\frac{(\lambda-\lambda_2+c)}{\lambda}\log\text{nat}\frac{\lambda-\lambda_2+c}{c}\right]-a\lambda n.$$

Setzt man der Kürze wegen

504. $$\frac{\lambda_2}{\lambda-\lambda_2+c}+\log\text{nat}\frac{\lambda-\lambda_2+c}{c}=k_3,$$

so wird (503.) durch

505. $$\left((n+p)\frac{\lambda-\lambda_2+c}{\lambda}k_3-n\right)\lambda a$$

ausgedrückt.

F. Zu diesem Momente der Gegenwirkung der Dampfspannung kommen die übrigen in (*B.*), und da alle zusammen dem Momente der bewegenden Kraft $q\lambda a$ in (*A.*) gleich sein müssen, so erhält man

506. $$q\lambda a=\varrho_2\lambda a+G\lambda a+(\varphi_2+\delta(\varrho_2+G))\lambda a+\left((n+p)\frac{\lambda-\lambda_2+c}{\lambda}k_3-n\right)\lambda a,$$

woraus

$$q=(1+\delta)(G+\varrho_2)+\varphi_2+(n+p)k_3\cdot\frac{\lambda-\lambda_2+c}{\lambda}-n \text{ und}$$

507. $$(1+\delta)G=n+q-(1+\delta)\varrho_2-\varphi_2-(n+p)k_3\cdot\frac{\lambda-\lambda_2+c}{\lambda}$$

folgt; welches die *zweite* Grundgleichung ist.

482.

Die dritte Grundgleichung wird sich aus der Gleichheit des erzeugten und des verbrauchten Dampfs ergeben.

A. Der in 1 Minute aus der Wassermasse S im Kessel erzeugte Dampf nimmt im Stiefel die Spannung P_1 ein und füllt also nach (Form. 60.) den Raum

508. $$\frac{mS}{n+P_1}.$$

B. Andrerseits ist der Raum im Stiefel, welcher sich bei jedem Aufsteigen des Kolbens mit Dampf füllt,

$$509. \quad = a(\lambda_1 + c).$$

C. Aber bei jedem Niedergange des Kolbens wird ein Theil des in den Stiefel gelangten Dampfs vom Kolben zusammengedrückt und kommt bei dem folgenden Kolbenlaufe zu Hülfe, oder dem Kessel wieder zu gut, statt niedergeschlagen zu werden. Die Spannung dieses Theils des Dampfs, in dem Augenblick, wo er abgesondert wird, ist p, und er füllt mit dieser Spannung den Raum

$$510. \quad a(\lambda - \lambda_2 + c).$$

Gelangte er wieder zu der vorigen Spannung P_1, ohne an Wärme zu verlieren, so würde er nach (62.) den Raum

$$511. \quad a(\lambda - \lambda_2 + c) \cdot \frac{n+p}{n+P_1}$$

einnehmen. Dieser Dampf wird also bei jedem Niedergange des Kolbens an (509.) erspart und der *verbrauchte* Dampf beträgt daher nur

$$512. \quad a(\lambda_1 + c) - a(\lambda - \lambda_2 + c) \cdot \frac{n+p}{n+P_1}.$$

D. Bezeichnet man demnach durch μ die Zahl der Kolbengänge in 1 Minute, jeder aus einem Aufsteigen und einem Niedergange bestehend, so ist der Verlauf an Dampf in 1 Minute

$$513. \quad = \mu a \left[\lambda_1 + c - (\lambda - \lambda_2 + c) \cdot \frac{n+p}{n+P_1}\right].$$

Bezeichnet ferner V den Weg, welchen überhaupt der Kolben in 1 Minute zurücklegt, so ist

$$514. \quad V = 2\mu\lambda.$$

Ist dagegen v der Weg, welchen der Kolben bei seinen *Niedergängen* zurücklegt, wo er die Nutzwirkung hervorbringt, so ist

$$515. \quad v = \mu\lambda, \quad \text{also} \quad \mu = \frac{v}{\lambda},$$

mithin wird nach (513.) der Verbrauch an Dampf in 1 Minute durch

$$516. \quad \frac{av}{\lambda}\left[\lambda_1 + c - (\lambda - \lambda_2 + c)\frac{n+p}{n+P_1}\right]$$

ausgedrückt.

E. Dieser Dampf-Aufwand mufs nun der erzeugten Dampfmasse (508.) *gleich* sein; also ist

$$517. \quad \frac{av}{\lambda}\left[\lambda_1 + c - (\lambda - \lambda_2 + c)\frac{n+p}{n+P_1}\right] = \frac{mS}{n+P_1},$$

und daraus folgt

$$\frac{av}{\lambda}(\lambda_1 + c) = \frac{mS + (\lambda - \lambda_2 + c)(n+p)\frac{av}{\lambda}}{n+P_1} \quad \text{und}$$

$$518. \quad n + P_1 = \frac{m\lambda S}{av(\lambda_1 + c)} + \frac{\lambda - \lambda_2 + c}{\lambda_1 + c}\cdot(n+p);$$

welches die *dritte* Grundgleichung ist.

483.

Setzt man jetzt die beiden Ausdrücke (499 und 518.) des wegen P_1 unbekannten $n + P_1$ einander gleich, so erhält man

$$\frac{\lambda(n + \varrho_1 + \varphi_1 + q - G)}{(\lambda_1 + c)k_1} = \frac{m\lambda S}{av(\lambda_1 + c)} + \frac{\lambda - \lambda_2 + c}{(\lambda_1 + c)}\cdot(n+p) \quad \text{oder}$$

$$519. \quad \frac{n + \varrho_1 + \varphi_1 + q - G}{k_1} = \frac{mS}{av} + \frac{\lambda - \lambda_2 + c}{\lambda}\cdot(n+p).$$

Setzt man hierin ferner den Werth von G aus der zweiten Grundgleichung (507.), so ergiebt sich

$$\left[n + \varrho_1 + \varphi_1 + q - \frac{n + q - (1+\delta)\varrho_2 - \varphi_2}{1+\delta} + (n+p)k_3\cdot\frac{\lambda - \lambda_2 + c}{(1+\delta)\lambda}\right.$$

$$= \frac{k_1 mS}{av} + \frac{k_1(n+p)(\lambda - \lambda_2 + c)}{\lambda} \quad \text{oder}$$

$$((n + \varrho_1 + \varphi_1 + q)(1+\delta) - n - q + (1+\delta)\varrho_2 + \varphi_2)\lambda + (n+p)k_3(\lambda - \lambda_2 + c)$$

$$= \frac{k_1 mS\lambda(1+\delta)}{av} + k_1(1+\delta)(n+p)(\lambda - \lambda_2 + c)$$

oder, da $\varrho_1 + \varrho_2 = r$ ist (§. 479.),

$$((n + r + \varphi_1 + q)(1+\delta) - n - q + \varphi_2)\lambda + (n+p)(k_3(\lambda - \lambda_2 + c) - k_1(1+\delta)(\lambda - \lambda_2 + c))$$

$$= \frac{k_1 m\lambda(1+\delta)S}{av} \quad \text{oder}$$

$$520. \quad ((n+q)\delta + (r + \varphi_1)(1+\delta) + \varphi_2)\lambda + (n+p)(\lambda - \lambda_2 + c)(k_3 - (1+\delta)k_1)$$

$$= \frac{k_1 m\lambda(1+\delta)S}{av} \quad \text{oder}$$

$$521. \quad av\delta(n+q)\lambda + av(1+\delta)(r + \varphi_1)\lambda + \varphi_2\lambda av + av(n+p)(\lambda - \lambda_2 + c)(k_3 - (1+\delta)k_1)$$

$$= k_1 m\lambda(1+\delta)S$$

und daraus folgt]

$$522. \quad v = \frac{m\lambda(1+\delta)k_1 S}{a[((1+\delta)(r + \varphi_1) + \varphi_2 + (n+q)\delta)\lambda + (n+p)(\lambda - \lambda_2 + c)(k_3 - (1+\delta)k_1)]},$$

523. $$ar = \frac{k_1 m S}{v} - \frac{a(n+p)(\lambda-\lambda_2+c)}{\lambda}\left(\frac{k_3}{1+\delta}-k_1\right) - a\left(\varphi_1 + \frac{\varphi_2+(n+q)\delta}{1+\delta}\right),$$

524. $$S = \frac{av[((1+\delta)(r+\varphi_1)+\varphi_2+(n+q)\delta)\lambda+(n+p)(\lambda-\lambda_2+c)(k_3-(1+\delta)k_1)]}{m\lambda(1+\delta)k_1},$$

525. $$W = arv.$$

Die Werthe der Gröfsen

526. $$k_1 = \frac{\lambda_1}{\lambda_1+c} + \log\text{nat}\frac{\lambda+c}{\lambda_1+c} \quad (498.) \text{ und}$$

527. $$k_3 = \frac{\lambda_2}{\lambda-\lambda_2+c} + \log\text{nat}\frac{\lambda-\lambda_2+c}{c} \quad (504.)$$

wird man in weiter unten folgenden Tafeln, für verschiedene Verhältnisse von λ_1, λ_2 und c zu λ berechnet, finden.

484.

Die Ausdrücke (522—525.) dienen zur Auflösung der verschiedenen bei dieser Art von Maschinen vorkommenden Aufgaben; denn die Gröfsen rechts in den Ausdrücken sind sämmtlich gegeben. Zwar ist λ_2 gewöhnlich nicht unmittelbar gegeben, aber es wird durch das Gegengewicht G bestimmt, welches unmittelbar gefunden wird. Aus den Gleichungen (507. und 519.) erhält man nemlich

528. $$k_3 . \frac{\lambda-\lambda_2+c}{\lambda} = \frac{n+q-(1+\delta)(r-\varrho_1+G)-\varphi_2}{n+p} \quad \text{und}$$

529. $$\frac{\lambda_2}{\lambda} = \frac{\lambda+c}{\lambda} - \frac{(n+\varrho+\varphi_1+q-G)av-mk_1 S}{avk_1(n+p)}.$$

Aus der einen und der andern dieser Gleichungen läfst sich λ_2 finden. Für die *möglich-gröfste* Wirkung ist, wie sich zeigen wird, λ_2 unmittelbar gegeben. Will man λ_2 aus (528.) berechnen, so mufs es durch einige Proben näherungsweise geschehen, weil k_3 (527.) selbst noch λ_2 enthält.

III. Von der möglich-gröfsten Ladung oder Geschwindigkeit für eine beliebige Absperrung, oder für ein beliebiges Gegengewicht und einen beliebigen Verschlufs des Einspritzungshahns.

485.

Zufolge der Ausdrücke (522—525.) gehört zu jeder bestimmten Ladung r eine bestimmte Geschwindigkeit v, und folglich eine bestimmte Nutzwirkung arv. Es fragt sich demnach, welche Geschwindigkeit, oder welche Ladung die *möglich-gröfste* Nutzwirkung gebe, ohne das bestimmte λ_1 und λ_2 zu ändern.

Um diese gröfste Nutzwirkung arv zu finden, drücke man arv durch (523. und 524.) aus, oder auch nach (521.). Dieses giebt

$$530. \quad arv = mk_1 S - \frac{av}{1+\delta}[(1+\delta)\varphi_1 + \varphi_2 + (n+q)\delta] - \frac{av}{\lambda}(\lambda - \lambda_2 + c)(n+p)\left(\frac{k_3}{1+\delta} - k_1\right).$$

Hier kommt v rechts nur in den *negativen* Gliedern vor; denn, wie sich aus den weiter unten folgenden Tafeln zeigen wird, ist immer $\frac{k_3}{1+\delta} > k_1$. Die *möglich-gröfste* Nutzwirkung arv findet also für die *möglich-kleinste* Geschwindigkeit v Statt.

Andrerseits ist aus (518.)

$$[av(n+P_1)(\lambda_1+c) = m\lambda S + (\lambda - \lambda_2 + c)(n+p)av, \text{ also}]$$

$$531. \quad v = \frac{m\lambda S}{a(\lambda_1+c)(n+P_1) - a(\lambda - \lambda_2 + c)(n+p)},$$

und daraus folgt, dafs die *möglich-kleinste* Geschwindigkeit v_1 für die *möglich-gröfste* Dampfspannung P_1 im *Stiefel* Statt findet, welche *die* P im *Kessel* ist. Demnach ist die der gröfsten Nutzwirkung entsprechende *möglich-kleinste Geschwindigkeit*

$$532. \quad v_1 = \frac{m\lambda S}{a(\lambda_1+c)(n+P) - a(n+p)(\lambda - \lambda_2 + c)}.$$

Setzt man diesen Werth v_1 von v in (523.), so erhält man

$$ar_1 = \frac{ak_1(\lambda_1+c)(n+P) - ak_1(n+p)(\lambda - \lambda_2 + c)}{\lambda} - \frac{a(n+p)(\lambda-\lambda_2+c)}{\lambda}\left(\frac{k_3}{1+\delta} - k_1\right) - a\left(\varphi_1 + \frac{\varphi_2 + (n+q)\delta}{1+\delta}\right) \quad \text{oder}$$

$$533. \quad ar_1 = \frac{a}{\lambda(1+\delta)}[(\lambda_1+c)(n+P)k_1(1+\delta) - (n+p)k_3(\lambda - \lambda_2 + c) - \lambda(\varphi_1(1+\delta) + \varphi_2 + (n+q)\delta)];$$

welches die ***gröfste Nutzwirkung*** ist.

Die Ausdrücke (532. und 533.) geben die vortheilhafteste Geschwindigkeit und Nutzwirkung für *beliebige* λ_1 und λ_2.

486.

Ist das Gegengewicht für die möglich-gröfste Nutzwirkung im Voraus bestimmt, so findet sich dadurch λ_1. Setzt man nemlich in (499.) $P_1 = P$, wie es hier sein soll, so ergiebt sich

$$534. \quad \frac{(\lambda_1+c)k_1}{\lambda} = \frac{n+\varrho_1+\varphi_1+q-G}{n+P};$$

wodurch nun λ_1 völlig bestimmt wird. Dieser Werth von λ_1 mufs nun in (533.) gesetzt werden und ist nicht mehr beliebig. Aber man kann auch λ_1 unbestimmt lassen und vielmehr G danach abmessen; nemlich vermittels der Gleichung (499.), oder vielmehr (534.). Dies wird weiter unten geschehen.

IV. Wie die Reibung der leergehenden Maschine und die von ihrer Ladung herrührende Reibung zu finden sei.

487.

Die Reibung an der Maschine läfst sich, wie bei den andern Arten von Maschinen, auch bei dieser Art aus den hier aufgestellten Formeln finden. Wenn man nemlich die Maschine *leer* gehen läfst und dabei die Spannung des Dampfs im Kessel so lange mäfsigt, bis derselbe blofs noch den Kolben fortzutreiben vermag, auch die Auslafsklappe und den Einspritzungshahn so früh schliefst, dafs der Wagebalken nicht aufstöfst, so ist die blofse ***Reibung*** der Maschine dann offenbar ihre *möglich-gröfste* Wirkung.

A. Es sei P_2 die Dampfspannung im Kessel, welche auf solche Weise blofs die Reibung zu überwinden vermag, so ist in den beiden Grundgleichungen (499. und 507.) $P_1 = P_2$ und $\varrho_1 = 0$, $\varrho_2 = 0$ zu setzen [wodurch sie in

$$535.\quad \begin{cases} 1.\quad (n+P_2)(\lambda_1+c)k_1 = \lambda(n+\varphi_1+q-G) \text{ und} \\ 2.\quad (1+\delta)G = n+q-\varphi_2-(n+p)k_3\cdot\dfrac{\lambda-\lambda_2+c}{\lambda} \end{cases}$$

übergehen]; woraus

$$536.\quad \varphi_1 = G-n-q+\frac{(n+P_2)(\lambda_1+c)k_1}{\lambda} \text{ und}$$

$$537.\quad \varphi_2 = n+q-(1+\delta)G-(n+p_1)k_3\cdot\frac{\lambda-\lambda_2+c}{\lambda}$$

folgt. Mifst man also an der Maschine diejenigen λ_1 und λ_2, nemlich diejenigen Theile des Kolbenlaufs, auf welche die Zulafs- und die Auslafsklappe geschlossen werden mufsten, damit der Wagebalken nicht aufstofse, und ferner die Spannung p_1 des Dampfs im Stiefel, so ist rechts in (536. und 537.) Alles bekannt, bis auf δ, und man findet also die Reibungen φ_1 und φ_2, wenn man einstweilen δG vernachlässigt.

B. Auch δ läfst sich weiter auf eine ähnliche Weise finden. Man gebe nemlich der Maschine eine beliebige, aber bestimmte Ladung ϱ_2, sehe darauf, dafs der Wagebalken nicht aufstöfst und messe die zugehörige Dampfspannung p_2 im Stiefel, so giebt (507.)

$$538.\quad 1+\delta = \frac{n+q-\varphi_2-(n+p_2)k_3\cdot\frac{\lambda-\lambda_2+c}{\lambda}}{G+\varrho_2};$$

was nun δ giebt; obwohl durch φ_2. Man kann darauf den gefundenen Werth von δ in (537.) setzen und sich auf diese Art weiter dem richtigen Werth von φ_2 nähern.

[„Setzt man wirklich den Werth von $1+\delta$ (538.) in (537.), so er- „giebt sich

$$\varphi_2 = n+q-\frac{G}{G+\varrho_2}\left(n+q-\varphi_2-(n+p_2)k_3\cdot\frac{\lambda-\lambda_2+c}{\lambda}\right)$$
$$-(n+p_1)k_3\cdot\frac{\lambda-\lambda_2+c}{\lambda} \text{ oder}$$

$$\varphi_2\left(1-\frac{G}{G+\varrho_2}\right) = \left(n+q-nk_3\cdot\frac{\lambda-\lambda_2+c}{\lambda}\right)\left(1-\frac{G}{G+\varrho_2}\right)$$
$$-k_3\cdot\frac{\lambda-\lambda_2+c}{\lambda}\left(p_1-\frac{p_2 G}{G+\varrho_2}\right) \text{ oder}$$

$$\varphi_2 = q+n\left(1-k_3\cdot\frac{\lambda-\lambda_2+c}{\lambda}\right)-k_3\cdot\frac{\lambda-\lambda_2+c}{\lambda}\cdot\frac{(p_1(G+\varrho_2)-p_2 G)}{G+\varrho_2}:\left(1-\frac{G}{G+\varrho_2}\right)$$

oder

$$\varphi_2 = q+n\left(1-k_3\cdot\frac{\lambda-\lambda_2+c}{\lambda}\right)-k_3\cdot\frac{\lambda-\lambda_2+c}{\lambda}\cdot\frac{(p_1-p_2)G+p_1\varrho_2}{\varrho_2} \text{ oder}$$

$$539.\quad \varphi_2 = n+q-\frac{k_3(\lambda-\lambda_2+c)(n+p_1\varrho_2+(p_1-p_2)G)}{\lambda\varrho_2};$$

„welches φ_2 *unmittelbar* giebt." D. H.]

C. Man kann auch φ_1 und φ_2 finden, ohne die gewöhnliche Ladung der Maschine zu ändern, wenn man nur darauf sieht, dafs der Wagebalken nicht aufstöfst, und dann die Dampfspannung im Kessel so weit vermindert, bis für diese Spannung die Ladung die *möglich-gröfste* ist. Bezeichnet man dann diese Spannung durch P_3, so giebt (499.) unmittelbar

$$540.\quad \varphi_1 = \frac{(n+P_3)(\lambda_1+c)k_1}{\lambda}+G-(n+\varrho_1+q),$$

für die Reibung beim *Aufsteigen* des Kolbens. Berücksichtigt man dann den Widerstand der Pumpen bei dem Auf- und Niedergange des Kolbens, so läfst sich auch φ_2 finden; wie wir ein Beispiel davon bei den *Watt*schen und den *Cornwallis*schen einfach-wirkenden Maschinen gegeben haben.

V. Von dem vortheilhaftesten Verschlufs der Einspritzung für eine bestimmte Absperrung und ein bestimmtes Gegengewicht.

488.

Wie die Formeln in (483.) zeigen, ändern sich Ladung und Geschwindigkeit, also auch die Nutzwirkung mit dem Abschlufs der Einspritzung λ_2 und der Absperrung λ_1 des Dampfs. Es fragt sich daher, welche λ_1 und λ_2 die *gröfste* Nutzwirkung geben.

Um zunächst das vortheilhafteste λ_2 zu finden, mufs man die Nutzwirkung für ein beliebiges λ_2 und für diejenige Ladung $a r_1$, welche für dieses λ_2 die vortheilhafteste ist, ausdrücken und dann das vortheilhafteste λ_2 suchen. Diese Nutzwirkung ist aus (532. und 533.)

540. $$a r_1 v_1 = \frac{mS[(\lambda_1+c)(n+P)k_1(1+\delta)-(n+p)k_3(\lambda-\lambda_2+c)-\lambda(\varphi_1(1+\delta)+\varphi_2+(n+q)\delta)]}{(1+\delta)[(\lambda_1+c)(n+P)-(n+p)(\lambda-\lambda_2+c)]}.$$

In diesen Ausdruck ist noch aus (527.) der Werth von

541. $$k_3 = \frac{\lambda_2}{\lambda-\lambda_2+c} + \log\text{nat}\,\frac{\lambda-\lambda_2+c}{c}$$

zu setzen und dann aus $\partial(a r_1 v_1) = 0$ der Werth von λ_2 zu suchen, für welchen $a r_1 v_1$ am gröfsten ist.

[„Was in $\frac{mS}{1+\delta}$ multiplicirt ist, giebt, nach λ_2 differentiirt,

$$0 = \frac{-(n+p)(\lambda-\lambda_2+c)\partial k_3+(n+p)k_3}{(\lambda_1+c)(n+P)-(n+p)(\lambda-\lambda_2+c)}$$
$$-\frac{[(\lambda_1+c)(n+P)k_1(1+\delta)-(n+p)k_3(\lambda-\lambda_2+c)-\lambda(\varphi_1(1+\delta)+\varphi_2+(n+q)\delta)](n+p)}{[(\lambda_1+c)(n+P)-(n+p)(\lambda-\lambda_2+c)]^2}$$

„oder

542. $$0 = [-(\lambda-\lambda_2+c)\partial k_3+k_3][(\lambda_1+c)(n+P)-(n+p)(\lambda-\lambda_2+c)]$$
$$-[(\lambda_1+c)(n+P)(1+\delta)k_1-(n+p)k_3(\lambda-\lambda_2+c)-\lambda(\varphi_1(1+\delta)+\varphi_2)+(n+q)\delta].$$

„Aus (541.) ist

543. $$\partial k_3 = \frac{1}{\lambda-\lambda_2+c}+\frac{\lambda_2}{(\lambda-\lambda_2+c)^2}-\frac{1}{\lambda-\lambda_2+c} = \frac{\lambda_2}{(\lambda-\lambda_2+c)^2},$$

„also geht (542.) in

$$0 = -\frac{\lambda_2}{\lambda-\lambda_2+c}[(\lambda_1+c)(n+P)-(n+p)(\lambda-\lambda_2+c)]+k_3(\lambda_1+c)(n+P)$$
$$-(\lambda_1+c)(n+P)k_1(1+\delta)+\lambda(\varphi_1(1+\delta)+\varphi_2+(n+q)\delta)$$

„über, und hierin den Werth von k_3 (541.) gesetzt, giebt

$$0 = -\frac{\lambda_2(\lambda_1+c)(n+P)}{\lambda-\lambda_2+c}-(n+p)\lambda_2+\frac{\lambda_2(\lambda_1+c)(n+P)}{\lambda-\lambda_2+c}+(\lambda_1+c)(n+P)\log\text{nat}\frac{\lambda-\lambda_2+c}{c}$$
$$-(\lambda_1+c)(n+P)k_1(1+\delta)+\lambda(\varphi_1(1+\delta)+\varphi_2+(n+q)\delta).\text{"}]$$

Dieses giebt

544. $$(\lambda_1+c)(n+P)\log\text{nat}\frac{\lambda-\lambda_2+c}{c}-(n+p)\lambda_2-(\lambda_1+c)(n+P)k_1(1+\delta)$$
$$+\lambda(\varphi_2+(1+\delta)\varphi_1+(n+q)\delta) = 0.$$

Aus dieser transcendenten Gleichung findet sich das vortheilhafteste λ_2 durch wenige Proben; und zwar für ein *bestimmtes* λ_1. Die Absperrung λ_1 läfst sich besonders für die möglich-gröfste Nutzwirkung bestimmen, und dann ist durch λ_2 auch dem Gegengewicht sein Werth für die gröfste Wirkung gegeben.

VI. Von der vortheilhaftesten Absperrung und dem Gegengewicht für die unbedingt gröfste Wirkung.

489.

Auch mit der Absperrung λ_1 ändern sich, den Formeln in (§. 483.) zufolge, Ladung und Geschwindigkeit, und folglich die Nutzwirkung. Sucht man, nachdem schon die vortheilhaftesten Werthe von λ_2 und G bestimmt worden sind, für diese auch noch das vortheilhafteste λ_1, so findet sich die *unbedingt-gröfste* Wirkung.

Man müfste also den Ausdruck ar_1v_1 der Nutzwirkung, nachdem man darin den durch (544.) bestimmten vortheilhaftesten Werth von λ_2 gesetzt hat, nach λ_1 differentiiren, um nun auch noch das vortheilhafteste λ_1 zu finden. Da aber der Werth von λ_2 aus der transcendenten Gleichung (544.) nur durch Reihen entwickelt werden könnte, so verfahren wir wie folgt näherungsweise.

490.

A. Wir setzen zunächst

545. $$\lambda_2 = \lambda, \quad \text{also} \quad k_3 = \frac{\lambda}{c} \text{ (541.)}.$$

Dadurch geht (540.) in

546. $$ar_1v_1 = \frac{mS}{1+\delta}\cdot\frac{(\lambda_1+c)(n+P)k_1(1+\delta)-(n+p)\lambda-\lambda(\varphi_2+\varphi_1(1+\delta)+(n+q)\delta)}{(\lambda_1+c)(n+P)-(n+p)c}$$

über. Dieses nach λ_1 differentiirt, giebt

$$[0 = \frac{(n+P)k_1(1+\delta)+(\lambda_1+c)(n+P)(1+\delta)\partial k_1}{(\lambda_1+c)(n+P)-(n+p)c}$$

$$-\frac{(\lambda_1+c)(n+P)k_1(1+\delta)-(n+p)\lambda-\lambda(\varphi_2+\varphi_1(1+\delta)+(n+q)\delta)}{((\lambda_1+c)(n+P)-c(n+p))^2}(n+P) \quad \text{oder}$$

$$0 = (1+\delta)[(\lambda_1+c)(n+P)-c(n+p)][k_1+(\lambda_1+c)\partial k_1]$$

$$= (\lambda_1+c)(n+P)k_1(1+\delta)-(n+p)\lambda-\lambda(\varphi_2+\varphi_1(1+\delta)+(n+q)\delta) \quad \text{oder}$$

$$0 = (1+\delta)(\lambda_1+c)^2(n+P)\partial k_1-(1+\delta)c(n+p)[k_1+(\lambda_1+c)\partial k_1]$$

$$= -(n+p+\varphi_2+\varphi_1(1+\delta)+(n+q)\delta)\lambda,$$

oder weil $k_1 = \frac{\lambda_1}{\lambda_1+c}+\log\text{nat}\frac{\lambda+c}{\lambda_1+c}$ (526.), also

$$\partial k_1 = \frac{1}{\lambda_1+c}-\frac{\lambda_1}{(\lambda_1+c)^2}-\frac{1}{\lambda_1+c} = -\frac{\lambda_1}{(\lambda_1+c)^2} \quad \text{und}$$

$$k_1+(\lambda_1+c)\partial k_1 = \log\text{nat}\frac{\lambda+c}{\lambda_1+c} \quad \text{ist,}$$

$$0 = -(1+\delta)(n+P)\lambda_1-(1+\delta)c(n+p)\log\text{nat}\frac{\lambda+c}{\lambda_1+c}$$

$$= -(n+p+\varphi_2+\varphi_1(1+\delta)+(n+q)\delta)\lambda \quad \text{oder}]$$

$$547. \quad \frac{\lambda_1}{\lambda}+\frac{c(n+p)}{\lambda(n+P)}\log\text{nat}\frac{\lambda+c}{\lambda_1+c} = \frac{n+p+\varphi_2+\varphi_1(1+\delta)+(n+q)\delta}{(1+\delta)(n+P)};$$

durch welche Gleichung das vortheilhafteste λ_1 für den *vorausgesetzten* Werth λ von λ_2 (545.) bestimmt wird.

B. Da das zweite Glied links in (547.) immer nur sehr klein sein wird, so kann man näherungsweise auch blofs

$$548. \quad \frac{\lambda_1}{\lambda} = \frac{n+p_1+\varphi_2+\varphi_1(1+\delta)+(n+q)\delta}{(1+\delta)(n+P)}$$

annehmen.

C. Will man nicht, wie in (*A.*), $\lambda_2 = \lambda$ setzen, sondern einen genauen Werth von λ_1 haben, so mufs man nach und nach einen etwas gröfsern oder kleinern Werth für λ_1 setzen, und damit fortfahren, bis sich der *gröfste* Werth von ar_1v_1 für das wirkliche λ_2 findet; welche Proben aber nicht sehr mühsam sind, weil die andern Gröfsen immer die nemlichen bleiben. Kommt man schon vielleicht durch (548.) auf ein $\frac{\lambda_1}{\lambda}$, welches kleiner ist, als es in der Ausübung füglich sein kann, so kann man sich dem Werthe desselben blofs nähern.

491.

So findet sich also die für das beste Maafs des Verschlusses des Einspritzungshahns vortheilhafteste Absperrung, und also die *unbedingt*-gröfste

Nutzwirkung der Maschine. Das *Gegengewicht* scheint hier noch unbestimmt zu bleiben und also ebenfalls noch sein vortheilhaftestes Maafs gesucht werden zu können. Aber schon der für die vortheilhafteste Wirkung nöthige Werth P von P_1 (§. 485.) bestimmt das Gegengewicht durch die *Absperrung*, und folglich bekommt das Gegengewicht G schon durch die vortheilhafteste Absperrung ebenfalls sein vortheilhaftestes Maafs.

In der That giebt die Gleichung (499.), wenn man darin $P_1 = P$ setzt, unmittelbar

$$549. \quad G = \frac{(\lambda_1 + c) k_1}{\lambda}(n + P) + n + \varrho_1 + \varphi_1 + q.$$

Hätte man G im Voraus bestimmt, so würde umgekehrt aus dieser Gleichung λ_1 für die vortheilhafteste Wirkung sich finden.

492.

Der Ausdruck (549.) kann für G auch einen *negativen* Werth geben. Dann mufs das Gegengewicht dem Luftdruck auf den Kolben, nicht der Dampfspannung zu Hülfe kommen. Es kann zwar auch dann der Dampfspannung ein Gegengewicht zu Hülfe gegeben werden, allein dies würde die Wirkung vermindern. Man müfste dann entweder, *Erstlich*, die Dampfspannung im Kessel durch den Schornsteinschieber vermindern, damit nicht der Wagebalken in Folge einer zu starken Kraft beim Aufsteigen des Kolbens anstofse, oder man müfste, *Zweitens*, die Kehlklappe nur theilweise öffnen, oder, *Drittens*, bei jedem Aufsteigen des Kolbens den Einspritzungshahn öffnen, ehe der Kolben oben angelangt ist, oder, *Viertens*, den Wagebalken aufstofsen lassen. In den drei ersten Fällen könnte man einen Theil des Nutzens der Absperrung einbüfsen, weil entweder die Absperrung von einer geringeren Dampfspannung anfangen, oder vor ihrem eigentlichen Ende aufhören würde; im vierten Fall würde ein dem Übergewicht entsprechender Stofs Statt finden. Immer also würde an der möglich-gröfsten Nutzwirkung Etwas verloren gehen. Indessen kann, unter besondern Umständen und für besondere Zwecke der Maschine, dieser Verlust weniger Nachtheil haben, als die für die volle, unbedingtgröfste Nutzwirkung nöthige Anordnung des Gegengewichts.

Übrigens ist nochmals zu erinnern, dafs, wenn die obigen Bestimmungen des Gegengewichts, der Absperrung, des Verschlusses des Einspritzungshahns und der Ladung der Maschine für die möglich-gröfste Wirkung Maafse geben, die für die Ausübung nicht wohl passend sind, man denselben nur möglichst sich *nähern* mufs.

VII. Tafeln für die Berechnung der Wirkung der Luftdruckmaschinen in Zahlen.

493.

Da die Berechnung der Werthe der in den Formeln vorkommenden Gröfsen k_1 und k_3 (526. und 527.) für jeden besondern Fall, die Zahlenrechnung erschweren kann, so geben wir hier Tafeln der Werthe von k_1 und k_3 für verschiedene Werthe von λ_1, λ_2 und c.

Erste Tafel.

Werth von $k_1 = \frac{\lambda_1}{\lambda_1 + c} + \log \text{nat} \frac{\lambda + c}{\lambda_1 + c}$ (526.).

Für $\frac{\lambda_1}{\lambda}$ = und für	$c = 0,1$,	$c = 0,2$,	$c = 0,3$.	Für $\frac{\lambda_1}{\lambda}$ = und für	$c = 0,1$,	$c = 0,2$,	$c = 0,3$.
0,10	2,205	1,720	1,429	0,56	1,359	1,194	1,064
0,11	2,180	1,708	1,422	0,57	1,347	1,184	1,057
0,12	2,155	1,697	1,416	0,58	1,334	1,174	1,049
0,13	2,130	1,685	1,409	0,59	1,321	1,165	1,042
0,14	2,105	1,673	1,402	0,60	1,309	1,156	1,034
0,15	2,082	1,661	1,394	0,61	1,297	1,146	1,027
0,16	2,058	1,649	1,387	0,62	1,285	1,137	1,020
0,17	2,033	1,636	1,379	0,63	1,273	1,128	1,012
0,18	2,012	1,624	1,371	0,64	1,261	1,119	1,005
0,19	1,988	1,611	1,363	0,65	1,250	1,110	0,998
0,20	1,966	1,599	1,356	0,66	1,238	1,101	0,991
0,21	1,944	1,586	1,348	0,67	1,227	1,092	0,984
0,22	1,922	1,574	1,339	0,68	1,215	1,083	0,976
0,23	1,901	1,561	1,331	0,69	1,204	1,074	0,969
0,24	1,880	1,549	1,323	0,70	1,193	1,066	0,962
0,25	1,860	1,536	1,315	0,71	1,183	1,057	0,955
0,26	1,839	1,524	1,306	0,72	1,172	1,048	0,948
0,27	1,819	1,512	1,298	0,73	1,161	1,040	0,942
0,28	1,790	1,500	1,290	0,74	1,151	1,031	0,935
0,29	1,781	1,488	1,282	0,75	1,140	1,023	0,928
0,30	1,762	1,476	1,273	0,76	1,130	1,015	0,921
0,31	1,743	1,464	1,265	0,77	1,120	1,007	0,914
0,32	1,725	1,452	1,257	0,78	1,110	0,998	0,908
0,33	1,707	1,440	1,248	0,79	1,100	0,990	0,901
0,34	1,689	1,428	1,240	0,80	1,090	0,982	0,894
0,35	1,672	1,417	1,231	0,81	1,080	0,974	0,888
0,36	1,654	1,405	1,223	0,82	1,070	0,966	0,881
0,37	1,637	1,394	1,215	0,83	1,060	0,959	0,875
0,38	1,621	1,382	1,207	0,84	1,050	0,951	0,868
0,39	1,605	1,371	1,199	0,85	1,041	0,943	0,862
0,40	1,588	1,360	1,190	0,86	1,032	0,935	0,855
0,41	1,573	1,349	1,182	0,87	1,023	0,928	0,849
0,42	1,557	1,338	1,174	0,88	1,014	0,920	0,843
0,43	1,542	1,327	1,166	0,89	1,005	0,913	0,836
0,44	1,526	1,316	1,158	0,90	0,996	0,905	0,830
0,45	1,511	1,305	1,150	0,91	0,987	0,898	0,824
0,46	1,496	1,295	1,142	0,92	0,978	0,890	0,818
0,47	1,482	1,284	1,134	0,93	0,969	0,883	0,811
0,48	1,468	1,274	1,126	0,94	0,960	0,876	0,805
0,49	1,453	1,264	1,118	0,95	0,951	0,869	0,799
0,50	1,439	1,253	1,111	0,96	0,943	0,861	0,793
0,51	1,426	1,243	1,103	0,97	0,934	0,854	0,787
0,52	1,412	1,233	1,095	0,98	0,926	0,847	0,781
0,53	1,399	1,223	1,087	0,99	0,918	0,840	0,775
0,54	1,385	1,213	1,080	1,00	0,909	0,833	0,769
0,55	1,372	1,203	1,072				

Zweite Tafel.

Werth von $k_3 = \frac{\lambda}{\lambda - \lambda_2 + c} + \log \text{nat} \frac{\lambda - \lambda_2 + c}{c}$ (527.).

Für $\frac{\lambda_2}{\lambda}$ = und für	$c = 0{,}1$,	$c = 0{,}2$,	$c = 0{,}3$.	Für $\frac{\lambda_2}{\lambda}$ = und für	$c = 0{,}1$,	$c = 0{,}2$,	$c = 0{,}3$.
0,50	2,625	1,967	1,606	0,76	3,459	2,516	1,995
0,51	2,639	1,978	1,614	0,77	3,527	2,556	2,022
0,52	2,654	1,989	1,622	0,78	3,601	2,599	2,050
0,53	2,670	2,000	1,631	0,79	3,680	2,645	2,080
0,54	2,687	2,012	1,640	0,80	3,765	2,693	2,111
0,55	2,705	2,025	1,650	0,81	3,858	2,745	2,144
0,56	2,724	2,038	1,660	0,82	3,958	2,800	2,178
0,57	2,744	2,052	1,670	0,83	4,067	2,858	2,215
0,58	2,764	2,067	1,681	0,84	4,186	2,921	2,254
0,59	2,786	2,083	1,692	0,85	4,316	2,988	2,294
0,60	2,809	2,099	1,704	0,86	4,459	3,060	2,337
0,61	2,834	2,116	1,717	0,87	4,616	3,137	2,383
0,62	2,860	2,134	1,730	0,88	4,788	3,220	2,432
0,63	2,888	2,153	1,744	0,89	4,980	3,309	2,483
0,64	2,917	2,173	1,758	0,90	5,193	3,406	2,538
0,65	2,949	2,194	1,773	0,91	5,431	3,510	2,596
0,66	2,982	2,216	1,789	0,92	5,699	3,622	2,658
0,67	3,017	2,239	1,805	0,93	6,001	3,745	2,723
0,68	3,054	2,263	1,823	0,94	6,345	3,878	2,793
0,69	3,094	2,289	1,841	0,95	6,739	4,023	2,868
0,70	3,136	2,316	1,860	0,96	7,194	4,182	2,949
0,71	3,182	2,345	1,880	0,97	7,724	4,357	3,035
0,72	3,230	2,376	1,901	0,98	8,349	4,550	3,127
0,73	8,281	2,408	1,923	0,99	9,096	4,763	3,226
0,74	3,337	2,442	1,946	1,00	10,000	5,000	3,333
0,75	3,396	2,478	1,970				

Dritte Abtheilung.

Practische Formeln zur Berechnung der Wirkung von Luftdruckmaschinen; mit einem Beispiel.

494.

Es sind von den in den gefundenen Formeln vorkommenden unveränderlichen Gröfsen die Zahlenwerthe nach der *Erfahrung* festzusetzen.

A. Die *Dampfspannung* P im Kessel beträgt bei Luftdruckmaschinen gewöhnlich etwa $1\frac{1}{2}$ Pfd. auf den Quadratzoll mehr als der Luftdruck und es kann also etwa

550. $P = 16{,}93 . 144 = 2438$ Pfd. Pr. auf den Quadratfufs

gesetzt werden.

B. Der *Luftdruck* ändert sich nach dem Barometerstande und mufs, wenn es auf besondere Genauigkeit ankommt, jedesmal besonders berechnet werden. Im Durchschnitt aber kann man 15,0967 Pfd. Pr. Druck auf den

Quadratzoll, also

551. $q = 15{,}0967.144 = 2174$ Pfd. Pr. auf den Quadratfufs

annehmen.

C. Die *Spannung p* des niedergeschlagenen Dampfs im Stiefel mufs man, wenn es irgend angeht, in jedem besondern Falle messen; und zwar mit dem *Watt*schen Spannungsmesser, wenn die Maschine ein Niederschlaggefäfs hat. Ist ein solches nicht vorhanden, so mufs man sich begnügen, den *Wärmegrad* des Wassers zu messen, welches nach dem Niederschlage des Dampfs aus dem Stiefel kommt. Da dieser Wärmegrad auch der des Wassers ist, mit welchem der Dampf in Berührung war, so geben dann die Tafeln in (§. 82.) die zugehörige Spannung des Dampfs. Nach den Beobachtungen an einer Menge von Luftdruckmaschinen wechselt der Wärmegrad beim Niederschlage von 142 bis 174 Grad Fahr., welches 3 bis 7 Pfd. Druck auf den Quadratzoll giebt. Im Durchschnitt also kann man

552. $p = 4{,}823.144 = 695$ Pfd. Pr. auf den Quadratfufs

setzen. Indessen giebt es Maschinen, wo man, um zu verhindern, dafs der Kolben zu schnell nach unten sich bewege, durch einen eigends dazu bestimmten Hahn ein wenig Luft unter den Kolben treten läfst. In solchen Fällen mufs man auf diese Gegenwirkung näherungsweise Rücksicht nehmen. Besser ist es, die Spannung unter dem Kolben mit dem *Watt*schen Werkzeuge zu messen. Offenbar vermindert indessen das Hülfsmittel des Lufthahns um etwas die Wirkung und mufs demnach wo möglich vermieden werden.

D. Für die *Reibungen* φ_1, φ_2 und δ fehlt es an unmittelbaren Messungen. Um aber hier den Gang der Rechnung zeigen zu können, nehmen wir die Reibung der bei den einfach-wirkenden *Watt*schen Maschinen *gleich* an; was geschehen darf, da die Zusammensetzung beider Arten von Maschinen ziemlich dieselbe ist. Wir setzen also für Luftdruckmaschinen mit abgesondertem Niederschlaggefäfs und mit Luftpumpe, wie in (§. 427. *D.* Form. 435.),

553. $\varphi_1 = \frac{346}{\partial}$ und $\varphi_2 = \frac{246}{\partial}$ Pfd. Pr. auf den Quadratfufs Kolbenfläche;

wo ∂ den Durchmesser des Dampfstiefels in Pr. Fufsen bezeichnet und zu der Reibung φ_1 und φ_2 der Widerstand der Luftpumpe und der Heifs- und Kaltwasserpumpe mitgerechnet wird.

Hat die Maschine kein besonderes Niederschlaggefäfs, und wird der Dampf in dem Stiefel selbst niedergeschlagen, so geht von φ_1 der Widerstand der Luftpumpe ab und φ_1 und φ_2 sind dann fast gleich grofs. Aber dieser

Fall kommt nur bei ganz alten Maschinen vor. Man wird dann

$$554. \quad \varphi_1 = \varphi_2 = \frac{445}{\partial} \text{ Pfd. Pr.}$$

setzen können. Übrigens ist der Unterschied so gering, dafs er auf die End-Ergebnisse nur wenig Einflufs haben kann.

E. Für δ setzen wir wieder, wie (436.),

$$555. \quad \delta = 0{,}14,$$

und für m und n, da der Dampf hier niedergeschlagen wird, wie (432.)

$$556. \quad m = 4212576 \quad \text{und} \quad n = 257.$$

F. Die Wirksamkeit der Verdampfung ist hier wesentlich verschieden, wenn ein besonderes Niederschlaggefäfs vorhanden ist, und wenn der Dampf im Stiefel selbst niedergeschlagen wird; wie es vor der Einführung des Kühlfasses und noch bis zum Ablauf des *Watt*schen Patents auf diese Erfindung geschah. Bei Maschinen mit Kühlfafs kann man den wirksamen Theil der Verdampfung auf 95 pro c. der gesammten Verdampfung rechnen. Fehlt das Niederschlaggefäfs, so wird bei jedem Kolbenhube der Stiefel bis zur Kälte des Niederschlages abgekühlt und mufs durch den Dampf im Kessel, mit der Wärme, die er dann beim Eintritt in den Stiefel noch behält, wieder erwärmt werden; was natürlich einen bedeutenden Dampfverlust zur Folge hat. *Watt* hat durch viele Versuche gefunden, dafs in Luftdruckmaschinen, die noch am wenigsten diesem Verlust ausgesetzt sind, derselbe dennoch 75 pro c. von dem nutzbaren Dampfe beträgt, und bei weniger guten Maschinen selbst bis auf 200 pro c. steigt. (Man sehe die Artikel „*Steam*, und *Steam-engines*, by *John Robison*, with notes and additions by *J. Watt*. Edinburgh 1818. pag. 66 und 95.") Wahrscheinlich gehört aber dieser letzte Fall nur zu den Ausnahmen und findet nur bei fehlerhaften Maschinen Statt. Wir glauben, dafs der Verlust bei regelmäfsig gebauten Maschinen auf 75 bis 100 pro c. angeschlagen werden darf. Da nun die nutzbare Verdampfung S, mit dem Verlust zusammen, die gesammte Verdampfung S_1 ausmacht, so ist $S_1 = 1{,}75\,S$ und $S_1 = 2\,S$ und folglich

$$557. \quad S = \frac{S_1}{1{,}75} = 0{,}57\,S_1 \quad \text{oder} \quad S = \frac{S_1}{2} = 0{,}50\,S,$$

im Durchschnitt $S = 0{,}535\,S_1$ zu setzen.

495.

Diese Ausmittlungen sind nun für die obigen Formeln zu benutzen. Aber da P, p, φ_1, φ_2 und δ noch bei den verschiedenen Maschinen verschiedene Werthe haben, so lassen sich nur für m, n und q die unveränderlichen Zahlen setzen; was dann Folgendes giebt.

Practische Formeln für Luftdruckmaschinen.

A. Wenn Geschwindigkeit, Ladung, Gegengewicht, Absperrung und Verschlufs des Einspritzungshahns *beliebig* sind.

558. $$v = 4212576 \cdot \frac{\lambda(1+\delta)k_1 S}{a[((1+\delta)(r+\varphi_1)+\varphi_2+2431\delta)\lambda+(257+p)(\lambda-\lambda_2+c)(k_3-(1+\delta)k_2)]}$$ F. Pr. Kolbenlauf in 1 Minute (522.);

559. $$ar = 4212576 \cdot \frac{k_1 S}{v} - \frac{a(257+p)(\lambda-\lambda_2+c)}{\lambda}\left(\frac{k_3}{1+\delta}-k_1\right) - a\left(\varphi_1+\frac{\varphi_2+2431\delta}{1+\delta}\right)$$ Pfd. Pr. Kraft des Kolbens (523.);

560. $$S = \frac{av[((1+\delta)(r+\varphi_1)+\varphi_2+2431\delta)\lambda+(257+p)(\lambda-\lambda_2+c)(k_3-(1+\delta)k_1)]}{4212576\lambda(1+\delta)k_1}$$ Cub. F. Pr. in 1 Minute wirksam verdampftes Wasser (524.);

561. $W = arv$ Nutzwirkung in 1 Minute (525.).

[„Die Ausdrücke der Nutzwirkung in Pferdekräften etc. finden sich wei- „ter wie oben bei den andern Maschinen." D. H.]

B. *Möglich-gröfste* Wirkung, wenn noch das Gegengewicht, die Absperrung und der Verschlufs des Einspritzungshahns *beliebig* sind.

562. $$v_1 = \frac{4212576\lambda S}{a[(\lambda_1+c)(257\,P)-(\lambda-\lambda_2+c)(257+p)]}$$ F. Pr. Kolbenlauf in 1 Minute (532.);

563. $$ar_1 = \frac{a}{\lambda(1+\delta)}[(\lambda_1+c)(257+P)k_1(1+\delta)-(257+p)k_3(\lambda-\lambda_2+c) - \lambda(\varphi_1(1+\delta)+\varphi_2+2431\delta)]$$ Pfd. Pr. Kraft des Kolbens (533.);

564. $$S = \frac{av_1}{4212576\lambda}[(\lambda_1+c)(257+P)-(\lambda-\lambda_2+c)(257+p)]$$ Cub. F. in 1 Minute wirksam verdampftes Wasser (562.);

565. $W_1 = ar_1 v_1$ Nutzwirkung in 1 Minute.

C. Den *vortheilhaftesten* Verschlufs des Einspritzungshahns, wenn die Absperrung und das Gegengewicht *beliebig* sind, bestimmt die Gleichung

566. $$(\lambda_1+c)(257+P)\log\text{nat}\frac{\lambda-\lambda_2+c}{c} - (257+p)\lambda_2 - (\lambda_1+c)(257+P)k.(1+\delta)+\lambda(\varphi_2+(1+\delta)\varphi_1+2431\delta) = 0$$ (544.);

D. Die *vortheilhafteste* Absperrung oder das vortheilhafteste Gegengewicht für die *unbedingt-gröfste* Nutzwirkung geben die Gleichungen

567. $\frac{\lambda_1}{\lambda} = \frac{257+p+\varphi_2+(1+\delta)\varphi_1+2431\delta}{(1+\delta)(257+P)}$ (548.) näherungsweise, und

568. $G = \frac{(\lambda_1+c)k_1(257+P)}{\lambda}+\varrho_1+\varphi_1+2431$ (549.) Pfd. Pr. auf den Quadratfufs Kolbenfläche für das zugehörige Gegengewicht.

496.

Zu einem Beispiele des Gebrauchs dieser Formeln nehmen wir die Luftdruckmaschine in der Kohlengrube *Long-Benton* bei *New-Castle*, erbaut von dem berühmten *Smeaton*. Diese Maschine ist sehr bekannt geworden, denn sie diente bis auf *Watt* zum Vorbilde für andere. Sie hatte kein Niederschlaggefäfs und folgende Maafse.

a) Der Durchmesser des Stiefels war $50\frac{1}{2}$ Zoll Pr., die Kolbenfläche $a =$ 13,91 Q. F. Pr.

b) Der Kolbenlauf war $\lambda = 81,58$ Z. Pr. lang.

c) Der Spielraum des Kolbens betrug $c = 0,29\lambda$.

d) Die gesammte Dampfspannung im Kessel betrug 16,93 Pfd. Pr. auf den Q. Z.; also war $P = 144.16,93 = 2438$ Pfd. Pr.

e) Die Wärme beim Niederschlage war 152 Gr. Fahr.; was 4,1 Pfd. Pr. Spannung auf den Quadratzoll giebt. Aber, um zu verhindern, dafs sich der Kolben nicht zu schnell nach unten bewege, liefs man vermittels eines dazu bestimmten Hahns etwas Luft unter den Kolben ein, weshalb denn der Gegendruck auf den Kolben zu $p = 4,362.144 = 628$ Pfd. Pr. anzuschlagen ist.

f) In der Stunde wurden 82,43 Cub. F. Pr. Wasser im Kessel in Dampf verwandelt; welches im Mittel Dessen, was Versuche für Maschinen ohne Niederschlaggefäfs ergeben haben, noch (557.) $S = 0,535 \cdot \frac{82,43}{60} = 0,733$ C. F. Pr. wirksame Verdampfung in der Minute giebt.

g) In der Stunde wurden 691 Pfd., also in der Minute 11,5 Pfd. Pr. Kohlen verbrannt. Also ist $N = 11,5$.

h) Das Gegengewicht betrug 1,28 Pfd. auf den Quadratzoll Kolbenfläche; also ist $G = 1,28.144 = 184,7$ Pfd. Pr.

i) Der Widerstand der beim Aufsteigen des Kolbens in Bewegung gesetzten Druckpumpe, welche das Wasser zur Speisung der Maschine aus der Schöpfgrube zog und zur Nutzwirkung zu rechnen war, betrug $\varrho_1 =$ 0,4516.144 = 65 Pfd. Pr.

k) Unter diesen Umständen durchlief der Kolben 81,576 F. Pr. in der Minute, wenn seine Belastung durch die Hauptpumpe bei seinem Niedergange $\varrho_2 = 7{,}256 . 144 = 1045$ Pfd. Pr. betrug. Thut man hinzu das obige $\varrho_1 = 65$ Pfd., so ergiebt sich $r = \varrho_1 + \varrho_2 = 1110$ Pfd. Pr. Widerstand gegen den Quadratfufs Kolbenfläche.

497.

Um nun diese Maschine der Rechnung zu unterwerfen, wollen wir zunächst die Wirkung suchen, welche sie mit der gegebenen Belastung und dem gegebenen Gegengewicht u. s. w. hervorbringen mufste; und dann ihre *möglich-gröfste* Wirkung.

Zu der ersten dieser Rechnungen müfste man wissen, auf welchen Theil der Länge des Kolbenlaufs beim Niedergange des Kolbens der Einspritzungshahn geschlossen und auf welchen Theil der Dampf beim Aufsteigen abgesperrt wurde. Die Angabe dieser Längen findet sich nicht; aber man wird mit ziemlicher Sicherheit $\lambda_1 = 0{,}9\lambda$ und $\lambda_2 = 0{,}8\lambda$ setzen können. Andere Werthe von λ_1 und λ_2 würden die Ergebnisse nicht bedeutend verändern, wenn man das gegebene Maafs des Gegengewichts und der Belastung beibehält. Nimmt man λ_1 und λ_2 etwas gröfser an, so findet sich eine etwas geringere Wirkung und man kommt derjenigen, welche wirklich Statt fand, wie sich zeigen wird, näher.

Rechnet man nun nach den obigen Formeln für die obigen Zahlenwerthe, so ergiebt sich Folgendes.

569.
1. $\frac{\lambda_1}{\lambda} = 0{,}9, \quad \frac{\lambda_2}{\lambda} = 0{,}8, \quad \frac{G}{144} = 1{,}28$ Pfd. Pr.
2. $v = 81{,}576$ Pfd. Pr.
3. $ar = 17295$ Pfd.
4. $\frac{r}{144} = 8{,}63$ Pfd.
5. $S = 7{,}33$ C. F.
6. $W = 1410857$.
7. $\frac{W}{\varepsilon} = 45{,}5$ Pferdekräfte.
8. $\frac{W}{N} = 122683$ Nutzwirkung von 1 Pfd. Kohlen.
9. $\frac{W}{S} = 1924770$ Nutzwirkung von 1 C. F. verdampften Wassers.
10. $Q = 0{,}253$ Pfd. Brennstoff für eine Pferdekraft.
11. $O = 0{,}0161$ C. F. verdampftes Wasser auf 1 Pferdekraft.
12. $\frac{W}{\varepsilon N} = 3{,}96$ Pferdekräfte von 1 Pfd. Brennstoff.
13. $\frac{W}{\varepsilon S} = 62{,}08$ Pferdekräfte von 1 C. F. verdampften Wassers.

Es ergiebt sich also 8,63 Pfd. Wirkung der Maschine auf 1 Quadratzoll Kolbenfläche (569. 3.), statt der wirklichen $r = \rho_1 + \rho_2 = 0{,}4516 + 7{,}256$ (§. 496. *i.* und *k.*) $= 7{,}708$ Pfd.; was wenig abweicht, und um so weniger, da von den berechneten 8,63 Pfd. noch der Widerstand der Wände der Steigeröhre gegen das Wasser und die Reibung der Klappen und des Kolbens der Schöpfpumpe abgeht. Es finden sich also die Formeln bestätigt, insoweit die Rechnung nach den vorhandenen Angaben ausführbar war.

498.

Wir wollen nun ferner die ***vortheilhaftesten*** Maafse der Absperrung, des Gegengewichts, des Verschlusses des Einspritzungshahns und der Ladung berechnen; so wie auch verschiedene Maafse der Absperrung in Betracht ziehen. Nach der näherungsweisen Formel (548.) würde sich $\frac{\lambda_1}{\lambda} = 0{,}45$ finden; rechnet man aber weiter, so ergiebt sich für die wirklich vortheilhafteste Absperrung $\frac{\lambda_1}{\lambda} = 0{,}34$ und zusammengenommen Folgendes.

	1.	Für $\frac{\lambda_1}{\lambda} =$	0,90 ...	0,60 ...	0,34;	
	2.	$\frac{G}{144} =$	$-0{,}595$ ...	$+0{,}585$ ...	$+3{,}07$	Pfd. Pr. Gegengewicht auf den Quadratzoll Kolbenfläche;
	3.	$\frac{\lambda_2}{\lambda} =$	0,77 ...	0,69 ...	0,65;	
	4.	$v_1 =$	77,42 ...	112,60 ...	182,12	F. Pr. vortheilhaftester Kolbenlauf in der Minute;
	5.	$ar_2 =$	19003 ...	16133 ...	10878	Pfd. Pr. vortheilhafteste Kraft des Kolbens;
	6.	$\frac{r}{144} =$	9,48 ...	8,06	5,43	Pfd. Pr. Kraft von 1 Q. Z. Kolbenfläche;
	7.	$S =$	0,733 ...	0,733 ...	0,733	C. F. in 1 Minute verdampften Wassers;
570.	8.	$W =$	14712123 ...	18165758 ...	19811014	Nutzwirkung in 1 Minute;
	9.	$\frac{W}{\varepsilon} =$	47,43 ...	58,57 ...	63,87	Pferdekräfte;
	10.	$\frac{W}{N} =$	127931 ...	157963 ...	172269	Nutzwirkung von 1 Pfd. Kohlen;
	11.	$\frac{W}{S} =$	20071105 ...	24782753 ...	27027304	Nutzwirkung von 1 C. F. verdampften Wassers;
	12.	$Q =$	0,242 ...	0,197 ...	0,180	Pfd. Kohlen auf 1 Pferdekraft;
	13.	$O =$	0,0154 ...	0,0125 ...	0,0115	C. F. verdampftes Wasser auf 1 Pferdekraft.
	14.	$\frac{W}{\varepsilon N} =$	4,13 ...	5,09 ...	5,55	Pferdekräfte auf 1 Pfd. Kohlen;
	15.	$\frac{W}{\varepsilon S} =$	64,70 ...	79,90 ...	87,31	Pferdekräfte auf 1 C. F. verdampften Wassers.

499.

Hieraus folgt, dafs für die vortheilhafteste Absperrung $\frac{\lambda_1}{\lambda} = 0{,}34$ und für die vortheilhafteste Verschliefsung des Einspritzungshahns $\frac{\lambda_2}{\lambda} = 0{,}65$ sein würde; nebst 2,99 Pfd. Gegengewicht und einer Belastung von 5,43 Pfd. auf den Quadratzoll Kolbenfläche. Für noch andere Absperrungen ergiebt sich

$$571. \quad \begin{cases} \text{Für } \frac{\lambda_1}{\lambda} = 0{,}45, & W = 1950171, \\ \;\;\text{-}\;\; \frac{\lambda_1}{\lambda} = 0{,}35, & W = 1978512, \\ \;\;\text{-}\;\; \frac{\lambda_1}{\lambda} = 0{,}33, & W = 1977572; \end{cases}$$

welche W alle kleiner sind, als die Nutzwirkung $W = 19811014$ in (570. 8.) für $\frac{\lambda_1}{\lambda} = 0{,}34$, so dafs die letztere Absperrung die vortheilhafteste ist. Man würde mit dieser Absperrung nach (570. 9.) eine Nutzwirkung von nahe an 64 Pferdekräften erlangen; aber für die starke Absperrung würde die Bewegung der Maschine zu ungleichförmig werden. Daher haben wir auch hier oben eine Absperrung von 0,60 angenommen, für welche sich die Kraft der Maschine von 64 auf 58,6 Pferde vermindert. Für die Absperrung $\frac{\lambda_1}{\lambda} = 0{,}90$ in (569.) aber, mit dem dazu passenden $\frac{\lambda_2}{\lambda} = 0{,}77$ (570. 3.), einem ***negativen*** Gegengewicht von 0,595 Pfd. und einer Gesammtladung von 9,48 Pfd. auf den Quadratzoll Kolbenfläche (570. 2. und 6.) erlangt man noch, mit demselben Aufwande von Brennstoff und Dampf, 47 Pferdekräfte (570. 9.), statt der 45 in (569. 7.).

500.

Man sieht hieraus, wie die Formeln anzuwenden sind, und wie sich eine Maschine für die *möglich-gröfste* Wirkung anordnen läfst. Wenn man erwägt, dafs Viererlei veränderlich ist, nemlich: Die Absperrung, der Verschlufs des Einspritzungshahns, das Gegengewicht und die Belastung des Kolbens: so ist leicht zu sehen, wie schwierig es in der Ausübung sein würde durch blofse ***Proben*** unter den vielen hundert möglichen Verbindungen der veränderlichen Gröfsen die vortheilhafteste herauszufinden. Wollte man gar noch das Übrige, was in Betracht kommen kann, berücksichtigen, nemlich das Aufstofsen des Wagebalkens, das Einlassen von Luft in den Stiefel unter den Kolben, die Öffnung der Einlafsklappe vor dem Ende des Niederganges des

Kolbens, und die Öffnung des Einspritzungshahns vor dem Ende des Aufsteigens des Kolbens, was alles noch die Nutzwirkung verändern und vermindern kann, so würde es offenbar völlig unmöglich sein, durch blofse ***Proben*** die beste Handhabung der Maschine zu ermitteln. Auch sind die Luftdruckmaschinen, in Rücksicht ihrer vortheilhaftesten Handhabung, unter allen andern am meisten im Dunkel geblieben. Die neueren Schriftsteller haben diese Aufgabe gar nicht einmal zu lösen *versucht,* und ***Watt,*** in seinen Anmerkungen zu den Artikeln „Dampf" und „Dampfmaschinen" in der „***Robison***schen Englischen Encyklopädie, Edinburg 1818. S. 81, 97 und 103" sagt, es sei unmöglich, hier Regeln anzugeben, weil die Grundsätze dazu noch nicht hinreichend bekannt seien. Die Leichtigkeit, mit welcher sich nach unseren Ansichten auch von den Luftdruckmaschinen, wie von allen andern, die Wirkungen berechnen lassen, geben also einen letzten Beweis von der Allgemeingültigkeit und Richtigkeit unserer Theorie.

[„Der Herr Verfasser giebt hier noch, weil er auch zugleich für Werk-„leute schreibt, für Diejenigen, welche sich nur wenig auf Buchstaben-Ausdrücke „verstehen, in einem Anhange eine Anleitung, die Bedeutung der Ausdrücke „sich zu erklären, um danach rechnen zu können. Diese Anleitung wird hier „füglich wegbleiben dürfen." D. H.]

Kurze Zusammenstellung der Ergebnisse in der vorliegenden Schrift.

Diese Zusammenstellung dürfte zur Übersicht nützlich und nöthig sein.

I. *Aus dem zweiten Abschnitt, über die Gesetze der Wirkung des Dampfs.*

501.

A. Folgende Formeln drücken nach (§. 73.) die Abhängigkeit der *Spannung* des Dampfs von seiner *Wärme* aus:

572. 1. $p = 0{,}050431 + \left(\frac{46{,}278 + t}{86{,}194}\right)^{5{,}13}$ und 2. $t = 86{,}194\,[p - 0{,}050431]^{0{,}195} - 46{,}278$ (32.) nach *Southern*; für 0 bis 1 Atmosphäre Spannung passend.

573. 1. $p = \left(\frac{75 + t}{111{,}3}\right)^{6}$ und 2. $t = 111{,}3\,p^{\frac{1}{6}} - 75$ (33.) die *Tredgold*schen, durch *Mellet* veränderten Formeln; für 1 bis 4 Atmosphären Spannung passend.

574. 1. $p = \left(\frac{72{,}67 + t}{109{,}84}\right)^{6}$ und 2. $t = 109{,}84\,p^{\frac{1}{6}} - 72{,}67$ (34.) die Formeln des Herrn Verfassers; ebenfalls für 1 bis 4 Atmosphären Spannung passend.

575. 1. $p = (0{,}48991 + 0{,}012309\,t)^{5}$ und 2. $t = 81{,}241\,p^{\frac{1}{5}} - 39{,}802$ (35.) die Formeln von *Arago* und *Dulong*; für 4 bis 50 Atmosphären Spannung passend.

576. p bezeichnet in (572 — 575.) die Zahl der *Preufsischen Pfunde*, welche der Druck des Dampfs von t *Centigraden* Wärme auf den *Preufsischen Duodecimal-Quadratzoll* beträgt.

B. Ferner nach (§. 74.)

577. $\log \text{brigg}\, p = a - a_1 b_1^{20+t} - a_2 b_2^{20+t}$ (37.) die *Biot*sche Formel; für jede beliebige Spannung von Null an passend; wo

578.
1. p die Zahl von *Millimetern* Quecksilberhöhe bei 0 Grad Wärme ist, deren Druck dem des Dampfs von
2. t *Centesimalgraden* Wärme, am Luftthermometer genommen, gleich ist. Dieser Thermometer mufs nach dem *Gay-Lussac*schen Ausdehnungs-Coëfficienten für die Gase getheilt sein, das heifst: für 0,00375 mal das Volumen der Luft bei Null Grad Wärme für jeden höhern Wärmegrad. a und b haben folgende unveränderliche Werthe:
3. $a = +5{,}961\,313\,302\,59$
4. $\log \text{br.}\, a_1 = +1{,}823\,406\,881\,93$
5. $\log \text{br.}\, b_1 = -0{,}013\,097\,342\,95$ (38.).
6. $\log \text{br.}\, a_2 = +0{,}741\,109\,518\,37$
7. $\log \text{br}\, b_2 = -0{,}002\,125\,105\,83$

C. Ferner nach (§. 75.)

579. $t = \frac{116{,}17316}{1{,}17602 - p^{0{,}0134}} - 448$ (39.) die *Lubbock*sche Formel; besonders für Dampfspannungen von 1 bis 24 Atmosphären passend; wo

580.
1. p die Zahl der *Atmosphären* ist, deren Spannung der des Dampfs von
2. t Graden des *Fahrenheit*schen, nach den *Gay-Lussac*schen Ausdehnungs-Coëfficienten getheilten Luftthermometers gleich ist.

502.

A. Nimmt eine und dieselbe *Masse* oder ein und dasselbe *Gewicht* von Dampf von *gleicher Wärme* die *Räume* V und V_1 ein; hat sie die specifischen Volumina μ und μ_1 und bezeichnet p und p_1 die *Spannung* in den beiden Fällen, so ist

581. $\frac{p}{p_1} = \frac{V_1}{V} = \frac{\mu_1}{\mu}$ (40., 41.); nach dem *Mariotte*schen Gesetz (§. 77.).

B. Für Gase überhaupt, und also auch für Dampf, welcher aber mit dem Wasser, aus welchem er erzeugt wurde, nicht mehr in Berührung sich befindet, ist zufolge (§. 78., 42. und 43.)

582.
1. $V_t = V_0(1 + 0{,}00365\,t) = V_0\left(1 + \frac{t}{274}\right)$ und
2. $\frac{V_t}{V_{t_1}} = \frac{274+t}{274+t_1}$

; nach dem *Gay-Lussac*schen Gesetz.

Hier bezeichnen

583. {1. V_0, V_t und V_{t_1} die Räume, welche der Dampf für
2. t_0, t und t_1 Centigrade Wärme ausfüllt.

503.

A. Es ist, nach dem *Mariotte*schen und dem *Gay-Lussac*schen Gesetz zusammengenommen,

584. $$\frac{\mu}{\mu_1} = \frac{V}{V_1} = \frac{p_1}{p}\cdot\frac{274+t}{274+t_1}$$ (46 und 47. §. 80.),

585. {1. V und V_1 sind die ***Räume,*** welche Dampf von
2. t und t_1 ***Centigraden*** Wärme ausfüllt, und
3. μ und μ_1 sind die specifischen Volumina, oder die Vielfachen, welche die Räume V und V_1 von dem Volumen einer dem Dampf an Gewicht gleichen Masse Wasser sind.

B. Ferner ist nach (§. 81. Formel 48. und 49.)

586. {1. $\mu = 68{,}4245\cdot\frac{274+t}{p}$ und
2. $p = 68{,}4245\cdot\frac{274+t}{\mu}$.

587. {1. μ und t haben dieselbe Bedeutung wie in (585. 2. und 3.) und
2. p ist die Zahl der Preufsischen ***Pfunde,*** mit welcher der Dampf auf einen Preufsischen Duodecimal-***Quadratzoll*** drückt.

C. In der Tafel (§. 82.) sind die Zahlen der ***ersten*** Spalte eine Reihe von Werthen von p oder von Pr. Pfunden Dampfspannung auf den Pr. Q. Z., die sich in der ***vierten*** Spalte auch durch ***Atmosphären*** ausgedrückt finden. Für diese p sind nach den Formeln (572. 5.) die Zahlen t der zugehörigen ***Centesimal-Grade Wärme*** des Dampfs berechnet und in der ***zweiten*** Spalte angegeben. Darauf sind für die nemlichen Werthe von p und für die gefundenen, dazu gehörigen Werthe von t, nach der Formel (586. 1.) die zugehörigen Werthe von μ oder die Vielfachen berechnet, welche der Raum, so der Dampf einnimmt, von dem Volumen einer ihm an Gewicht gleichen Masse von Wasser ist, und diesen Werth von μ giebt die ***dritte*** Spalte der Tafel an.

504.

Oben findet sich μ aus p ***durch die Vermittlung von t;*** nemlich indem erst aus (572. 5.) t aus p und dann nach (586. 1.) μ aus p und t gesucht wird. In (§. 85.) giebt der Herr Verfasser, ***für die Ausübung,*** eine *näherungsweise* Formel, durch welche sich *unmittelbar* μ aus p finden läfst. Sie ist

$$588. \quad \mu = \frac{m}{n+p},$$

wo nach (53.)

589. $\begin{cases} 1. & m = 4212576 \text{ und } n = 257 \text{ für Dampfmaschinen } \textit{mit} \text{ Niederschlag und} \\ 2. & m = 4461264 \text{ und } n = 633 \text{ für Dampfmaschinen } \textit{ohne} \text{ Niederschlag} \end{cases}$

gesetzt werden mufs;

590. 1. p ist dann die Zahl der Preufsischen ***Pfunde*** Druck des Dampfs auf einen Pr. ***Duod. Quadratfufs*** und
2. μ ist, wie oben, das Vielfache des von dem Dampfe eingenommenen Raums von dem Volumen der ihm an Gewicht gleichen Wassermasse.

505.

Wird eine Masse Wasser S in Dampf von der Spannung p verwandelt, und eine *gleiche* Wassermasse S in Dampf von der Spannung p_1, und sind dann die Räume, welche der Dampf in den beiden Fällen ausfüllt, $= M$ und M_1, wobei der Dampf in den beiden Fällen je nach seiner Spannung *verschiedene* Wärmegrade annimmt, so ist

591. $\begin{cases} 1. & \frac{M}{M_1} = \frac{n+p_1}{n+p} \text{ (62.) und also} \\ 2. & p = \frac{M_1}{M}(n+p_1) - n \text{ (64.).} \end{cases}$

Wird dagegen zugleich der einen Dampfmasse, nachdem sie vom Wasser abgesondert ist, *derselbe* Wärmegrad gegeben, welchen die andere hat, so ist blofs

592. $\begin{cases} 1. & \frac{M}{M_1} = \frac{p_1}{p} \text{ (69.) und} \\ 2. & p = p_1 \cdot \frac{M_1}{M} \text{ (70.)} \end{cases}$

506.

Die Tafel in (§. 126.) giebt den Druck einer Reihe von Zahlen ***Atmosphären*** in Pr. Pfunden auf eine Fläche von einem Pr. Duod. Zoll im Quadrat, so wie auf eine Kreisfläche von 1 Pr. Duod. Zoll im Durchmesser; desgleichen in Pr. Duod. Zollen die Höhe einer Quecksilbersäule an.

II. *Aus dem vierten Abschnitt, enthaltend die allgemeine Theorie der Dampfmaschinen.*

507.

a. a Pr. Duod. Quadratfufs ist die Fläche des Dampfkolbens;

b. λ Pr. Duod. Fufs ist der ganze Kolbenlauf lang;

c. λ_1 Pr. Duod. Fufs ist die Länge des Kolbenlaufs bis zur Absperrung;

d. ac Pr. Cub. Duod. Fufs ist am Boden oder an der Decke des Stiefels, so wie in den Zu- und Ableitungscanälen, welcher Raum sich gleichwohl mit Dampf füllt, der Raum im Stiefel, welchen der Kolben *nicht* durchläuft;

e. P Pr. Pfund auf den Pr. Duod. Quadratfufs (nemlich die Spannung, *ohne* Abzug des Gegendrucks der Luft) ist die *gesammte* Spannung des Dampfs im ***Kessel;***

f. P_1 Pr. Pfund, eben so, beträgt die gesammte Spannung des Dampfs im ***Stiefel;***

g. R Pr. Pfund auf den Pr. Duod. Q. Fufs der Kolbenfläche ist der *mittlere* gesammte Widerstand gegen den Kolben, welchen die Maschine zu überwinden hat;

h. r Pr. Pfund auf den Pr. Duod. Q. Fufs der Kolbenfläche ist der mittlere Widerstand der eigentlichen Ladung oder Nutzwirkung der Maschine;

i. φ Pr. Pfund auf den Pr. Duod. Q. Fufs der Kolbenfläche ist die Reibung der leergehenden Maschine;

k. δr Pr. Pfund auf den Pr. Duod. Q. Fufs der Kolbenfläche ist die Reibung, welche die Belastung r (*h.*) der Maschine verursacht;

l. p Pr. Pfund auf den Pr. Duod. Q. Fufs der Kolbenfläche ist der Gegendruck des nicht vollständig niedergeschlagenen Dampfs, oder auch, wo es vorkommt, der Luft, auf die vordere Seite des Kolbens, so dafs R (*g.*), welches die ***Summe*** von r, φ, p und δr (*h. i. k. l.*) ist, durch

$$593. \quad R = (1+\delta)r+p+\varphi$$

ausgedrückt wird.

m. S Pr. Cub. Duod. Fufs Wasser werden in einer Minute im Kessel verdampft;

n. v Pr. Duod. Fufs durchläuft der Kolben in einer Minute;

o. Der Kürze wegen wird gesetzt:

$$594. \quad \frac{\lambda_1}{\lambda_1+c} + \log \text{nat} \frac{\lambda+c}{\lambda_1+c} = k \text{ (107.)};$$

p. *m* und *n* bezeichnen die obigen unveränderlichen Zahlen (589.);

q. Dampf von der Spannung P nehme q mal so viel Raum ein als das Wasser, aus welchem er erzeugt ist;

r. Die Nutzwirkung arv sei

$$595.\quad arv = W.$$

Sie ist die Zahl der Pr. Pfunde, welche die Maschine in 1 Minute 1 Pr. Duod. Fufs hoch zu heben vermag.

A. Alsdann ist die ***erste Grundgleichung*** für die Wirkung der Maschine:

$$596.\quad R\lambda = (\lambda_1+c)(n+P_1)k - n\lambda \ (94.).$$

Die ***zweite Grundgleichung*** ist

$$597.\quad m\lambda S = av(\lambda_1+c)(n+P_1) \ (100.).$$

Dies giebt, wenn man zwischen diesen beiden Grundgleichungen das unbekannte P_1 wegschafft,

$$598.^{*}\quad av(R+n) = mSk,$$

das heifst:

$$599.\quad av(n+p+\varphi+(1+\delta)r) = mSk = mS\left(\frac{\lambda_1}{\lambda_1+c} + \log\text{nat}\frac{\lambda+c}{\lambda_1+c}\right) \ (593 \text{ und } 594.).$$

Dieses ist also eigentlich die ***einzige*** Grundgleichung für die Wirkung der Maschine.

B. Aus derselben ergiebt sich

$$600.\quad v = \frac{mSk}{a(R+n)} = \frac{mSk}{a(n+p+\varphi+(1+\delta)r)}$$ Pr. Duod. Fufs Kolbenweg in 1 Minute;

$$601.\quad ar = \frac{mkS}{(1+\delta)v} - \frac{a(n+p+\varphi)}{1+\delta}$$ Pr. Pfd. Nutzkraft des Kolbens;

$$602.\quad \begin{cases} 1.\ W = arv = \dfrac{mkS - av(n+p+\varphi)}{1+\delta} \ \text{oder} \\ 2.\ W = arv = \dfrac{mrkS}{n+p+\varphi+(1+\delta)r} \end{cases}$$ Nutzwirkung, das heifst Pr. Pfunde in 1 Minute 1 Pr. Duod. F. hoch gehoben.

C. Findet ***keine*** Absperrung Statt, so ist

$$603.\quad \lambda_1 = \lambda \text{ und folglich nach (594.) } k = \frac{\lambda}{\lambda+c}.$$

D. Giebt man dem Dampf im Stiefel dieselbe Wärme, welche er im Kessel hat, so ist nach (103.)

$$604.\quad n = 0 \quad \text{und} \quad m = qP$$

zu setzen.

508.

Es bezeichne

a. ε eine ***Pferdekraft***, das heifst die Zahl der Pr. Pfunde, welche ein Pferd in 1 Minute 1 Pr. Duod. F. hoch zu heben vermag. Es ist nach (§. 253 F. 116.) überall

$$\varepsilon = 30800 \text{ angenommen};$$

b. N sei die Zahl der Pr. Pfunde ***Brennstoff***, welche in einer Minute verbraucht werden, um S Cub. F. Wasser in Dampf zu verwandeln;

c. Q sei die Zahl der Pr. Pfunde Brennstoff, welche in 1 Minute nöthig sind, um durch die Maschine *eine* Pferdekraft ε hervorzubringen;

d. O sei die Zahl der Pr. Duod. Cub. Fufs Wasser, welche in einer Minute verdampft werden müssen, um durch die Maschine *eine* Pferdekraft ε hervorzubringen.

Alsdann ist (§. 254.)

605. $\frac{W}{N} = \frac{arv}{N}$ (118.) die Nutzwirkung von 1 Pr. Pfund Brennstoff in 1 Minute;

606. $\frac{W}{S} = \frac{arv}{S}$ (119.) die Nutzwirkung von 1 Pr. Duod. Cub. F. in der Minute verdampften Wassers;

607. $Q = \frac{\varepsilon N}{arv}$ (120.) die Zahl der Pr. Pfd. Brennstoff, welche nöthig sind, um *eine* Pferdekraft ε in der Minute hervorzubringen;

608. $O = \frac{\varepsilon S}{arv}$ (121.) die Zahl der Pr. Duod. Cub. F. Wasser, welche in der Minute verdampft werden müssen, um *eine* Pferdekraft ε hervorzubringen;

609. $\frac{1}{Q} = \frac{arv}{\varepsilon N}$ (122.) die Zahl der Pferdekräfte, welche *ein* Pfd. Pr. Brennstoff in der Minute hervorbringt;

610. $\frac{1}{O} = \frac{arv}{\varepsilon S}$ (123.) die Zahl der Pferdekräfte, welche *ein* Pr. Pfd. verdampftes Wasser in der Minute hervorbringt.

509.

Die *möglich-gröfste* Wirkung $W = arv$ hat nach (§. 256.) eine Dampfmaschine mit Absperrung von *bestimmter* Länge λ_1, wenn die Geschwindigkeit v des Kolbens *so klein* ist als möglich, und diese *kleinste* Geschwindigkeit v_1 findet Statt, wenn die Spannung P_1 des Dampfs im *Stiefel* der Spannung P des Dampfs im *Kessel gleich* ist.

A. Die *möglich-kleinste Geschwindigkeit* ist

$$611. \quad v_1 = \frac{mS\lambda}{a(n+P)(\lambda_1+c)} \quad (126.)$$

und die *möglich-gröfste Nutzwirkung*

$$612. \quad W_1 = arv_1 = \frac{mS}{1+\delta}\left[k - \frac{\lambda(n+p+\varphi)}{(\lambda_1+c)(n+P)}\right] \quad (127.);$$

alles für die *bestimmte* Verdampfung *S*. Bezeichnet man durch

613. q die Zahl der Cubikfufs Raum, welche der aus 1 Cub. F. Wasser gewonnene Dampf von P Pr. Pfd. Spannung auf den Pr. Quadrat-Duod.-Zoll einnimmt,

so ist nach (60. oder 588.)

$$614. \quad q = \frac{m}{n+P},$$

und dies in (611.) gesetzt, giebt für die vortheilhafteste kleinste Geschwindigkeit:

$$615. \quad v_1 = \frac{qS\lambda}{a(\lambda_1+c)};$$

wo nun die dritte Spalte der Tafel in (§. 82.) q giebt, wenn man P in der ersten Spalte aufsucht.

B. Die vortheilhafteste *Ladung* ar_1 der Maschine ist

$$616. \quad ar_1 = \frac{a}{1+\delta}\left[\frac{k(\lambda_1+c)(n+P)}{\lambda} - (n+p+\varphi)\right] \quad (131.).$$

C. Bezeichnet

617. P_2 diejenige Spannung des Dampfs im Kessel, welche eben nur noch die *leergehende* Maschine in Bewegung erhält,

so giebt nach (§. 260.)

$$618. \quad \varphi = \frac{k(\lambda_1+c)(n+P_2)}{\lambda} - n - p \quad (133.)$$

die *Reibung* der *leergehenden* Maschine (507. *i.*).

D. Bezeichnet man durch

619. ar_2 die stärkste Ladung, welche die Maschine mit einer beliebigen Dampfspannung P im Kessel so eben nur noch in Bewegung zu erhalten vermag,

so giebt nach (§. 261.)

$$620. \quad 1+\delta = \frac{1}{r_2}\left[\frac{k(\lambda_1+c)(n+P)}{\lambda} - (n+p+\varphi)\right] \quad (135.)$$

die *zusätzliche Reibung* (507. *k.*), welche die Ladung ar verursacht.

E. Bezeichnet

621. P_3 die geringste Dampfspannung im Kessel, welche die ***stärkste*** Ladung ar_1 so eben nur noch fortzubewegen vermag,

so giebt nach (§. 263.)

622. $$(1+\delta)r_1+p+\varphi = \frac{k(\lambda_1+c)(n+P_3)}{\lambda} \quad (137.)$$

die *gesammte* Kraft der Maschine (593.), wo sie etwa durch den ***Prony***schen Zügel nicht wohl sich messen läſst.

F. Die ***geringste*** nöthige Verdampfung ist diejenige, welche der ***gröſsten*** Nutzwirkung ar_1v_1 entspricht. Sie ist aus (§. 264.)

623. $$S = av_1 \cdot \frac{n+(1+\delta)r_1+p+\varphi}{mk} \quad (138.) = av_1 \cdot \frac{(n+P)(\lambda_1+c)}{m\lambda} \quad (139.).$$

510.

A. Für die ***unbedingt-gröſste Nutzwirkung*** muſs nach (§. 266.) sein:

624. $$\lambda_1 = \lambda \cdot \frac{n+p+\varphi}{n+P} \quad (145.).$$

B. Für die ***unbedingt-gröſste Ladung*** dagegen muſs nach (§. 269.)

625. $$\lambda_1 = \lambda$$

sein; aber dies giebt nicht die gröſste ***Nutzwirkung*** (nemlich mit Rücksicht auf die ***Geschwindigkeit*** der Bewegung).

C. Setzt man (624.) in (594.), so ergiebt sich für denjenigen Werth k_1 von k, welcher der ***unbedingt-gröſsten Nutzwirkung*** gemäſs ist:

626. $$k_1 = \frac{\lambda(n+p+\varphi)}{\lambda(n+p+\varphi)+c(n+P)} + \log\text{nat}\, \frac{(\lambda+c)(n+P)}{\lambda(n+p+\varphi)+c(n+P)}.$$

D. Setzt man ferner diesen Werth von k_1, nebst denjenigen von λ_1 (624.), in (611. und 612.), so ergiebt sich

627. $$v_1 = \frac{mS\lambda}{a[\lambda(n+p+\varphi)+c(n+P)]}$$ für die ***unbedingt-vortheilhafteste Geschwindigkeit*** und

628. $$W_1 = arv_1 = \frac{mS}{1+\delta}\log\text{nat}\, \frac{(\lambda+c)(n+P)}{\lambda(n+p+\varphi)+c(n+P)}$$ für die ***unbedingt-gröſste Nutzwirkung.***

III. *Aus dem fünften Abschnitt, enthaltend die Theorie der Hochdruckmaschinen.*

511.

Aus (§. 279.) ist

629. $v=\frac{m\lambda S}{a(\lambda+c)(n+p+\varphi+(1+\delta)r)}$ (160.) Preufs. F. Lauf des Kolbens in 1 Minute.

630. $ar=\frac{m\lambda S}{v(\lambda+c)(1+\delta)}-\frac{a(n+p+\varphi)}{1+\delta}$ (161.) Pr. Pfd. Nutzkraft des Kolbens der Maschine.

631. $S=\frac{av(\lambda+c)}{m\lambda}(n+p+\varphi+(1+\delta)r)$ (162.) Pr. Cub. Duod. F. in 1 Minute zu verdampfendes Wasser.

632. $W=arv=\frac{m\lambda S}{(\lambda+c)(1+\delta)}-\frac{av(n+p+\varphi)}{1+\delta}$ (164.) Nutzwirkung der Maschine, nemlich Pr. Pfunde in der Minute 1 F. hoch gehoben.

Da diese Maschinen keine Absperrung und keinen Niederschlag haben, so ist hier p (§. 507.) der ***Druck der Luft*** und λ_1 ist $=\lambda$, also nach (603.)

633. $k=\frac{\lambda}{\lambda+c}$.

Setzt man diesen Werth von k in die *allgemeine* Formel (§. 507.), so ergeben sich (629., 630., 631. und 632.) aus (600., 601., 599. und 602. 1.).

512.

Für die möglich-gröfste Nutzwirkung ist hier aus (§. 280.)

634. $v_1=\frac{mS\lambda}{a(n+P)(\lambda+c)}$ (165.),

635. $ar_1=\frac{a(P-p-\varphi)}{1+\delta}$ (166.),

636. $S=\frac{av_1(\lambda+c)(n+P)}{m\lambda}$ (167.),

637. $W=ar_1v_1=\frac{m\lambda S}{(\lambda+c)(1+\delta)}\left(1-\frac{n+p+\varphi}{n+P}\right)$ (168.).

Aus den *allgemeinen* Formeln (611., 616., 623. und 612.) ergeben sich diese Ausdrücke, wenn man darin (633.) setzt.

513.

Für diese Maschinen ist gemäfs (§. 282. und 283.), wenn

638. der ***Durchmesser*** des Dampfstiefels $=d$ Pr. Duod. Fufs ist,

Versuchen gemäfs zu setzen:

639. $\varphi = \frac{295,68}{d}$ (170.), $\delta = 0,14$ (171.), $c = 0,05\lambda$ (172.),

$m = 4461264$, $n = 633$ (173.) und $p = 2172$ Pfd. Pr. (169.).

IV. *Aus dem sechsten Abschnitt, die Theorie der Dampfwagen-Maschinen enthaltend.*

514.

Die Bezeichnungen (§. 507.) für die allgemeine Theorie bleiben auch hier dieselben; aber es kommen nach (§. 303.) noch folgende hinzu:

a. D Pr. Duod. F. ist der Durchmesser der ***Triebräder*** des Dampfwagens.

b. V Pr. Duod. Fufs durchläuft der Dampfwagen in der Minute, so dafs

640. $V = \frac{\pi D}{\lambda} \cdot v$ (204. 1.) Pr. F. ist.

c. $p_1 V$ Pr. Pfunde auf den Quadratfufs Kolbenfläche sei der im Verhältnifs der Geschwindigkeit V zunehmende Widerstand, welchen der Dampf bei dem Ausströmen in den Schornstein findet.

d. uV^2 Pr. Pfd. auf den Quadratfufs *Kolbenfläche* sei der im Verhältnifs des Quadrats der Geschwindigkeit V zunehmende Widerstand der Luft gegen den Wagenzug, am Umfang der Triebräder genommen, so dafs

641. $\frac{\pi D}{2\lambda} \cdot \frac{uV^2}{a}$ (197.) Pr. Pfd.

der aus dem Widerstande der Luft entstehende Gegendruck ist.

e. Σ Pr. Duod. Q. F. sei die Fläche, welche der Wagenzug der Luft entgegensetzt.

f. F Pr. Pfd. auf den Quadratfufs Kolbenfläche sei der aus der Reibung der Maschine entstehende Gegendruck auf den Kolben.

g. Die gesammte ***Zugkraft*** des Dampfwagens ist

642. $R = \frac{2\lambda}{\pi D} \cdot ar$ (204. 2.) Pr. Pfunde.

515.

Alsdann ist nach (§. 305.)

643. $$V = \frac{m\lambda S}{(\lambda + c)\left[(1+\delta)(R + uV^2) + \frac{2a\lambda}{\pi D}(n + p + F + p_1 V)\right]} \quad (206.),$$

644. $$R = \frac{m\lambda S}{(\lambda+c)(1+\delta)V} - \frac{2a\lambda(n+p+F+p_1V)}{(1+\delta)\pi D} - uV^2 \quad (207.),$$

645. $$S = \frac{(\lambda+c)V}{m\lambda}\left[(1+\delta)(R+uV^2)+\frac{2a\lambda}{\pi D}(n+p+F+p_1V)\right] \quad (208.).$$

Da in (643.) V auch rechts vorkommt, so mufs sein Werth, wenn man nicht eine Gleichung vom dritten Grade auflösen will, durch einige *Proben* gesucht werden.

516.

Für den Fall der *möglich-gröfsten* Wirkung ist aus (§. 306.)

646. $$V_1 = \frac{mS\pi D}{2a(\lambda+c)(n+P)} \quad (209.),$$

647. $$R_1 = \frac{2a\lambda}{\pi D(1+\delta)}(P-p-p_1V_1-F)-uV_1^2 \quad (210.),$$

648. $$S_1 = \frac{2aV_1(\lambda+c)}{m\pi D}(n+P) \quad (211.).$$

517.

Für die obigen Formeln ist nach (§. 310—313.) zu setzen:

649. $\delta = 014$ (213.), $p_1 = 0{,}30316$ Pr. Pfd. (214.), $u = 0{,}000000356$ Pr. Pfd. (216.), $m = 4461264$ und $n = 633$ (217.), $c = 0{,}05\lambda$ (218.), $p = 2172$ Pr. Pfd. (219.). F ist verschieden und in dem Beispiel (§. 315.) $= 535$ Pfd. auf den Q. F. Von der gesammten Verdampfung ist für S nach (§. 312.) nur 76 pro cent als wirksam anzusetzen.

V. *Aus dem siebenten Abschnitt, für Wattsche Maschinen von doppelter Wirkung mit niedrigem Druck und Niederschlag, aber ohne Absperrung.*

518.

Die Formeln sind nach (§. 335.) völlig dieselben, wie die hier oben (629—637.) für Hochdruckmaschinen ohne Absperrung. Indessen ist statt (639.), hier, insofern nicht directe Messungen Anderes geben, zu setzen:

650. $p = 591$ Pr. Pfd. (237.), $\varphi = \frac{296}{d}$ (238.), $\delta = 0{,}14$ (239.), $m = 4212576$, $n = 257$ (240.), $c = 0{,}05\lambda$ (241.).

VI. *Aus dem achten Abschnitt, für Cornwallische Hochdruckmaschinen mit Absperrung und Niederschlag.*

519.

Die Formeln sind nach (§. 361.) völlig dieselben wie die hier oben (600—602., und §. 509. und 510.). Nach (§. 362. etc.) ist hier zu setzen:

651. $\varphi = \frac{296}{d}$ Pr. Pfd. (264.), $\delta = 0{,}14$ (265.), $p = 184$ Pr. Pfd. (266.), $m = 4212576$, $n = 257$ (268.), $c = 0{,}05\lambda$.
Die gesammte Verdampfung ist als *wirksam* anzunehmen (267.).
Nicht leicht ist $\lambda_1 < \frac{1}{3}\lambda$ oder $\frac{1}{4}\lambda$ (§. 367.).

VII. *Aus dem neunten Abschnitt, für Woolfsche Maschinen mit doppelter Wirkung, hohem Druck, Niederschlag und Absperrung in zwei Stiefeln.*

520.

Die Bezeichnungen sind hier folgende:

a. L und λ Pr. Fufs sind die Längen der Kolbenläufe in den beiden Stiefeln;
A und a Pr. Quadr. Duod. Fufs sind ihre Flächen;
AC und ac Pr. Duod. Cub. Fufs sind die Spielräume;
λ_1 Pr. Duod. Fufs ist die Länge des Kolbenlaufs im kleinen Stiefel bis zur Absperrung;
D und d F. Pr. sind die Durchmesser der Stiefel.

b. R Pfd. Pr. ist der von der Maschine in Bewegung gesetzte Widerstand (§. 379. *E.*).

c. h Pr. F. ist die Länge, um welche dieser Widerstand durch einen Kolbenschlag weiter gerückt wird (§. 379. *E.*).

d. φ und F Pr. Pfd. sind die Reibung der Maschine auf den Q. F. Fläche des kleinen und des gröfsern Stiefels (§. 379. *F.*).

e. δRh ist das Moment der aus der Belastung der Maschine entstehenden Reibung (§. 379. *F.*).

f. v Pr. F. ist der Weg, welchen der kleine Kolben in der Minute vor der Absperrung zurücklegt (§. 381. *B.*), und der Weg, durch welchen der Widerstand R in der Minute fortgetrieben wird, ist

652. $$V = v \cdot \frac{h}{\lambda} \text{ (307.)}$$

g. p Pfd. Pr. auf den Q. F. Fläche des gröfsern Kolbens ist die Gegenwirkung des niedergeschlagenen Dampfs.

h. P Pfd. Pr. auf den Quadr. F. ist die Spannung des Dampfs im Kessel.

i. S Pr. Cub. Duod. F. Wasser wird in 1 Minute verdampft.

k. Der Kürze wegen wird gesetzt:

$$653.\quad \log\text{nat}\frac{\lambda+c}{\lambda_1+c}+\log\text{nat}\frac{A(L+C)+ac}{a(\lambda+c)+AC}+\frac{\lambda_1}{\lambda_1+c}=k_1\ (301.).$$

l. Die Nutzwirkung der Maschine ist

$$654.\quad W=VR\ (316.).$$

521.

Die Formeln sind folgende:

$$655.\quad V=\frac{mk_1hS}{LA(n+F+p)+\varphi\lambda a+(1+\delta)Rh}\ (307.),$$

$$656.\quad W=VR=\frac{mk_1S}{1+\delta}-\frac{LA(n+p+F)+\varphi\lambda a}{(1+\delta)h}.V\ (312.),$$

$$657.\quad S=V.\frac{LA(n+p+F)+\varphi\lambda a+(1+\delta)Rh}{mhk_1}\ (313.).$$

Für die möglich-gröfste Wirkung bei einer *bestimmten* Absperrung λ_1 ist

$$658.\quad V_1=\frac{mhS}{a(\lambda_1+c)(n+P)}\ (317.),$$

$$659.\quad W=V_1R=\frac{mS}{1+\delta}\left[k_1-\frac{LA(n+p+F)+\varphi\lambda a}{a(\lambda_1+c)(n+P)}\right]\ (320.),$$

$$660.\quad S=\frac{V_1a(\lambda_1+c)(n+P)}{mh}\ (319.).$$

Die unbedingt-gröfste Wirkung giebt die Absperrung

$$661\quad \lambda_1=\frac{LA(n+p+F)+\varphi\lambda a}{\lambda a(n+P)}\ (323.).$$

Zu setzen ist nach (§. 388.):

$$662.\quad \begin{cases}\varphi=\frac{296}{d}(325.),\ F=\frac{296}{D}(326.),\ \delta=0{,}14\,(327.),\ p=591\text{ Pr.Pfd.},\\ c=0{,}05\lambda,\ C=0{,}05L\ (329.),\ m=4212576\text{ und }n=257\ (330.).\end{cases}$$

VIII. *Aus dem zehnten Abschnitt, für Evansche Maschinen mit doppelter Wirkung, hohem Druck und Absperrung, aber ohne Niederschlag.*

522.

Die Formeln sind dieselben wie die für die *Cornwallis*schen Maschinen (Abschn. 8.) aus den allgemeinen (Abschn. 4.) entnommenen (600., 602. und

§. 509. und 510.); nur ist hier zu setzen, weil p den Druck der Luft begreift und kein Niederschlag Statt findet:

663. $p = 2172$ Pfd. (341.) und $m = 4461264$, $n = 633$ (342.).

IX. ***Aus dem elften Abschnitt, für Wattsche Maschinen von einfacher Wirkung, mit niedrigem Druck, mit Absperrung und Niederschlag.***

523.

Die Bezeichnungen sind hier folgende:

a. a Pr. Q. F. ist die Kolbenfläche (355.); d Pr. F. ist der Durchmesser des Kolbens (§. 427. *D.*).

b. λ Pr. F. ist die Länge des Kolbenlaufs (355.);

c. ac Pr. Cub. F. der Raum-Inhalt des Spielraums (355.).

d. P Pr. Pfunde beträgt die Spannung des Dampfs im Kessel auf den Quadratfufs Kolbenfläche (§. 416. *C.*);

e. p Pr. Pfunde die Spannung des Dampfs im Niederschlaggefäfs; eben so (357.).

f. φ_1 Pr. Pfd. ist der Betrag der Reibung der leergehenden Maschine beim *Niedergange* des Kolbens, auf den Q. F. Kolbenfläche (357.);

φ_2 Pr. Pfd. eben so beim *Aufsteigen* des Kolbens (363.).

g. λ_1 Pr. F. ist die Länge des Kolbenlaufs bis zur Absperrung (355.);

λ_2 Pr. F. ist die Länge des Kolbenlaufs bei seinem Aufsteigen, bis zum Verschlufs der Vertheilungsklappe (367.);

h. ϱ_1 Pr. Pfd. auf den Quadratfufs Kolbenfläche beträgt die Nutzlast beim Niedergange des Kolbens (357.);

ϱ_2 dieselbe eben so beim Aufsteigen des Kolbens (363.);

r ist $= \varrho_1 + \varrho_2$ (392.).

i. G Pr. Pfd. auf den Quadr. F. Kolbenfläche beträgt das Gegengewicht (357.).

k. δ ist der Reibungs-Coëfficient (357.).

l. v Pr. F. legt die Nutzlast in der Minute zurück und

V Pr. F. der Kolben (§. 416. *B.*).

m. S Pr. Cub. F. Wasser werden in 1 Minute verdampft (§. 416. *C.*).

n. Der Kürze wegen ist gesetzt:

664. $\log \text{nat} \frac{\lambda + c}{\lambda_1 + c} + \frac{\lambda_1}{\lambda_1 + c} = k_1$ (360.) und

665. $\frac{1}{\lambda + 2c}\left[(\lambda - \lambda_2 + c) \log \text{nat} \frac{\lambda - \lambda_2 + c}{c} - (\lambda_2 + c) \log \text{nat} \frac{\lambda + c}{\lambda_2 + c}\right] = k_2$ (377.).

o. m und n sind die Zahlen

666. $m = 4212576$ und $n = 257$ (432.).

p. Gewöhnlich ist anzunehmen

667. $\varphi_1 = \frac{246}{d}$ und $\varphi_2 = \frac{346}{d}$ (435.), $\delta = 0{,}14$ (436.).

524.

Mit dieser Bedeutung der Buchstaben sind die Formeln folgende:

668. $v = m \cdot \frac{S(\lambda + 2c)(k_1 - (1+\delta)k_2)}{a(\lambda_2 + c)[n + p + \varphi_1 + (1+\delta)(r + \varphi_2)]}$ (437.),

669. $ar = m \cdot \frac{S(\lambda + 2c)}{v(\lambda_2 + c)}\left(\frac{k_1}{1+\delta} - k_2\right) - \frac{a(n + p + \varphi_1 + (1+\delta)\varphi_2)}{1+\delta}$ (438.),

670. $S = \frac{av(\lambda_2 + c)[n + p + \varphi_1 + (1+\delta)(r + \varphi_2)]}{m(\lambda + 2c)(k_1 - (1+\delta)k_2)}$ (439.),

} allgemein.

671. $v_1 = \frac{m\lambda S(\lambda + 2c)}{a(n+P)(\lambda_1 + c)(\lambda_2 + c)}$ (440.),

672. $ar_1 = \frac{a(n+P)(\lambda_1 + c)}{\lambda}\left(\frac{k_1}{1+\delta} - k_2\right) - \frac{a[n + p + \varphi_1 + (1+\delta)\varphi_2]}{1+\delta}$ (441.),

673. $S = \frac{av_1(n+P)(\lambda_1 + c)(\lambda_2 + c)}{m\lambda(\lambda + 2c)}$ (442.).

} Für die möglich-gröfste Nutzwirkung, mit beliebiger Absperrung und beliebigem Gegengewicht.

674. $\log \text{nat} \frac{\lambda - \lambda_2 + c}{c} = \frac{k_1}{1+\delta} - \frac{\lambda[n + p + \varphi_1 + (1+\delta)\varphi_2]}{(n+P)(1+\delta)(\lambda_1 + c)}$ (443.),

675. $G = \frac{(\lambda_1 + c)(n+P)}{\lambda} + \varphi_2 + \varrho_2$ (444.).

} Für das vortheilhafteste Gegengewicht.

676. $\lambda_1 = \lambda \cdot \frac{n + p + \varphi_1 + (1+\delta)\varphi_2}{n+P}$ (445.) für die vortheilhafteste Absperrung.

X. ***Aus dem zwölften Abschnitt, für Cornwallissche einfach-wirkende Maschinen, mit hohem Druck, Absperrung und Niederschlag.***

525.

Die Bedeutung der Buchstaben ist völlig dieselbe wie in (§. 523.), und auch die Formeln für v, ar, S, v_1, ar_1, für $\log \text{nat} \frac{\lambda - \lambda_2 + c}{c}$ und für λ_1 sind nach (§. 460.) ganz dieselben wie (667 — 673. und 675. in §. 524.): blofs ist hier

677. $G = \frac{(n+P)k_1(\lambda_1 + c) - \lambda(n + p + \varphi_1)}{\lambda(1+\delta)} - \varrho_1$ für das vortheilhafteste Gegengewicht.

Auch m, n haben dieselben Werthe wie (665.); dagegen ist hier

$$678. \quad \varphi_1 = \frac{326}{d} \quad \varphi_2 = \frac{180}{d} \; (481.), \quad \delta = 0{,}07 \; (482.).$$

Die wirksame Verdampfung ist hier der gesammten gleich; und sollte der Dampf im Stiefel wieder dieselbe Wärme erlangen, welche der im Kessel hat, so ist $n = 0$ zu setzen (§. 459.). Der Werth von p ist gewöhnlich

$$679. \quad p = 111 \; (479.).$$

XI. *Aus dem dreizehnten Abschnitt, für Luftdruckmaschinen.*

526.

a, λ, ac, P, p, φ_1, φ_2, λ_1, ϱ_1, ϱ_2, r, G, δ, v, S und k_1 haben hier dieselbe Bedeutung wie in (523.); nur bezieht sich hier, was dort für den Niedergang des Kolbens gilt, auf sein Aufsteigen; und umgekehrt. Ferner ist hier

a. λ_2 Pr. P. die Länge des Kolbenlaufs beim Niedergange bis zur Aufhebung der Verbindung des Stiefels mit dem Niederschlaggefäfs (§. 479.).

b. $q = 2174$ Pfd. Pr. (551.) ist der Druck der atm. Luft auf den Pr. Quadratfufs.

c. Der Kürze wegen ist gesetzt

$$680. \quad \frac{\lambda_2}{\lambda - \lambda_1 + c} + \log \text{nat} \frac{\lambda - \lambda_1 + c}{c} = k_3 \; (527.).$$

d. Die Zahlenwerthe von m, n und δ sind nach (555. und 556.) dieselben wie (665. und 666.), und diejenigen von φ_1 und φ_2 sind nach (553.) denen von φ_2 und φ_1 (666.) gleich. Gewöhnlich ist

$$681. \quad p = 695 \; (552.)$$

527.

Die Formeln sind hier folgende:

$$\left.\begin{array}{l}
682. \quad v = \\
\dfrac{m\lambda(1+\delta)k_1 S}{a[((1+\delta)(r+\varphi_1)+\varphi_2+(n+q)\delta)\lambda+(n+p)(\lambda-\lambda_2+c)(k_3-(1+\delta)k_1)]} \; (522.), \\
683. \quad ar = \\
\dfrac{mk_1 S}{v} - \dfrac{a(n+p)(\lambda-\lambda_2+c)}{\lambda}\left(\dfrac{k_3}{1+\delta} - k_1\right) - a\left(\varphi_1 + \dfrac{\varphi_2+(n+q)\delta}{1+\delta}\right) (523.), \\
684. \quad S = \\
\dfrac{av[((1+\delta)(r+\varphi_1)+\varphi_2+(n+q)\delta)\lambda+(n+p)(\lambda-\lambda_2+c)(k_3-(1+\delta)k_1)]}{m\lambda(1+\delta)k_1} \; (524.),
\end{array}\right\} \text{allgemein,}$$

685 $v_1 = \frac{m\lambda S}{a[(\lambda_1+c)(n+P)-(n+p)(\lambda-\lambda_2+c)]}$ (532.),

686. $av_1 = \frac{a}{\lambda(1+\delta)}[(\lambda_1+c)(n+P)k_1(1+\delta)-(n+p)k_3(\lambda-\lambda_2+c)$
$-\lambda(\varphi_1(1+\delta)+\varphi_2+(n+q)\delta)]$ (533.),

687. $S = \frac{av_1}{m\lambda}[(\lambda_1+c)(n+P)-(n+p)(\lambda-\lambda_2+c)]$ (684.).

Für die möglich-größte Nutzwirkung bei beliebiger Absperrung und Verschließung des Einspritzungshahns.

688. $(\lambda_1+c)(n+P)\log\text{nat}\frac{\lambda-\lambda_2+c}{\lambda}$
$-(n+p)\lambda_2-(\lambda_1+c)(n+P)(1+\delta)k_1$
$+\lambda(\varphi_2+(1+\delta)\varphi_1+(n+q)\delta = 0$ (544.).

Für den vortheilhaftesten Verschlufs des Einspritzungshahns.

689. $\lambda_1 = \lambda\cdot\frac{n+p+\varphi_2+(1+\delta)\varphi+(n+q)\delta}{(1+\delta)(n+P)}$ (548.) für die vortheilhafteste Absperrung; näherungsweise.

690. $G = \frac{(\lambda_1+c)k_1(n+P)}{\lambda}+\varrho_1+\varphi_1+q+n$ (549.) für das vortheilhafteste Gegengewicht.

Verzeichnifs der Figuren, mit Angabe Dessen, was sie vorstellen und der Paragraphen, in welchen sie vorkommen.

Tafel	Figur	Stellt vor	Kommt vor in
No. 8.	53.	Sogenannte platte Schieber . . .	§. 161 u. 390.
	54.	Eine Kehlklappe in der Dampfröhre	§. 203.
	55 u. 56.	Eine Stellklappe	§. 154 u. 470.
	57.	Eine kegelförmige Stellklappe . .	§. 206 u. 371.
	58 u. 59.	Ein *Watt*sches Vierseitgelenk . .	§. 193, 194 u. 322.
No. 9.	60.	Ein Niederschlaggefäfs, nebst den Pumpen für die Luft und das heifse und kalte Wasser	§. 197 bis 200.
	61.	Schwungkugeln	§. 204 u. 326.
	62.	Einen Wassersturz	§. 208.
	63.	Eine andere Art Wassersturz . .	§. 181 u. 209.
	64 u. 65.	Einen *Prony*schen Zügel, zur Messung der Kraft einer Dampfmaschine .	§. 212 bis 215.
No. 10.	66.	Einen Dampfkolben mit Hanfverdichtung	§. 189 u. 190.
	67.	Einen Dampfkolben ganz aus Metall	§. 191.
	68.	Die Steuerung einer *Watt*schen Dampfmaschine von einfacher Wirkung	§. 173 bis 178.
	69.	Eine doppeltwirkende Druckpumpe .	§. 445.
No. 11.	70, 71 u. 72.	Die Steuerung einer *Cornwallis*schen Dampfmaschine von einfacher Wirkung	§. 179 bis 186.
No. 12.	73 u. 74.	Eine Hochdruckmaschine, mit Leitstangen und Schwungrad	§. 195, 202 u. 272 bis 277.
No. 13.	75 u. 76.	Eine Dampfwagenmaschine . . .	§. 288 bis 300.
No. 14.	77*a*, 77*b* u. 77*c*.	Eine *Watt*sche Dampfmaschine von doppelter Wirkung	§. 317 bis 326.
No. 15.	78, 79 u. 80.	Eine *Cornwallis*sche Dampfmaschine von doppelter Wirkung	§. 350 bis 359, 436 u. 437.
No. 16 u. 17.	81, 82, 83 u. 84.	Eine Dampfschiffmaschine	§. 327 bis 334.
No. 18 u. 19.	85, 86, 87 u. 88.	Eine *Woolf*sche Dampfmaschine .	§. 370 bis 377.
No. 20.	89 und 90.	Eine *Evans*sche Dampfmaschine .	§. 389 bis 394.
No. 21 u. 22.	91, 92, 93 u. 94.	Eine *Watt*sche Dampfmaschine von einfacher Wirkung	§. 399 bis 406.
No. 23.	95 u. 96.	Eine *Cornwallis*sche Dampfmaschine von einfacher Wirkung	§. 435 bis 445.
No. 24.	97.	Eine Luftdruck- (atmosphärische) Dampfmaschine	§. 468 bis 475.
	98.	Hebelwerke für Pumpmaschinen .	§. 566.

(Es folgt noch ein Anhang zu diesem Werke.)

6.

Über die zweckmäfsigste Cultur der einheimischen Bau- und Nutzhölzer.

(Von *J. H. Schmidt*, Landgüter-Verwalter, jetzt in Pommern.)

(Fortsetzung der Abhandlung No. 4. und 11. im 26ten und No. 2. in diesem Bande.)

II. Nadelhölzer.

Die vorzüglichsten Nadelhölzer zu gewerblichen Zwecken sind folgende.

24. Die Weifstanne, Silbertanne, Edeltanne. *Pinus picea L. (abies, du Roi).*

Dieser herrliche, majestätische Baum erreicht unter allen Bäumen unseres Vaterlandes die gröfste Höhe. Er wird, auf ihm zusagenden Boden, in geschlossenem Stande, schnurgerade gewachsen, 150 bis 170 F. und darüber hoch und am Stamm 5 bis 7, ja selbst bis 12 F. dick. Man trifft ihn hauptsächlich auf den nördlichen Gebirgs-Abhängen in Mitteldeutschland an, seltner in reinen Beständen, mehr mit Rothtannen und Buchen gemengt. Doch kommt die Weifstanne auch noch in Ostpreufsen, Litthauen und im Posenschen, so wie an der Grenze von Schlesien in reinen Beständen vor. Am häufigsten findet man sie in den Schweizer- und Tyroler-Alpen, so wie in den Bayerschen Gebirgen.

Die Tanne liebt einen tiefen, lehmigen, lockern, wenn auch mit Steinen gemengten Boden. Auf Urgebirgen, altem Sandstein und Porphyr kommt sie gut, nicht aber auf Flötzkalk, Kies, Sand und auf nassem Boden fort. Sie erträgt Frost, Stürme und Schneefall überall. Sie mufs durchaus in Schlufs stehen; im Freien bleibt sie zurück. Von Insecten leidet sie weniger als die Fichte und ist gegen Windbruch durch ihre tiefgehende Pfahlwurzel und durch ihre starken Seitenwurzeln geschützt. Die Nadeln stehen, ohne Scheide, kammartig zu beiden Seiten der Zweige in doppelten Reihen übereinander, sind $\frac{3}{4}$ Zoll lang, schmal, gedrückt, steif, nicht stehend, an der Spitze eingeschnitten, auf der Oberfläche glänzend dunkelgrün, auf der Unterfläche mit zwei vertieften weifsen Strichen gezeichnet. Die männlichen Kätzchen haben rothe, zurückgebogene, die weiblichen herzförmige Schuppen, welche, reif, 6 bis 8 Zoll lange walzenförmige Zapfen tragen. Der geflügelte Samen fällt nach der Reife mit den Schuppen aus und die Spindeln stehen dann wie dünne Reiser auf dem Baume. Die Äste stehen ausgebreitet quirlförmig um den Baum herum und bleiben auch im Alter starr.

Das Holz der Weifstanne ist rein, weifs, wenig ins gelbliche fallend, nur auf feuchtem Boden etwas ins röthliche spielend, fein, langfaserig, nicht sehr ästig, weich, leichtspaltig, elastisch und das leichteste der Nadelhölzer. Ein Cubikfufs trocken wiegt 35 Pfd., frisch 58 Pfd.

Als Brennholz verhält sich tannenes zum buchenen wie 699:1000; als Kohlenholz wie 1127:1600.

Die Tanne bringt ihr Alter auf 300 Jahre und darüber, und ist in 100 bis 120 Jahren völlig ausgewachsen. Die Rinde des Schafts ist weifsgrau, glatt, spröde, im Alter rissig und dunkelbraun unter dem aschgrauen Überzuge. Der Tannensamen blüht im Mai und reift im October.

Anbau. Durch Saat und Pflanzung. Der Tannensamen bleibt 2 Jahre keimfähig. Auf den Morgen gehören zur Vollsaat 36 bis 40 Pfd., zur Streifensaat 22 bis 30 Pfd., zur Platzsaat 18 bis 25 Pfd. geflügelter Samen. Ein Scheffel Samen mit Flügeln wiegt 25 Pfd., ohne Flügel 32 Pfd., mit Zapfen 40 Pfd., und ein Pfund des ersteren enthält 9 bis 10 000 Körner, 1 Pfd. des letzteren 11 bis 12 000 Körner. Zur Saat sammelt man die Zapfen kurz vor ihrem Aufbruche. Sie lassen sich nur bis zum nächsten Frühlinge aufbewahren. Für die Saat gilt, was bei der Rothbuche gesagt ist. Die Tanne fordert eine sorgfältige Zubereitung des Bodens und in der zarten Jugend viel Schutz gegen Frost und Dürre. Ihr Anbau ist den Privatwald-Eigenthümern in der Regel nicht in reinen Beständen, sondern gemischt mit Kiefern und Fichten, so wie in später allmälig auszuhauendem Laubwalde anzurathen, weil die Tanne viel Schatten verlangt. Die Pflanzen zeigen sich mit 3 bis 5 breiten Samennadeln und sind Anfangs besonders gegen Frost und Hitze sehr empfindlich. Unter Hafer, wie die Buch-Eckern gesäet, finden sie dagegen am besten Schutz. So wie die jungen Pflanzen sehr durch Gras- und Unkrautwuchs zurückgehalten werden, erdrücken sie später Alles unter sich. Die Pflanzen wachsen bis ins fünfte Jahr sehr langsam, mit einem gegen die übrigen Äste unverhältnifsmäfsig langen Seitenast; später holen sie das Anfangs Versäumte reichlich nach, wenn sie erst zu einem gesunden kräftigen Schufs gelangt sind. Wenn sie 2 bis 3 F. hoch sind, kann man sie schon verpflanzen;

nur müssen sie vorsichtig und tief ausgehoben und auch sogleich um ein weniges tiefer wieder an den Pflanz-Ort gesetzt werden. Man mufs sich sehr vorsehen, sie aus einer schattigen Saatschule sogleich ins Freie zu bringen; sie wollen noch ferner Schatten haben; daher mufs die Pflanzschule kühl und schattig sein. Verkrüppelte Stämme, die sich durch ihr weifses Aussehen bemerklich machen und die keine kräftigen Knospen und Triebe haben, mufs man nicht versetzen. Die Pflanzkämpen müssen gegen den Anlauf des Weideviehes und des Wildes, so wie gegen Schneebruch sorgfältig geschützt werden.

Nutzen. 1. Das Stammholz hat als Bauholz vielfachen Nutzen. Es wird zu Mastbäumen, Balken und Mühlenwellen, zwar weniger gern als Fichtenholz genommen; aber zu Allem, wo es auf Weifse, Leichtigkeit und Elasticität ankommt, hat es den Vorzug. Also zu Mühlen und Maschinen im Innern; zu Dachschindeln, Splitten, Sieben, Schachteln und Böttcher-Arbeiten; wozu es sich besonders seiner Leichtigkeit und Weifse wegen eignet, und weil aus den sehr breiten Bohlen und Brettern grofse Stücke verfertigt werden können. Die Instrumentenmacher nehmen es ebenfalls seiner Leichtigkeit, Weifse und Elasticität wegen zu allerhand musicalischen Instrumenten. Abwechselnde Feuchtigkeit und Trockenheit erträgt das Tannenholz nicht gut; aber beständig im Trocknen oder Nassen, ist es von langer Dauer. Zu Fufsböden ist es sehr passend, da die Bretter sich wenig werfen, wenig ästig sind und immer weifs bleiben.

2. Als Brennholz steht es dem Fichtenholze nach; denn es brennt mit Geräusch. Die Heizkraft ist nach *Werneck* vom Stammholze 0,697, vom Stockholze 0,763. 1000 Theile Holz geben 18 bis 20 Theile Asche.

3. Die Rinde wird zum Gerben gebraucht. Aus den Blasen und Beulen unter der Rinde wird der gemeine Terpentin gewonnen.

4. Die Tannenzapfen geben, um Johanni gepflückt, zerhackt und gekocht, das Terpentin-Öl, welches thierärztlich und medizinisch von grofsem Nutzen ist. Auch aus dem Samen kann man ein wohlriechendes Öl pressen.

25. Die gemeine Fichte, Rothtanne. *Pinus picea (du Roi), abies L.*

Dieser in Deutschland allgemein verbreitete Waldbaum kommt noch in grofsen Beständen, besonders in den nördlichen Gegenden vor. Er hat einzelne, zerstreut um die Zweige stehende, spitzige, vierseitige, etwas hellgrüne Nadeln, zwei in einer Scheide, am Ende etwas krummgebogen, mit zwei schärfern und zwei undeutlicheren Kanten. Die Zapfen haben einfache, am

Rande dünne Schuppen, welche beim Ausfallen des Samens fest bleiben. Die Zweige stehen beinahe horizontal, an jungen Bäumen etwas aufwärts gerichtet, an alten hangen die jungen Zweige herunter. Die Rinde ist braunroth und an alten Stämmen rissig. Im Mai läfst sie sich leicht abschälen.

Die Fichte wird über 200 Jahr alt und wächst in 100 bis 120 Jahren 100 bis 150 F. hoch und 4 bis 6 F. im Stamme dick. Sie hat flachliegende, weit auslaufende Wurzeln, so dafs sie auch auf Felsenboden, mit etwas Damm-Erde bedeckt, recht gut fortkommt; sie erträgt aber weder heifsen Sand, noch fetten Lettenboden. Steiniger, kiesiger, aber mit Damm-Erde gemischter Boden sagt ihr am meisten zu. Sie wächst in den rauhesten und kältesten nördlichen Gebirgsgegenden; dort zwar langsamer, bekommt aber dort auch ein sehr festes Holz.

Das Holz der Fichte ist sehr harzig und röthlich-gelb; der Kern ist etwas geadert und weniger harzig. Es ist oft sehr ästig und splittert leicht unter der Axt. In die Quere läfst sich das Holz leicht zersägen; in die Länge klemmt es die Säge. Es ist etwas härter und fester als das Weifstannenholz, aber nicht so elastisch. Unter allen Hölzern ist es am ersten dem Entstehen und der Verbreitung des *Holzschwammes* günstig; besonders wenn spätgehauene Stämme nicht so lange mit den Ästen liegen bleiben können, bis die Nadeln verwelkt sind. Ein Cubikfufs frisch wiegt 57 Pfd., trocken 40 bis 45 Pfd.

Es giebt einige Abarten der gemeinen Fichte. Z. B.

a. Die aschgraue oder graue Preufsische Fichte. Sie wächst auf dem Harze und im Schlesischen Gebirge, ist kleiner als die Rothtanne, hat festeres Holz und eine aschgraue, glatte Rinde. Sie hat nur dünne, fast gar nicht kantige und nicht gebogene Nadeln.

b. Die Zwerg- oder Stein-Fichte findet sich häufig in den hohen Gebirgen von Böhmen, Schlesien und der Schweiz, und zeichnet sich durch ihren niedrigen Wuchs und durch ihr festes, nicht so harzreiches Holz aus.

Anbau. Der Fichtensamen reift im October und November; die Zapfen lassen ihn aber erst im nächsten Frühlinge fallen. Zur Saat pflückt man die Zapfen schon im Herbste, oder im Frühlinge, ehe sie aufspringen, und trocknet sie an der Sonne, oder in Darrstuben. Man mufs sich hüten, unreife und vorjährige Zapfen zu nehmen. Erstere sind an ihrer geringeren Gröfse und grünen Farbe, letztere an dem dunkleren, etwas verwitterten Aussehn zu erkennen. Je später das Einsammeln des Samens geschieht, desto leichter ist das Ausklengen. Der Samen ist 4 bis 5 Jahre lang keimfähig; der Scheffel, entflügelt, wiegt 50 Pfd., und 1 Pfd. enthält 57 000 Körner, mit Flügeln 18 Pfd. und 1 Pfd. enthält 45 000 Körner. Zur Vollsaat sind auf den Morgen unabgeflügelten Samens 9 bis 14, entflügelten 6 bis 9 Pfd., zur Streifen- oder Reihensaat 8 bis 12, entflügelten 5 bis 8 Pfd., zur stellenweisen Saat 6 bis 9, entflügelten 4 bis 7 Pfd., zum Stecken des Samens 0,5 bis 1, entflügelten 0,4 bis 0,7 Pfd. nöthig.

Zur Erziehung eines guten Fichtenbestandes kann es zweckmäfsig sein, recht dicht zu säen, und dann können, nach Clima und Verhältnissen, auf den Morgen 15 bis 20 Pfd. Samen nöthig sein. Den Wald-Eigenthümern ist zu rathen, es bei der Cultur dieses Baumes nicht auf ein Paar Pfund Samen mehr anzusehen, weil Nachbesserungen wegen des auf den holzleerbleibenden Stellen schnell überhandnehmenden Graswuchses unsicher, kostspielig und beschwerlich sind.

Die Fichte ist sehr dem Einflufs der Schneelast ausgesetzt. Es ist deshalb neuerlich angerathen worden, die Fichte mit der Birke zu mengen, weil aus dem Peitschen der dünnen beweglichen Birkenzweige der Fichte gegen den Schneedruck ein Vortheil erwachse, dessen die Birke nicht bedürfe, der aber andere Nachtheile bei weitem überwiege.

Man säet den Samen im Frühling, oder im Spätherbst. Das erstere wird, vorgezogen. Der Boden mufs schon im Herbst mit dem Karst wund gemacht aber nicht aufgelockert werden, weil die Fichte mit den Wurzeln sehr flach unter der Oberfläche bleibt und nur eine sehr geringe Bedeckung erträgt. Dem Fichtensamen und selbst den einjährigen Pflanzen wird sehr von den Finken und Tauben nachgestellt. Man mufs deshalb erschossene Krähen an Stangen als Scheuchen aufhängen; auch häufig schiefsen. Die Fichtsaatflecken zu pflügen, ist deshalb nicht rathsam, weil dann das Gras, von welchem die Fichte in den ersten Lebensjahren schon sehr zu leiden hat, in dem gelockerten Boden noch mehr wuchert. Gegen Frost und Dürre sind die jungen Pflanzen sehr empfindlich. Lockerer Boden wird durch den Frost mit den Pflänzchen in die Höhe gehoben. Ist man daher genöthigt, Fichtensamen auf gewesenes Ackerland zu säen, so mufs man den Boden festwalzen. Man hat auch Versuche gemacht, die Fichtensaat, wie bei der Kiefer, mit der Getreidesaat zu verbinden, indem man der einen Samen Anfangs April unter den im vorigen Herbste gesäeten Roggen aussäete, und beim Mähen der Roggen-Erndte hohe Stoppeln stehen liefs. Da der Anbau der Fichte sich aber mehr für Gebirgsgegenden eignet, so ist dies nicht überall anwendbar.

Im ersten Jahre wächst die junge Fichte nur wenig, und bleibt auch im zweiten Jahre noch zurück, wenn der Boden nicht passend ist. Der Wuchs nimmt aber mit jedem Jahre zu; bis sie nach 6 bis 8 Jahren in Schufs kommt und nicht selten die Kiefer überwächst. Die 3 bis 4jährigen Fichten verpflanzt man am besten büschelweise, mit den Ballen. Die 1 F. hohen Pflänzlinge hält man zwar für die besten, indessen kommen auch die 2 bis 4 F. hohen Pflanzen recht gut fort, wenn sie nur sorgfältig ausgehoben und gesetzt werden. Werden sie durch Pfähle gesichert, so kommen auch noch 8 bis 10 F. hohe Pflanzen gut fort. 4 bis 5 F. Entfernung beim Versetzen sind hinreichend. Im Herbst zu pflanzen, ist des Frostes und Windes wegen unsicherer, als im April und Mai. Fichten und Kiefern zusammen zu säen, oder zu pflanzen, ist nicht vortheilhaft, weil letztere, schneller wachsend, jene in den ersten Jahren unterdrücken. Ist die Fichte aber einmal im Wuchs, so unterdrückt sie Alles unter sich. Am besten wächst die Fichte unter sich, oder unter andern Fichten, die schon im Wuchse sind. Freistehend treibt sie zu viel Seiten-Äste und bekommt keinen schlanken Schaft. Zu dicht stehend bleibt sie zurück, wird von Flechten überzogen und leidet durch Schneebruch und Sturmwinde.

Das Abhüten des überhandnehmenden Grases in den Schonungen durch Rindvieh ist ohne sichtlichen Nachtheil versucht worden; doch darf es nicht durch Schafe geschehen; auch durch das Weidevieh nicht bei nasser Witterung und in den ersten Frühlingsmonaten.

Vom Wilde hat die Fichte wenig zu leiden; jedoch pflegt Roth- und Dammwild hin und wieder die 20 bis 40jährigen Stangen zu schälen; welches für die Stämme sehr nachtheilig ist, da sich die Safthaut nur sehr langsam wieder ersetzt. Diese Beschädigungen sind aber gegen die des Borkenkäfers (*bostrichus typographus*) unbedeutend, der oft ganze Bestände verheert.

Der Borkenkäfer bohrt sich im Mai und Juni in die nicht zu alten Bäume ein und legt seine Eier in die Basthaut, welche von den daraus entstehenden Larven zernagt wird. Werden an einzelnen Bäumen die Nadeln dürftig und gelblich, so müssen diese Bäume sogleich gefället und mit der Rinde aus dem Walde weggeschafft, oder die Rinde mufs geschält und vergraben werden, damit das Insect nicht bis zu seiner Vermehrung heranwachsen könne. Hat sich dessenungeachtet schon die Vermehrung eingeschlichen, so müssen einzelne, sogenannte Fangbäume gefället werden, in welche sich der Käfer gern einzubohren pflegt; worauf dann dessen Borke geschält und vergraben wird, um so die darin ausgekommenen Larven zu tödten.

Die Dohlen, Krähen, der Kreuzschnabel und das Eichhörnchen reifsen auch vom Spätherbste bis zum Frühling die schwachen Ästchen gern ab und verzehren die männlichen Blüthenknospen.

Kernfäule und Trocknifs sind häufig vorkommende Krankheiten der Fichte; erstere besonders durch das Gewinnen des Harzes erzeugt. Man mufs also dabei sehr vorsichtig sein und das Harz nur 10 bis 12 Jahr vor dem Abtriebe des Fichtenschlages, vom Bauholz aber gar nicht sammeln.

Die Fichte kann, unter passender Behandlung und auf gutem Boden erzogen, im Ertrage die Kiefer übertreffen, weil ihre Stämme höher werden und ihre Schafte gegen die Spitze zu weniger dünn sind, auch mehr Holzmasse haben. Während die Kiefer in 120 Jahren kaum einen jährlichen Durchschnitts-Ertrag von $\frac{3}{4}$ Klaftern auf den Morgen bringt, giebt die Fichte 1 Klafter, also Eindrittel Holzmasse mehr. Man kann auf nur mittelmäfsigem Boden von der Fichte, im Umtriebe von 120 Jahren, vom Morgen 40 Stämme Nutzholz, 48 Klafter Kloben, 6 Klafter Knüppel, 6 bis 7 Sckock Reisig und aufserdem noch 10 Klafter Knüppel als Durchforstungsholz erlangen.

Nutzen. 1. Das Stammholz, vom Januar bis Mitte März gefället, eignet sich zu Bau- und Nutzholz jeder Art; besonders zu Trägern und Balken, Bohlen und Brettern. Tischler, Böttcher und Orgelbauer brauchen es wie das tannene, welches an Ausdauer es noch übertrifft. ***Beständig*** im Nassen hält es sich ganz gut; wie sehr alte Rost- und Pfahlwerke es beweisen. Die Äste sind gut zu Fafsreifen und als Drechslerholz.

2. Als ***Brennholz*** verhält es sich zum Rothbuchenen, vom Stammholze wie 706:1000, vom Stockholze wie 763:1000. 1000 Theile Holz geben 170 Theile Asche (nach *Werneck*).

3. Die ***Rinde*** dient zum Gerben. Die von mittelmäfsig starken Stämmen ist die beste. Man schält die Fichte in der Saftzeit, und es werden namentlich alle zu *flöfsenden* Stämme vorher geschält.

4. Die ***Nadeln*** werden zur Streu benutzt. Die jungen, am Ende der Zweige befindlichen ***Sprossen*** geben, im Frühlinge gesammelt, ein Surrogat des Hopfens; auch braut man daraus ein eigenes Bier, und sie haben eine medizinische Bedeutung. Auch dienen die jungen Nadeln zum Futter für das Rindvieh, welches sie begierig frifst. Die jungen Sprossen werden sogar den Pferden gefüttert.

5. Aus dem ***Harze*** wird das Pech gewonnen; jedoch werden dadurch die Bäume im Wachsthume gehindert und das Holz wird mürbe und zum Bau

untauglich, und hat dann auch als Brennholz weniger Werth. Das aus Einschnitten in die Rinde ausfliefsende Harz heifst *Terpentin.* Verdunstet man es über dem Feuer, bis es rothbraun geworden und aller Terpentingeruch verschwunden ist, so ist es *Colophonium.*

6. Die unreifen ***Zapfen*** geben ein Öl, aus welchem mit Mastix ein guter Firnifs bereitet wird. Reif geben sie ein Surrogat für Lohgerber.

7. Der ***Fichtensamen*** giebt 24 Procent Öl, welches sparsamer als Rüb-Öl brennt und gute Firnisse giebt. Es hat, warm geschlagen, ein goldgelbes, kalt ein hellgelbes Ansehn und riecht und schmeckt etwas nach Terpentin. Es gerinnt nicht leicht.

8. Die jungen, im März geschnittenen ***Fichtenzweige*** geben die besten und zähesten Bindeweiden zum Binden der Hecken, Flöfse und Pflanzbäume.

9. Die ***Wurzeln*** nimmt man zum Korbflechten, zu Kiepen, Futterschwingen, Metzen und Schüsseln.

Der Königliche Oberförster Herr ***Biermanns,*** zu ***Höven*** im Regierungsbezirk Aachen, bedient sich einer neuen Culturmethode, sowohl von Nadel- als von Laubholzpflanzen, über welche wir hier noch das Wesentlichste mittheilen wollen, indem durch dieselbe besonders kräftige, durch eine vorzügliche Wurzelbildung sich auszeichnende Holzpflanzen gezogen werden.

Er läfst die aus Rasen oder einem andern Überzuge der Humusschicht bestehende Erd-Oberfläche abschälen, läfst den Erd-Überzug, sammt den an den Erdklumpen hängenbleibenden Wurzeln verbrennen und benutzt die ***Rasen-Asche*** bei der Erziehung der Holzpflanzen und beim Verpflanzen derselben in die Pflanzkämpen und ins Freie mit bedeutendem Erfolge. Um einen Saatkamp für 50 bis 60000 Nadelholz- oder 7 bis 14000 Laubholzpflanzen zu bereiten, wird der frische Boden, an einer Stelle, wo er nicht stark zu dem Überzuge mit Unkraut geneigt ist und eine möglichst geschützte Lage hat, 4 Ruthen lang und 1 Ruthe breit bis auf den todten Untergrund abgeschält; der Rasen wird auf die Kante gestellt, getrocknet und dann in kegelförmige, 4 F. hohe Haufen gebracht, in welchen nach der Windseite ein Schürloch gelassen ist. Dürres Holz wird hineingelegt und der Haufen wird angezündet; wobei man durch Nachlegen von Rasen vermeiden mufs, dafs die Oberfläche durchbrenne. Über Winter bleiben die Aschenhaufen auf den abgeschälten Flächen den Wirkungen der Luft ausgesetzt und unberührt liegen. Je dichter und filziger der Rasen-Überzug, je kräftiger ist die Asche. War er nur mager, so wird in der Umgebung mehr Rasen abgeschält, um mehr Asche zu gewinnen. Im nächsten Frühling wird in der Mitte der abgeschälten Fläche das eigentliche Saatbeet so angeordnet, dafs es nur die Hälfte der Fläche, also ungefähr 2 Q. Ruthen einnimmt (Taf. III. Fig. 2. *a* und *b*). Der Boden wird 6 Zoll tief aufgehackt und mit der Hälfte der Rasen-Asche gemischt. Die andere Hälfte wird auf die obere Schicht des Beetes gleichmäfsig vertheilt und mäfsig geschlagen. Hierauf wird der Samen in mehreren Gängen ausgesäet und so lange mit Rasen-Asche bestreut, bis er nicht mehr sichtbar ist. Die Beete werden gegen die Vögel mit Moos oder Nadelreis bedeckt; welches man wieder abnimmt, nachdem der Samen aufgegangen ist. Es ist gut, die Umgebung des Saatkamps ringsum von allem Überzuge zu befreien. Der nöthige Schutz gegen Wild, Weidevieh, Mäuse, Frost und Sonnenbrand darf nicht versäumt werden. Da besonders die Vögel dem Samen sehr nachstellen, so wird, gerade zu der Zeit wo der Same keimt, in der Nähe des Saatkamps ein Pflanzkamp bestellt; wodurch man erreicht, dafs durch die mit dem Pflanzen beschäftigten Leute die Vögel verscheucht werden. Auf eine Q. Ruthe sind 5 Pfd. Lerchen-, 4 Pfd. Kiefern-, oder 17 Pfd. Weifstannensamen, 1 Scheffel Eicheln, $\frac{1}{2}$ Scheffel Bucheln nöthig. Das sich zeigende Unkraut mufs fleifsig ausgeschnitten, nicht ausgerupft werden. Auf eine Q. Ruthe kann man so 15 bis 20 tausend Lerchen-, 25 bis 30 tausend Kiefern- oder Fichten-, 12 bis 15 tausend Weifstannen, 12 bis 14 tausend Buchen- und 7 bis 8 tausend Eichenpflanzen ziehen.

Das Verfahren bei der Anlage der Pflanzkämpe ist dem obigen ähnlich. Die Pflanzlöcher werden mittels des Spiralbohrers (Fig. 3.) gemacht. Man mufs besonders darauf sehen, dafs beim Ausheben der Pflanzen und Büschel mittels des Pflanzbohrers (Fig. 9.) auch nicht die kleinsten Saugwürzelchen beschädigt werden. In dem Pflanzkampe sind inzwischen, mittels des Rinnenziehers (Fig. 4.) der Länge nach Reihen gezogen worden; nach der Stärke der Pflanzen und nach ihrer Wurzel- und Kronenbildung 3 bis 4 Zoll von einander entfernt und 4 bis 6 Zoll tief. Das Ausheben und Einsetzen der Pflanzen läfst sich durch zwei Arbeiterinnen ungemein schnell verrichten. Das Versetzen von 1000 Stück Nadelholzpflanzen kostet Herrn ***Biermanns*** nur 1 bis $1\frac{1}{4}$ Sgr., von 1000 Eichen- oder Buchenpflanzen 2 bis 5 Sgr. Es soll eine wahre Freude sein, die Gewandheit, Pünctlichkeit und Vorsicht dieser Arbeiterinnen zu sehen, und der kräftige Wuchs der Holzpflanzen, vorzüglich ihre Wurzel-Ausbildung, soll nichts zu wünschen übrig lassen. Wenn man die Hindernisse erwägt, welche die Pflanzen in ihrem

Wachsthum in dortiger Gegend, auf den fast durchweg ungünstig, schutzlos und in rauhem Clima liegenden Stand-Orten zu überwinden haben, wo die Luft durch die Ausdünstungen der versumpften und versauerten Hoch-Ebene verdorben ist, und den kräftigen Wachsthum der Pflanzen damit vergleicht, so zeigt sich deutlich die Zweckmäfsigkeit des Verfahrens.

Das Versetzen der Pflanzen ins Freie geschieht auf folgende Weise. Die Arbeiterin füllt einen Korb mit etwa 1 Cubikfufs Rasen-Asche, hebt die Pflanzen aus und stellt sie büschelweise in die Asche in den Korb umher, so dafs ihre Würzelchen bis an die Knoten genau bedeckt sind. Sie stellt darauf den Korb zwischen die beiden ersten Pflanzlöcher, nimmt in die rechte Hand so viel Asche, als sie fassen kann und drückt sie links in dem Pflanzloch an. Darauf nimmt sie mit der linken Hand eine Pflanze aus dem Korbe und hält sie an die Rasen-Asche, so dafs die Pflanze senkrecht bis an die Wurzelknoten zu stehn kommt. Nun drückt sie eine zweite Hand voll Asche auf die Wurzeln, so dafs dieselben ganz davon umschlossen werden; worauf der übrige leere Raum erst mit der bessern Erde, dann mit der schlechtern ausgefüllt und die Pflanze durch einen Tritt mit dem Fufse festgedrückt wird.

Büschelpflanzungen werden eben so gemacht. Hr. ***Biermanns*** pflanzt übrigens nach dieser Methode ohne Bedenken vom Frühlinge bis zum Herbst, und seine Pflanzen gingen, auf andern Boden versetzt, und selbst versendet, alle sehr gut fort.

Reihensaaten geschehen, je nach der Beschaffenheit des Bodens, auf unvorbereiteten Boden, umgelegten Rasen oder Erdhaufen und abgeräumten Platten mit Rasen-Asche oder Rasen-Erde.

Die ***Rasen-Erde,*** bei einem zweiten Verfahren des Herrn ***Biermanns,*** soll zwar nicht so kräftig, aber nachhaltiger wirken, als die Rasen-Asche. Sie wird gewonnen, wenn man, ein oder zwei Jahre vor der Benutzung, Rasenstreifen abschält und sie in 2 bis 3 F. hohe Reihen oder Haufen so übereinander schichtet, dafs die Oberfläche derselben stets gegeneinander gekehrt ist; worauf die Haufen so lange liegen bleiben, bis der Rasen verzehrt ist. Dann wird, mit oder ohne Beimischung von Rasen-Asche, je nach der Beschaffenheit des Bodens und dem Bedürfnifs der Pflanzen, gesäet oder gepflanzt. Vorzugsweise eignet sich dieses Verfahren zum Säen und Pflanzen von Laubholz, wo eine stärkere Kräftigung nöthig ist. Besonders auf magerem, pflanzenlosem Sandboden mufs die Rasen-Erde die Rasen-Asche ersetzen, bedarf aber hier auch zur kräftigeren Ausbildung der Pflanzen eines Zusatzes von letzterer.

Die Rasen-Asche ist bei diesem Culturverfahren deshalb von so erheblichem Nutzen, weil sie organische, in der Zersetzung begriffene Pflanzenreste enthält; desgleichen unorganische Bodenbestandtheile, welche die organischen Reste durch das Feuer verloren haben, die dann Kalien in assimilirbarem Zustande enthalten und die Eigenschaft besitzen, die atmosphärischen Niederschläge lange an sich zu halten, und besonders Ammoniak ansaugen, wenn die Erde gebrannten Thon enthält. Die Dauer dieser Nährkraft kann natürlich nicht anhaltend sein und nur so lange auf den Wachsthumsprocefs Einflufs haben, als die Wurzeln sich in der Rasen-Asche ausbilden und ihre Nahrung daraus ziehen. In der ersten Zeit ist aber die Ausbildung grade die Hauptsache, und das weitere kräftige Wachsthum einer Pflanze ist davon abhängig. Wie lange die Dauer der Nährkraft anhält, ist von der Menge und Art der Asche, von der Witterung, dem Clima, dem Stand-Ort und den Eigenschaften der Pflanzen selbst abhängig. Das Culturverfahren hat vor andern Das voraus, dafs das gewöhnliche anfängliche Kränkeln oder Stillestehn der Pflanzen gehoben wird. Die Pflanzen besitzen hier die Kraft, welche das sonst ihnen schädliche Ausheben während des Triebes unschädlich macht und das Versenken der Pflanzen ohne besondere Fürsorge mit geringer Wurzelbildung ohne Nachtheil gestattet. Die gröfsere Kräftigung der Pflanzen macht zugleich bei ihrer Versetzung ins Freie, unter angemessenen Bodenverhältnissen, die Rasen-Asche entbehrlich. Die richtige Auswahl der Holz-Art für jeden Boden wird natürlich vorausgesetzt, um nicht blofs das An-, sondern auch das Fortwachsen zu sichern.

Bei diesem Culturverfahren mufs man übrigens nicht zu dicht säen und pflanzen, weil sonst Luft und Licht nicht genug Zutritt hat und die Ausbildung der Pflanzen gestört wird. Eine Kiefernpflanzung z. B. im 4füfsigen Verbande schliefst sich erst im 7ten Jahre und bedeckt bis dahin den Boden nicht. Ist aber der Schlufs erfolgt, so drängen sich die Pflanzen und man ist nicht mehr Meister ihrer Richtung. Deshalb säet und pflanzt Hr. *Biermanns* gewöhnlich in Reihen von 8 bis 14 F. Entfernung *zwischen* und 2 bis 3 F. *in* denselben. So kann sich jede Pflanze in ihrem Kreise so lange ausdehnen, bis die Äste, die sich dann nach zwei Seiten ausdehnen, sich berühren. Diesem begegnet man durch den Aushieb der übergipfelten Stämme. Die Entfernungen müssen sich aber immer nach den verschiedenen Holz-Arten und dem Zweck ihres Anbaues richten, indem einige zu ihrem Gedeihen einen *freieren*, andere einen mehr *geschlossenen* Stand verlangen. Besonders dürfte da, wo man langschaftige Hölzer zu technischen Zwecken ziehen will, die

Entfernung geringer sein müssen, als wo man Brennholz verlangt, oder wo der Nutzen aus der Durchforstung geringerer Hölzer, wie Weinpfähle, Bohnenstangen, zu berücksichtigen ist. Herr *Biermanns* glaubt indessen, dafs die Gesetze der Astverbreitung *feststehend* seien. Diese Verbreitung beträgt im normalen Zustande und Stand-Orte jährlich, bis zum 15ten Jahre, bei Buchen, Fichten und Weifstannen $2\frac{1}{2}$ Zoll, bei Kiefern 3 bis $3\frac{1}{2}$ Zoll, bei Lerchen $3\frac{1}{2}$ bis 4 Zoll, bei Eichen $1\frac{1}{4}$ bis $1\frac{1}{2}$ Zoll. Da diese Maafse die Blattvergröfserung nach einer Seite bezeichnen, so erhält man, wenn man mit der halben Entfernung *in* den Reihen und *zwischen* den Reihen dividirt, die Zeit, wo der Schlufs eintritt; z. B. bei 3 F. Entfernung *in* und 8 F. *zwischen* den Reihen schliefsen sich Buchen, Fichten und Weifstannen im $\frac{18''}{2\frac{1}{2}''} = 8$ten Jahre *in* den Reihen und im $\frac{48''}{3\frac{1}{2}''} = 14$ten Jahre *zwischen* den Reihen. Ist der Schlufs *in* den Reihen eingetreten, so beträgt die Astverbreitung jährlich bei Buchen, Fichten und Weifstannen 3 bis 4 Zoll, bei Kiefern $3\frac{1}{2}$ bis $4\frac{1}{2}$ Zoll, bei Lerchen 4 bis 5 Zoll, bei Eichen $1\frac{1}{2}$ bis 2 Zoll.

Ungünstige climatische und Bodenverhältnisse vermindern zwar die jährliche Astverbreitung; aber immer nach einem gleichbleibenden Gesetze. Den dichtesten Stand ertragen die schattenliebenden Holz-Arten. Sie geben deshalb, richtig behandelt, die möglich-gröfsten Holzmassen auf dem kleinsten Raume. Herr *Biermanns* zieht indessen die gröfseren Entfernungen, von mindestens $2\frac{1}{2}$ F. *in*, und 8 F. *zwischen* den Reihen, entschieden vor, und giebt davon folgenden Grund an: Es habe z. B. eine normalgewachsene 30jährige Fichte eine Krone von 6 bis $6\frac{1}{2}$ F. im Halbmesser. Stelle man nun die Fichten nur in 6 F. Entfernung zwischen den Reihen, so schliefsen sie sich in 12 bis 14 Jahren und es habe sich bis dahin ein Halbmesser der Krone von nur 3 F. bilden können. Das Dreieck *abc* (Fig. 5.) könne sich aber nicht mehr vergröfsern: also entstehe ein nachtheiliges Drängen in den Reihen, welchem sich nur durch das Aushauen ganzer Reihen abhelfen lasse. Geschehe dies nicht, so würde der Bestand nach 25 Jahren nicht mehr Blattfläche haben, als beim Schlusse in 12 bis 14 Jahren; denn das erste Dreieck *abc* (Fig. 5.) bleibe dem letzten Dreieck *abc* (Fig. 6.) gleich.

Für schnellwüchsigere Holz-Arten, als Lerchen und Kiefern, wäre die geringe Entfernung noch unpassender. Hier würde der Schlufs schon mit dem 9ten bis 11ten Jahre eintreten. Man lasse daher *schnellwüchsige* Hölzer mit *weniger* schnellwachsenden *reihenweise* wechseln. Läfst man z. B. Kiefern- und Fichtenreihen wechseln, mit 7 bis 8 F. Entfernung in den Reihen, so schliefsen sich diese unter einander im 12ten bis 13ten Jahre. Mit dem 10ten Jahre beginnt man aber schon den allmäligen Aushieb der Kiefern und setzt ihn bis zum 20ten Jahre fort. Dann schliefsen sich im 21ten bis 22ten Jahre die Fichtenreihen und wachsen mit vollkommener Kronenbildung in die Höhe. Wären die Reihen enger, so würden die Kiefern die Fichten schon überschirmt haben; oder sie müfsten *zu früh* herausgehauen werden.

Die grofsen Vortheile der Reihenpflanzungen sind folgende:

1. Die Reihen lassen sich leichter durchforsten und ergänzen.
2. Sie sind dem Schnee- und Duftbruch weniger unterworfen als dichte Pflanzungen.
3. Gras und Streu können zwischen den Reihen mit der Sichel oder Sense, wenn man $\frac{1}{2}$ bis 1 F. von den Stämmen entfernt bleibt, ohne allen Schaden benutzt werden.
4. Das Holz kann bequemer und unschädlicher ausgehauen und abgefahren werden.
5. Die Schätzung und Aufnahme des Bestandes ist bei dem gleichförmigeren Wuchse einfacher und die Controle leichter.
6. Es lassen sich richtigere Erfahrungstafeln aufstellen.
7. Das richtige Verhältnifs und der Übergang zu andern Holz-Arten ist leichter.
8. Die Cultur ist *wohlfeiler* als andere, weil sie weniger Vorbereitung des Bodens, also weniger Arbeit erfordert und die Arbeiten unter viel leichterer Aufsicht schneller gefördert werden.

Will man auf *umgekehrtem Rasen* pflanzen, so läfst man in den Reihen ein viereckiges Stück Rasen von $1\frac{1}{2}$ bis 2 Q. Fufs abschälen, umlegen und ein damit in gleicher Linie anliegendes Quadrat so bedecken, dafs die beiden Filze auf einander liegen. Darauf wird ein zweites Stück geschält, in derselben Richtung umgelegt; u. s. w. (Fig. 7. und 8.). So kommen zwei Schichten Damm-Erde auf einander und der Humusgehalt wird bis auf das Doppelte vergröfsert. Sind nun die Rasendecken verweset, was bei einem Überzuge von Heidelbeeren ein Jahr dauert, so beginnt man die Pflanzung mittels des Spiralbohrers und füllt die Pflanzlöcher theils mit Rasen-Asche, theils mit ausgegrabener Erde.

Bei Reihensaaten wird entweder mit einem gewöhnlichen Hohlspaten, oder mit dem Pflanzenbohrer (Fig. 9.) ein Ballen Erde ausgehoben; das Loch wird mit einem Theile besserer Erde und mit zwei Hände voll Cultur-Erde (die Hälfte Rasen-Asche) ausgefüllt und es wird, nachdem der Samen aufgestreut worden, durch einen Druck mit dem Absatze des Stiefels ein concaves Loch gemacht, in welches sich die Feuchtigkeit sammeln kann. Für Laubholzsamen bedient man sich gewöhnlich des Spiralbohrers und der Same wird in die aufgelockerte Erde eingedrückt.

Auf manchem Boden und in manchen Fällen ist es gut, und sogar öfters nöthig, die Saatlöcher schon im Herbste zu machen und den Winter hindurch ausfrieren zu lassen.

Uralte, überständige, beinah zweig- und blattlose Buchendunkelschläge, unter welchen gar kein Aufschlag anzutreffen war, ist jetzt Herr *Biermanns* bemüht, in neue Bestände umzuschaffen, indem er unterm Schutze derselben Reihenpflanzungen von Lerchen und Kiefern, in Gassen, welche durch sogenannte Coulissenhiebe durchgehauen sind, anlegt. Sobald diese Nadelholzpflanzungen erstarkt sind, werden die alten Buchen abgetrieben, und unterm Schutz der letztern und nachdem die Nadelhölzer wieder den Boden verbessert haben, soll dann eine neue Laubholzpflanzung und der Übergang zur reinen Laubholzproduction gemacht werden. Herr *Biermanns* hat bis jetzt nicht weniger als 7 bis 8000 Morgen meist ganz zerstörter Waldfläche, die für jede Holzproduction verloren war, in Cultur gesetzt.

Die Culturkosten sind in dortiger Gegend folgende:

Ein tüchtiger männlicher Arbeiter erhält täglich . . .			10	Sgr.
Eine gewandte Arbeiterin	6	bis	$6\frac{1}{2}$	-
1000 Pflanzenlöcher zu bohren kosten	5	-	$5\frac{1}{2}$	-
1000 desgl. auf leichtem Boden	3	-	4	-
1000 Rasen umzulegen, wozu 2 Tage nöthig sind, kostet	19	-	20	-
1000 Pflänzlinge zu pflanzen, $\frac{2}{3}$ bis 1 Tag, ...	4	-	$6\frac{1}{2}$	-
1 Q. R. Rasen zu schälen und zu brennen	$2\frac{1}{4}$	-	$2\frac{1}{2}$	-

Werden mehrere Quadratruthen geschält, so kann 1 Arbeiter täglich 6 Q. R. schälen und brennen.

Der Morgen kostet durchschnittlich 1 Thlr. so anzubauen.

26. Die Kiefer, Föhre, Kiehne. (*Pinus sylvestris L.*)

Sie bildet in den nördlichen Gegenden von Deutschland sehr ausgedehnte Waldungen und ist die Haupt-Holzart in dem Preufsischen Staate. Mit der zunehmenden Cultur und Bevölkerung des Landes wird sie in den, ihr gedeihliches Fortkommen begünstigenden oder behindernden Verhältnissen eine immer höhere Bedeutung gewinnen; denn bei der vorherrschenden Neigung, so viel Boden als möglich, wenn er sich auch nur auf kürzere Zeit zu Acker oder Wiese umschaffen läfst, dem Waldbau zu entziehen, wird mit der Zeit die Kiefer diejenige Holz-Art werden, welche die meisten Waldflächen bedecken wird, da sie in jedem Clima und selbst auf dem schlechtesten Boden, wenn er nur nicht allzu stiefmütterlich behandelt wird, fortkommt, leicht anzubauen ist, bald nutzbar wird und das beste Bauholz liefert. Allerdings wird, je besser der Boden, desto höher der Ertrag sein, und die Ausbeute desto geringer, je weniger der Boden auf das Gedeihen wirkt. Ein flachgründiger Boden, in welchem die Wurzeln auf nahe Thonschichten oder andere feste Unterlagen stofsen, sagt dem Anbau der Fichte nicht zu. Im Bruchboden wächst sie ebenfalls schlecht, wird krumm, mürbe, harzarm und kernfaul. Sie läfst in beiden Fällen bald im Wuchse in die Höhe nach und stirbt frühzeitig ab. Sonst geräth sie auf jedem Boden gut. In 140 bis 150 Jahren erreicht die Kiefer ihre Vollkommenheit, wird aber unter günstigen Umständen noch viel älter. Sie erlangt eine Höhe von 120 bis 130 F. und eine Stammdicke von 2½ bis 4 F., und darüber. In 80 bis 90 Jahren liefert sie schon starkes Bauholz. Sie mufs im Schlusse angezogen werden. Freistehende Bäume behalten einen krüppligen Wuchs und ihre Äste breiten sich wie bei den Laubhölzern aus.

Die Nadeln sind von sehr dunkler, ins Blaue fallender Farbe, stehen zu 2 bis 5 in einer Scheide, sind spröde, zugespitzt und an der untern Seite etwas gewölbt. Die Rinde ist gewöhnlich zimmetbraun, nach der Länge gerissen, unten am Stamme aschgrau, weiter oben glatt, dünn und gelb. Auf Kalkboden verlieren die Nadeln ihre grüne Farbe.

Das junge Kiefernholz ist gelb, sein Splint weifs; das ältere fällt ins röthliche. Ein zu röthlicher Kern deutet auf Überreife und nahende Fäule. Wenn die Jahrringe an gefällten Stämmen und geschnittenen Hölzern grau und die Zwischenräume wie mit Kreide punctirt sind, so zeigt dies an, dafs die Säfte verstocken. Durch zu langes Liegen im Wasser entsteht das Gleiche. Die in schlechtem Boden gewachsenen Kiefern haben wenig Herz und vielen Splint und verlieren nach und nach ihre Äste. In die dadurch entstehenden Astlöcher dringen Luft und Feuchtigkeit ein, verursachen schwammige Gewächse und hernach Fäulnifs, welche oft bis ins Herz des Baumes dringt. Daraus entstehn die sogenannten *Schwammbäume.*

Die Schwämme pflegen häufiger an der Süd- und Westseite, als an der Nord- und Ostseite vorzukommen, sind aber auch oft unter der Rinde verborgen. Um sich einigermaafsen von der Gesundheit oder Schadhaftigkeit der Bäume zu überzeugen, entblöfst man sie an der Südseite, an einer kleinen Stelle, von der Rinde, und schlägt daselbst mit der umgekehrten Axt an. Klingt der Schlag an den Baum hohl, so ist es ein Zeichen, dafs der Baum bis ins Herz faul ist: ist der Klang hart und fest, so ist der Stamm *höchst wahrscheinlich* gesund; wenn sich auch aufserhalb einige Schwämme zeigen sollten. Auch an der Rinde lassen sich einigermaafsen die Güte oder die Fehler der Kiefer erkennen. Ist ihre Farbe an den erhabenen Stellen gräulich und spielt in den Vertiefungen ins röthliche, mit grau gemischt, so ist der Baum wahrscheinlich gesund; ist aber die Rinde oben weifs und die Vertiefungen sind blofs gräulich, so ist das Gegentheil wahrscheinlich.

Häufig sind auch, besonders freistehende Stämme, *windrissig,* d. h. durch Sturmwinde so gebogen und gedreht, dafs der Stamm dadurch inwendig Spalten und Risse bekommen hat. Diese Risse sind zuweilen sichtbar und nicht überwachsen; in welchem Falle die Feuchtigkeit ins Innere des Baumes dringen und Fäulnifs erzeugen kann.

Das Kiefernholz hat breite Jahrringe, welche stark von einem durchsichtigen Harze durchdrungen sind. Es ist härter und harzreicher als das der Tanne, aber weicher und weniger harzig als das des Lerchenbaums. Die Kiefer hat starke Wurzeln; namentlich eine starke Pfahlwurzel. Ein Cubikfufs Kiefernholz, frisch vom Baume, wiegt 55 bis 60, trocken 40 bis 45 Pfd.; splintiges Holz nur 40 bis 41 Pfd.

Für die Umtriebszeit der Kiefer kommt hauptsächlich das Mischungsverhältnifs des Bodens in Betracht. Auf magerem, vielleicht noch durch Wegnahme der Streu entkräftetem Boden, oder auf solchem, der durch unrichtige Benutzung dem Sonnenbrande ausgesetzt ward, würden 120 Jahre für die Haubarkeit einen schlechten Ertrag geben. Der Umtrieb mufs dort nicht über das 80te Jahr hinausgeschoben werden, weil die Kiefer auf solchem Boden schon frühzeitig sich zu lichten beginnt. Ist dagegen der Boden des Waldes mit guter Damm-Erde gemischt, nicht zu trocken, wenn auch selbst Sandboden, mit nur einigen bindenden Theilen, und stehen die Bäume gut gewachsen und geschlossen, so mag die Umtriebszeit auf 100 Jahre bestimmt werden, weil die Kiefer bis zu diesem Alter fortwächst und dann auf solchem Boden schon Holz von hinlänglicher Stärke für den Landbau giebt. Der Privatwaldbesitzer sollte die Umtriebszeit für die Kiefer nicht länger dauern lassen; denn der höhere Geld-Erlös aus den zu erzielenden stärkeren Stämmen steht mit dem Zinsenverluste von 20 Jahren nicht im Verhältnifs. Will man die Erziehung von stärkern Bauhölzern zum eignen Bedarf, oder zum Verkauf, nicht aufgeben, so läfst sich dies erreichen, wenn man den Abtrieb einzelner guter und schaftiger Bestände so weit hinausschiebt, dafs sie starke Bau- und Brennhölzer liefern; oder man behält einzelne Samenbäume in den Schonungen, die erst dann abgehauen werden, wenn der herangewachsene Stangen-Ort zum erstenmal durchforstet wird.

Kiefernbestände auf Moor- oder Torfboden, wenn sie auch Anfangs einen guten Wuchs zeigen, werden nie gesund ein hohes Alter erreichen und dürfen nicht älter als 60 bis 80 Jahr werden. Man hüte sich aber, auch *überhaupt* die Abtriebszeit *zu kurz* zu setzen. Der scheinbare Vortheil eines 40jährigen Umtriebes, wenn man von dem Boden 3 Jahre lang Ackerfrüchte zieht und ihn nachher wieder zur Schonung macht, wobei die Kosten der Cultur durch den Ertrag aus den Früchten gedeckt werden, könnte leicht verleiten, aus einer solchen Abweichung die Regel zu machen. Es kommen dabei die örtlichen Verhältnisse und die Möglichkeit des Absatzes schwacher Hölzer, insofern sie der Eigenthümer nicht selbst gebraucht, in Betracht. Auch die Kosten der Rodung sind zu berücksichtigen. Während die 40 bis 80 Stöcke, welche aus einem 80 bis 100jährigen Kiefern-Ort auf den Morgen zurückbleiben, einer 2 bis 3jährigen Beackerung des Bodens, wenn sie auch nicht gerodet werden, vor dem Wieder-Anbau mit Holz wenig hinderlich sind, ist der Fall mit 6 bis 800 Stöcken eines 40jährigen abgetriebenen Stangen-Ortes anders. Diese würden die Bearbeitung des Bodens mit Pflug und Egge unmöglich machen. Sollten aber auch die Kosten der Wiedercultur durch eine 2 bis 3jährige Beackerung in der Regel gedeckt werden, und ist gleich die Rodung der Stöcke jüngern Holzes leichter als die alter, so müssen doch den früheren Zinsen aus dem Geld-Erlöse für die in kürzern Umtrieb gesetzten Hölzer neben den Rodungskosten auch noch die Verluste entgegengestellt werden, welche aus dem zwischen dem Abtriebe und der Wiedercultur verlorenen Holzzuwachs entstehen und die oft einen Zeitraum von 6 bis 8 Jahren umfassen. Denn nicht jedes Jahr ist ein günstiges Culturjahr, und schon manche wohlgerathene Cultur ist im nächsten heifsen und dürren Sommer wieder vernichtet worden. Auch ist einem zu kurzen Betriebe noch die Weidenutzung hinderlich. In einem mit 100jährigem Umtriebe bewirthschafteten

Forst werden, wenn die jährliche Abtriebsfläche 10 Morgen beträgt und man die Fläche des jungen Holzes vor dem 20ten Jahre nicht zur Hütung aufgeben will, 200 Morgen, oder der 5te Theil, Schonung bleiben müssen. Im 40jährigen Umtriebe ist eine jährliche Abtriebsfläche von 25 Morgen nöthig, und es müfsten dann aus denselben Rücksichten 500 Morgen Schonung bleiben. Es gingen also gegen die 100jährige Umtriebsperiode dem Weidevieh 300 Morgen verloren; was zu berücksichtigen wäre, besonders wenn dem Privatforstbesitzer noch die Rechte dritter Personen, als Holz-, Weide- und Streueberechtigter, in der unbedingten und willkürlichen Fortsetzung der Umtriebszeit hinderlich sind. Wo er frei walten kann, mag in Fällen, wo Fabriken, Brennereien oder Ölmühlen, Ziegeleien u. s. w. die Benutzung des Holzes in kürzern Umtriebsperioden bedingen, auf gutem Boden die 50jährige Umtriebszeit gerechtfertigt sein.

Für gemengte Holzbestände hangt die Umtriebszeit davon ab, welche Holz-Arten die Hauptnutzung geben sollen und welche bereits früher aus Bedingnifs der Durchforstung herausgenommen werden müssen. Die Regel ist, dafs diejenigen Holzgattungen, welche eine *längere* Lebensdauer haben, dereinst die Hauptnutzung bei der Verjüngung liefern, während die übrigen, im Verhältnifs ihrer kürzern Lebensdauer, herausgenommen werden. Mufs man aber, nach Beschaffenheit der Holzgattungen zu einander und nach dem Bedürfnifs oder den Absatzverhältnissen, Holz-Arten von verschiedener Lebensdauer, für welche also in reinen Beständen eine verschiedene Umtriebszeit gut sein würde, in gemengtem Bestande neben einander bis zum Abtriebe fortwachsen lassen, so wird der Umtrieb von derjenigen Holz-Art bestimmt werden, welche die *kürzere* Lebensdauer hat, und es müssen dann mit ihr auch die übrigen fortgewachsenen Holz-Arten abgetrieben werden. Wären z. B., ziemlich gleichmäfsig und von gleichem Alter, in einem Walde Rothbuchen, Eichen, Kiefern, Weifsbuchen und Birken vertheilt, und man wollte die drei ersten als Hauptbestand bis zur Haubarkeit erhalten, die Weifsbuchen und Birken aber als Durchforstungsholz herausnehmen, so würde die Umtriebszeit von dem Alter der *Kiefer* bestimmt werden, und beim Abtriebe derselben würden gleichzeitig Eichen und Rothbuchen mit weggenommen werden. Sollten aber auch nach der Herausnahme der Kiefern die Eichen und Buchen noch nicht aufser Schlufs kommen, indem so viele dieser Bäume so gleichmäfsig vertheilt stehen bleiben, dafs der Zuwachs nicht zu geringe ist, so würde die Kiefer nur als letztes Durchforstungsholz herausgenommen und der Umtrieb nach der ***Eiche*** und ***Buche*** bestimmt werden müssen, indem diese dann die Hauptnutzung geben würden.

Wir haben diese kurzen forstwirthschaftlichen Andeutungen hier herzusetzen für nützlich erachtet, können uns aber für den Zweck dieser Blätter nicht weiter darin ausdehnen, obgleich über die Benutzung grade dieses Baumes, der bei uns bald fast allein noch eine Hauptnutzung gewähren wird, noch Manches zu bemerken wäre. Bei der Beschreibung der Cultur-Arten werden wir noch einige wichtige Puncte kurz erörtern.

Anbau. Durch Saat und durch Anpflanzung.

1. ***Die Saat*** geschieht

a. Durch natürliche Basamung, indem man die erforderliche Samenbäume stehen läfst; oder

b. Aus der Hand, durch Ausstreuen der Kiefernzapfen und Kiehn-Äpfel, oder durch Aussäen schon ausgeklengten Samens.

Die Besamung aus der Hand ist insofern besser, als man so die Gleichmäfsigkeit des künftigen jungen Anfluges mehr in der Gewalt hat, obgleich es die Natur auch hier öfters besser macht. Das Aussäen der Zapfen gewährt die Sicherheit, dafs man immer guten, unverdorbenen Samen sich verschaffen kann, und ist auch wohlfeiler als die Cultur aus reinem Samen, der erst ausgeklengt werden mufs; desgleichen haben die jungen Pflanzen in den ersten Jahren einen kräftigern Wuchs. Die Saat reinen Samens hat folgende Vorzüge:

Erstlich, ist eine gleichmäfsigere Vertheilung des Samens möglich.

Zweitens. Der Transport des Samens aus gröfserer Entfernung ist wohlfeiler.

Drittens. Der Samen kann länger aufbewahrt werden als die Kien-Äpfel. Letztere dauern nur ein Jahr, an einem schattigen, trocknen Orte; der Samen, auf gleiche Weise, 3 Jahre.

Viertens. Die Zapfensaat ist nicht auf jeden Boden anwendbar. Auf bemoostem, mit Gras, Haidekraut bedecktem Boden, oder auf Moorboden und nassem Grunde, so wie auf flüchtigen Sandschollen, ist die Saat mit Samen besser. Auf den Sandschollen werden die Zapfen leicht weggeweht; auf nassem, bewachsenem und Moorboden bersten die Äpfel ungleich und schwer.

Fünftens. Bei anhaltend nassem Wetter keimt der Samen in den Zapfen, und verdirbt, oder die Zapfen werden in die Erde geschlämmt und zerspringen nicht.

Sechstens. Den reinen Samen kann man sogleich besser mit Erde bedecken und ihn gegen das Auflesen durch die Vögel sichern.

Siebentens. Mit der Zapfensaat mufs man bis in den Mai warten, weil klarer Sonnenschein und gutes Wetter dazu nöthig sind. Reinen Samen kann man schon im ersten Frühlinge streuen. Die Saat ist allein nur da anwendbar, wo sie mit dem Getreidebau verbunden wird.

Achtens. Die Aussaat reinen Samens erfordert weniger Samen und weniger Arbeit.

Es würde also immer entschieden besser sein, reinen Samen zu säen, als Zapfen; besonders da, wo der Samen ohne grofse Kosten ausgeklengt werden kann, Samendarren vorhanden sind, und wo man also sicher ist, guten, keimfähigen Samen zu erlangen. Wo es anders ist, wo die zu cultivirende Fläche einen reinen Boden hat und die Zapfen bald zerspringen, ist die Zapfensaat besser.

Das Einsammeln der Kiehn-Äpfel geschieht schon vom November an; wo sie ihre Reife erlangt haben. Wenn sie aber schon Frost bekommen haben, zerspringen sie leichter. Beim Einsammeln dürfen keine alten Zapfen, die keinen Samen enthalten, mitgenommen werden. Dieselben sind an der matten Farbe, dem fehlenden Glanze der guten Zapfen und daran zu erkennen, dafs sich die Schuppen nicht wieder vollkommen schliefsen.

Ist der Boden gut, und nicht zu fürchten, dafs der Wind ihn angreife, so ist es rathsam, auf der zu cultivirenden Fläche, 2 bis 3 Jahre vor der Cultur, Getreide zu bauen. Im Frühlinge nach der letzten Erndte werden dann die Zapfen oder der reine Samen ohne Weiteres ausgesäet: der reine Samen sogleich, die Zapfen, nachdem sie zersprungen sind; worauf man kreuzweis egget. Wo der Getreidebau nicht anwendbar ist, geschieht die Verwundung des Bodens durch Pflügen, oder durch Aufhacken.

Beim Pflügen ziehe man die Furchen möglichst tief, 4 Fufs von einander, und von Morgen nach Abend. An Bergen müssen sie horizontal an denselben entlang laufen, damit sie nicht bei Regengüssen zu Rinnen werden und das Wasser den Samen wegschwemme, oder die jungen Pflanzen ausreifse. Wo der Pflug wegen der Stubben und wegen zu üppigen Graswuchses nicht anwendbar, oder wo der Boden mit Gras, Heidekraut und Besenpfrieme stark bewachsen ist, mufs er aufgehackt werden.

Das Aufhacken geschieht streifen- oder stellenweise. Das Letztere ist wohlfeiler. Es kommt bei beiden aber darauf an, dafs der Graswuchs zerstört, die Bodendecke und der darunter befindliche verkohlte Humus mit weggenommen werde und der Samen in fruchtbare Erde zu liegen komme.

Die Stellen können 4 bis 5 Fufs von einander entfernt sein. Enger sind sie nicht rathsam; denn Licht und Luft ist auch diesen Pflanzen gedeihlich; wobei es aber darauf ankommt, ob die Boden-Art die baldige Beschattung der Pflanzen nothwendig macht. Durch zu dichte und zu grofse Stellen oder Streifen wird die Cultur zwecklos vertheuert.

Die Streifen erhalten auf weniger zum Grastriebe geneigtem Boden 9 bis 12 Zoll Breite; auf sehr zum Grastriebe geneigtem Boden macht man sie 18 bis 24 Zoll breit. Sie müssen ebenfalls von Morgen nach Abend und an Bergen horizontal entlang laufen. Die abzuhackende Bodendecke legt man an die Mittagsseite des Streifens, damit die jungen Pflanzen Schutz gegen die Sonne bekommen.

Die Saatplätze macht man auf nicht sehr grasreichem Boden, mit 3 Fufs Zwischenraum, 2 bis 4 Fufs lang und 9 bis 12 Zoll breit, auf graswüchsigerem Boden 18 bis 24 Zoll breit. Streifen und Stellen müssen 3 bis 4 Zoll tief aufgehackt und gelockert werden, weil die Pflanzen, wenn sie mit den Pfahlwurzeln sogleich mehr in die Tiefe dringen können, weniger von der Dürre leiden. Auch ist es immer gut, wenn die Verwundung des Bodens schon im Herbste vorher geschehen kann, damit er während des Winters Nahrungstheile aus der Luft ziehen und sich wieder setzen könne.

Auf den Morgen Land sind zur Vollsaat 4 Scheffel gute Kiehn-Äpfel, oder 4 Pfd. reiner Samen, zur streifen- oder stellenweisen Saat 3 Scheffel Kiehn-Äpfel oder 3 Pfund reiner Samen nöthig. Ein Scheffel entflügelter Kiefersamen wiegt 55 Pfund und 1 Pfund enthält 70,000 Körner. Auf Sandschollen und auf Boden, wo leicht ein Verlust an Samen zu fürchten ist, mufs die Samenmasse um die Hälfte gröfser sein. Doch darf man nicht *zu* dicht säen; die Kosten werden dadurch nutzlos erhöht, und auf leichtem Boden erhält man dann nicht gute, anwüchsige Schonungen. Es gilt hier Dasselbe, was von zu dichter Getreidesaat auf schlechtem Boden bekannt ist. Zu viele Pflanzen finden nicht hinreichende Nahrung, verkümmern und geben einen geringen Ertrag. Auch ist es ein Vorurtheil, wenn man glaubt, um recht langschaftiges Holz zu bekommen, müfsten die Schonungen von Jugend auf sehr dicht sein. Die besten Schonungen sind die, in welchen die jungen Pflanzen so stehen, dafs sie mit dem 15ten bis 20ten Jahre im Schlufs sind. Da von der Kiefer die Äste, welche sie in der Jugend unterhalb angesetzt hat und die, wenn sie in Schlufs kommt, absterben, stets wieder verwachsen, so ist der geschlossene Stand von früher Jugend an zur Erzielung langschaftigen Holzes gar nicht nöthig. Das in dichten Schonungen schwächlich wachsende Holz leidet stets mehr vom Schneebruch.

Für die Aussaat der Zapfen ist man von den früher mehrseits empfohlenen Wurfmaschinen und Wagen auf die einfache Methode zurückgekommen, dafs ein Säemann so viele Zapfen, als er bequem im Säelacken tragen kann, hineinthut und die Zapfen, die Furchen verfolgend, einzeln, wie beim Kartoffellegen, darin ausstreut. Beim *Vollsäen* geschieht das Wenden und Kehren der zersprungenen Kiehnäpfel mittels der Egge; beim streifen- oder stellenweisen Säen durch Besen oder Rechen, und am besten in den Mittagsstunden. Werden die Zapfen, nachdem sie einige Tage gelegen und zu zerspringen begonnen haben, von einem Regen getroffen, so schliefsen sich die Schuppen zwar wieder zu, doch schadet dies nicht, sondern hat im Gegentheil den Nutzen, dafs sie sich bei der nächst folgenden Sonnenhitze desto mehr öffnen. Kehrt aber häufiger Regen wieder, und bleibt nicht Zwischenzeit genug, um die Zapfen zu wenden, so kann die Saat leicht mifsrathen. Deshalb eignen sich nasse Jahre nicht zum Säen. Es bleibt dann nichts übrig, als die Zapfen, ehe sie zerspringen, wieder über die Erde zu bringen, falls sie eingeschlämmt sind; was besonders auch dann immer geschehen mufs, wenn gleich nach der Saat ein starker Platzregen fällt. Es ist gut, über den Saatplatz Vieh zu treiben, nachdem der Samen ausgefallen ist, indem der Samen dadurch mit Erde bedeckt und der etwa lockere Boden festgetreten wird.

Den reinen Samen kann man von Anfang April bis Mitte Mai säen. Bei dem Vollsäen theilt man am besten den Samen in zwei gleiche Theile und übersäet mit dem einen Theil den Saatplatz in die Länge, mit dem andern in die Breite. Beim streifen- und stellenweisen Säen steckt man erst einzelne Morgen ab, läfst auf jeden Morgen das bestimmte Quantum säen, und fährt damit so lange fort, bis der Säemann eingeübt ist.

2. *Die Pflanzung* ist besonders schon zur Nachbesserung einzelner Lücken in den Schonungen, aber auch in gröfserer Ausdehnung zu empfehlen. Auch wird dürrer Boden, auf welchem die Saat häufig mifsräth, am vortheilhaftesten durch Pflanzung angebaut. Sie ist mehrentheils auch wohlfeiler als die Saat, und eine sehr sichere Art des Anbaues.

Man verpflanzt die Kiefer im Herbst oder Frühling, bis zum Eintritte der Vegetation; ja selbst im Sommer gemachte Pflanzungen sind gelungen.

Die Verpflanzung geschieht *mit* oder *ohne* Ballen. Zu beiden darf man aber nur ganz gesunde, kräftige Pflanzen nehmen. Das Pflanzen mit

Ballen hat den Vorzug des sichereren Gedeihens, ist aber theurer als die Pflanzung ohne Ballen.

Beim Pflanzen *mit* den Ballen werden 3 bis 6jährige Pflanzen mit dem Spaten behutsam ausgehoben; wobei die Pfahlwurzel möglichst lang mit ausgestochen werden und der Pflänzling hinlänglich Wurzeln behalten mufs. Diese Pflanzen werden in die bereit gehaltenen, in Reihen und im 4 bis 5füfsigen Verbande gemachten Pflanzlöcher eingesetzt. Nur auf dürrem Boden und auf Sandschollen wird, der nöthigen Beschattung wegen, eine dichtere Pflanzung nöthig sein. Die Ballen dürfen bei dem Transport auf Wagen, Karren oder Bahren nicht beschädigt werden, müssen im Pflanzloche gut stehen und von allen Seiten mit Erde so ausgefüttert werden, dafs keine leeren Zwischenräume bleiben.

Kleinere Blöfsen und holzleere Stellen in 6 bis 10jährigen Kieferschonungen bringt man am leichtesten auf diese Art in Bestand. Es wird selten eine aus natürlicher Besamung erzogene Kiefernschonung geben, welche durchweg vollkommen bestanden wäre; sie wird immer hin und wieder gröfsere oder kleinere Blöfsen haben, welche durch zu spätes Wegnehmen des Oberholzes, durch Beschädigungen von Weidevieh oder durch das Vertrocknen der jungen Pflanzen auf sogenanntem Brandboden durch die Sonnenhitze, oder so wie durch Vernichtung vom Rüsselkäfer, oder von der Maikäferlarve entstanden sind.

Ist die Schonung jünger und hat sie gröfsere Blöfsen, so ist die Ballenpflanzung zu theuer; besonders wenn die Pflanzen weit herbeigeholt werden müssen. Man pflanzt dann *ohne* Ballen und nimmt dazu 1, 2 bis 3jährige Pflanzen. Dieselben werden büschelweise mit dem Spaten ausgehoben, so dafs sie sämmtliche Wurzeln behalten, in Körben oder Kiepen sogleich nach dem Pflanzplatze geschafft und sofort eingesetzt, oder, geht dies nicht an, in Erde gelegt. Beim Transport mufs man Acht haben, dafs die Wurzeln nicht unterwegs vertrocknen, und sie deshalb nöthigenfalls mit Wasser begiefsen.

Die Pflanzplätze werden in 4 bis 5 F. entfernten Reihen, in 3 bis 4füfsigem Verbande, 14 bis 18 Zoll tief, 12 Zoll im Quadrat zubereitet. Eine strenge Symetrie beim Kreuzverbande und eine ganz gleichmäfsige Entfernung der Löcher von einander ist nicht durchaus nöthig. Zu grofse Ängstlichkeit dabei würde die Arbeit sehr aufhalten und die Kosten der Pflanzung zu sehr erhöhen. Ist die Oberfläche des Bodens mit Rasen, Moos, Heidekraut und Besenpfrieme bedeckt, so wird sie abgehackt und an der Mittagsseite aufgehäuft; die Löcher werden mit dem umgewendeten Spaten wieder mit der Erde gefüllt und dieselbe wird zerkleinert und locker gemacht. Auf diese Plätze macht man nun, am besten mit einem stumpfspitzigen Holze, wie beim Kohlpflanzen, ein 8 bis 16 Z. tiefes Loch, je nach dem Alter und der Wurzellänge der Pflänzlinge, setzt die Pflanze so hinein, dafs die Pfahlwurzel in ihrer ganzen Länge, ohne gebogen zu werden, hineinkommt, und drückt die Erde um die Wurzeln etwas fest an.

Hat man hinreichend Pflanzen, so kann man auf solchem Platze auch zwei Pflanzen, 3 bis 4 Z. von einander entfernt einsetzen; was um so sicherer ist, da dann nicht viel nachzupflanzen nöthig ist. Nur müssen stets drei Hauptpuncte bei jeder Pflanzung im Auge behalten werden; nemlich:

1. Dafs die Pflänzlinge durchaus ohne Verletzung ihrer Wurzeln ausgehoben werden;
2. Dafs die Saatplätze gehörig zubereitet werden und
3. Dafs beim Pflanzen die nicht vertrockneten Wurzeln und die Pfahlwurzeln in ihrer ganzen ungebogenen Länge eingesetzt werden.

Im Allgemeinen können die Pflanzen um ein weniges tiefer stehen, als sie früher gestanden haben.

Eine Hauptbedingung ist aber, dafs die Pflänzlinge selbst dem Zwecke angemessen erzogen werden. Zu dem Ende mufs auch der Saatkamp zweckmäfsig eingerichtet sein. Verkrüppelte Pflanzen taugen nicht zum Verpflanzen.

(Der Schlufs folgt im nächsten Heft.)

Inhaltsverzeichnifs des zweiten Hefts sieben und zwanzigsten Bandes.

Berlin, gedruckt bei G. Reimer.

Journal

für

die Baukunst.

In zwanglosen Heften.

Herausgegeben

von

Dr. A. L. Crelle,

Königlich-Preufsischem Geheimen-Ober-Baurathe, Mitgliede der Königlichen Akademie der Wissenschaften zu Berlin, Correspondenten der Kaiserlichen Akademie der Wissenschaften zu St. Petersburg und der Königlichen Akademieen der Wissenschaften zu Neapel und Brüssel, auswärtigem Mitgliede der Königlichen Akademie der Wissenschaften zu Stockholm, Ehrenmitgliede der Hamburger Gesellschaft zur Verbreitung der mathematischen Wissenschaften.

Sieben und zwanzigster Band.

Drittes Heft.

Mit einer Figurentafel.

Berlin.

Bei G. Reimer.

1849.

7.

Über die zweckmäfsigste Cultur der einheimischen Bau- und Nutzhölzer.

(Von *J. H. Schmidt,* Landgüter-Verwalter, jetzt in Pommern.)

(Schlufs der Abhandlung No. 4. und 11. im 26ten und No. 2. und 6. in diesem Bande.)

Der Boden zum Saatkampe wird 2 F. tief rigolt und von Steinen und Quecken gereinigt. Saatkämpe auf lockerem Sandboden, mit feuchtem Untergrunde liefern erfahrungsmäfsig die besten Pflanzen. Die Gröfse des Pflanzkamps richtet sich nach der Fläche der zu bepflanzenden Blöfsen und nach dem Bedarf der dazu nöthigen Pflänzlinge. Werden die Kieferpflanzen in 4füfsigem Kreuzverbande und in jedes Pflanzloch zwei gepflanzt, so verhält sich die Gröfse des Saatkamps zu der zu bepflanzenden Fläche wie 1 zu 30. Zu einem Morgen Blöfse gehören also 6 Q. Ruthen Pflanzkamp. Bei der Einrichtung des Pflanzkampfs ist Folgendes zu beobachten:

1. Der rigolte, mit dem Rechen fein geebnete Boden wird in Beete getheilt und bekommt, wenn er an einer und derselben Stelle $\frac{1}{2}$ Morgen grofs ist, einen 4 F. breiten Kreuzgang.
2. Auf den Beeten wird von 6 zu 6 Zoll mit dem Rechenstiele nach einer ausgespannten Schnur eine etwa 1 Z. tiefe Rinne gezogen.
3. In diese Rinne wird der reine, entflügelte Same zeitig im Frühlinge (Mitte April) so dicht neben einander gestreut, dafs auf den Preufs. Morgen mindestens 40 Pfd. gehen.
4. Nach dem Säen werden die Rinnen mit dem umgekehrten Rechen zugefüllt.
5. Der Saatkamp wird mit einem 6 F. hohen, dichten Strauchzaun umgeben, um ihn gegen Wild und Weidevieh zu schützen.
6. Das Unkraut in dem Kampe mufs öfters, und zwar durch Ausstechen mit einem scharfen Messer (nicht durch Ausziehen) vertilgt werden.
7. Die jungen Pflanzen werden häufig durch den Rietwurm (acheta grillotalpa) beschädigt, der die Wurzeln benagt. Man mufs gegen denselben

in die Beetfurchen hin und wieder glasirte Blumentöpfe versenken, den obern Rand derselben mit der Erde gleich. Auf ihren Wanderungen fallen die Würmer hinein und kommen darin um.

Die Pfahlwurzel der Kiefernpflanze dringt sehr tief in den rigolten Boden ein; oft 16 bis 18 Z. Deshalb sind denn auch die Pflanzen bei der Verpflanzung eher der Dürre und Hitze zu widerstehen im Stande, weil sie aus der Tiefe Nahrung ziehen können. Der dichte Stand der Pflänzlinge in dem Saatkampe hat aber den Vortheil, dafs sie aufser der Pfahlwurzel keinen Raum zur Erzeugung stärkerer Seitenwurzeln finden; was die Verpflanzung sehr erleichtert.

So erzogene Pflänzlinge kann man schon im nächsten Frühlinge zu verpflanzen anfangen; wobei Folgendes zu beobachten ist.

1. Das Ausheben der Pflanzen geschieht so, dafs dicht neben der ersten äufsern Pflanzreihe, parallel mit dieser, ein Gräbchen von der Breite des Spatens und $1\frac{1}{2}$ F. tief gezogen wird. An der hintern Seite der Pflanzreihe wird darauf der Spaten so tief als möglich eingestochen, und die Pflänzlinge werden in den vor ihnen befindlichen Graben hineingedrückt, so dafs man sie, ohne dafs Erde anhangt, herausnehmen kann. Die mit dem Spaten herausgenommene erste Pflanzenreihe bildet den Graben für die folgende; und so fort.
2. So wenig als möglich müssen die Wurzeln an der Luft bleiben; die Wurzeln ziehen sich wie krauses Haar zusammen, und dies wird der Vegetation sehr hinderlich.
3. Beim Transport auf Bahren oder Karren werden die Pflänzlinge schichtweise zwischen Moos gelegt und stark mit Wasser begossen.
4. Die Pflanzlöcher müssen, wie schon gesagt, auf dem zu bepflanzenden Terrain 3 Tage vorher fertig gemacht sein.
5. So wie die Pflanzen aus dem Kampe auf der Pflanzstelle anlangen, nehmen sie die Pflanzer in Empfang. Jeder trägt an einem über den Nacken gehängten Bande vor der Brust ein flaches irdenes Geschirr, zur Hälfte mit breiartigem Lehmwasser gefüllt, in welches er so viele Pflanzen legt, als das Gefäfs fassen kann, und so, dafs sie mit den Wurzeln ins Wasser und mit dem Triebe über den Rand sich befinden.
6. Ist der Pflanzkamp ganz in der Nähe, so können sich die Arbeiter von dort die ausgestochenen Pflanzen selber holen; so dafs die Verpackung auf Karren oder Bahren erspart wird.

7. Die Löcher werden in der Pflanzstelle von einem, jedem Pflanzer zugetheilten Arbeiter erst frisch beim Pflanzen auf die oben angegebene Weise gemacht. Während der Arbeiter das Loch macht, nimmt der Pflanzer einen Pflänzling aus dem Geschirr, streicht damit über den Sand am Pflanzloche hin (wodurch die nasse Wurzel schwerer wird) und senkt ihn in das Loch, worauf ein zweiter Arbeiter, 6 Z. davon entfernt, mit dem Holze ein zweites Loch macht, das erste zudrückt und den Pflänzling in das zweite eben so senkt; mit dem Holze oder den Händen dann beide noch etwas andrückend und eine kleine Vertiefung um beide bildend.
8. Pflänzlinge, die nicht eine Pfahlwurzel von 9 Z. und darüber haben, sollten in der Regel nicht verpflanzt werden. Auch solche nicht, die zu starke Seitenwurzeln getrieben haben.
9. Wenn etwa der Samen, weil er alt, oder das Wetter unpassend war, sehr ungleich und zu spät im Saatkampe aufgehen sollte, erhalte man lieber den Kamp bis ins zweite Jahr und pflanze erst dann.

Die Hauptsache bei dieser Pflanzungs-Art ist, für den Kostenpunct und für das Gelingen, eine richtige Vertheilung der Arbeitskräfte. In Tagelohn, unter guter Aufsicht, wird das Pflanzen besser verrichtet, als in Verding, wo die Arbeiter immer nur gern leicht fertig werden mögen, um viel zu verdienen, und den Aufseher dabei zu hintergehen suchen. Das Verfertigen der Pflanzlöcher mufs durch sämmtliche Arbeiter vorangehn. Das Ausheben, Verpacken, der Transport der Pflänzlinge nach der Pflanzstelle, das Löchermachen, und endlich das Pflanzen selbst, müssen unter bestimmte Arbeiter, deren Zahl mit dem Umfange der Pflanzung und den einzelnen Verrichtungen in Verhältnifs steht, so vertheilt sein, dafs schnell Alles in einandergreift und Niemand aufgehalten wird.

In Gegenden, wo das Tagelohn eines Mannes 5 Sgr., das der Frauen (die sich zum Pflanzen am besten schicken) 4 Sgr. beträgt, wird man den Morgen für 26 Sgr. bis 1 Thlr. bepflanzen können. An andern Orten, oder wo es an Aufsicht und richtiger Arbeitsvertheilung fehlt, wird das Gleiche 1 Thlr. 15 Sgr. bis 1 Thlr. 25 Sgr. kosten.

Eine richtig und gut ausgeführte Pflanzung gewährt im dritten oder vierten Jahre durch die kräftigen und üppigen Jahrestriebe eine wahre Freude.

Man kann auch einen Saatkamp, wenn er besonders passend liegt, nach Herausnahme der Pflänzlinge für das nächste Jahr, nochmals zur Erziehung anderer Pflänzlinge benutzen, mufs aber dann beim Umgraben sehr auf Wegschaffung der Unkrautwurzeln sehen, weil sonst das Unkraut im zweiten Jahre überhand zu nehmen pflegt.

Am besten gewinnt man reinen Kiefernsamen auf *Samendarren;* gewöhnlich Sommerdarren, die besser sind als Winterdarren, weil auf diesen häufig der ausfallende Samen durch zu grofse oder zu lange anhaltende Hitze verdorben wird. Es gehört freilich viel Sonnenschein zu den Sommerdarren, und eine immerwährende Aufsicht, da bei jedem Regen die Deckel der Darren verschlossen und die Zapfen der Darrkasten viel bewegt werden müssen; aber der Erfolg lohnt auch die Mühe. Der Verfasser hat bei einigen Forstverwaltungen Sommerdarren zu sehen Gelegenheit gehabt, die ihm aber mehr oder weniger unpassend zu sein schienen. Er schlägt folgende, ganz einfache, aber sicher zum Ziele führende Einrichtung derselben vor.

Man baue an die Südseite eines Gebäudes, entweder unten oder an die erste Etage, die Darre nach der Fig. 1. (Taf. V.) in Form eines kleinen Treibhauses an. Es wird, $5\frac{1}{2}$ bis 6 F. im Lichten von der hintern Wand entfernt, eine zweite Wand *AC,* also für ein oberes Geschofs auf untergemauerten Pfeilern oder vorspringenden Balken, 5 F. hoch aufgeführt, während die Hinterwand *AB* $7\frac{1}{2}$ F. hoch ist. An der einen Seite, gegen Abend oder Morgen, macht man eine kleine Thür *b,* zu welcher eine Treppe führt, die mit einem Dach bedeckt ist, damit die Feuchtigkeit abgehalten werde. Unter dem 18 Z. breiten Gange leitet man eine Röhre aus einer Feuerung hindurch, in welche die nöthige Wärme zugelassen und abgesperrt werden kann; wie es nöthig ist. Das Rohr mündet am Ende des Ganges in einen Schornstein aus, und kann auch mit einem Ofen in einem Zimmer des Stockwerks in Verbindung stehen. Neben dem Gange *d* legt man auf ein Lattengerüst, in beliebiger Höhe, Tafeln von Brettern *ef,* mit 6 Z. hohem Rande umgeben und übereinander $1\frac{1}{2}$ F. hoch. Giebelwände und Dach werden mit dicht aneinander passenden Glasfenstern bedeckt, für welche noch Läden bereit sind, um die Fenster in der schlechten Jahreszeit zu bedecken. Auf die Tafeln werden die Kiehn-Äpfel geschüttet und fleifsig umgerührt. Im Sommer, bei Sonnenschein, wird man durch die Sonnenstrahlen unter den Glasfenstern eine bedeutende Erwärmung erlangen und die Hitze kann noch erhöht werden, wenn man die Hinter- und die Querwand schwarz anstreicht. Man hat aber den Vortheil, dafs man auch *ohne* Sonne und doch *sicher* darren kann, wenn man bei kühlem Wetter so viel Hitze in die Röhre hineinläfst, dafs ein an der

Wand hangendes Thermometer 30 Grad Wärme zeigt. Findet sich zu viel Wärme, so wird sie sich bald durch Öffnen der Klappe, oder durch ein kleines, in dem Glasdach angebrachtes Luftfenster mäfsigen lassen. Nach dieser einfachen Einrichtung wird man *zu jeder Zeit* darren und versichert sein können, dafs man nie den Kiefernsamen *verdirbt.* Zugleich hat der Besitzer noch die Annehmlichkeit, dafs er, wenn er nicht darren will, dies kleine Gebäude als Treibhaus zu Blumen benutzen kann, wozu er blofs das Gerüst zu ändern braucht.

Vor der Saat mufs man sich jederzeit von der Keimkraft des Holzsamens überzeugen. Dies geschieht:

Erstlich, wenn man mehrere gröfsere Samenkörner, und auch einige kleinere, in der Mitte zerschneidet, und darauf achtet, ob sie sich zwischen den Fingern ölig anfühlen.

Zweitens, wenn man in einem feucht erhaltenen Lappen in der warmen Stube Samenkörner zum Keimen bringt und Acht hat, wie viele im Verhältnifs zu der Zahl nicht keimen.

Drittens. Einige schlagen vor, auf ein glühendes Eisenblech Samenkörner zu werfen und aus der Art des Verbrennens auf die Güte des Samens zu schliefsen. Dies aber ist unsicher.

Viertens. Man säet zur Probe in Blumentöpfen eine bestimmte Zahl Körner und merkt an, wie viele zurückbleiben. Dies ist, nächst der obigen zweiten, die sicherste Probe.

Auf Glauben Samen von Samenhändlern zu kaufen, ist unsicher. Häufig erhält man alten und frischen Samen gemengt.

Es sollten aber Wald-Eigenthümer nicht wegen der guten Eigenschaften der Kiefer ausschliefslich derselben ihren Fleifs zuwenden und alle andern Holz-Arten aus dem Walde verdrängen. Die Kiefer ist besonders geeignet, andere Hölzer unter sich aufzunehmen. Hölzer, die in ihrer Jugend zärtlich sind, beschützt sie sogar und trägt dazu bei, dafs sie mit ihr im Wuchse gleichen Schritt halten. Man findet in jungen Kiefern-Orten häufig Birken, Eichen, Weifsbuchen schlank wachsen und der Kiefer nichts nachgeben. Deshalb verstofse man nicht zum Vortheil der Kiefer die andern Holzgattungen. Sollte sie von schnellwachsenderen Arten zu sehr überflügelt werden, so mache man ihr durch Wegnehmen einzelner, sie verdrängender Nachbarstämme etwas Luft. Die *Birke* eignet sich vorzüglich, mit der Kiefer zugleich gezogen zu werden.

Auf die oben beschriebenen Cultur-Arten nochmals zurückgehend, bemerken wir noch, dafs sich die Getreidesaat mit der Kiefern- und Birkensaat sehr gut verbinden läfst. Der reine Kiefernsame wird Anfangs April unter, im vorigen Herbst dünn ausgesäeten Roggen gestreut, und bei der Ernte läfst man hohe Stoppeln stehen. Soll aber die letzte Frucht Sommergetreide sein, so läfst man den letzten Eggenzug nicht rund, sondern nach der Länge der Beete gehen, streut in Entfernungen von 4 F. in die parallel laufenden Rinnen den reinen Kiefernsamen ein und zieht die Rinne mit dem Rechen oder Besen zu. Sollen noch andere Holzgattungen hinzugemischt werden, so sind auf den Morgen 2 Pfd. guter Samen hinreichend. In 14 Tagen bis 4 Wochen geht derselbe unter dem Schutze der Sommersaat auf; bei der Ernte bleiben ebenfalls hohe Stoppeln stehen. Im nächsten Herbste (Ende September oder Anfangs October) wird dann die Fläche mit Birkensamen überstreut: entweder streifenweise zwischen den Kiefern, oder stellenweise, oder auch gleichmäfsig über die ganze Fläche vertheilt; wobei es der weitern Bedeckung mit Erde nicht bedarf, da es für den Birkensamen genügt, wenn er nur eine wunde Stelle trifft. Wird aber zur letzten Getreidefrucht Wintergetreide genommen, so streut man am besten den Birkensamen gleich nach der Wintersaat über sie, läfst die Eggen, unter welche dann Strauchbüschel gebunden werden, nochmals überziehen und säet die Kiefern im folgenden Frühling in den Saatschlag ein. Ein Scheffel, oder 12 Pfd. Birkensamen mit Flügeln, reichen zu einer solchen gemischten Saat auf den Morgen hin, um einen guten Bestand zu erziehen.

Sollen in dem gemischten Bestande zugleich Eichen und Buchen gezogen werden, so werden die Eicheln und Buch-Eckern sogleich in demselben Herbste mit der Birke unter die Erde gebracht, indem man beim Pflügen, in 4 F. entfernten Reihen, alle 3 bis 4 F., wechselsweise eine Eichel und eine Buch-Ecker einlegt; wozu auf den Morgen etwa 1 Scheffel Eicheln und 1 Scheffel Buchnüsse gehören. Macht eine Sommer-Getreidefrucht den Beschlufs, so werden Eicheln und Buchen im Herbst, nach der Birkensaat, in ziemlich gleichmäfsigen Zwischenräumen mit dem Kartoffelkarst so eingehackt, dafs sie 2 Z. hoch mit Erde bedeckt werden; wenn man nicht die Eichen und Buchen zu *pflanzen* vorzieht.

Es ist vortheilhaft, den Boden durch mindestens *eine* Getreidefrucht für die folgende Holzcultur empfänglicher zu machen. Wo es also auf Verjüngung der Kiefernbestände auf magerem Sandboden ankommt, welchem jede

Damm-Erdenschicht fehlt und der vom Winde angegriffen werden kann, mufs man die Cultur gleich nach dem Roden der Stubben beginnen. In der Regel wird aber auch ein solcher Boden zuvor immer noch eine Roggen-Ernte zu tragen im Stande sein.

Örtlicher Verhältnisse wegen kann es öfters nothwendig sein, das haubare Holz nicht auf einmal zu fällen, sondern eine gewisse Zahl von Bäumen stehen zu lassen, durch deren Samen-Abfall die Fläche wieder ohne weitere Kosten in Anbau kommt. Es ist von den Forstwirthen über das Für und Wider in dieser Beziehung viel gestritten worden. Wir wollen die Gründe und Gegengründe kurz hersetzen.

A. Für den kahlen Abtrieb und die Holzsaat mit der Hand sagt man:

1. Die zur Erfüllung des Material-Etats erforderliche Holzmasse werde von einer kleineren Fläche erlangt.
2. Das Stubbenholz werde sämmtlich gewonnen.
3. Es entstehe kein Verlust am Holzzuwachs aus dem Boden, weil derselbe gleich nach dem Hiebe wieder mit Holz aus der Hand angebaut werde.
4. Es sei eine geringere Schonungsfläche nöthig, und es werde dem Weidevieh viel weniger Fläche entzogen.

B. Gegen den kahlen Abtrieb und den Anbau aus der Hand sagt man:

1. Die Kosten der Cultur aus der Hand betragen, unter Umständen, oft mehr als der Verlust an Zuwachs werth ist.
2. Mehrere Holzgattungen, z. B. die Buche, Eiche, Weifstanne, verlangen durchaus Schutz des Oberbaums, und ihre Zucht im Freien ohne denselben sei mifslich.
3. In schlechten Samenjahren fehle es öfters an dem nöthigen Samen; welcher auch oft untauglich sei.
4. Der aufgelockerte Boden ziehe den Rüsselkäfer und die Maikäferlarve herbei, welche die jungen Pflanzen wieder vernichten.

Aa. Für die natürliche Besamung spricht:

1. Die Erziehung eines neuen Holzbestandes ohne Culturkosten.
2. Der Schutz der jungen Pflanzen durch die Samenbäume gegen Frost und Sonnenbrand.
3. Die Möglichkeit, einen zweiten jungen Holzbestand durch natürliche Besamung ohne Kosten zu erziehen, wenn etwa die erste Besamung vernichtet wäre.

4. Die weniger nöthige Eil beim Absatz des Nutzholzes, weil die kräftigsten und besten Bäume als Samenbäume erhalten werden können; so wie der starke Zuwachs im freieren Stande.

Bb. *Gegen* die Samenschlaglegung und natürliche Besamung spricht:

1. Der Verlust an Zuwachs, wenn die Samenjahre ausbleiben.
2. Die Ungleichheit der heranwachsenden jungen Pflanzen, und deshalb der Bestände.
3. Der Verlust eines Theils der Stubben.
4. Die Beschädigung der jungen Pflanzen durch das Herausrücken der Samenbäume, und die Kosten des Herausrückens.
5. Die immer nöthigen Nachbesserungen; besonders wenn mehrere Jahre keine Samenjahre sind, oder die sparsam stehenden Samenbäume vom Sturme umgeworfen werden.
6. Die gröfsere Schonungsfläche und die dadurch verringerte Weidefläche.

Es läfst sich nach allen Diesem weder das eine noch das andere Verfahren für *allein* anwendbar erklären. Es hangt von vielen örtlichen Verhältnissen ab, welches System das beste sein werde. Die Verhältnisse alle aufzuzählen, würde zu weit führen. Wir wenden uns also zur Betrachtung eines *natürlichen Samenschlages* zurück.

Um einen solchen regelmäfsig herzustellen, mufs man zunächst die Bäume in eine solche Stellung zu einander bringen, dafs sie im Stande sind, die ganze Fläche, welche besamt werden soll, mit Samen zu überstreuen; so dafs keine Blöfsen, oder doch deren so wenige als möglich entstehen. Die Verschiedenheit der Holzgattungen und die Eigenthümlichkeit des Samens bestimmen die *dichtere* oder *lichtere* Stellung der Bäume, oder den sogenannten *Dunkelschlag.* Dichter müssen die Bäume derjenigen Holzgattungen stehen, deren schwererer Same, wenn er unbeflügelt ist, unmittelbar unter den Schirm des Baumes fällt, und deren Pflanzen in der Jugend des Schutzes des Mutterbaumes bedürfen, also: Eichen, Rothbuchen, Weifsbuchen, Kastanien u. s. w. Anderen Bäumen, mit leichtem, beflügeltem Samenkorn, und deren junge Pflanzen gewöhnlich weder des Schutzes vom Oberbaume bedürfen, noch ihn ertragen, scheint die Natur den lichteren Stand angewiesen zu haben.

Bevor man die Samenbäume auszeichnet, müssen die Holzschläger, in Schlägen, in welchen hin und wieder schon der obere Schlufs unterbrochen ist, oder die Waldweide nur wenig benutzt wird und dadurch der Aufschlag und Anflug Vorschub erhalten hat, diesen, so wie den wuchernden Wachholder, mit dem

Beil, oder durch Ausziehen wegschaffen, weil alles Dies den freien Überblick und für die Folge das reine Bewachsen des Schlages hindert. Man bezeichnet dann die besten und kräftigsten Bäume, die den vollkommensten Samen haben, entweder durch Anschalmen mit dem Beile, oder, wo zu fürchten, dafs die Safthaut verletzt werden könnte, durch umgewundene Strohseile, oder auch durch Bestreichen mit Kalk oder Theer; indem man diese Zeichen sichtbar, 3 bis 4 F. hoch anbringt. Während sich bei der Rothbuche, Weifsbuche, Eiche, Kastanie, Tanne, Fichte u. s. w. die Seitenzweige der Samenbäume aus den obigen Gründen beinah berühren müssen und an den Spitzen ihrer Seitenzweige selten Samen haben, müssen die Kiefer, Birke, Espe, Esche und Eller lichter stehen. Bei der Kiefer genügt es, wenn alle 30 Schritt ein Samenbaum steht. Auf schlechtem, unfruchtbarem Boden, der vielleicht noch durch das Wegnehmen der Streu entkräftet ist, so wie auf sehr fruchtbarem Boden, der unter entfernten Bäumen viel Graswuchs hat, welcher dann die Verjüngung des Schlages sehr zu erschweren pflegt, müssen aus den entgegengesetzten Ursachen die Samenbäume dichter stehen und die Spitzen ihrer Nebenzweige 10 bis 15 F. von einander entfernt sein.

Für die Birke sind durchschnittlich 6 bis 8 vollkronige Bäume auf den Morgen als Samenbäume hinreichend, weil eine gröfsere Zahl den aufgehenden Pflänzlingen, denen jeder Mutterschutz zuwider ist, nur Schaden bringen würde.

In gemischtem Holzbestande mufs die Stellung derjenigen Bäume begünstigt werden, deren Same schwieriger als der der andern ein Keimbette findet. Stehen also Eichen, Buchen und Kiefern untereinander, so mufs von letzteren nur hin und wieder ein Samenbaum erhalten werden, weil sonst die Kiefer den Schlag mit ihren Pflanzen allein überziehen und die edlere Eiche und Buche verdrängen würde. Es kommt auch hierbei natürlich immer die Beschaffenheit des Baumes mit in Betracht.

Ist nun auf einzelnen Stellen ein Samenschlag mit jungen Kiefernpflanzen überzogen, so werden die darauf befindlichen Samenbäume sofort sämmtlich herausgenommen; wenn auch unter einzelnen Bäumen noch keine Pflanzen stehen sollten. Der Erfahrung nach ist das längere Erhalten der Bäume schädlich, indem keine Pflanzen unter ihnen aufkommen, und es ist besser, die kleinen Blöfsen nach einigen Jahren nachzupflanzen. So ist es für die Kiefer am zweckmäfsigsten (obgleich man nicht gewohnt ist, einen Dunkelschlag in einen *Lichtschlag* dadurch zu verwandeln), dafs man nur die Hälfte der Samenbäume herausnimmt und die andere Hälfte noch länger erhält, um die junge Schonung nicht auf einmal der Luft und dem Lichte Preis zu geben; so wie, um durch die noch zurückbleibenden Samenbäume die etwa vorhandenen Blöfsen noch besamen zu lassen. Die Verjüngung, von so vielen örtlichen Verhältnissen abhängig, kann aber nie an allen Stellen gleichen Schritt halten, und es ist unpassend und zwecklos, mit dem Fällen der Bäume warten zu wollen, bis der ganze Samenschlag mit Pflanzen überzogen ist. Besser wird es sein, an Stellen, wo sich schon Anflug zeigt, mit dem Fällen zu beginnen (mit dem Kesselhiebe) und damit jedes Jahr weiter vorzurücken. *So* läfst sich am schnellsten und gleichmäfsigsten die Verjüngung erzielen.

Sobald eine neue Schonung überall mit jungen Holzpflanzen bewachsen ist (eigentlich schon früher), mufs sie gegen die Beschädigung durch Weidevieh und Wild beschützt werden. Viele Privatwaldbesitzer räumen ihren Schafen die jungen Schonungen zu früh ein. Das Schaf frifst gerade die weichsten, also die jüngsten Triebe der Holzpflanzen (besonders wenn es daneben nicht gutes Gras findet) und fügt also den Schonungen grofsen Schaden zu. Die Folge ist, dafs die vernichtete Schonung für mehr Geld, als das Futter gekostet haben würde, von neuem cultivirt werden mufs, im Fall man nicht, nach dem gewohnten Schlendrian, sie dann ganz eingehen läfst. Der Schaden wird noch gröfser, wenn man die Schonung nicht blofs den Schafen, sondern auch dem Rindvieh öffnet. Das geringste Übel ist, dafs eine, mehrmals in der Jugend angefressene Holzpflanze im Wuchse zurückbleibt und an den beschädigten Stellen krumm im Schafte wird, oder Auswüchse bekommt, die den Stamm dereinst zum Nutzholz unbrauchbar machen. Jeder Wald-Eigenthümer, welcher dereinst Nutzen von seiner Schonung haben will, die er vielleicht mit vieler Mühe und Kosten geschaffen hat, mufs sie nothwendig gegen Beschädigungen durch das Weidevieh so lange mit aller Strenge wahren, bis die Stämmchen so weit herangewachsen sind, dafs sie keinen Schaden mehr leiden können.

Der Nachtheil, welchen *das Wild* den Schonungen zufügt, wird besonders dann erheblich, wenn man es in zu grofser Menge hegt; und in strengen Wintern. Soll das Wild nicht bis zur Unschädlichkeit vermindert werden, so müssen die Schonungen gegen den Andrang desselben so lange durch 8 F. hohe Lattenzäune geschützt werden, bis das höher herangewachsene junge Holz so leicht nicht mehr beschädigt werden kann. Dies gilt für Rehe, Roth- und Dammwild. Der Hase nagt meist nur in Laubholzschonungen; besonders an jungen Rothbuchen, und ist den Kiefernschonungen selten schädlich.

Mehr Schaden thun in gewissen Jahren die *Mäuse,* welche die Wurzeln der jungen Holzpflanzen zernagen, besonders aber den Eicheln und Buch-eckern nachstellen. Es ist schon oben erwähnt, dafs sie durch Fallen, Töpfe und Wassergefäfse in etwas sich vertilgen lassen.

Den gröfsten und empfindlichsten Schaden, nicht blofs in Schonungen, sondern in den Wäldern überhaupt, richten aber die ***Insecten*** an. Die genaue Beschreibung derselben würde den Raum eines Buchs füllen, und wir besitzen ein solches, sehr schätzbares, ausführliches Werk vom Prof. Dr. ***Ratzeburg,*** welches zugleich eine sehr deutliche, bildliche Anschauung der verschiedenen Wald-Insecten giebt, unter dem Titel: „Die Forst-Insecten u. s. w."; worauf wir hier, bei der Anführung blofs einiger der wichtigsten Puncte, Bezug nehmen.

Man mufs die dem Walde ***schädlichen*** Insecten hauptsächlich durch die Erhaltung, also auch Vermehrung der ihnen nachstellenden und dadurch dem Walde ***nützlichen*** Thiere zu vermindern suchen. Zu diesen Thieren gehören alle kleineren Vögel; ferner die Ameisen, Raubkäfer, Raubfliegen und mehrere Wespen-Arten, die man also in den Wäldern auf alle Weise schonen und beschützen mufs. Sonst lassen sich noch die schädlichen Insecten, so lange sie noch nicht überhand genommen haben, vorher auf mancherlei Art vertilgen. Zu den schädlichen Insecten gehören folgende.

1. Der ***Maikäfer*** (Meloloutha vulgaris). Als Larve oder Engerling vernichtet er die Wurzeln der jungen Laub- und Nadelholzpflanzen, besonders der Rothbuchen und Kiefern; aber auch andere Bäume, bis zu 20 Jahr alt. Er mufs so viel als möglich, ehe er seine Eier ablegt, verfolgt werden. Maulwürfe und Krähen helfen ihn vertilgen und müssen daher geschont werden. In die Reviere, welche er vorzugsweise zu seinem Aufenthalt gewählt hat, mufs man recht oft Schweine gehen lassen; welche den Boden umwühlen und die Larven fressen. Nimmt der Maikäfer überhand, so mufs man die Cultur des Bodens für einige Jahre einstellen, da er nur den lockern Boden liebt. Dem Laube fügt er nur vorübergehenden Schaden zu.

2. Der ***Rüsselkäfer*** (Curculio pini). Er ist ein 3½ bis 6 Linien langer und 3 Linien breiter, braunschwarzer Käfer, mit grauen Puncten, von den Forstmännern auch ***Müller*** oder ***Pastor*** genannt. Er verdirbt die jungen, 3 bis 10jährigen Holzpflanzen dadurch, dafs er sie am Stamme, an den Zweigen und Wurzelknoten bedeutend verletzt, auch die Knospen durch Anfressen zerstört, welches dann das schnelle Absterben der Pflanzen zur Folge hat. Den gröfsten Schaden thut er im Mai und Juni. Man bemerkt sein Erscheinen nur an den sichtbar werdenden Verletzungen der Pflänzlinge; ihn selbst bekommt man selten zu Gesicht, da er sich bei Tage in Stubben und Löcher

verkriecht. Ein Mittel gegen ihn ist, schmale tiefe Gräbchen mit möglichst geraden Wänden zu ziehen, in welche er bei seinen Wanderungen hineinfällt, und nicht wieder hinauskommen kann. Er kann sehr lange ohne Nahrung leben, wechselt im Zustande der Entbehrung allmälig die Farbe und wird gegen sein Lebens-Ende ganz hellgrau. Er zeigt sich vorzüglich in Schlägen, in welchen die Stubben nicht gerodet sind, und besonders gehören die frischen Stöcke zu seinem Lieblings-Aufenthalt; was einen Fingerzeig zu seiner Vernichtung giebt.

3. Des *Borkenkäfers* (Bostrichus typographus) ist bei der Fichte, welcher er fast nur allein nachstellt, schon gedacht worden.

4. Der *Waldgärtner* (Hylesinus piniperda) durchbohrt die vorletzten und letzten Triebe der Kiefernzweige, welche dadurch abfallen und den Baum im Wachsthum stören. Es läfst sich nichts dagegen thun. Der Käfer wird aber in der Regel immer bald von seinen natürlichen Feinden unschädlich gemacht.

5. Die *grofse Kiefernraupe,* der rauhe Kiefernspinner (Phalaena bombix pini). Dieselbe ist der gefährlichste Feind der Kiefernwälder, welche sie in jedem Alter vernichtet. Am häufigsten wird sie in den jungen Stangengehölzen angetroffen. Die Kiefernraupe ist schwarzbraun, stark behaart, hat 16 Bauchfüfse und erreicht bis 4 Z. Länge. Am meisten ist sie daran kenntlich, dafs sie zwei blaue Einschnitte hinter dem dritten und vierten Ringe vom Kopfe ab hat, welche besonders sichtbar werden, wenn sie den Kopf krümmt.

Diese Raupe geht nur der Kiefer nach, frifst die Nadeln bis in die Scheide ab, steigt Ende October oder Anfangs November vom Baume herab und bezieht unter dem Moose ihr Winterlager. Die kleinsten Raupen bleiben in der Nähe, die gröfsten gehen bis zwei Fufs abwärts vom Stamme. Die in diesem Zustande aufgesuchten und aufgefundenen Raupen müssen, so lange es das Wetter gestattet, von dazu angenommenen Leuten aufgelesen und verbrannt werden. An vielen Orten haben Forstberechtigte die Verpflichtung, Leute dazu zu stellen. Wo es für Geld geschehen mufs, thut man am besten, den Lohn von einem bestimmten Maafs Raupen (nach Quarten) abhängig zu machen. Dabei mufs aber immer Aufsicht sein, damit auch die kleineren Raupen, die Anfangs schwer zu finden sind, von den Leuten gesammelt werden, welche gern nur die gröfsern nehmen.

Ist das Absuchen der Bestände vor Eintritt des Winters nicht beendigt worden, so mufs es im Frühlinge, gleich nachdem der Frost die Erde verlassen hat, fortgesetzt werden; sonst steigt die Raupe mit der ersten Frühlingswärme auf die nächsten Bäume und setzt ihre Verheerungen fort. Im Anfange ist dies nicht recht merklich: jemehr sich aber die Raupe entwickelt, desto sichtbarer werden die Folgen, und in der Regel sind schon im Juni die Nadeln von den befallenen Bäumen abgefressen.

Nun steigt die Raupe, weil sie keine Nahrung mehr hat, und auch um ihrer Nachkommenschaft einen Aufenthalts-Ort zu verschaffen, von den kahlgefressenen Bäumen herab und beginnt ihre Wanderung in einen angrenzenden, noch benadelten Bestand. Dann mufs man ihr entgegenwirken. Vor dem Beginne der Wanderung mufs nemlich schon der von der Raupe befallene District mit einem kleinen Graben, 1 F. breit und 1½ F. tief umzogen und innerhalb mit ähnlichen Gräbchen durchschnitten werden, in welche alle 2 bis 3 Ruthen ein tieferes Fangloch gemacht wird. Die Raupe fällt auf ihrer Wanderung in den nächsten Graben, kann daraus nicht wieder emporkommen, sondern kriecht längs desselben auf der Sohle bis zum nächsten Fangloche, und stürzt in dasselbe hinein. Ist das Loch voll Raupen, so gräbt man nebenbei ein neues Loch und begräbt mit der Erde aus demselben die Raupen. Alle Wurzeln an den Grabenwänden müssen weggeräumt werden, damit die Raupen sich nicht daran emporhelfen können. Gewifs wird Jeder, der jemals Augenzeuge gewesen, welche ungeheure Masse von Raupen auf diese Weise vertilgt werden kann, diese Maafsregel angemessen finden.

Oft bleibt aber dennoch ein grofser Theil der Raupen übrig; oder sie wandern auch gar nicht, wenn sie noch für ihre nächste Generation Nahrung zu finden glauben. Die Raupe schickt sich dann, und zwar die gröfser ausgewachsene im Juni, die jüngere etwas später zur Verpuppung an, geht zu dem Ende von der Spitze des Baumes mehr nach der Mitte hinab und spinnt sich an der Rinde der abgefressenen Zweige, so wie auch am Unterholze ein. Es lohnt die Mühe (besonders da, wo die Raupe in gröfseren Massen vorhanden war) die Cocons einzusammeln, soweit sie nur zu erreichen sind, ehe der Schmetterling auszufliegen beginnt. Dies geschieht 14 Tage nach der vollständigen Verpuppung. Der dem Cocon entschlüpfende Schmetterling ist graubraun, begattet sich bald nach seinem Erscheinen, legt in die Ritzen der Baumrinde 50 bis 150 Eier, und stirbt einige Tage darauf. Man gebe daher um diese Zeit, Morgens und Abends, wohl Acht, welche und ob viele Schmetterlinge im Walde umherfliegen. Tritt in der Schwärmzeit ein starker

Wind ein, so kann von einem benachbarten Reviere der Schmetterling ungeachtet der Gräben herübergewehet werden und den Raupenfrafs veranlassen. Die zur Vertilgung der Schmetterlinge versuchten Mittel sind zu umständlich und zeitraubend. Man mufs vielmehr die aus den Eiern hervorkriechende Raupe zu vernichten suchen. Diese entwickelt sich daraus nach 14 Tagen bis 3 Wochen, besteigt sofort den Baum und frifst und wächst so lange auf demselben fort, bis sie, wie schon gesagt, zum Winterschlafe wieder herunterkriecht. Die verschiedene Gröfse der Raupe liegt in der früheren oder späteren Verpuppung ihrer Eltern; auch wird sie oft durch ungünstiges Wetter zurückgehalten und mufs dann im halberwachsenen Zustande vom Baume herabsteigen. Dann ist die Verheerung im Herbste weniger zu bemerken. Aber wird die Raupe nicht vertilgt, und ist der Frühling ihr günstig, so wird die Verheerung um desto gröfser.

Aufser diesen Vertilgungsmitteln helfen auch die natürlichen Feinde der Raupe, sie vernichten. Zu denselhen gehören hauptsächlich die *Schlüpf- oder Zehrwespen* (Ichneumones), welche den gröfsten Verheerungen der Raupe in kurzer Zeit Schranken setzen könnnen. Sie durchstechen den Balg der Raupe, zu der Zeit, wo sie sich zur Verpuppung anschickt, mit ihrem Stachel, legen ihre Eier in die Wunde und stören so die Verpuppung. Statt der Raupenschmetterlinge kommen dann Schlüpfwespen hervor; und haben diese erst überhand genommen, so ist die Gefahr des Raupenfrafses gehoben.

Sonderbar ist es, dafs der Erfahrung nach die Raupe gerade diejenigen Kiefernbestände vorzieht, welche *dürftige* Nadeln haben, oder auf schlechtem, magerem Boden stehen; also auch auf Boden, dem die Streu entzogen worden ist. Ebenso haben vielfache Versuche gezeigt, dafs sich die Raupe, wenn sie im Herbste zum Winterschlaf vom Baume herabsteigt, in die lockere Erde eingräbt, wenn sie keine Streu oder Moosdecke findet, und dafs höchstens der vierte Theil mit der Streu weggeschafft wird; so dafs Dies also kein Mittel zu ihrer Vertilgung ist. Das Eintreiben von Schweinen in die befallenen Reviere, zur Zeit des Winterschlafs der Raupe, hat auch keinen Erfolg. Einmal ist es wegen des Frostes oder Schnees unpassend, und dann fressen die Schweine die Raupe nicht, wenn sie sie auch wirklich finden, weil ihnen die langen Haare derselben zuwider sind.

Das von den Raupen befallene Holz ist in der Regel ohne Hülfe verloren, sobald die Bäume fast kahl gefressen sind. Es mufs also dann alsbald gefället werden, und man thut wohl, den Ort sogleich wieder zur Schonung zu machen, weil er durch den vielen Raupenkoth für die Cultur empfänglich ist. Um nicht alle Bäume mit einemmale herauszunehmen, läfst man diejenigen zu Schutzbäumen stehen, welche noch einige grüne Büschel behalten haben. Nach einigen Jahren nimmt man auch sie heraus; denn sie sterben ebenfalls ab und müssen dann der neuen Schonung ebenfalls Platz machen. Tragen die angrenzenden Bestände schon Samen, so ist öfters die Fläche noch ohne alle künstliche Cultur wieder zum Holzbestand gebracht worden.

6. Die *Nonne* (Phalaena monacha). Sie ist, nächst der vorigen Raupe, dem Kiefernholze am gefährlichsten und hat schon oft grofse Verheerungen in den Wäldern angerichtet. Diese Raupe ist verschiedenen Häutungen unterworfen. Nach der *ersten* Häutung hat sie einen gelblich weifsen Rückenstreifen; nach der *zweiten* bekommt der Rücken weifse Puncte und Flecken, einige rothe und gelbe Warzen und ziemlich lange schwarzgraue Haare; nach der *dritten* zeigt sie sich mit glänzend schwarzem Kopfe und graubuntem Leibe; nach der *vierten* und letzten Häutung wird die Farbe schwärzlich braun und weifsgrau marmorirt. Der Schmetterling ist an den weifsen, schwarzgefleckten Flügeln und dem rosenrothen Hinterleibe, welcher schwarze und graue Einschnitte hat, zu erkennen. Die Raupe kriecht erst im Frühlinge aus den Eiern und kann also nicht in ihrem Winterlager verfolgt werden. Dagegen liegt sie nach dem Auskriechen aus dem Ei in den ersten 4 bis 6 Tagen in grofsen Klumpen (Spiegeln) beisammen, wo man sie durch an Stangen gewickelte Lappen tödten kann. Nimmt die Raupe sehr überhand, so sind Gräben gegen sie von Erfolg gewesen. Das von dieser Raupe angefressene Holz ist nicht sogleich zu fällen nöthig, da die Nadeln häufig wieder wachsen, weil die Raupe sie nicht ganz bis an die Scheide abfrifst.

7. Die *Forleule* (Phal. noctua piniperda). Sie ist $1\frac{1}{2}$ bis $1\frac{3}{4}$ Z. lang, walzenförmig, Anfangs gelblich, weifslichgrün, dann grasgrün, mit weifsen Längenstreifen auf dem Rücken und zwei gelblichen Seitenstreifen. Der Kopf ist braun, der Bauch grün; die Füfse sind gelblich. Die Puppe ist braun. Der Schmetterling ist etwa $\frac{1}{2}$ Zoll lang; die Flügel sind dachförmig, bräunlichroth, schön marmorirt, mit zwei gelblichen Querstreifen, dunkelroth gerändert; die Hinterflügel sind braunroth, oder schwarzbraun. Diese Raupe ist den Nadelholzbeständen weniger gefährlich, soll aber oft als Vorläufer der in No. 5. und 6. beschriebenen bemerkt worden sein. Das beste Vertilgungsmittel ist: Schweine, Gänse und Enten in den Wald zu treiben; welche Thiere die Raupen begierig verzehren und sogar danach fett werden.

8. Die *Kiefern-Spannraupe* (Phal. geometra piniaria). Sie gleicht der vorigen an Farbe und Gröfse; nur fehlt ihr der gelbe Seitenstreifen und sie ist als Spannraupe leicht erkennbar. Sie frifst in der Regel erst vom August bis in den October, und da sie zum Winter im Puppenzustande in die Erde geht, so sind das beste Vertilgungsmittel ebenfalls die Schweine, welche die Puppen gern fressen.

9. Die *Kiefern-Blattwespe*, Kiefern-Afterraupe (Teuthredo pini). Sie ist ausgewachsen 1 bis 1¼ Zoll lang, hat einen braunen Kopf, mit schwarzen Augen und zwarzem Munde. In frühster Jugend ist sie grün, später blafsgrün und gelblichweifs. Mitten durch den Leib schimmert die grofse Puls-Ader, und an jeder Seite hat sie eine Reihe schwarzer Puncte oder Striche. Die Puppe findet man am Stamme der Bäume in der Erde, in Gestalt eines braunen Tönnchens von 6 Linien lang. Aus ihr kriecht das, einer Stubenfliege ähnliche Insect, die Kiehn-Blattwespe, welche in den Sommermonaten aus den an die Spitzen der Zweige gelegten Eiern hervorkommt, Anfangs klumpenweise zusammensitzt und die Nadeln gewöhnlich nur bis auf die Mittelrippe abnagt. Es stirbt daher auch der Baum nicht ab, obgleich er etwas im Wachsthum aufgehalten wird, und es können sich die Vertilgungsmittel nur auf das Absuchen der Klumpen am Stamme beschränken.

Dies sind die wichtigsten der schädlichen Forst-Insecten, deren es noch eine Menge anderer giebt, die jenen selbst wieder nachtheilig sind; so wie aufserdem noch andere Käfer und Raupen, welche nur die Laubholzstämme beschädigen. Nur selten sind aber ganze Laubwaldungen, z. B. Eichen, durch die *Prozessionsraupe* und den *Schwammspinner* (Phal. dispar) vernichtet worden, und die Verheerungen sind immer deshalb minder gefährlich, weil alles Laubholz um Johanni einen neuen Trieb macht, wenn auch die Raupen das erste junge Laub im Frühlinge abgefressen haben, wodurch dann aber freilich der Baum in seinem kräftigen Wachsthum aufgehalten wird, auch vielleicht von Eichen und Buchen ein Samenjahr, folglich auch die Mast, verloren geht, der Baum selbst indessen nie bis zum Absterben und gänzlichen Verderben gebracht wird. Solche Fälle gehören zu den aufserordentlichen, gegen welche man wenig zu thun im Stande ist.

Aufser den lebenden Feinden der Wälder giebt es noch andere Fährlichkeiten für sie, die oft, wenn nicht noch gröfseren Schaden anrichten, so doch empfindliche Verluste bringen können. Dahin gehören die durch die Elemente, nemlich durch *Sturmwinde*, *Schneebruch*, *Reif*, *Frost*, *Dürre*,

Sonnenbrand, Wasserschaden und ***Feuer*** verursachten Schäden. Es liefse sich über jeden einzelnen dieser Puncte viel Interessantes sagen. Der Zweck dieser Blätter gestattet aber nur kurze Andeutungen.

Zwar kann Niemand den ***Sturm*** beschwichtigen, oder abhalten, aber durch umsichtige Behandlung seines Waldes kann man die nachtheilige Wirkung der Stürme vermindern. Bei dem Fällen des haubaren Holzes mufs man zu dem Ende stets dem herrschenden Winde *entgegen* gehen, so dafs der zum Fällen bestimmte Schlag durch den unangehauenen Ort geschützt bleibt. Hohe Berge müssen kahl abgetrieben und aus der Hand wieder cultivirt werden. Die Richtung des herrschenden Windes läfst sich im Walde an einzeln stehenden alten Stämmen und Stubben erkennen. Der Wind mufs sich ferner an den Rändern des Waldes nicht in die Bäume fangen können; deshalb müssen die Ränder, besonders wo sie dem Sturmwinde oft ausgesetzt sind, bis zur Haubarkeit, so geschlossen als möglich gezogen werden.

Die Gewalt und Gefahr des ***Schneebruchs*** läfst sich durch vorsichtige Durchforstung sehr verringern; und dem ***Reife*** widerstehen die Stämme eher, wenn sie gleich von Jugend auf an einen etwas lichtern Stand gewöhnt werden und nicht in zu dichtem Stande verweichlichen.

Eine angemessene Richtung der Schläge nach der Himmelsgegend, und möglichst frühes und tiefes Säen, schützen den heranwachsenden Wald gegen ***Frost, Dürre*** und ***Sonnenbrand*** am besten.

Wasserschäden kommen meistens nur in Forsten vor, die in Flufsthälern liegen, welche nicht durch Dämme geschützt sondern der öftern Überschwemmung ausgesetzt sind. Dagegen giebt es kein anderes Mittel, als den Forst, wo es angeht, durch Deiche oder Dämme an den gefährlichen Stellen zu schützen. Ist die Überfluthung erfolgt, so mufs man ruhig das Wasser sich wieder verlaufen lassen. Die meisten Waldbäume ertragen recht gut den vorübergehenden Wasserstand, und oft hat man davon in reinem Sande guten Erfolg durch eine üppige Vegetation gefunden; so wie, dafs später die bisher nicht zum Vorschein gekommenen Eichen besser wuchsen. Nachtheiliger ist es, den jungen, eben angebauten Holzflächen, wenn sich beim Fallen des Wassers Winter-Eis und Triebsand lagert; was oft grofse Flächen bedeckt und alle Vegetation erstickt. Eben so ist es in Thälern und Kesseln zwischen Bergen nach heftigen Platzregen oder Wasser-Ablagerungen. Gräben helfen hier manchmal, wenn sie hinreichendes Gefälle haben. Für Erlenbrüche sind üble Folgen der Überschwemmung selten zu fürchten; nur hüte man sich dort vor unzeitiger und übereilter *Entwässerung* durch Gräben.

Waldfeuer können in Sturmwinden grofse Verwüstungen anrichten. Die meisten Waldbrände entstehen durch Unvorsichtigkeit der Hirten, Köhler, Holzschläger, oder Reisenden. Oft ist auch Rache oder Gewinnsucht der Waldberechtigten die Veranlassung. Ist ein Waldbrand ausgebrochen, so mufs man ihn wo möglich in seiner ersten Entstehung zu dämpfen suchen. Dies geschieht durch Auslöschen des Feuers mit Zweigen; Wasser ist zur Löschung ganz unwirksam. Das Feuer mufs unterhalb des Windstrichs, da, wohin es seine Richtung nimmt, zum Stillstand zu bringen gesucht werden, indem man eine Gestell-Linie aufsucht, einen schmalen Strich vor derselben niederbrennt (ein Gegenfeuer macht) und dann dafür sorgt, dafs das Feuer nicht über den Weg komme. Ist kein solches Gestell vorhanden, so mufs schnell, in angemesserer Entfernung vom Feuer, unterm Winde, in einem etwas breiten und langen Streifen der Boden von allen brennbaren Stoffen durch Abschälen entblöfst werden. Gegen Gipfelfeuer bleibt nur übrig, ein Gestell zu hauen, um den Schlufs der Bäume zu unterbrechen und das Übergreifen der Flamme zu hindern. Selten bleibt aber Zeit dazu, weil das Feuer in der Regel schnell um sich greift. In hohem Holze wird der Bestand in der Regel durch Lauffeuer nicht eingehen, wenn nicht die Wurzeln zu sehr beschädigt werden; dagegen ist ein junger Bestand, unter 20 Jahren, gewöhnlich verloren. Zur Verminderung der Feuersgefahr darf in den Schlägen das Reisig nicht liegen bleiben, sondern mufs sogleich aufgesetzt werden. Gut ist es, die Gestell-Linien der Jagen von Zeit zu Zeit zu pflügen, um hier bei einem etwaigen Ausbruche von Feuer einen Halt zu haben. Im Winter Feuer anzuzünden, kann man den Holzschlägern nicht gut verbieten; nur sorge man, dafs es immer wieder mit Erde bedeckt werde.

Der beste Schutz eines Waldes ist aber stets in einem tüchtigen und erfahrenen Forst-Schutzbeamten zu finden. Ein solcher wird, wenn er sieht, dafs sein Brodherr seine Leistungen zu übersehen und zu erkennen weifs, ihn mit Ernst und Würde von den vorher umsichtig überlegten Anordnungen zur Bewirthschaftung des Waldes rechtzeitig in Kenntnifs setzt und auf die vorhandenen Mängel aufmerksam macht, ihn auskommlich besoldet und sonst human behandelt, gewifs Alles aufbieten, sich das Lob eines tüchtigen und treuen Dieners zu erwerben, und man wird dann nicht so häufiges *Wechseln* solcher Diener bemerken, wie es noch so oft, und gewöhnlich immer zum Schaden der Wälder, also auch ihrer Besitzer, vorzukommen pflegt.

Beschränkt der Brodherr das Auskommen des Beamten so sehr, dafs dieser gleichsam darauf angewiesen wird, Geschenke und Gefälligkeiten von den Anwohnern des Waldes anzunehmen, oder werden ihm gar mitunter von geizigen Besitzern so zu sagen solche Geschenke im Voraus auf seinen Gehalt angerechnet und dieser danach vermindert, und kommt dann noch entweder rohe, brutale, oder im Gegentheil zu nachsichtige Behandlung von Seiten des Brodherrn hinzu, so wird der Besitzer allein die Schuld haben, wenn der Zweck einer guten, ordnungsmäfsigen Waldwirthschaft verloren geht. Ein tüchtiger, zuverlässiger Beamte wird in solcher Stellung nicht lange ausharren, und der Besitzer wird bald mit minder tüchtigen Dienern sich begnügen müssen, die ihr unzulängliches Auskommen auf andere Weise zu vergröfsern schon gewohnt sind. Dann ist das richtige Verhältnifs zwischen dem Beamten und seinem Brodherrn aufgehoben, und es kann nichts Gutes für sie beide und für den Wald daraus hervorgehen.

Die Stellung eines guten Forstschutzbeamten gegen die Anwohner des Waldes sollte stets so sein, dafs dieselben nicht allein Furcht vor ihm, sondern auch persönliche Achtung für ihn bekommen; was nur geschehen kann, wenn er beherzt und von raschem und richtigem Entschlufs ist, einen moralischen Lebenswandel führt und nicht mit Nahrungssorgen zu kämpfen hat. Der Besitzer des Waldes sollte daher darauf sehen, dafs nicht allein sein Forstschutzbeamte jene Eigenschaften besitze, sondern er sollte dieselben auch für sein eigenes Interesse nicht durch ein zu kümmerliches Auskommen unwirksam machen. Es mufs ihm selbst daran gelegen sein, nur solche Beamte anzunehmen, die sich nicht mit einer zu geringen Besoldung zufrieden erklären, weil dies schon in gewisser Art ein Probirstein ihrer Redlichkeit und Tüchtigkeit ist. Dann ist es aber auch wieder nicht zu empfehlen, den Forstschutzbeamten grofse Wirthschaften oder viel Naturalien als Gehaltstheil zu gewähren, weil sie durch jene oft von ihrem Dienste abgezogen, durch letztere aber häufig mit dem Besitzer oder Wirthschaftsbeamten in unangenehme Beziehungen kommen. Am zweckmäfsigsten ist es, dem Schutzbeamten so viel Acker und Wiese zuzulegen, dafs er im Stande ist, sein Haus anständig, auskömmlich und so zu erhalten, wie es für seinen Stand und seine Stellung pafst, ohne gerade ein besonderes Wohlleben zu führen, oder, im Besitze von zu viel Acker, seine Stellung zu vergessen und den kleinen Gutsbesitzer zu machen. Wenn er daneben einen baaren jährlichen Gehalt von 40 bis 60 Thlr. zu Kleidung und zu den Bedürfnissen hat, die ihm seine Landwirthschaft nicht gewährt, so wird er in den meisten Fällen auskömmlich gestellt sein; wobei es dann dem Besitzer überlassen bleibt, in geeigneten Fällen Zulagen zu gewähren, die sich in der Regel gut verzinsen werden. Die noch hin und wieder bestehende schädliche Gewohnheit, in kleinern Privatforsten den Forstschutzbeamten zugleich das Amt eines Leibjägers, Gärtners, Verwalters, oder irgend ein anderes Neben-Amt bekleiden zu lassen, sollte überall aufhören, weil Dergleichen dem eigentlichen Zwecke einer geregelten Waldwirthschaft nur hinderlich sein kann.

Hinsichts der Gröfse der zu beschützenden Reviere ist zu bemerken, dafs auch kleinere Forsttheile, unter 1000 Morgen grofs, schon eines Forstschutzbeamten bedürfen. Für gröfsere Reviere werden häufig entweder zu viele Beamte angestellt, oder es werden auch denselben zu grofse Reviere anvertraut; welches letztere der seltnere Fall ist. Der gute Schutz eines Forstes liegt nicht in der Menge der Aufsichtsbeamten, sondern in der Art, in welcher er gehandhabt wird. Hangen die Reviere zusammen und werden einfach bewirthschaftet, so kann ein Forstschutzbeamte recht gut 3 bis 4000 Morgen übersehen. In den Wintermonaten, wo der Angriff auf den Wald stärker ist, oder wenn es sonst die örtlichen Verhältnisse erfordern, stelle man lieber noch einen Hülfs-Aufseher an.

Der Forstschutz eines Waldes wird sehr erleichtert, wenn man die *Miether* von Raff- und Leseholz, welches mit *Wagen* geholt wird, abschafft. Solche Haide-Einmiether sind dem Walde sehr schädlich, weil sie nur zu oft den Forstbeamten auf jede Art zu hintergehen suchen. Die Abschaffung geschieht schon an vielen Orten, und zwar ohne Nachtheil für die Einmiether, auf die Weise, dafs der *Abraum*, welcher sonst im Schlage zurückblieb, sogleich von den Holzschlägern in Haufen zusammengebracht und den Miethern so wohlfeil verkauft wird, dafs er ihnen nicht viel höher als die Haidemiethe zu stehen kommt. Dadurch wird die Controle erleichtert und dem Holzdiebstahl vorgebeugt. Dagegen kann ganz gut die Haidemiethe für Diejenigen, welche ihren Bedarf nur auf dem *Schubkarren*, oder auf dem *Rücken* wegbringen, ohne wesentlichen Nachtheil bleiben; die Abschaffung dieser Miethe würde nur eine Härte gegen die Armen und Bedürftigen sein.

Wenden wir uns nun von hier zu der Schätzung der Erträge eines Forstes, die gewöhnlich gegen den Ertrag der Ackerwirthschaft für so gering geachtet werden, dafs die Verminderung der Waldflächen, zum Vortheil der Ackerwirthschaft, fast allgemein vorherrschend ist, so zeigt sich bald, dafs die schlechte Meinung von der Ertrags*fähigkeit* der Forsten in der Regel nur aus der nicht angemessenen und nicht haushälterischen Wirthschaft entstanden sein kann. Noch jetzt herrscht in manchen Privat-, und besonders in bäuerlichen und Gemeindeforsten fast gar keine Ordnung; es fehlt an Eintheilung, Aufsicht und an jeder regelmäfsigen Forstwirthschaft. Es wird gehauen und genommen, wohin das Bedürfnifs gerade führt. Unter solchen Umständen ist freilich an einen nachhaltigen und merklichen Ertrag des Forstes nicht zu denken.

Wenn ein Wald-Eigenthümer bei der aus der fortwährenden Verringerung der Waldflächen natürlich entstandenen gröfsern Nachfrage nach Holz und bei günstigen Absatzverhältnissen von der Gunst des Augenblicks Nutzen zu ziehen sich nicht zurückhalten kann und das Holzfällen nur davon, und ohne die nachhaltigen Kräfte des Waldes zu berücksichtigen, abhängig macht; wenn sogar viele Besitzer ganze Waldflächen nur des augenblicklichen Gewinnes wegen ohne Weiteres kahl abtreiben, ihren Nachfolgern es überlassend, sich einen neuen Wald zu schaffen (wie wir es in der neuesten Zeit bei dem überhand genommenen Güterschwindel, der oft schnell die kahl gewordenen Flächen von einem Besitzer an den andern bringt, nachdem jeder den Wald wie eine milchende Kuh behandelt hatte, nur zu oft sehen), oder wenn Flächen abgeholzt werden, blofs um Vorwerke, Etablissements und Pachtungen gegen übermäfsig hochgeforderte, dann aber selten bezahlte Pacht zu gründen: dann mufs der Ertrag des noch übrig gebliebenen geringen Holzes allerdings oft bis auf Null hinabsinken. Die Nachkommen solcher planlos wirthschaftenden Waldbesitzer, denen alles feil ist, was in ihrem Walde nur immer verkäuflich sein mag, ob Boden, ob altes oder junges Holz, werden einst, wenn die Rente vom Waldboden dem Rein-Ertrage des Ackers fast gleich wird geworden sein, die verfehlten Speculationen ihrer Vorgänger schwer büfsen.

Wie bedeutend der *nachhaltige* Ertrag eines ordnungsmäfsig bewirthschafteten Waldes werden kann, wollen wir *hier bei der Kiefer* kurz zeigen; während wir für einen Überblick der Erträge der andern Holzgattungen auf die anliegende Tafel II. verweisen, in welcher die *Hartig*sche Erfahrungstafel I. zum Grunde gelegt ist. Die Tafel II. giebt zugleich eine Übersicht der beschriebenen Holz-Arten.

Wenn nemlich ein Wald unter günstigen Verhältnissen und in ordnungsmäfsigen Wirthschafts-Perioden von je 20 Jahren in gutem Zustande erhalten und aus ihm das Holz nur durch Herausnehmen der erdrückten und beengten Stämme in Form einer regelmäfsigen ***Durchforstung*** benutzt, den übergehaltenen Stämmen aber dadurch Gelegenheit gegeben wird, sich freier und kräftiger zu entwickeln, so giebt die Kiefer folgenden Ertrag:

A. In vollkommenem Zustande, auf schlechtem Boden:

1. Im 40ten Jahre enthält der Bestand 900 Stämme von 12 Klaftern Derbholz Inhalt.
2. Im 60ten Jahre werden von diesen 900 Stämmen bei der Durchforstung 500 Stämme herausgenommen, welche 2 Klaftern Derbholz geben, und 400 Stämme bleiben mit 24 Klaftern Derbholz-Masse stehen.
3. Im 80ten Jahre werden 250 Stämme bei der Durchforstung herausgenommen, zu 8 Klaftern Derbholz, und es bleiben 150 Stämme von 23 Klaftern Derbholz.
4. Im 100ten Jahre geben die bis dahin erhaltenen, nun haubaren 150 Stämme die Hauptnutzung, von 29 Klaftern Derbholz.

Ein Morgen Kiefernwald giebt also in 100 Jahren, auf schlechtem Boden, folgende Nutzung:

2 Klftrn.	Derbholz zu 70 C. F. feste Masse im	60ten Jahre	} bei der
8 -	- - - 70 - - - - - - -	80 - -	} Durchforstung.
29 -	- - - 70 - - - - - - -	100 - -	als Hauptnutzung.

Zusammen 39 Klftrn. Derbholz; also $\frac{39\times70}{100} = 27$ Cub. F. Holz *jährlichen* Durchschnitts-Ertrag.

B. Auf gutem Boden verhält es sich wie folgt:

1. Im 40ten Jahre enthält der Bestand 800 Stämme von 26 Klaftern Derbholz zu 70 Cub. F.
2. Im 60ten Jahre werden hiervon 500 Stämme, welche 4 Klaftern Derbholz geben, bei der Durchforstung herausgenommen, und 300 Stämme von 37 Klaftern werden erhalten.
3. Im 80ten Jahre werden 100 Stämme, von 7 Klaftern Derbholz, herausgenommen und es bleiben 200 Stämme von 50 Klaftern Derbholz.
4. Im 100ten Jahre geben 50 Stämme, bei der Durchforstung herausgenommen, 7 Klaftern Derbholz und es werden erhalten 150 Stämme von 57 Klaftern.
5. Im 120ten Jahre endlich kommen diese 150 Stämme, von 71 Klaftern Derbholz, zur Hauptnutzung.

Ein Morgen Kiefernwald giebt also in 120 Jahren, auf gutem Boden:

4	Klftrn. Derbholz zu	70	C. F. feste Masse im	60ten Jahre	als Durchforstung.
7	- - - -	70	- - - - - - -	80 - -	als Durchforstung.
7	- - - -	70	- - - - - - -	100 - -	als Durchforstung.
71	- - - -	70	- - - - - - -	120 - -	als Hauptnutzung.

Zusammen 89 Klftrn. Derbholz; also $\frac{89 \times 70}{120} = 52$ Cub. F., oder ¾ Klftr. Derbholz *jährlichen* Durchschnitts-Ertrag.

An Raff- und Leseholz rechnet man auf den Morgen, für eine 80jährige Umtriebszeit:

a. Ohne Durchforstung, jährlich:

1.	Auf gutem Boden	12,5 C. F.	oder 0,25 Klftrn.	zu 50 C. F. Holzmasse.
2.	Auf mittlerem Boden	8,0 - -	- 0,16 -	- - - - - -
3.	Auf schlechtem Boden	4,0 - -	- 0,08 -	- - - - - -

b. Mit Durchforstung.

1.	Auf gutem Boden	6,0 Cub. F.	oder 0,13 Klftrn.
2.	Auf mittlerem Boden	4,0 - -	- 0,08 -
3.	Auf schlechtem Boden	1,0 - -	- 0,02 -

In der Brenngüte verhält sich das Raff- und Leseholz zum festen Holze wie 3 zu 5 (nach ***Hartig***); wenn es aber ganz dürr und nur abgefallen ist und Kien-Äpfel und Wurzeln enthält, wie 1 zu 5, und wenn die Äste noch frisch sind, wie 3 zu 10 (nach ***Böhm***). Es haben daher im ersten Fall 5 Cub. F. Raff- und Leseholz nur den Brennwerth von 0,2 Cub. F. Scheitholz, im zweiten von 0,3 Cub. F.

Über die Benutzung der Waldstreu sind die Meinungen noch immer sehr verschieden.

Viele Forstmänner, die so sehr von ihrem Walde eingenommen sind, daſs sie auſserhalb desselben nichts anerkennen, möchten gern jeden Zoll breit ihres Waldbodens einer andern als der Forstnutzung streitig machen. Ihnen scharf gegenüber und im Kampfe mit ihren Grundsätzen und Ansichten, stehen Diejenigen, meist Ackerwirthe, welche den Boden noch unter den Bäumen herausgraben und in Dung umwandeln möchten, oder die dem Baum den Platz miſsgönnen, den er einnimmt, während sie doch so groſsen Nutzen von ihm ziehen. Beide Partheien würden sich vielleicht einigen, wenn sie folgenden Grundsatz festhalten wollten: Man gehe mit dem Streusammeln vorsichtig und haushälterisch zu Werke. Das erste Mal ziehe man nur mit kurzzinkigen hölzernen

Rechen die obern Nadeln bis zur Humusdecke weg und lasse den Bestand 3 bis 4 Jahre wieder in Schonung liegen. Dies gilt besonders für frisch aufgegebene streureiche Reviere. Auf diese Art gewöhnen sich die Bäume allmälig an das Streurechen und wachsen ruhig fort. Wird es aber mit dem Streurechen in jungen Beständen so scharf genommen, dafs nicht nur die Nadeln, sondern selbst die Humusdecke dem Boden entzogen und dafs derselbe den sengenden Strahlen der Sonne Preis gegeben wird, wohl selbst die Thauwurzeln zu Tage gefördert werden, so wird plötzlich der Zuwachs ganz aufhören, das Holz verkümmern und sich nie wieder zu der ersten Kraft erholen.

Den höchsten Streu-Ertrag liefert ein 35 bis 65jähriger Bestand. Dieser gab, auf mehr als mittelmäfsigem Boden (von der vierten Classe) 7½ bis 8 Ctr. Ertrag vom Morgen. Die Streunutzung wird häufig zu 1 bis 1½ Thlr. auf den Morgen verpachtet. Viele bäuerlichen Besitzer sogar, die keinen Forst, noch Gelegenheit haben, Streu zu pachten, bepflanzen ihre schlechten Felder mit Kiefern und schneiden ihnen die Krone ab, damit sie Sträucher bleiben, weil ihnen der jährliche Streu-Ertrag mehr gilt, als der zu erzielende Holzwerth. Dies zeigt, dafs die Waldstreunutzung nicht ganz abzuschaffen, sondern nur ihre Benutzung so zu regeln sei, dafs Land- und Forstwirthschaft Hand in Hand gehn.

Nachdem wir den Gegenstand in gedrängter Kürze, so weit als für den Zweck dieser Blätter möglich war, erschöpft haben, glauben wir über den *Nutzen* des *Kiefernholzes* nur noch Weniges sagen zu dürfen, da er allgemein bekannt ist.

Die Haupt-Anwendung des Kiefernholzes ist die zu Schiff- und anderem Bauholze.

Das *Fällen* des Kiefernholzes geschieht, indem man den Baum an derjenigen Seite einkerbt, nach welcher er fallen soll; und zwar so niedrig als möglich am Stamme, und so tief, dafs er nicht spalten kann. An der andern Seite haut man, 1½ bis 2 F. höher, bis gegen den untersten Kerb ein, worauf sich der Baum durch sein Gewicht heruntersenkt und auf die verlangte Seite fällt. Diese Seite mufs diejenige sein, dafs das Stamm-Ende des Baumes nach der Richtung hin fällt, wohinaus man den Baum fahren will; sonst müfste man damit umwenden. Das Abstämmen kann nur *ein* Mann verrichten, weil der Kerb gerade und gleich gehauen werden mufs. Den Baum durch den Wind umwerfen zu lassen, ist nicht gut, weil durch das Abbrechen leicht Risse entstehen, die den ganzen Stamm unbrauchbar machen können.

Das *Bewaldrechten* des Bauholzes im Walde ist meistens zwecklos, weil dadurch oft das Bauholz zu dem bestimmten Zweck verdorben wird und doch noch einmal regelmäfsig beschlagen werden mufs. Das Holz mufs *bald* von der Rinde befreit und beschlagen, oder besser, beschnitten werden, weil es sonst blau anläuft; auch mufs es auf Unterlagen, nicht auf die blofse Erde gelegt werden.

Die Nord- oder Winterseite, auch *harte* Seite genannt, mufs in Balken und Trägern nach oben gelegt werden, weil die meisten Bäume nach der Mittagsseite hin krumm sind, die Tragkraft des Balkens also unterstützt wird und er sich gerade zieht, wenn die Nordseite oben liegt.

Man unterscheidet beim Bauholze:

a. Sägeblöcke, welche von den untersten Theilen starker Baumstämme, nicht über 24 F. lang, genommen werden und die inwendig gesund und nicht sehr ästig sein müssen. Die geringste Dicke derselben ist 1 F. am Zopf-Ende. Sie geben, getrennt, folgende Nutzhölzer:

1. *Bohlen* von 4, 3, 2½, 2 Zoll dick.
2. *Bretter* oder *Dielen,* und zwar: ganze Spundbretter 1¾ Z., halbe Spundbretter 1½ Z., Tischlerbretter 1¼ Z., Schalbretter 1 Z., Kistenbretter ½ Z. und Schalen von 1 bis 1½ Z. dick.

Bei dem Schneiden zu *Brettern* erhält man aus einem Block 2, zu *Verbandstücken* 4 Schalen.

3. *Latten,* starke, von 3 Z. breit, 1½ Z. hoch, schwache oder Dachlatten, von 2½ Z. breit, 1¼ bis 1½ Z. stark; Latten zu Fledermaus-Dachfenstern, von 1¼ Z. stark, 2 Z. hoch.

Die Sägeblöcke zu Bohlen, Brettern, und Latten haben in der Regel nur 2 bis 3 F. im Durchmesser.

b. Starkes Bauholz, und zwar extra-starkes und ordinär-starkes Bauholz.

Beide Arten geben, ungetrennt, das sogenannte *Ganzholz;* einmal getrennt, *Halbholz;* zweimal getrennt, *Kreuzholz.*

Extra-stark nennt man Bauholz, wenn es über 45 F. lang und am Zopf über 1 F. stark ist; ordinär-stark, wenn es 40 bis 45 F. lang und am Zopf 10 bis 12 Z. stark ist. Aus dem Durchmesser des Stammes findet man den möglich-stärksten Balken aus dem Verhältnifs der Seite des Quadrats im Kreise zu dem Durchmesser, welches wie 70 zu 99, oder beinah wie 5 zu 7 ist.

Das extra-starke Bauholz dient zu Balken, Trägern, Pumpen, Wasserröhren, Mühlen- und Wasserbauten.

Das ordinär-starke Bauholz wird zu allen den Theilen eines Gebäudes angewandt, welche die meiste Last zu tragen haben; also zu Unterzügen, Trägern und Balken, Schwellen und Wandstielen. Rahmen, Kehlbalken u. s. w. können aus geschnittenem Halbholze gemacht werden; Mauerlatten Bänder, Riegel, Sparren, aus geschnittenem Kreuzholze, wenn es noch 5 bis 6 Z. stark ist; denn geschnittene Hölzer haben immer den Vorzug vor behauenen, und starkes Bauholz ist besser, weil es zu gröfserer Vollkommenheit und Reife gelangt war.

c. ***Mittelbauholz*** nennt man, welches 36 bis 40 F. lang, 8 bis 9 Z. im Zopf und durchschnittlich 14 Z. am Stamm stark ist. Es wird in Gebäuden von geringerer Breite verbraucht, und zu Sparren zu Halbholz, zu kleineren Verbandstücken zu Kreuzholz geschnitten.

d. ***Kleines Bauholz*** heifst, welches 30 bis 36 F. lang, 6 bis 7 Z. im Zopf stark ist. Man sollte es nur dann zum Bauen nehmen, wenn Mittelbauholz fehlt.

e. ***Bohlstämme*** sind 30 F. lang, 5 Z. stark. Sie werden, aufgetrennt, zur Belegung von Balken in Ställen und in Brücken gebraucht.

f. ***Lattstämme*** oder ***Spaltlatten*** sind 25 bis 30 F. lang, 3 bis 4 Z. stark. Sie werden zu Dachlatten für Stroh- und Rohrdächer gespalten. Sie müssen so wenig als möglich verbraucht und lieber die Dachlatten aus stärkeren Hölzern geschnitten werden, weil man damit weiter reicht. Ein Sägeblock giebt 30 bis 40 Latten, zu welchen 15 bis 20 und mehr junge Bäume vernichtet werden müfsten.

g. ***Schwamm-*** oder ***rindschälige Bäume*** sind die, welche einen Ansatz von Fäulnifs haben; sie fallen zwischen Stark- und Mittelbauholz, sind also 36 bis 40 F. lang und 8 bis 10 Z. stark. Sie werden zu Lehmstaken in den Windelböden und zu Wandfächern der ländlichen Gebäude gespalten, auch zu Dachspliefsen und Dachstöcken genommen.

Dies sind die üblichen Benennungen der verschiedenen Bauhölzer.

Der Nutzen des Kiefernholzes als ***Brennholz*** ist bekannt. Es ist bei uns das Hauptbrennmaterial. Zum Rothbuchenholz verhält sich seine Heizkraft wie 832 zu 1000.

Aus dem harzigen Kiefernholze wird in Theer-Öfen das ***Kiehn-Öl, Pech*** und ***Theer*** gewonnen. Zur Theerschwelerei sind Fichten- und Kiefern-, so wie auch Tannen-Stubben brauchbar. Auch das Harz, welches aus den Hölzern ausschwitzt, dient zur Theer-, besonders aber zur Pech- und Harzbereitung. Das Anfangs bei dem Schwelen sich entwickelnde saure Fluidum (Holzsäure) heifst ***Theergalle,*** Schweifs, oder Sauerwasser. Später folgt ein dicker Theer von brauner Farbe, auf welchem reinerer Theer von gelber Farbe schwimmt, und zuletzt erscheint ein dicker, schwarzer Theer. Die übrig bleibenden Kohlen, auch ***Pechgriefen*** genannt, können zu ***Kiehnrufs*** verarbeitet werden.

Das ***Pech*** wird aus dem Theer dadurch bereitet, dafs man seine Öltheile abscheidet und den Rest so lange abdunstet, bis die Masse in der Kälte erstarrt.

Das Öl, welches hierbei gewonnen wird, heifst ***Kiehn-Öl*** (oleum pini).

Das schwarze oder ***Schiffpech*** wird bereitet, wenn man den gelben, braunen und schwarzen Theer beim Schwelen zusammenlaufen läfst, abdunstet und erstarren läfst.

Um ***Kiehnrufs*** zu machen, verbrennt man harziges Kiehnholz und Pechgriefen und fängt den Rauch durch einen langen, liegenden Schornstein in einem Siebe und in der Kappe einer aus Brettern gemachten Kammer auf. Das Verbrennen mufs langsam, ohne Zutritt der Luft geschehn, damit der Rauch nicht zu Asche verbrenne, sondern im hintern Theile der Kammer als Rufs sich ansetze. Der feinste, oben im Siebmantel befindliche Rufs heifst ***Pfundrufs.***

Das Kiefernholz wird vorzugsweise auch zum ***Kohlenschwelen*** benutzt. Dies geschieht in stehenden oder liegenden Meilern; zuweilen auch in Gruben. Im Kohlenmeiler darf nie eine flammende Entzündung im Innern zugelassen werden, weshalb jede sich bildende Öffnung sogleich mit Erde bedeckt werden mufs. Auch mufs die Verkohlung gleichmäfsig geschehen und dem Feuer seine Richtung durch Anbohren des Meilers von Aufsen nach Innen gegeben werden. Bei dem gewöhnlichen Schwelen der Kohlen in Meilern verbrennt aber immer ein Theil der Kohlen zu Asche, und die sich entwickelnde, so nützliche ***Holzsäure*** geht verloren. Man hat deshalb schon versucht, das Holz in verschlossenen Räumen zu verbrennen; auf dem Wege der trockenen Destillation. Eine solche Anstalt befand sich auf der Herrschaft Blanska in Mähren, wo aufser der Kohle noch Theer und Holzsäure gewonnen wurde. Aus 90 Klaftern Holz gewann man dort 3024 Scheffel Kohlen, 8718 Quart Holzsäure und 558 Quart Theer.

Die besten Kohlen sind die, welche schwer sind, klingen, wenig abfärben, und noch die Gestalt des Holzes haben. Die schlechten heifsen ***Quan-***

delkohlen. Die nicht ganz verkohlten Stubben (ausgelöschten Bränder, Märtel) wirft man in den neuen Brand. Man unterscheidet: harte Kohlen (aus Laubhölzern), Tannenkohlen, Planterkohlen, Stinkerkohlen (aus dünnen Ästen), Grubenkohlen (aus Reisig), Stückkohlen (aus Klötzen).

Die Benutzung der ***Wurzeln*** zum Flechten von Wagenkörben, Futterschwingen, Metzen und dergleichen ist bekannt; die der *Nadeln* zu Streu ist schon erwähnt.

Zweier Abarten der gewöhnlichen Kiefer ist noch zu gedenken nöthig. Sie sind:

1. Die ***Weihmuthskiefer*** (P. strobus), mit 3½ Z. langen, blaugrünen Nadeln, die sehr schmal, stumpf zugespitzt, an der obern Fläche etwas hohl und glatt sind; unten mit einer erhabenen Rippe. Die Nadeln stehen büschelweise, gewöhnlich zu 5, in einer Scheide. Die Zweige stehen sehr regelmäfsig um den Stamm herum, sind bogenförmig nach oben gebogen und hangen selten. Die Rinde ist glatt und grau.

Die Weihmuthskiefer wächst Anfangs ungemein schnell. In 80 bis 100 Jahren wird sie 100 bis 140 F. hoch und 3 bis 4 F. und darüber stark. Sie hat ein sehr weifses, feinfaseriges, aber nicht sehr festes Holz, welches wenig elastisch ist, aber gut und glänzend sich bearbeiten läfst.

Dieser Baum ist desonders in Nord-Amerika und China einheimisch, kommt aber auch im nördlichen Deutschland gut fort. Ein sehr schöner Wald davon ist bei Cassel. Der Baum liebt einen feuchten Stand auf tiefgründigem, lockerem, mit Damm-Erde gemischtem Boden.

Die Weihmuthskiefer giebt die gröfsten Masten und Segelstangen; übrigens ist ihr Nutzen dem der Weifstanne gleich. Ein Cubikfufs wiegt frisch 30 bis 36 Pfd.

2. Die ***Zirbelkiefer*** (P. cembra) findet man häufig auf den höchsten Alpen und in Tyrol; so wie auf den Karpathen. Sie liebt die höchsten Gegenden und kommt bei uns selten vor. Ihre Nadeln stehen zu 3 bis 5 in einer Scheide. Sie wächst sehr langsam, wird 100 F. hoch und bis zu 3 F. stark und erreicht ein Alter von 120 bis 160 Jahren. Ihr Holz ist ebenfalls sehr weifs, fester als das der Weihmuthskiefer, und dichter, nicht sehr zähe, aber, wie das des Lerchenbaumes, fast unverweslich. Ein Cubikfufs wiegt 28 bis 35 Pfd. Der Gebrauch ist wie der des Tannenholzes.

27. Der Lerchenbaum. *Pinus larix.*

Dieser herrliche Baum, die Krone der Nadelhölzer, hat in neuerer Zeit Aufmerksamkeit erregt, und es ist dessen Anbau vielfältig, sowohl in geschlossenen Waldungen, als in Beständen aufserhalb derselben, mit Recht empfohlen worden. Für gewerbliche Zwecke kann er nicht genug berücksichtigt werden, da er ganz besonders nützliche Eigenschaften hat. Zu diesen gehört vorzüglich seine aufserordentliche Schnellwüchsigkeit, worin er fast alle andern Bäume übertrifft. Er ist in geschlossenen Beständen innerhalb 60 bis 70 Jahren vollkommen ausgewachsen, während andere Nadelhölzer erst in 100 bis 120 Jahren ihre volle Ausbildung erlangen. Auf für ihn passendem Boden wird er nicht selten schon im 20ten Jahre 50 F. hoch und darüber, und 15 bis 20 Z. stark. In 40 bis 50 Jahren wird er schon 80 bis 100 F. hoch und 2 bis 3 F. dick. In 60 bis 80 Jahren erreicht er im Wachsthum seinen Stillstand, und nur sein Holz bildet sich dann noch schöner und brauchbarer aus. Der Baum erlangt gleichwohl ein hohes Alter; man hat Bäume gefunden, die über 200 Jahr alt waren und deren Holz noch vollkommen gesund und benutzbar war. Seiner Schnellwüchsigkeit wegen giebt er denn auch in der Zeit, bis er ausgewachsen ist, einen ziemlich ansehnlichen Neben-Ertrag an Durchforstungsholz, zum Brennen und zu Bauholz. Die Dauer und Festigkeit, und also die grofse Brauchbarkeit seines Holzes, haben ihm mit Recht einen bedeutenden Ruhm erworben. Nächst dem Ulmenholze kommt das Holz dem der Eiche gleich; es übertrifft dasselbe sogar noch in der Dauer, da es nicht von dem Wurme und der Fäulnifs leidet; es wird im Wasser eisenhart und mit der Zeit schwarz, mufs aber nach dem Fällen gleich geschält werden. Wenn man es ein halbes Jahr lang in dem Wasser einer Mistpfütze liegen läfst, so erlangt es für Wasserbaue eine ausgezeichnete Härte. Deshalb ist es besonders zu Schiff-Schleusen und Dammbauen tauglich; eben so zu Brunnen, Wasserröhren und Dachrinnen, wo es 70 bis 80 Jahre und länger dauert. Wegen seiner Festigkeit, welche die alles andern Holzes übertrifft, wird es vorzugsweise zu solchen Bauwerken verwendet, wo es auf grofse Haltbarkeit und lange Dauer ankommt: also z. B. zu Ständern, Trägern, Balken und Brettern auf Böden, auf welche grofse Lasten geschüttet werden sollen. Dann ist auch der Lerchenbaum den Verheerungen der Insecten bei weitem nicht so ausgesetzt, wie die Fichte und andere Hölzer. Die Käfer und die Blattläuse fressen wohl zuweilen die Nadeln ab, aber diese erzeugen sich sehr bald wieder, und der Schaden ist nicht gegen den, welchen der Borkenkäfer, Fichtenbär und die Kiefernraupe unter den übrigen Fichten-Arten anrichten, zu vergleichen. Die nach allen Seiten hin weit sich ausbreitenden Wurzeln und die starke Pfahlwurzel verhindern, dafs der Baum nicht so leicht vom Sturm umgeworfen werden kann. Auch soll nie der Blitz in einen Lerchenbaum schlagen und der Schnee ihm nicht schaden. Der Graswuchs unter ihm soll auszeichnet sein, weshalb man die Schafweiden mit Lerchenbäumen zu bepflanzen empfohlen hat; auch sollen Buchen und Eichen, mit Lerchenbäumen gemengt, weit schneller wachsen, als allein, oder zwischen andern Holz-Arten.

Die 1 bis $\frac{5}{4}$ Z. langen Nadeln des Lerchenbaums brechen büschelweise aus den mit Haarfasern bedeckten Knoten aus, mit welchen die Äste über und über bedeckt sind. Diese Nadelbüschel sind übriggebliebene junge Triebe, welche fortwachsen und dann mit einzelnen, spiralförmig stehenden Nadeln bedeckt werden. Die Nadeln sind stumpf zugespitzt, hellgrün und glatt, auf der Aufsenseite mit einer Rippe, gegen den Grund zu verdünnt, und fallen im Herbste ab. Die Zweige sind kürzer und dünner als die der Tanne, bogenförmig gekrümmt, nach unten hangend, und stehen wechselsweise. Die Rinde ist bei alten Stämmen ziemlich stark, rissig und braunroth, an jungen mehr grünlich.

Die Farbe des Kernholzes ist bräunlich roth, zuweilen gelbroth geflammt, die des Splintes heller. Ein Cubikfufs wiegt frisch 60, trocken 40 bis 45 Pfd., dürr 34 Pfd.

Dafs der Lerchenbaum als Bauholz einen vorzüglichen Werth hat, beweisen sehr alte Gebäude, zu welchen Lerchenholz vor 200 und mehreren Jahren genommen wurde. Dafs der Baum früher auch in kälterem Clima gut fortkam, geht daraus hervor, dafs in Ostpreufsen und im Posenschen, in alten Kirchen und Landhäusern, dies Holz als Balken- und Sparrholz häufig gefunden wird; was denn oft noch ganz gut erhalten ist. Der Anbau dieses Baumes verdient also gewifs die möglichste Weiterverbreitung.

Anbau. Der Lerchenbaum kann sehr gut aus Samen gezogen werden. Bei der Einsammlung des Samens, im Februar und März, mufs man sich hüten, nicht alte, samenleere Zapfen zu nehmen, die sich durch ihre offenen Schuppen und graue, matte Farbe von den tauglichen gelblichen unterscheiden. Die Zapfen bleiben an den Bäumen, wenn auch der Same schon abgeflogen ist, zum Theil noch oft bis ins 2te und 3te Jahr sitzen; wobei es dann nicht fehlen kann, dafs sich alte und neue durcheinander finden. Man bringt sie auf einen luftigen, sonnigen, sorgfältig gespundeten Boden und wendet sie öfters um; oder man hängt die auf Fäden gereiheten Zapfen in mäfsig warmen Zimmern auf, bringt sie durch Anklopfen in Bewegung und sammelt den ausfallenden Samen auf Tüchern; oder man packt sie über einander in eigne Samenkasten, die oben offen sind und der Sonne, der Luft und dem Thaue ausgesetzt werden; in welchen sich dann der aus den öfter umgerührten Zapfen ausfallende Samen auf dem Boden sammelt. Vor dem Säen mufs man die Keimfähigkeit des Samens untersuchen; dadurch, dafs man mehrere Samenkörner in ein wollenes Läppchen legt und dasselbe öfter mit lauwarmem Wasser anfeuchtet. Haben nach 8 bis 9 Tagen mehr als die Hälfte der Körner gekeimt, so ist der Same noch gut. Ein Pfund guter Zapfen giebt 3 Loth geflügelten Samen, und dieser $2\frac{1}{2}$ Loth reinen Samen. Ein Scheffel Lerchenbaumsamen wiegt 58 Pfd., und 1 Pfd. enthält 92,000 Körner. Damit die Baumschule, in welche man die Lerchenbaumsaat säet, möglichst rein von Unkräutern bleibe, erzieht man darauf erst eine Hackfrucht, z. B. Kartoffeln, und säet dann den Samen im Frühlinge, Ende April oder Anfangs Mai aus, in 1 F. von einander entfernten Reihen, so dicht, dafs auf den Quadratfufs wenigstens 2 bis 3 Pflanzen zu stehen kommen. Es sind demnach auf die Quadratruthe 1 bis 2 Loth und zur Vollsaat 12 Pfd. Samen auf den Morgen Land nöthig.

Die Lerchenbaumpflanzen wachsen im ersten Jahre nur einige Zoll hoch; später schneller, und im dritten und vierten Jahre können sie versetzt werden; am besten im Herbst. Gegen die Sonnenstrahlen müssen die jungen Pflanzen durch höhere Bäume, oder durch eingesteckte Reiser geschützt werden. Zum Versetzen mufs man einen geschützten, schattigen Ort nehmen, die Pflanzen sorgfältig ausheben, die Pfahlwurzel stutzen, die untern Äste beschneiden und die Pflanzen in Reihen, 2 Fufs von einander, in Verband setzen. Hier bleiben sie so lange stehen, bis sie die Dicke eines Fingers, oder einer Bohnenstange und 7 bis 8 Fufs Höhe erlangt haben; worauf man sie in den Wald, oder auf den ihnen angewiesenen Stand verpflanzt. Die Wurzeln und Äste werden wieder eben so verstutzt; die Löcher werden 2 bis 3 Fufs weit, 1 bis $1\frac{1}{2}$ Fufs tief gemacht, die Reihen nur 2 bis 3 Fufs von einander entfernt; denn in dichtem Schlufs kommen die Lerchenbäume am besten fort und wachsen gerade in die Höhe, während sie freistehend gern krumm wachsen. Lerchenbäume zwischen Kiefern zu pflanzen, ist sehr rathsam. Sie überwachsen die Kiefern zwar sehr bald, aber dies schadet diesen nicht, gereicht ihnen vielmehr zum Vortheil. Eben so vortheilhaft ist es auch, Birken zwischen Lerchenbäumen zu pflanzen. Diejenigen Bäume, welche an der Spitze eine Gabel treiben, mufs man nicht stehen lassen, weil sie nur schlechte, krüppelhafte Stämme geben. Die Samenzapfen an den jungen Bäumen mufs man abbrechen, weil sie den Wachsthum aufhalten. Man hat auch versucht, den Lerchenbaum durch Stecklinge fortzupflanzen; was aber keinen Erfolg gehabt haben soll.

Der Lerchenbaum liebt mehr kalte als warme Stellen, und gebirgige Gegenden, bis zu 3000 Fufs hoch über der Meeresfläche. Am besten gedeiht er in den mittlern Gebirgen auf der Mitternachtsseite. Ein sandiger, kiesiger, tiefgründiger Lehmboden, mit Damm-Erde gemengt, sagt ihm am meisten zu, wenn der Boden mäfsig feucht, jedoch nicht nafs ist. Steine mit dem Boden gemengt, und im Untergrunde, schaden ihm nicht, sondern sind ihm sogar nützlich, während sie der Fichte oft schaden. Nur schwammigen, thonigen, nassen und Moorboden kann der Lerchenbaum nicht ertragen, und geht darauf nicht fort. Am häufigsten findet man ihn in Schlesien, Böhmen, Ungarn, Tyrol, der Schweiz, in Rufsland, und selbst noch in Sibirien.

Nutzen. 1. Das Stammholz eignet sich, wie schon gesagt, vorzugsweise zum Schiffbau, zu Brunnenröhren, Schleusen- und Mühlenbauen, zu Speichern und Fabrikgebäuden. Um zu verhüten, dafs sich das Holz werfe, wird es sobald als möglich behauen, in dichten Stöfsen über einander und alle 3 bis 4 Wochen umgepackt. Die Tischler nehmen es gern zu Bettstellen, in welchen sich nie Wanzen halten sollen; zu Tischen, feinen Arbeiten, in Getäfeln an Wänden, zu Fensterrahmen, Stubendielen, Thüren, Geländern, Gesimsen und Dachschindeln; die Stellmacher zu Radspeichen, Streichbrettern, Karren, Getreide- und Kartoffelkasten, Kalkkasten, Kalksümpfen und zu Verschlägen im Wasser, so wie zu vielen leichten Theilen an Spinn-, Säe- und Getreidereinigungsmaschinen. Die Bohlen werden zu Fähren, Kähnen und Waschbanken genommen. Für die Böttcher und Holz-Arbeiter hat dies Holz gleichfalls grofsen Werth. Jene verfertigen daraus Bottiche, Butterfässer, Dösen und Achtel, allerhand Eimer, Mulden u. s. w., diese Schaufeln, Schippen und kleine Gefäfse, welche dann im Wasser und an der Luft sehr dauerhaft sind.

2. Als Brennholz gehört das Lerchenbaumholz von ausgewachsenen Stämmen zu dem vorzüglichern, und die Brennkraft ist nur um $\frac{1}{4}$ geringer als die des buchenen (766:1000). Es brennt aber mit Geprassel und, wenn es jung ist, nicht gut an; weshalb man es gern mit anderm Holze gemischt verbrennt. Es giebt dem Maafse nach $\frac{1}{3}$ Kohlen mehr, als Fichten- und Kiefernholz. Dem Gewichte nach verhalten sich die Kohlen wie 8 zu 5 zu Fich-

ten- und wie 8 zu 6 zu Kiefernkohlen; die Kohlen geben mehr Hitze, prasseln aber ebenfalls.

3. Die Rinde der jungen Bäume, so wie die der Äste, brauchen die Lohgerber, besonders in Rufsland und Ungarn, mit Eichenrinde gemischt, zum Gerben; sie giebt dem Leder zu Schuhen, Stiefeln und Geschirren jene Geschmeidigkeit, welche das englische Leder auszeichnet. Die Zeit des Schälens der Lerchenbaumrinde ist von März bis August.

4. Vom Lerchenbaum wird auch ein mannaartiges ***Harz*** gesammelt, welches nach dem Ausbruch der Nadeln aus den Büscheln und der jungen Rinde ausschwitzt. In grofser Hitze schwitzt aus der Rinde auch ***Terpentin,*** den man gewinnt, wenn man 2 F. über der Erde ein Loch in den Stamm bis ans Mark bohrt und ein Rohr hineinsteckt. Der Terpentin kann von Mai bis August gewonnen, dann aber mufs das Loch verstopft werden. Ein starker Baum giebt jährlich 6 bis 8 Pfd. Terpentin. Damit aber die Bäume geschont und nicht im Wachsthum zurückgehalten werden, benutzt man meistens nur die an alten Bäumen 4 bis 5 F. über der Erde hoch im Stamme entstehenden Harzhöhlen, in welchen sich eine Menge Terpentin ansammelt. Von alten, im Innern verletzten und dann abgebrannten Lerchenbäumen wird ein Surrogat des ***arabischen Gummi*** gewonnen, welches blofs etwas weniger klebrig und dunkelbraun ist. Ein starker Stamm soll in einem Jahre 5 Pfd. Gummi geben können.

5. Der Lerchen*schwamm,* ein harziger Ausflufs vom Lerchenbaum, wird in den Apotheken und zum Schwarzfärben, so wie in den Kattundruckereien als Reinigungsmittel gebraucht.

Dies sind diejenigen Holz-Arten, welche dem Verfasser der Beschreibung für gewerbliche Zwecke am meisten werth schienen. Nicht, dafs es nicht noch mehrere andere sehr nützliche Hölzer gäbe, deren Beschreibung interessant wäre: aber der Verfasser wollte nicht eine Naturgeschichte sämmtlicher Holz-Arten geben, sondern nur, wie schon in dem Vorwort gesagt, insbesondere die zu einem mehr planmäfsigen Anbau der für unsere Gewerbe sich am meisten eignenden Hölzer gereichenden, auf die neuesten und besten Erfahrungen begründeten Verfahren, so wie manches damit in Verbindung stehende, vielleicht noch Neue, zusammenstellen; was, wie er sich schmeichelt, vielleicht von Nutzen für Gewerbtreibende sein wird.

Da (nochmals auf den Zweck und die Absicht dieser Blätter zurückgehend) jeder einsichtige Land- und Forstwirth mit dem Verfasser einverstanden sein wird, dafs eine rationellere Forstcultur nicht genug von allen Seiten grade in einer Zeit anempfohlen werden kann, welche stärkere Anforderungen als je an die Leistungsfähigkeit des Waldbodens macht, so glauben wir auch mit Zuversicht, dafs schon in diesem Punct eine bessere Zukunft bevorstehe und dafs Forst- und Landwirthschaft wirklich bald mehr Hand in Hand gehen werden. Denn von allen Seiten werden jetzt schon Erfahrungen und Talente für diesen höchst wichtigen Gegenstand mehr benutzt; wobei sich besonders die ökonomischen Provinzial-Versammlungen, so wie die wirkungsreiche Thätigkeit des Landes-Ökonomie-Collegiums auszeichnen. Es wird immer mehr Jeder, der hier etwas Gutes zu leisten im Stande ist, sei es auch nur durch schriftliche Mittheilung und Verbreitung seiner Erfahrungen und Ideen, einen wirkungsreicheren Stand finden.

Sollte diese kleine Schrift auch nur in einem kleineren Kreise die Anregung zu einem regelrechteren und zweckmäfsigeren Betriebe mancher Privatwaldung geben, so würde schon der Nutzen für dieses und jenes Gewerbe nicht ausbleiben und der Wunsch des Verfassers, seinem Vaterlande und den Gewerbetreibenden nützlich geworden zu sein, den er so gern auf einen recht grofsen Umfang ausgedehnt sähe, würde vorläufig wenigstens im kleinerem Maafsstabe in Erfüllung gehen.

Der Verfasser glaubt diese Abhandlung nicht besser schliefsen zu können, als durch folgende, hierauf bezüglichen inhaltsvollen Worte des verewigten *Thaer:*

„Es ist die grofse Aufgabe einer höhern Forstcultur, dafs sie das Wohl „des ganzen Landes umfasse; und in dieser Rücksicht sowohl, als auch in Rück- „sicht auf höhern Holz-Ertrag, soll es ihr Vorlage sein, die Höhenzüge, ganz „besonders unserer trocknen Ländereien, mit Laubholz zu bedecken und die- „selben wieder zur Erzeugung und Speisung unserer Quellen, Bäche und Flüsse „geschickt zu machen. Unter dem Schutz des Laubholzes wird der Boden so „lange durch alles niederfallende Wasser getränkt, als die Bäume keine Blätter „haben; dann aber, wenn die Sonne höher steht, die Luft mehr trocknet, „breiten die grünen Blätter ein Dach über den Boden, welches die Ausdorrung „nicht gestattet. Das Nadelholz läfst dagegen von dem Winter-, Frühling- und „Herbstregen weniger an den Boden gelangen, weil die Nadeln ihn auffangen, „der Luftzug aber ihnen solchen wieder abnimmt. Wie Laubholz auf allen „Höhen und auf Sandschollen zu erziehen sei, darauf ist die einfache Antwort: *„unter dem Schutze des Nadelholzes.* Die Natur hat dies Verfahren viele „Jahrhunderte geübt; viele Holzbestände sind vorhanden, wo jeder unbefan- „gene Beobachter sehen kann, was der Mensch vermag, wenn er sich der „Natur bedient, um die Natur zu beherrschen und sich als Herr der Erde, „seinem ihm von Gott gestellten Beruf, treu zu bewähren."

Tafel I.

Tafel des erfahrungsmäfsigen periodischen Holz-Ertrages der Hochwaldungen auf einen Morgen Preufs. von 180 Q. R.

Holz-Art.	Beschaffenheit des Bodens.	Alter, in welchem die Nutzungen vorkommen. Jahr.	Stämme Gröfse. I.	II.	III.	Summa der Zahl der Stämme.	Cubikfufs.	Klaftern zu 70 Cub. F. und 108 Cub. F. Raum.	Stämme Gröfse. I.	II.	III.	Summa der Zahl der Stämme.	Cubikfufs.	Klaftern zu 70 Cub. F. und 108 Cub. F. Raum.
Eichen …	gut	im 40ten J.	—	—	—	—	—	—	400	800	—	1200	800	11
		- 60ten -	800	—	—	800	200	3	200	200	—	400	1600	23
		- 80ten -	100	—	—	100	200	3	100	100	100	300	2300	33
		- 100ten -	100	—	—	100	400	6	50	50	100	200	2900	41
		- 120ten -	50	—	—	50	600	8	50	50	50	150	3500	50
		- 140ten -	50	—	—	50	900	13	25	25	50	100	3825	55
		- 160ten -	25	—	—	25	1000	14	25	25	25	75	3900	56
		- 180ten -	25	—	—	25	1200	17	25	25	—	50	3475	49
		- 200ten -	25	25	—	50	4125	59	—	—	—	—	—	—
	mittelmäfsig	- 40ten -	—	—	—	—	—	—	400	800	—	1200	533	8
		- 60ten -	800	—	—	800	140	2	200	200	—	400	1050	15
		- 80ten -	100	—	—	100	140	2	100	100	100	300	1800	26
		- 100ten -	100	—	—	100	300	4	50	50	100	200	2500	36
		- 120ten -	50	—	—	50	500	7	50	50	50	150	3100	44
		- 140ten -	50	—	—	50	750	10	25	25	50	100	3250	46
		- 160ten -	25	—	—	25	800	11	25	25	25	75	3200	46
		- 180ten -	25	—	—	25	1000	14	25	25	—	50	2750	39
		- 200ten -	25	25	—	50	3375	48	—	—	—	—	—	—
	schlecht	- 40ten -	—	—	—	—	—	—	150	250	1200	1600	487	7
		- 60ten -	1000	—	—	1000	70	1	150	250	200	600	829	12
		- 80ten -	200	—	—	200	150	2	50	100	250	400	1400	20
		- 100ten -	100	—	—	100	225	3	50	100	150	300	1675	24
		- 120ten -	50	100	150	300	2425	34	—	—	—	—	—	—
Buchen …	gut	im 40ten J.	—	—	—	—	—	—	300	300	600	1200	1200	17
		- 60ten -	800	—	—	800	210	3	150	150	100	400	1775	24
		- 80ten -	100	—	—	100	200	3	100	50	150	300	2425	34
		- 100ten -	150	—	—	150	600	8	50	50	50	150	2900	41
		- 120ten -	50	50	50	150	4100	59	—	—	—	—	—	—
	mittelmäfsig	- 40ten -	—	—	—	—	—	—	300	300	800	1400	800	11
		- 60ten -	900	—	—	900	140	2	150	150	200	500	1300	19
		- 80ten -	200	—	—	200	200	3	50	100	150	300	1850	26
		- 100ten -	150	—	—	150	525	7	50	50	50	150	2300	33
		- 120ten -	50	50	50	150	3400	50	—	—	—	—	—	—
	schlecht	- 40ten -	—	—	—	—	—	—	150	300	1150	1600	737	10
		- 60ten -	1000	—	—	1000	70	1	150	300	150	600	1100	16
		- 80ten -	200	—	—	200	150	2	50	100	250	400	1400	20
		- 100ten -	50	100	250	400	1925	28	—	—	—	—	—	—

(Fortsetzung von Tafel I.)

Holz-Art.	Beschaffenheit des Bodens.	Alter, in welchem die Nutzungen vorkommen. Jahr.	Stämme Gröfse. I.	II.	III.	Summa der Zahl der Stämme.	Cubikfufs.	Klftrn. zu 70 C.F. feste Masse und 108 C.F. Raum.	Stämme Gröfse. I.	II.	III.	Summa der Zahl der Stämme.	Cubikfufs.	Klaftern zu 70 Cubikfufs feste Masse.
Birken . . .	gut	im 20ten J.	—	—	—	—	—	—	200	200	800	1200	500	7
		- 40ten -	800	—	—	800	210	3	50	150	200	400	1700	24
		- 60ten -	50	150	200	400	2650	38	—	—	—	—	—	—
	mittelmäfsig	- 20ten -	—	—	—	—	—	—	250	200	800	1200	350	5
		- 40ten -	800	—	—	800	140	2	50	150	200	400	1150	16
		- 60ten -	50	150	200	400	1900	27	—	—	—	—	—	—
	schlecht	- 20ten -	—	—	—	—	—	—	150	250	1000	1400	262	4
		- 40ten -	1000	—	—	1000	70	1	50	150	200	400	850	12
		- 60ten -	50	150	200	400	1400	20	—	—	—	—	—	—
Erlen	gut	im 20ten J.	—	—	—	—	—	—	200	200	800	1200	500	7
		- 40ten -	800	—	—	800	210	3	50	150	200	400	2150	31
		- 60ten -	50	150	200	400	2900	41	—	—	—	—	—	—
	mittelmäfsig	- 20ten -	—	—	—	—	—	—	200	200	800	1200	350	5
		- 40ten -	800	—	—	800	140	2	50	150	200	400	1400	20
		60ten -	50	150	200	400	2300	33	—	—	—	—	—	—
	schlecht	- 20ten -	—	—	—	—	—	—	150	250	1000	1400	320	4
		- 40ten -	1000	—	—	1000	70	1	50	150	200	400	1100	16
		- 60ten -	50	150	200	400	1650	23	—	—	—	—	—	—
Kiefern . .	gut	im 40ten -	—	—	—	—	—	—	150	150	500	800	1816	26
		- 60ten -	500	—	—	500	280	4	50	100	150	300	2625	37
		- 80ten -	100	—	—	100	500	7	50	100	50	200	3500	50
		- 100ten -	50	—	—	50	500	7	50	50	50	150	4000	57
		- 120ten -	50	50	50	150	5000	71	—	—	—	—	—	—
	mittelmäfsig	- 40ten -	—	—	—	—	—	—	150	150	600	900	1200	17
		- 60ten -	600	—	—	600	210	3	50	100	150	300	1802	27
		- 80ten -	100	—	—	100	400	6	50	100	50	200	2700	39
		- 100ten -	50	—	—	50	400	6	50	50	50	150	3600	46
		- 120ten -	50	50	50	150	3900	56	—	—	—	—	—	—
	schlecht	- 40ten -	—	—	—	—	—	—	200	200	500	900	883	12
		- 60ten -	500	—	—	500	140	2	50	100	250	400	1700	24
		- 80ten -	250	—	—	250	562	8	50	100	—	150	1600	23
		- 100ten -	50	100	—	150	2000	29	—	—	—	—	—	—

Tafel

Übersicht der zu gewerblichen Nutzhölzern sich eignenden Holzgattungen, nach und Menge

Holz-Art.	Gröſstes			Cubikfuſs jährlicher Holz-Ertrag auf den Morgen in			Gewicht		Heizkraft, die der Buche = 1,000.	Zeit der Samenreife.
	Alter.	Höhe.	Dicke.	gutem	mittelmäſsigem	schlechtem	specifisches.	eines Cubikfuſses.		
	Jahr.	Fuſs.	Fuſs.	Boden.				Pfd.		
1. Akazie	80—100	20—60	1—2	—	200 beim Kopfholz.	—	0,606	36—41	0,800	October bis November
2. Ahorn	150—200	60—100	1—3	—	b. 75	—	0,847 K.	40—45	1,141	October und November. Der Spitz-Ahorn schon im September.
3. W. Apfelbaum	60—90	20—30	1—2½	40	35	—	—	38—43	—	November, December, und später.
4. W. Birnbaum	b. 100	30—40	1—3	—	31	—	0,602 W.	40—43	0,837	October und November.
5. Vogelkirsche .	50—60	50—60	b. 1½	—	—	—	—	38—40	—	Juli und August.
6. Birke	50—60	50—70	1—1½	48	34	25	0,619 H.	40—45	0,861 Stm. 0,722 Stg.	Im September. Der erste und letzte ist taub.
7. Rothbuche . .	200	100—120	3—4 und darüber.	45—50	36	22	0,684 P.	50—54	1,000	Im October.
8. Esche	200—300	80—120	2—3	43—46	—	—	0,636 d. H.	46—48	1,007 1,031	October bis December.
9. Erle	60—80	b. 60	1½—2	(als Niederwald) 59—70	47	33	—	38—43	0,575 Stm. 0,654 Stg.	Zapfen im November. Der Same im Wasser im Februar und März.
10. Eiche.										
a) Stiel- (Sommer-) Eiche	160 V.	100—130	6—7	43	35	23	0,669	56—60	0,911 Stm.	October.
b) Trauben- (Winter-) E.	4—600	100—120	5—6	. . . .	. . . .	. . . .	. . . .	60—65	0,964 Stg.	
11. Hainbuche . . (Weiſsbuche)	150—200	30—60	1—2	—	32	—	—	50—55	1,035	October und November.
12. Linde	500 V. 150—200	80—100	6—8 und mehr.	35	—	—	—	35—40	0,433	September.

II.

Alter, Gröfse, Umfang, Gewicht, Holz-Ertrag, Heizkraft, Art der Samengewinnung der Aussaat.

Art der Ernte.	Art der Aufbewahrung bis zur Saat.	Samenbedarf auf den Morgen von 180 Quadratruthen.				Bemerkungen.
		Vollsaat. Pfd.	Streifensaat. Pfd.	Stellensaat. Pfd.	Zum Strecken. Pfd.	
Durch Aufsammeln unter dem Baume und Abpflücken.	In frostfreien Kammern oder im Keller.	—	26 — 32	—	—	1 Jahr Keimkraft. Saatzeit im Frühling.
Desgl.	In Säcken, an luftigen Orten, oder im Keller mit Sand vermischt.	a. 20 — 30 u. 60	18 — 25	15 — 21	4 — 6	Behält nicht über 2 Jahre Keimkraft. Die Saatzeit ist im Frühling.
Desgl. und durch Ausschneiden der Kerne.	Auf luftigen, frostfreien Böden, oder im Keller auf Brettern.	—	—	—	—	Saatzeit im Frühling. 1 Jahr Keimkraft.
Desgl. die Kerne aus den Trestern, sobald die Birnen teigig sind.	Eben so; im Keller im Sande.	—	—	—	—	Saatzeit im Frühling.
Durch Abpflücken und Entsteinen.	Desgl.	—	—	—	—	Saatzeit sogleich nach der Ernte.
Durch Abschneiden der Zweigspitzen, an welchen die Kätzchen hangen.	In Büscheln, auf luftigen Böden.	u. 36 — 48 a. 18 — 32	15 — 25	12 — 20	—	Saatzeit October und November.
Durch Abschütteln der Zweige und Aufsammeln des vollwichtigen Samens.	Auf luftigen Böden und in Kellern.	3 — 5 (Scheffel.)	$1\frac{1}{2}$ — $3\frac{1}{2}$ (Scheffel.)	1 — 3 (Scheffel.)	1 — 2 (Scheffel.)	Saatzeit im November, oder im Frühling, wenn keine Fröste mehr zu befürchten sind. Keimkraft 1 Jahr.
Die Samenbüschel werden mit den Zweig-Enden abgeschnitten.	Abgeklopft, in Säcken auf luftigen Böden, oder in Gruben eingegraben, gegen Frost geschützt.	50 u.	—	—	—	Saatzeit im Frühling. 12 Jahr keimfähig. Der Same liegt, wenn er nicht im Herbst eingegraben ist, oft 2 bis 3 Jahr, ehe er aufgeht.
Durch Abbrechen der Zweige. Das Auffangen des Samens geschieht in Sieben.	In Büscheln, auf Böden. Der aufgefangene Same mufs vorsichtig getrocknet werden.	9 — 12	6 — 8	10 — 11	—	Die Cultur aus Samen, besonders aufgefangenem, ist sehr mifslich und das Pflanzen besser.
Durch Aufsammeln einige Tage nach dem Abfallen. Der erste und letzte Samen ist gewöhnlich nicht keimfähig.	Auf luftigen Böden, oder in Gruben. Der Same ist vor Erhitzung mehr als vor dem Frost in Acht zu nehmen.	6 — 8 (Scheffel.)	5 — 7 (Scheffel.)	4 — 6 (Scheffel.)	2 — 5 (Scheffel.)	1 Jahr keimfähig. Saatzeit Herbst, oder Frühling.
Durch Abschütteln auf untergelegten Tüchern, oder durch Zusammenkehren unfern des Baumes.	Wie bei der Esche.	75 u.	—	—	—	Der Same geht erst im 2ten Jahre auf. Von der Herbstsaat gehen aber schon viele Körner im nächsten Frühling auf.
Durch Abschneiden und Auflesen.	In luftigen Kammern.	—	—	—	—	Die Cultur aus Samen ist weniger anwendbar; häufiger geschieht die Fortpflanzung durch Ableger, Wurzel-Ausläufer und Stecklinge.

(Fortsetzung

Holz-Art.	Gröfstes Alter. Jahr.	Höhe. Fufs.	Dicke. Fufs.	Cubikfufs jährlicher Holz-Ertrag auf den Morgen in gutem Boden	mittelmäfsigem Boden	schlechtem Boden	Gewicht. specifisches.	Gewicht eines Cubikfufses. Pfd.	Heizkraft, die der Buche = 1,000.	Zeit der Samenreife.
13. Wallnufsbaum	90 — 120	40 — 50	1 — 2	—	—	—	—	48 — 52	—	September und October.
14. Maulbeerbaum	80 — 100	30 — 50	1 — 2	41	52 vom Kopfholz.	—	—	46 — 50	0,860	August und September.
15. Espe	70 — 90 V.	60 — 80	2 — 3	—	48	55 vom Kopfholz.	0,425	32 — 36	0,630 Stm. 0,717 Stg.	Die Kätzchen öffnen sich im Mai und Juni und liefern den Samen in einer wolligen Hülle.
16. Ital. Pappel .	V. 60 80 — 100 schon in 24 —	90 — 220 50 — 60	1½ — 3 b. 2	—	39 — 41	—	—	— 38 d. 26	0,484	〃
17. Silberpappel .	—	100 — 120	1½ — 3	—	—	—	—	—	—	〃
18. Schwarzpappel	40 — 50 V. 70 — 100	60 — 80	1 — 3	—	80 — 125	150 vom Kopfholz.	—	— 38 d. 24	0,514	〃
19. Rofskastanie .	V. 50 — 60 (1000!)	60 — 80	2 — 3 (sogar 50)	—	36 — 40	—	—	40	0,855	September und October.
20. Ulme (Rüster)	V. 80 — 100 200	60 — 90	2 — 3	42	36	—	—	40 — 45	0,935 frisch. 0,545 dürr.	Juli.
21. Weifse Weide	V. 40	50 — 60	2 — 2½	vom Kopfholz: *a*) 75 *b*) 240 Wurzelhieb: c) 223	 59 190 182	 44 145 140	0,454 0,522 W.	31 — 38	0,430	— — —
22. Weifstanne . .	V. 120 b. 300	100 — 120 150 — 180	3 — 4 5 — 7	46 — 52	—	—	—	35 halbtr. 48	0,697 Stm. 0,763 Stk.	Ende September und Anfang October.
23. Fichte	200	100 — 150	4 — 6	59	47	—	0,548 Stm. Stk.	40 — 45 49	0,763 Stm. 0,706 Stg.	Die Zapfen werden von den kronenreichen schlechtwüchsigen Fichten und Kiefern oder von den gefällten Stämmen gepflückt. Je später das Einsammeln, desto leichter das Ausklengen.
24. Kiefer.	V. 150	120 — 130	2½ — 4	52	41	28	—	40 — 45	0,832	〃
25. Lerchenbaum	V. 80 in 40 — 50	80 — 100	2 — 3	48 — 55	—	—	—	60 frisch. 40 trock. 33 dürr.	0,766	October und November.

von Tafel II.)

Art der Ernte.	Art der Aufbewahrung bis zur Saat.	Samenbedarf auf den Morgen von 180 Quadratruthen. Vollsaat. Pfd.	Streifensaat. Pfd.	Stellensaat. Pfd.	Zum Strecken. Pfd.	Bemerkungen.
Durch Abschütteln, oder Abpflücken.	Auf Stroh oder frischem Sand, in frostfreien Kammern und Kellern.	—	—	—	—	Zeit der Saat im Frühling, wenn die Nüsse im Keimen begriffen sind.
Durch Aufsammeln der von selbst abgefallnen Beeren.	Die Beeren werden ausgedrückt und der Same wird ausgewaschen. Der schwere Same wird im Schatten getrocknet und in luftigen Kammern aufgehoben.	—	15—17 (in Rillen)	—	—	Saatzeit Ende Mai, wenn keine Nachtfröste mehr zu fürchten sind, oder auch sogleich nach der Ernte. 1 Loth Samen auf ein Beet 12 F. lang und 4 F. breit.
Die gesammelten Samenkapseln werden in ein mäfsig warmes Zimmer gebracht und so lange mit Ruthen geschlagen, bis der Same aus der Wolle in feinen Körnern ausfällt.	An luftig-trocknen Orten.	—	—	—	—	Die Vermehrung geschieht meistens durch Wurzelschöfslinge und Stecklinge. Durch Samen im Mai und Juni.
Durch Aufsammeln.	Auf luftigen Böden. Gegen Erhitzung und Verschimmelung bewahrt.	—	Scheffel 6—8 (in passend. Entfernung)	—	—	Zeit der Saat im Herbst und Frühling.
Durch Abschneiden mit den Büscheln.	Wie bei der Esche. Verliert leicht beim Aufbewahren die Keimkraft.	12—15	10—12	8—10	3—6	Die beste Zeit der Saat ist gleich nach dem Sammeln des Samens. 1½ Jahr keimfähig.
— — — —	— — — — —	—	—	—	—	Cultur durch Stecklinge.
Durch Sammeln der reifen und nicht vorjährigen Tannen-Äpfel im November und nach dem ersten Frost.	Auf luftigen Böden bis zum Frühling. Der ausgesprungne Same wird gereinigt.	36—40 u.	22—30	18—25	—	Cultur mittelst Zapfen- und reiner Saat. Der Samen mufs schon im Frühling ausgesäet werden.
Sie werden im Winter auf Darren gedarrt, oder als Zapfen im Frühling gesäet und bis dahin auf luftigen Böden aufbewahrt.	— — — —	6—9 auch 15—20	a. 5—8 von unabgeflügeltem die Hälfte mehr.	4—7	0,7	Der Same ist 2 bis 4 Jahr keimfähig. 1 Scheffel Zapfen giebt gewöhnlich 1 Pfd. entflügelten Samen.
— — — —	— — — —	4	3	—	—	
Die Zapfen sitzen sehr dicht beieinander.	Eben so. Der Same wird am besten auf Sommerdarren ausgeklengt.	12	—	—	—	Der Same hält sich bis 3 Jahr keimfähig.

N.B. 1) V. bedeutet beim Alter der Bäume das Jahr der Vollendung. Die übrigen Jahre sind meistens die höchstens erreichbaren.

2) b. heifst bis zu. Für die Höhe und Dicke ist aus den verschiedenen Angaben die mittlere und höchste zusammengestellt.

3) Der Holz-Ertrag ist meistens nach der Hartigschen Erfahrungstafel, bei einigen nach eignen Ermittelungen angegeben, bei 21. nach Neukirch.

4) Das specifische Gewicht ist nach K. König, H. Hartig, P. Pernitzsch, W. Werneck, der cubische Inhalt meist nach Hartig angegeben. d. heifst beim dürren.

5) Die Heizkraft nach Hartig. Stm. heifst beim Stamm-, Stg. beim Stangen-, Stk. beim Stockholze.

6) Bei den Angaben über den Samen ist man von den verschiedenen Ansichten der wahrscheinlich richtigsten mit Bezug auf die neuesten Erfahrungen gefolgt. a. heifst abgeflügelt, u. unabgeflügelt.

8.

Wie sind Eisenbahnen sicherer zu veranschlagen und anschlagsmäfsig auszuführen?

(Von Herrn Ober-Baumeister *Engelhard* zu Cassel.)

Jeder, der sich bei dem Bau neuer Eisenbahnen betheiligt, ist bei der Veranschlagung der Kosten derselben interessirt; und die allgemeine Klage, dafs dergleichen Anschläge wenig verläfslich seien, indem die Kosten meistens weit überstiegen werden, ist dem Actionnair nicht gleichgültig.

Es fragt sich aber überhaupt, ob eine genaue Veranschlagung von Eisenbahnen möglich sei; und diese Frage läfst sich keineswegs unbedingt bejahen: denn es giebt gar viele Verhältnisse, die auf die Kosten Einflufs haben und die sich *unmöglich* genau vorher übersehen lassen. Einige derselben mögen hier, ohne erschöpfende Aufzählung, als Beispiele bezeichnet werden.

Zunächst läfst sich der Preis der zu erwerbenden Grundstücke nicht mit Sicherheit vorhersehen; da, wo keine Expropriation Statt findet, *gar nicht;* und auch bei der Expropriation kann Niemand die Einsichten und Ansichten der Taxatoren genau genug vorher kennen, um zu wissen, wie hoch sie die Grundstücke veranschlagen werden; das sogenannte Durchschnittnehmen aber giebt kein genaues Resultat.

Ferner ist der Werth aller Baumaterialien der *Veränderung* unterworfen; eben so der Preis des Arbeitslohnes. Beide können während grofser, ausgedehnter Baue beträchtlich steigen, oder fallen, und Niemand kann genau vorher wissen, um wieviel. Gleiches gilt vom Fuhrlohne.

Sodann ist auch der Einflufs der Witterung während der Arbeiten nicht für gering zu halten, weil es Arbeiten giebt, die man nicht vorher verdingen kann, die in Tagelohn ausgeführt werden müssen und bei denen das nicht vorauszusehende Wetter die Kosten bedeutend ändert.

Die Veranschlagungen beruhen aber auf dem Werth der zu dem Bau erforderlichen Grundstücke, auf dem Preise der Materialien, des Arbeitslohnes, des Fuhrlohnes und auf den Quantitäten von allen diesen.

Die *Gröfse* der erforderlichen Grundstücke, die *Menge* der Baumaterialien, die *Zahl* der zu ihrer Herbeischaffung erforderlichen Fuhren, die *Zahl* der Arbeiten selbst, lassen sich zwar bei einem bestimmt gegebenen Bauplan vorher berechnen. Allein auch hierbei ist noch ein *Aber*.

Die *genaue* Vorausberechnung ist nemlich so ungemein weitläuftig und zeitraubend, dafs der technische Veranschlager sie *deshalb* fast nie machen kann, weil ihm die dazu erforderliche *Zeit* nicht vergönnt wird und auch nicht gegeben werden kann. Er ist deshalb genöthigt, in einem gewissen Grade summarisch zu verfahren, und es kommt darauf an, ob er dabei ab- oder zuthut.

Sodann ist ferner ein Umstand zu erwähnen, der auf die Übereinstimmung der Veranschlagungen mit den Kosten einen grofsen Einflufs hat: nemlich die *Veränderungen* des Bauprojects *während* der Ausführung. Wären es nur solche, die man macht, weil man damit Vortheile, die man früher nicht vorhersehen konnte, zu erreichen gedenkt, so könnten die daraus entstehenden Überschreitungen der Kosten nicht eben gefährlich sein, weil sie vielleicht durch die Vortheile überstiegen würden. Aber es kommen auch noch andere Anlässe zu Veränderungen vor, die Niemand voraussehen kann: z. B. Einwirkungen der Landes-Regierung, die nicht blofs das Interesse der Eisenbahn-Unternehmer, sondern das des ganzen Landes im Auge hat, und die sich wahrscheinlich so viel Gewalt vorbehalten haben wird, um nicht bei jeder Anordnung, welche dem Lande nützlicher als den Unternehmern ist, eine Entschädigung zahlen zu müssen. Dann können auch wieder besondere Verhältnisse einzelner Grundstücke, und Persönlichkeiten, von denen man sich nicht losmachen kann, und viele andere menschliche Dinge, deren der Ausführer nicht Herr ist, mannigfache Veränderungen nöthig machen. Das grofse Übel einer einzelnen Veränderung kann aber oft sein, dafs sie viele andere nach sich zieht.

Der kaufmännische Unternehmer einer Eisenbahn wird hierauf ungefähr antworten: „Dies alles ist zwar wahr, aber es giebt ein Mittel gegen die „Nachtheile, die daraus für eine Unternehmung entstehen können, nemlich das, „keine Arbeit anders als im Verding auszuführen." Man wird vergebens dagegen einwenden, dafs die Unternehmer verdungener Arbeiten immer auf den *schlimmsten* Fall rechnen mufsten und dafs also diese Ausführungs-Art grade die theuerste sei. „Mag sein," wird man antworten, „dafs der Übernehmer „eines Verdinges einmal etwas erübrigt, das ist ganz Recht, aber dafür mufs „er ein andermal etwas zusetzen, und wir sind das Risico los; was viel besser „ist, als wenn ein, die Arbeiten auf Rechnung ausführender Architekt, Herr

„unseres Geldbeutels ist und wir keine Sicherheit für den wirklichen Kosten-„betrag haben." Der technische Sachverständige wird hierauf erwiedern: „In dieser Entgegnung ist wiederum Wahres und Richtiges, aber der Knoten ist damit noch nicht vollständig gelöset."

Der Techniker, welcher den Anschlag macht, kennt alle jene Schwierigkeiten einer genauen und richtigen Veranschlagung, vorausgesetzt, dafs er ein geschickter und erfahrener Mann ist, am besten. Es fragt sich: was wird er thun, um dem Vorwurfe, einen nicht zutreffenden Anschlag gemacht zu haben, zu entgehen? Es fragt sich besonders: was werden ***Staats-Baubeamte,*** die mit solchen ausgedehnten Veranschlagungen grofser Arbeiten beauftragt werden, thun, um sich gegen eine Verantwortung zu sichern, die ihnen für die Geschäftsführung ihrer ganzen Lebenszeit Schaden bringen kann?

Das nächste wäre für sie, der obern Landesbehörde, oder Denen, welche sie mit der Veranschlagung beauftragen, die Schwierigkeiten derselben vorzustellen und sich blofs auf ungefähre, annähernd richtige Veranschlagungen einzulassen. Aber damit werden sie nicht durchkommen; man wird ihnen antworten: „Wir verkennen die Schwierigkeiten zwar nicht, aber das ist es eben, „was wir von eurer Geschicklichkeit erwarten, dafs ihr dieselben zu heben wisset." Das ist dann eine ***Phrase,*** gegen welche sich nichts weiter sagen läfst.

Was soll nun der Architekt thun? Es wird das ***Unmögliche*** von ihm gefordert und er mufs überlegen, wie er sich gegen die Nachtheile, dafs er dies nicht überwinden ***kann,*** sichere.

Berechnet er gewissenhaft genau das ***Gewöhnliche,*** so ist er in Gefahr, dafs das ***Ungewöhnliche*** die Kosten verändere: werden sie dadurch ***erhöht,*** so entstehen Überschreitungen; er verliert das Vertrauen in seine Einsicht und Geschicklichkeit und ist in bedeutenden Fällen vielleicht Bestrafungen und selbst dem Verluste seines Amtes ausgesetzt. Was wird ihm dagegen geschehen, wenn etwas von den Kosten ***übrig bleibt?*** wird er dann auch übel angesehen und bestraft werden? — gewifs nicht!

Um also das Resultat zu erzielen, mufs man auf das ***Schlimmste*** rechnen, und zwar ***überall*** auf das Schlimmste! Welche Resultate aber giebt Dies? Ein Beispiel mag es erläutern.

Es soll z. B. die Erbauung eines Brückenpfeilers berechnet werden. Es mufs zu dem Pfeiler pilotirt; es mufs ein Fangedamm um denselben gemacht werden. Der Fangedamm wird auf gewöhnliche Weise, die in zwanzig Fällen hinreichend stark war, gebaut: aber der Baumeister hat einen Fall erlebt, wo ein Fangedamm von einer Wasserfluth weggerissen wurde; eine stärkere Construction ist nicht practisch (zu weitläuftig und in *jedem* Fall viel kostspieliger); es mufs also auf die Möglichkeit, dafs der Damm weggerissen werde, gerechnet, mit anderen Worten, der Fangedamm mufs so hoch berechnet werden, dafs man ihn nöthigenfalls *zweimal* machen könne. Das Holz zu dem Fangedamm kostet jetzt einen mäfsigen Preis, aber der vermehrte Bedarf kann den Preis steigern; eben so den des Fuhrlohns und des Arbeitslohns; es giebt Beispiele, wo die Preise um ein Drittheil stiegen; man mufs also Eindrittheil mehr rechnen. Der Fangedamm wird demnach erst um Eindrittheil höher in den Preisen, und dann noch doppelt berechnet, so dafs sich der gewöhnliche Preis zu dem ungewöhnlichen verhält, wie 3 zu 8; also letzterer beinahe dreimal so hoch ist. Ferner: nach den Bohrversuchen, die man gemacht hat, ist für die Pilotage in zehn Fufs Tiefe fester Grund zu hoffen; allein, oft wird man hiebei getäuscht; warum soll man sich nicht sicher stellen und die *doppelte* Tiefe rechnen? ein Anschlag ist keine zu bezahlende Rechnung. Der Pfahl mufs dann auch stärker sein. Ferner ist auch wieder eine Erhöhung der Preise des Holzes, des Fuhrlohns und des Arbeitslohns von wenigstens einem Drittheile wahrscheinlich. Auf zehn Fufs Tiefe würde der Pfahl um Eindrittheil schwächer sein können, als auf zwanzig Fufs, und angenommen, er würde nach den gewöhnlichen Preisen 3 Thaler kosten, so machen jene Rücksichten, dafs er zu $10\frac{2}{3}$ Thaler berechnet werden mufs. Welche Differenz!

Nun wollen wir aber annehmen: nach einem solchen Anschlage sollen die Arbeiten *verdungen* werden. Werden da wohl die Unternehmer sich immer so weit herunterbieten, dafs sie in die Gefahr kommen, umsonst, oder mit Schaden zu arbeiten? werden sie nicht vielleicht im Gegentheil *noch mehr* verlangen: werden *sie* auf zehn Fufs Länge die Pfähle rechnen, wenn zwanzig veranschlagt sind?

Dann aber ist auch die Verdingung der Kosten nicht in allen Stücken möglich. Wer wird z. B. den Ankauf der Grundstücke, die nöthig sind, zu einer bestimmten Summe übernehmen wollen?

Aus diesen Gründen läfst sich also voraussetzen, dafs Eisenbahn-Anschläge, die von Staatsbau-Officianten, namentlich unter der Autorität der höheren Baubehörde gemacht wurden, auf die *schlimmsten* Fälle berechnet sind und dafs also *Viel* daran zu ersparen sein werde.

Was wird also zu thun sein? Die Antwort ist leichter, als sie scheint. Zunächst sollte jeder Eisenbahn-Anschlag doppelte Columnen haben. In der ersten Columne sollten die Kosten im günstigsten, d. h. wohlfeilsten Falle, in der zweiten Columne die Beträge, welche in dem verständigerweise möglich-schlimmsten Falle erforderlich sein können, stehen; wobei die Verhältnisse, welche solche höheren Kosten herbeiführen können, kurz erwähnt werden müfsten. Solche verschiedenen Angaben würden nicht allein dazu dienen, einen geringsten und einen höchsten Betrag im Ganzen übersehen und vergleichen zu können, sondern sie würden auch einleuchtend darstellen, in welchen Fällen es ungereimt und schädlich sei, die Gegenstände durch Verdingung statt auf Rechnung ausführen zu lassen.

Dann sollte ferner der Veranschlagende auch in den Anschlägen bemerken, mit welchem Grade von Genauigkeit in der ihm verstatteten *Zeit* die Berechnung der *Quantitäten* möglich war und welche Vorsichtsmaafsregeln er anwendete, um Rechnungsfehler zu vermeiden. Zum Beispiel bei den Erd-Arbeiten kann er in der Regel die Querprofile nur auf je Tausend Fufs Länge berechnen; bei der Berechnung der Holzquantitäten nicht die einzelnen Holzstücke auf rundes Holz reduciren, sondern sie nur im Allgemeinen, z. B. so angeben, dafs ein Drittheil mehr unbeschlagenes rundes Holz erforderlich sei, als der Cubik-Inhalt des beschlagenen Holzes ausmacht u. s. w. Ferner, um Rechnungsfehler zu vermeiden, seien von den Hauptposten der Erd-Arbeiten, des Mauerwerks u. s. w. Specialberechnungen beigefügt; die ersten Maafs-Ansätze darin seien von dem Ingenieur nach den geometrischen Aufnahmen gemacht, vom Assistenten nachgesehen und hierauf von demselben die Cubikrechnungen aufgestellt, diese letztern durch den Calculator des Büreaus nachgerechnet und die Differenzen nochmals vom Ingenieur revidirt worden.

Was endlich die Veränderungen am Bauprojecte, die sich nicht vorhersehen lassen, betrifft, so ist natürlich deren Berücksichtigung im ersten Anschlage unmöglich und liegt *ganz* aufser der Verantwortlichkeit des Ingenieurs. Der Actionnair wird aber bei einem solchen Veranschlagungssysteme weniger gefährdet sein, weil die Berücksichtigung des schlimmsten Falles, der doch bei *allen* Posten des Anschlages nur unwahrscheinlicherweise eintreten möchte, immer einen bedeutenden Fonds zu Mehrkosten lassen wird.

Eisenbahnen sind für einen fähigen Architekten eben kein *künstlicher* Bau; das Schwierigste dabei sind noch die Brücken; der Brückenbau für Eisenbahnen aber ist von dem Bau anderer starken Brücken nur wenig verschieden; alles Übrige ist so einfach, dafs wenig besondere Übung dazu gehört. Aber eine genaue *Ortskenntnifs* ist nöthig, um eine Eisenbahn *wohlfeil* zu bauen; ferner genaue Kenntnifs der Materialien in der Gegend und der ***Preise*** und ***Eigenschaften*** derselben; eben so specielle Kenntnifs der örtlichen ***Preise des Arbeitslohns.*** Dies sind Dinge, die man nicht in ein Paar Jahren sich erwirbt, da sie auf fast jede Stunde Weges verschieden sind und auf gröfsere Entfernungen von mehreren Tagereisen in hohem Grade differiren.

Es ist also sehr nöthig, dafs wenigstens die ***obere*** Leitung der Bau-Ausführung einer Eisenbahn von Männern ausgehe, die nicht nur entschiedene technische Einsichten und Erfahrungen, sondern vor Allem auch die gründlichsten ***Ortskenntnisse*** haben. Solche Männer haben die Mittel, von Tausend Hunderte, und von Millionen Hunderttausende zu ersparen. Das ist sehr gewifs, und der Actionnair ist vor Allen interessirt, zu fragen: „Stehen ***solche*** „Männer, oder ***solche,*** denen die Localitäten fremd sind, an der Spitze der „Ausführung?"

Derselben erste Obliegenheit beim Beginn der Ausführung einer Eisenbahn wird sein, das Project, und besonders auch etwa vorhandene Anschläge, im Interesse der Gesellschaft zu beleuchten, um dadurch Mifsgriffe zu verhindern, die sich späterhin nicht wieder gut machen lassen; zugleich aber auch, um dadurch Aussichten zu eröffnen, die auf den ganzen Fortgang des Unternehmens den günstigsten Einflufs ausüben können. Freilich werden ihre Bemühungen nur dann den vollständigsten Erfolg haben, wenn sie auch durch eine Direction und Verwaltung, bei welchen technische Einsicht vorherrscht, unterstützt werden, und es ist gewifs, dafs das erste Erfordernifs, um zum Director oder Verwaltungsrath befähigt zu sein, darin besteht, dafs er etwas von dem Gegenstande verstehe.

Cassel, im August 1848.

9.

Entwurf einer protestantischen Kirche,

in welcher, mit möglichst ökonomischer Benutzung des ganzen Raums, der Geistliche bei allen Functionen von sämmtlichen Sitz- und Stehplätzen gesehen wird, und aus welcher der gröfsesten Frequenz in wenigen Minuten der Ausgang freisteht.

(Von Herrn Dr. theol. *J. H. Germar* zu Heide in Norder-Dithmarschen.)

So reich auch die Gegenwart an geschmackvoll entworfenen und ausgeführten Kirchengebäuden ist, so wenig scheint doch bei vielen derselben auf einige Ansprüche, welche an eine protestantische Kirche mit vollem Rechte gemacht werden dürfen, die gebührende Rücksicht genommen zu sein.

Dafs zur zweckmäfsigen Einrichtung einer protestantischen Kirche vor Allem dahin gesehen werden müsse, dafs der Vortrag des Geistlichen, als des Verkündigers und Auslegers der göttlichen Offenbarung, möglichst leicht und richtig von allen Anwesenden *verstanden* werden könne: dieses bedarf schwerlich eines Beweises. Es ist also freilich zuerst für die akustischen Forderungen zu sorgen, so weit sich die Bedingungen ihrer Erfüllung bestimmen lassen. Aber auch durch den *Anblick* des Redenden wird das Verständnifs seines Vortrags und die Wirkung des letztern in hohem Grade erleichtert und unterstützt. Soll also dieses durch die Einrichtung der Kirche gefördert werden, so ist es von entscheidendem Einflusse, *dafs der Geistliche bei allen seinen Functionen von allen Zuhörern gesehen werden könne.*

Möglich ist dieses indefs nur dann, wenn die Örter seiner Functionen nicht blofs einander nahe, sondern auch in einerlei Richtung gegen die Kirche liegen, folglich, wenn die Kanzel über dem Altare angebracht ist; wie man es auch schon in vielen Kirchen findet. Dadurch allein wird aber jenes Ziel bei Gebäuden, deren Grundform ein Parallelogramm ist, nur dann erreicht, wenn das Innere desselben frei von Säulen ist, in welchen also blofs der untere Raum benutzt wird und die Decke keiner Unterstützung bedarf. Soll dagegen die wegen der Ausdünstung einer grofsen Versammlung eben so unentbehrliche als der Würde des Gegenstandes angemessene Höhe zu Emporkirchen verwendet und die Decke unterstützt werden, so verdecken die dazu erforderlichen Säulen, sowohl unten als oben, in den Abseiten, den Anblick des Geistlichen in eben dem Verhältnisse, als sie sich von dem Orte seiner Functionen entfernen, so dafs von demselben, je nach der Dicke und dem Abstande der Säulen, zuletzt wenig oder nichts mehr übrig bleibt. Besonders auffällig wird dieser Übelstand auf den Seiten-Emporen derjenigen Kirchen, deren Grundform sich einem schmalen Oblong nähert; und er kann nur dadurch vermieden werden, dafs man eine kreisförmige oder polygonale Grundfläche anwendet. Letztere dürfte jedoch den Vorzug verdienen, weil sie die Construction des Gebälkes, der Sitze und Treppen sehr erleichtert.

Die *zweite Forderung,* welche mit Recht an eine protestantische Kirche gemacht wird, betrifft die *Erleuchtung derselben.* Dafs diese nicht dürftig und mangelhaft sei, verlangt schon das dringende Bedürfnifs der Anwesenden, weil sie an den Gesängen keinen erbaulichen Antheil nehmen können, wenn sie den Text aus Mangel an Licht nicht zu lesen vermögen. Aber auch die symbolische Bedeutung des Gebäudes erlaubt nicht, dafs es in ein magisches Dunkel gehüllt sei. In ihm soll die Religion des Lichts und der Wahrheit verkündigt und das Auge ihrer Bekenner durch sie erleuchtet werden; ein reiches Licht ist daher für eine protestantische Kirche von grofser symbolischer Bedeutung. Diese wird aber noch dadurch sehr erhöht, wenn das Hauptlicht von oben einfällt; denn in ihr darf es nie vergessen werden, dafs auch in der Religion das Hauptlicht von oben herab kommt, von dem Vater des Lichts.

Eben diese zuletzt erwähnte symbolische Zweckmäfsigkeit kommt aber auch nicht wenig zu Hülfe, die Schwierigkeit zu beseitigen, welche die Erfüllung der ersten Forderung für die Erleuchtung des Gebäudes verursacht. Die Nothwendigkeit, die hinteren Sitz- und Stehplätze bedeutend über die vordern zu erhöhen, macht nemlich, dafs bei starker Frequenz ein grofser Theil der Umfassungsmauern verdeckt wird, also nur der obere Theil der in ihnen befindlichen Fenster das Licht ungestört einfallen lassen kann. Zwar wird nun dieses für die zunächst Sitzenden immer noch hinreichend bleiben, aber doch dem Innern der Kirche, besonders dem Altare und der Kanzel nicht die gewünschte Helligkeit gewähren. Daher ist hier die Erleuchtung von oben eben so nützlich, als der symbolischen Bedeutung angemessen.

Die *dritte Forderung,* welche nicht blofs für die protestantische Kirche, sondern für jeden von einer grofsen Menschenmenge gefüllten Raum gilt, besteht darin, dafs derselbe nach Beendigung des Zwecks der Versammlung *sich bald, und in dringenden Fällen möglichst schnell und gefahrlos entleeren* könne. Daher müssen nicht blofs hinreichend zahlreiche und weite Ausgänge angebracht sein, sondern auch die nöthigen breiten und bequemen Treppen in gerader Richtung fortlaufen und mit solchen Geländern versehen sein, dafs Jeder, der die Treppen betritt, durch Anhalten an den Geländern sich vor dem Fallen schützen kann. Es sind also für den Gebrauch des gröfsern Publicums alle engen, besonders aber die geschwungenen Treppen zu vermeiden; sogar schon Podesttreppen werden im Gedränge leicht gefährlich.

Endlich erfordert auch der *Kostenpunct* eine sorgfältige Berücksichtigung. Zwar ist es wünschenswerth, dafs öffentliche, und zumal der Religion geweihte Gebäude, ihrer Würde gemäfs, mit allem angemessenen Schmucke ausgestattet werden. Aber nicht alle Gemeinden sind im Stande, diesem Wunsche zu genügen; zumal in einer Zeit, wo die Freiheit des Cultus viele neue Kirchen verlangt, und Viele sogar den traurigen Wahn begünstigen, dafs jede Verschiedenheit der Glaubens-Ansichten eine Spaltung der Gemeinden nothwendig mache. Jedenfalls ist es nicht zu billigen, dafs irgend ein Theil des kostbaren Raums unbenutzt gelassen oder durch unpasende Einrichtungen unbrauchbar für den Hauptzweck gemacht werde. Dieses ist aber die unvermeidliche Folge der gemauerten Säulen und Gewölbe im Innern des Gebäudes, die durch ihre Dicke einen grofsen Raum hinter denselben verdecken, sehr starke, oder durch Pfeiler verstärkte Umfassungsmauern erfordern und doch bei einer Feuersbrunst eben sowohl wie alles Übrige zerstört werden; wovon die abgebrannten Kirchen in Hamburg den deutlichsten Beweis liefern. Daher dürfte, wenn man nicht Gufs-Eisen anwenden will, der Holzbau im Innern unbedingt den Vorzug haben, und sogar die Frage sein, ob bei sehr beschränkten Mitteln nicht auch die Umfassungswände aus Bindewerk bestehen dürfen, wenn das Holz derselben durch vorgeblendete Backsteine gegen Angriffe von Aufsen hinreichend geschützt werden kann; wobei zugleich an innerem Raum nicht unbedeutend gewonnen wird. Der grofsen Ersparung, welche durch Luftziegelbau und die schwedische Papierbedachung erreicht werden kann, erwähne ich hier nur beiläufig, weil beide noch wenig bekannt zu sein scheinen und mit voller Sachkenntnifs ausgeführt werden müssen, wenn sie vollständig gelingen sollen.

Die so eben motivirten vier Anforderungen sind die Veranlassung des Versuchs, in dem beigefügten Grundrisse und Längen-Durchschnitte denselben insgesammt auf eine möglichst entsprechende Weise Genüge zu leisten und ein Beispiel zu geben, wie in einem möglichst beschränkten Raume auf wenigstens 720, und unter gewissen Bedingungen auf 850 Sitz- und etwa 500 Steh-Plätzen einer Zuhörerzahl von mehr als 1200 bis 1300 Personen der freie Anblick des Geistlichen bei allen seinen Functionen verschafft werden könne, während aufserdem noch etwa 250 Personen zum blofsen Hören Platz finden würden. Zugleich ist dafür gesorgt, dafs eine hinreichende Menge von Ausgangsthüren der gröfsesten Versammlung in Nothfällen den Durchgang in weniger als drei Minuten gestattet. Auch ist dahin gestrebt, dafs sowohl durch die sorgfältigste Benutzung des Platzes, als durch die ganze Einrichtung, der Kostenpunct möglichst niedrig gestellt werde. Daher ist auch nur ein würdiger Eindruck des *Ganzen* berücksichtigt, von allen Verzierungen aber abgesehen, welche, wie billig, dem Geschmacke des Architekten und den ihm zu Gebote stehenden Mitteln überlassen sind.

Aus dem bei der ersten Forderung angegebenen Grunde ist, wie der Grundrifs zeigt, die Grundform der Kirche kein Parallelogramm, sondern ein reguläres Polygon; und zwar hier ein *Achteck*, dessen innere Seiten in einem Kreise von 36 Fufs Halbmesser beschrieben sind. Dagegen ist das innere Achteck der Emporkirche in dem Kreise eines Halbmessers von 20 F. beschrieben, daher dessen Seiten 15 F. lang sind und vom Mittelpuncte 17½ F., von der Umfassungsmauer aber 15 F. senkrechten Abstand haben. Jene 15 F. Breite der Emporkirche geben unten für den Stuhl des Geistlichen und den Haupt-Eingang hinter dem Altare, oben aber, sowohl für die Orgel nebst Bälgen und Treppen, als auch für 4 Sitzreihen, nebst Gang, hinreichenden Raum; die Länge der Unterbalken aber, von 15 F., erlaubt eine passende Ausdehnung für die Verkleidung hinter dem Altar und für die Orgel. Zu kleineren oder gröfseren Kirchen wird man Polygone von weniger oder mehr Seiten nehmen müssen, doch die Breite der Emporen schwerlich sehr vergröfsern dürfen, ohne sie durch eine zweite Säulenreihe von doppelter Zahl zu unterstützen. Auch Veränderungen in den Dimensionen der Höhe und der Thurm-Seiten werden dadurch nöthig werden.

Zur *näheren Erklärung der Zeichnungen* füge ich Folgendes, mit der Bemerkung hinzu, dafs die gleichen Buchstaben auf dem Grundrisse und Längendurchschnitte die nämlichen Gegenstände bezeichnen.

Der *Grundrifs* ist durch die Linie *AB* in zwei Hälften getheilt, von welchen die untere das Erdgeschofs, die obere die Emporkirche mit dem sichtbaren Theile des Erdgeschosses darstellt. Auf beiden zusammengenommen ist *a* die Hälfte der ***Kanzel,*** *b* die Hälfte der ***Kanzeldecke,*** *c* der ganze ***Altar,*** *d* die ***Erhöhung unter dem Altar,*** nebst dessen vergitterter ***Barriere,*** auf welche bei *e* das ***Taufbecken*** gesetzt wird, während eine unter derselben ***umlaufende Stufe*** da, wo die Communicanten beim Abendmahle zu knieen pflegen, gepolstert sein mufs. Vor dem Altare umgiebt denselben ein kreisförmiger 6 F. breiter ***Gang f zu ebener Erde,*** der zu allen vor dem Altare vorzunehmenden Handlungen, z. B. Copulationen, Taufen, Confirmationen und Catechesationen bestimmt ist. Auch können auf demselben bei passenden Gelegenheiten vor der ersten Sitzreihe noch Stühle oder bewegliche kreisförmige Bänke angebracht werden, jedoch so, dafs die Gänge zu den Sitzreihen frei bleiben.

Hinter jenem breiten Gange folgen nun die 13, um 2½ F. von einander abstehenden bogenförmigen ***Sitzreihen,*** welche (wenn man für jede Person 1¾ F. Breite annimmt), nach Abzug des mittleren, in Stufen von 7 Z. Höhe mit 3 F. Breite aufsteigenden Ganges *g* und der beiden Seitengänge *h, h,* von je 2 F. Breite, 456 Personen fassen können. Wünscht man aber einige ***geschlossene Stühle,*** so lassen sich sechs derselben, wie in *i* durch punctirte Linien einer der Art angedeutet ist, in den Ecken der Umfassungsmauer anbringen, ohne dem Lichte zu schaden und an Platz zu verlieren; ja sogar zu nicht unbedeutendem Vortheil für die Zahl der Sitzplätze. Denn ungeachtet der längs der Mauer führende Gang *k,* von 4 F. Breite, dann stellenweise erweitert werden mufs, so werden doch statt der 6 mal 12, also 72 Personen, welche in den geschlossenen Stühlen Raum finden, nur etwa 30 ihre anderweitigen Sitzplätze verlieren; so dafs bei dieser Einrichtung (auch ohne jene beweglichen Bänke vor den Sitzreihen) nahe an 500 Personen in der untern Kirche Sitzplätze erlangen können, denen sämmtlich der Anblick des Geistlichen bei allen seinen Functionen freisteht.

Den nemlichen Vortheil werden aber auch die 2½ Hundert geniefsen, welche bei ungewöhnlichem Andrange mit den ***Stehplätzen*** auf den Gängen vorlieb nehmen wollen (abgesehen von mehr als 1½ Hundert, welche in der Nähe der Kirchthüren mit dem blofsen Hören zufrieden sind); auch können jene, wegen der Richtung der Gänge, an deren allmäligen Erhebung sie gleichfalls Theil nehmen, den Sitzenden nicht hinderlich werden. Die Wenigen übrigens, welche hinter den Säulen stehen, nebst den noch Wenigeren, welche hinter den Letzteren sitzen, werden (wegen der geringen Dicke der Säulen) leicht durch eine kleine Neigung zur Seite diesem Hindernisse auszuweichen vermögen. Rechnet man dazu Diejenigen, welche zwar vom Anblick des Geistlichen, aber nicht der übrigen Kirche ausgeschlossen sind, so wird *blofs das Erdgeschofs* derselben, bei den angenommenen Dimensionen, in ungewöhnlichen Fällen einer Zahl von ungefähr 900 Personen Raum gewähren.

Die *Höhe* der untern Fensterbrüstungen wird theils durch die Steigung der Sitze, theils durch die beiden Seitenthüren bestimmt, welche unter denselben in der Nähe des Thurms angebracht, jedoch, um Zugwind in der Kirche zu vermeiden, nur zum Ausgange, und zwar an der windfreien Seite, benutzt werden sollen. Aus beiden Ursachen darf jene nicht weniger als 9 F. über dem Sockel betragen. Wenn nun die Fenster, bei 5 F. Breite, eine Höhe von 12 F. erhalten, so ragen sie zwar noch etwas über die Decke des Erdgeschosses hervor; doch läfst sich dieses Hindernifs ihrer Wirksamkeit leicht beseitigen, weil die von dem Unterbalken der Bogenstellung auslaufenden Balken der Decke die Fenster-Öffnung nebst der innern Schmiege derselben umspannen, also die Decke vor derselben hinreichend aufgeschrägt werden kann, um dem Hindernisse des einfallenden Lichts abzuhelfen. Indefs wird, sowohl um die auf dem hintern Gange stehenden Personen von der Decke gehörig zu entfernen, als auch um der Kanzel und Kanzeldecke die nöthige Höhe über dem Altare zu geben, der Fufsboden der Emporkirche nicht niedriger als 20 F. über dem Sockel construirt werden dürfen. Eine gröfsere Höhe aber würde, aufser andern Bedenklichkeiten, auch die verursachen, dafs dann entweder die hinaufführenden Treppen minder bequem ausfallen, oder die Seiten des Thurms erweitert werden müfsten.

Hinter dem Altare befindet sich der ***Predigerstuhl l***, der zu beiden Seiten durch Glasfenster hinreichendes Licht von den beiden benachbarten, völlig freien Kirchenfenstern erhalten kann. Er ist 15 F. lang und 9 F. breit, daher ein Raum von 6 F. vor der innern Thurmthür bleibt, der allenfalls auch noch zur Erweiterung des Stuhls um 1 F. verringert werden könnte. Die denselben einschliefsende Wand dient zugleich zur Unterstützung der über ihm befindlichen ***Orgel m***. Wo Privatbeichte noch üblich ist, kann der Stuhl auch für diese benutzt werden. Er enthält an der einen Seite eine geschwungene Treppe *n*, oben mit einem Podest *o*, gegen welches sich die Thür der Kanzel öffnet, deren Vorsprung vor der Hinterwand des Altars die Sichtbarkeit des Predigers noch über die verlängerte Linie jener Wand hinaus erweitert und dadurch die Menge der Sitzplätze sowohl unten als oben etwas vermehrt.

Der für den Glockenstuhl und die öffentliche Uhr, eben so sehr als zur die Zierde der Kirche, unentbehrliche *Thurm* mufs, weil er zur Raum-Ersparung zugleich die Treppen zur Emporkirche und zu den obern Räumen der Kirche, und wegen der ganzen Einrichtung auch die Haupt-Eingänge enthalten soll, nothwendig an der Altarseite der Kirche stehen und solche Dimensionen bekommen, dafs sie zu allen jenen Zwecken hinreichen. Eben so sehr mufs aber auch jede überflüssige Gröfse seiner Grundfläche vermieden werden; und zwar nicht blofs zur Ersparung unnöthiger Kosten, sondern auch, damit das Verhältnifs seiner Breite zu der für seine Zwecke erforderlichen Höhe nicht unschön werde.

Da nemlich das Erdgeschofs desselben, aufser dem Hauptportale des Eingangs *p* in den Vorplatz der untern Kirche, noch die beiden ununterbrochnen Treppen *q, q,* mit besondern, nach aufsen aufgehenden Thüren erhalten mufs: so erfordern jene Treppen 30 Stufen von 8 Z. Höhe und 10 Z. Breite, also eine horizontale Länge von 25 F. innerhalb der äufsern Umfassungslinien; wenn die Mauerdicke mit benutzt wird. Rechnet man nun für jede Treppe, mit Einschlufs ihrer beiden Geländer, damit je zwei zugleich auf- oder absteigende Personen sich vor dem Fallen schützen können, mindestens 4 F. und für jede Mauerdicke 3 F., so bleibt für den Vorplatz noch eine Breite von 11 F., wenn auch der ganze Raum unter beiden Treppen völlig bekleidet wird; welches allerdings zweckmäfsig scheint, theils um die Treppen zu unterstützen, theils um diese Räume zu Utensilien der Kirche, oder zur Aufbewahrung von Schirmen, Mänteln etc. der Eintretenden benutzen zu können. Sollte der kleine, diesen Räumen zufallende Theil der Seitenfenster des Thurms nicht hinreichend sein, so werden Fenster in der Verkleidung leicht dem Lichtmangel abhelfen.

Rechnet man nun für die Breite des Hauptportals im Lichten 6 F., so bleibt zwischen demselben und den Treppen-Eingängen zu jeder Seite noch eine Pfeilerbreite von 3 F. Erhalten ferner die Thore des Hauptportals 12 F. Höhe, so sind sie 3 F. höher als die Treppenthüren von 9 F., und das Gewölbe des über jenen angebrachten halbkreisförmigen Fensters findet also seine Widerlagen in einer ununterbrochnen Mauer von 10 F. Breite, da die verstärkten Ecken hinzukommen. Sollte dennoch eine Besorgnifs obwalten, so wäre sie durch Verankerung zu beseitigen. Die ganze Höhe des Vorplatzes bis zur Decke mufs wegen der Treppen 28 F. betragen und die beiden hohen

Fenster, nebst dem Bogenfenster über der Thür, werden es an einer glänzenden Erleuchtung nicht fehlen lassen.

Von den Treppen führen Thüren von gleicher Breite, auf dem Fufsboden der Emporkirche, zu den beiden Seiten der Orgel *m* zu den Sitzreihen, deren vordere *v*, so wie der Platz vor der Orgel *w*, gleiche Höhe mit dem Fufsboden haben. Die drei folgenden sind dagegen, um den Anblick des Geistlichen möglich zu machen, jede 2 F. über die vorhergehenden erhöht, und werden auf den mit Geländern eingefafsten Stufen *x, x, x, x* erstiegen, welche den Raum benutzen, in welchem die Sichtbarkeit des Geistlichen verschwindet. Doch sind die drei vordersten Treppen nur für die erste Abtheilung der Sitzreihen bestimmt; alle übrigen füllen sich aus dem $4\frac{1}{2}$ F. breiten Gange *y, y* längs der Mauer vermittels der herabführenden Stufengänge *z, z, z*; so wie sie sich auch durch dieselben entleeren können, insofern die Anwesenden nicht in den Sitzreihen hinter einander hergehen wollen. Die herabführenden Stufengänge sind (so wie unten) in der Richtung von der Kanzel nach den Säulen gelegt, theils, damit die von den Säulen verdeckten Plätze zu diesem Zwecke benutzt werden, theils damit die auf diesen Plätzen Stehenden kein Hindernifs für die Sitzenden verursachen. Da jede Hälfte der Emporkirche drei derselben enthält, so haben sie nur die für 1 Person nöthige Breite von 2 F.; beide Hälften aber geben, nach Abzug jener 6 Stufengänge in den 4 Reihen, ***265 Sitzplätze.*** Aufserdem aber werden auf den verschiedenen Gängen noch gegen ***300 Personen Stehplätze*** finden, wo sie den Anblick des Geistlichen haben, der ihnen selbst auf den Stufengängen nicht entgeht, wenn sie sich ein wenig zur Seite neigen.

Der zwischen der Orgel und dem Thurm übrig bleibende Platz ist zu einem doppelten Zwecke benutzt: nemlich theils zu einer ***kleinen Treppe*** α, von welcher auf dem Grundrisse, wie auf dem Längendurchschnitte, nur die obere Hälfte nebst dem ***Podest*** β sichtbar werden konnte, theils zu den ***Orgelbälgen,*** welche in dem Verschlage *u* unter und neben der Treppe angebracht werden.

Um der Emporkirche für eine Last von mehr als 500 Menschen die nöthige Tragkraft und den Säulen von geringer Dicke ein passendes Verhältnifs zu ihrer Höhe zu geben, ist über den Säulen eine Bogenstellung angebracht, damit durch dieselbe die nach 3 Seiten ausgehenden Strebebänder verdeckt werden, welche zur Unterstützung sowohl der Säulen selbst, als der Unterbalken dienen sollen, weil die letztern zwischen den Eckbalken auch noch zwei Zwischenbalken tragen müssen, um das Gerüst für die hinteren Sitze und Gänge, welches auf der rechten Seite des Längendurchschnitts sichtbar ist, zu unterstützen.

Die oben erwähnte kleine Treppe hinter der Orgel führt vom Podest β durch die Thür γ in das mittlere Thurmstockwerk, welches zur Aufbewahrung von allerlei Utensilien gebraucht werden kann und von 3 Bogenfenstern erleuchtet wird, hauptsächlich aber dazu dient, durch die Treppe δ in die ***Glockenstube*** und zu der darin angebrachten *Thurmuhr* zu führen, welche letztere nach allen vier Seiten auf dem bei ε angedeuteten Zifferblatte aufserhalb der Mauer die Zeiger dreht. Die Zifferblätter liegen nemlich äufserlich in einer Vertiefung der vier halbkreisförmigen Erhöhungen der Thurmmauern, welche auf dem Längendurchschnitte bei ζ, ζ angedeutet sind, wo der viereckige Thurm in die achteckige Spitze übergeht. Um in diese zu gelangen werden Treppen oder Leitern leicht anzubringen sein.

Aufser den beiden eben angegebenen Zwecken hat aber die Glockenstube noch einen dritten, nemlich den Zugang unter das Kirchendach, so wie zur Laterne und zum Innern der Kuppel zu vermitteln. Deshalb ist über der gewölbten Thür η, in der Mitte der hintern Thurmwand zwischen den End-Sparren des Kirchendachs, und zwar auf denselben ruhend, ein Dach mit horizontaler Firste von der Laterne bis zur Thurmmauer fortgeführt, theils um den Eingang zum Kirchendach zu überdecken, theils um die atmosphärischen Niederschläge, besonders den Schnee, von der Thurmmauer abzuhalten, theils endlich den Zugang zur Laterne, der Kuppel und zum Innern der letztern zu erleichtern. Wenn nemlich in diesem Dache, in der Nähe der Laterne, eine Klappe angebracht wird, so können durch dieselbe die Arbeiter, welche dort Geschäfte haben, vermittels einer Leiter leicht und sicher auf die Galerie $\varkappa$ gelangen, welche die Laterne umgiebt und durch ein eisernes Geländer geschützt ist.

Diese Laterne ist, theils aus ökonomischer Rücksicht, theils um die Kuppel nicht unnöthig zu belasten, so klein, leicht und einfach als möglich construirt; will man sie gröfser, höher und zierlicher haben, so bleibt die Form dem Architekten überlassen. Hier ruht sie mit einem achteckigen Balkenkranze auf den acht bogenförmigen, aus mehreren festverbundenen Bohlen verfertigten Sparren der ***Kuppel*** λ, λ, welche äufserlich mit Brettern bedeckt werden, die mit geöltem oder getheertem Leinen überzogen sind, um jede das Dach etwa durchdringende Feuchtigkeit abzuhalten, während die Decke von innen, wie alle übrigen Decken und Gesimse, verschaalt und gegypst wird. Sollte es nöthig sein und in akustischer Hinsicht nicht nachtheilig gefunden werden, auch innerhalb der Kuppel eine Galerie anzubringen, wodurch etwa 70 neue Sitzplätze gewonnen werden könnten, so brauchte man die Mauerbalken nur etwa 3 F. über die Unterbalken vortreten zu lassen und vom Kirchenboden einige Thüren durch die Kuppel zu öffnen.

Der prismatische Körper der *Laterne* enthält über dem erwähnten Balkenkranze noch einen zweiten, fest damit verbundenen Kranz, in welchen die 8 Dachsparren eingezapft sind, und ragt über den letztern noch 4 F. hervor, um 8 kleine Fenster aufzunehmen, die zwar auch dazu bestimmt sind, das Licht in der Kuppel zu verstärken, vorzüglich aber, um durch dieselben die oben befestigten Flaschenzüge herabzulassen, durch welche die Gerüste mit den Arbeitern, sowohl beim Bau, als bei den Reparaturen, emporgezogen werden können.

Das Hauptlicht aber, sowohl für die Kuppel, als für den innern Theil der Kirche, soll durch das *Glasdach der Laterne* einfallen, welches auf einem eisernen Gerüste ruht, von dem die Spitze sowohl gebildet als getragen wird. Die starken Glastafeln müssen, wie bei den Treibhäusern, übereinander gelegt sein und den ganzen prismatischen Körper überdecken, damit keine Nässe eindringen kann, auch sie selbst wiederum von dem Blechdach der Spitze überdeckt werden.

Nach der vorstehenden Erläuterung enthält also eine Kirche von den angenommenen Dimensionen, nach der in der Zeichnung befolgten Construction, unten 456 und auf den Emporen 265, zusammen ***721 Sitzplätze.*** Werden aber die obigen Erweiterungsvorschläge beliebt, so kommen noch hinzu:

Für die beweglichen Bänke vor der ersten Sitzreihe 22 Sitzplätze.
Für den Überschufs der Bogen, reichlich . . . . 40 – –
Für die Galerie der Kuppel . . . . 70 – –
Dazu die obigen . . . . 721 – –

Thut also *in diesem Falle zusammen* ***853 Sitzplätze.***

Dazu kommen für die obere und untere Kirche zusammen 550 Stehplätze. Im Ganzen finden also im ersten Falle 1270, im zweiten 1400 Personen, welche sämmtlich den Geistlichen bei allen seinen Functionen sehen können, in dieser Kirche Platz. Rechnet man dazu in der obern und untern Kirche zusammen ungefähr 250 Stehplätze, auf welchen der Geistliche zwar nicht gesehen, aber doch gehört werden kann, so ist die Kirche im Stande, bei aufserordentlichen Gelegenheiten, im ersten Falle über 1500, im zweiten gegen 1650 Personen zu fassen.

Nach Beendigung des Gottesdienstes soll in der Regel, wie schon bemerkt ist, nur diejenige Seitenthür zum Ausgange geöffnet werden, welche vom Winde abgewendet ist. Sind jedoch in Nothfällen alle fünf (mit Einschlufs der drei Thurmthüren) offen, so sind sie im Stande, die gröfseste Zuhörermenge, welche die Kirche fassen kann, ***in weniger als 3 Minuten durchpassiren zu lassen,*** wenn man zum Durchgange jedes Einzelnen 2 Schritte in der Secunde rechnet.

Im März 1849.

10.
Übersicht der Geschichte der Baukunst, mit Rücksicht auf die allgemeine Culturgeschichte.

(Von Herrn Regierungs- und Baurath *C. A. Rosenthal* zu Magdeburg.)

(Fortsetzung der Abhandlung No. 2., 6. und 8. im 13ten, No. 1., 7., 8. und 12. im 14ten, No. 1., 9., 11. und 15. im 15ten, No 10. im 16ten, No. 3., 5. und 10. im 17ten, No. 4. im 18ten, No. 2. im 20ten, No. 9. im 22ten, No. 1., 9. und 13. im 25ten, No. 2. und 12. im 26ten und No. 3. in diesem Bande.)

---

§. 178.
Der Holzbau im germanischen Styl.

Noch eigenthümlicher als das Bauen aus Backsteinen hat sich der Bau aus Holz entwickelt; und zwar natürlich nur an profanen Gebäuden. Von den merkwürdigen hölzernen ***Kirchen*** in den baltischen Ländern, obgleich der ***Zeit*** nach wahrscheinlich hierher gehörig, ist wegen ihres auf den frühesten Germanismus zurückweisenden Charakters schon am Schlusse der romanischen Periode die Rede gewesen.

In den romanischen Kirchen Deutschlands hatten im Anfang fast immer, und selbst spät noch häufig, die Mittelschiffe hölzerne Decken. Dieselben scheinen so einfach gewesen zu sein, dafs an eine characteristische Ausbildung ihrer Form nicht zu denken war. Theils bestanden die Decken aus rohen, oder blofs mit Rundstäben gekehlten Balken, ohne sichtbare Unterstützung, und mit einfachem Bretterbelag, theils sind auch, wie in der merkwürdigen ***Michaeliskirche*** zu ***Hildesheim***, die Balken von unten, um eine fortlaufende Fläche zu bilden, mit Brettern bekleidet und mit kleinen, einfach gekehlten Leisten verziert; in beiden Fällen gab eine reiche Malerei und bei kleinern Kirchen auch wohl blofs ein bunter Anstrich den eigentlichen und nicht unpassenden Schmuck. In der germanischen Zeit wurde die Überwölbung der Kirchen allmälig gewöhnlicher, und es fehlte nun an Gelegenheit zur constructionellen und örtlichen Ausbildung der hölzernen Decken in den Kirchen. Zwar gaben die ungeheuern Kirchendächer über gleich hohen Schiffen eine dringende Veranlassung zur verständigen Ausbildung der Construction, und dies würde die ästhetische Ausbildung vorbereitet haben; allein es lag nicht im damaligen Geiste der Zeit, sich blofs wissenschaftlichen, und nicht zugleich künstlerischen Bestrebungen in der Baukunst hinzugeben. Also dachte man nicht daran, die versteckten und unbeleuchteten Dächer angemessen zu construiren, sondern bauete lieber ganze Wälder hinein; ohne gleichwohl eine rechte

Haltbarkeit zu erlangen. Im Innern der Kirchen, da Emporbühnen nicht gebräuchlich waren, oder aus Stein gemacht wurden, so wie selbst die Altäre, die Lettner vor den Chören und die Kanzeln, waren nur etwa die Chorherrnstühle und die Altarschränke und Orgelgehäuse aus Holz zu bauen. Die Orgelgehäuse sind fast alle aus späterer Zeit und im Roccocostyl gemacht; bei den Chorstühlen und Altarschränken findet eine characteristische Behandlung des Stoffs nicht Statt. Den Hauptschmuck bildete Schnitzwerk, und was von architektonischen Formen vorkommt, wie z. B. die Reliefwände der Chorstühle, die Giebelkrönungen oben darüber, die Bedachung der Bildsäulen an den Altarschränken, ist der Stein-Architektur nachgebildet; nur gewöhnlich mit dem Unterschiede, dafs das Relief flacher ist. In so unbedeutendem Maafsstabe, wie hier, mochte die Nachbildung der Stein-Architektur in Holz zu entschuldigen sein; später aber ging man weiter und machte auch die Deckengewölbe der Kirchen, die gegliederten Gurte, die Schlufssteine und Kappen ganz nachahmend aus Holz; nur dafs man auch hier das Holz unbekleidet liefs. Im Vorbeigehn bemerkt, ist dieser Fall einer von denen, wo die Frage, inwiefern man keinen bessern als den wirklichen Baustoff darstellen soll, gleichsam auf die Spitze gelangt: es ist zweifelhaft, ob die Nüchternheit, mit welcher man das Holz unverhüllt sehen liefs, zu loben sei, oder ob es nicht besser gewesen wäre, noch weiter zu gehen, und das Ganze mit Mörtel zu überziehen? Es ist klar, dafs der Fehler darin liegt, dafs man die Gewölbform in einem so widersprechenden Material nachahmte. Hätte man z. B., wie es ebenfalls öfter vorkommt, durch eine Verschalung aus Brettern die Form blofs eines *Tonnengewölbes* nachgeahmt, so war es unstreitig besser, die Schalbretter roh zu lassen; denn diese Form liefs sich, wenn man einmal die Lehren hatte, welche nicht sichtbar wurden, einfach durch gerade Bretter bilden. Anders aber war es mit den germanischen Kreuzgewölben, wo zunächst die gegliederten Gurte künstlich und auf eine Weise, die der Natur des Holzes widerstrebt, zusammengesetzt werden mufsten, und dann die durch Einschieben kurzer Brett-Enden geformten Kappen viele Mühe machten. Es ist hier auch noch zu bemerken, dafs auch die Schlufssteine von backsteinernen Gewölben nicht selten aus Holz gemacht wurden. Warum dies geschahe, ist leicht zu errathen: es war zwar leichter, den Schlufsstein mit der Rosette darunter aus Thon zu formen, als aus Holz; aber es war schwierig, dem etwas massigen Stein das nöthige Schwindmaafs so zu geben, dafs er nach dem Brennen grade die richtige Gröfse bekam.

So sehen wir denn also, dafs beim Kirchenbau die Holz-Architektur keine eigenthümliche Ausbildung erlangte. Wohl war dies indessen bei den profanen Gebäuden und namentlich bei den *Wohnungen* der Fall. Die Städte *Halberstadt, Quedlinburg, Wernigerode, Gofslar* und *Hildesheim* am *Harz* haben uns noch viele Muster von Gebäuden aus Holz aufbewahrt, die allmälig immer seltner werden. Die Construction der Wände dieser Gebäude, aus Schwellen, Säulen, Riegeln, Bändern und Rahmen, ist die gewöhnliche; nur dafs ein Luxus mit kleinen kurzen Bändern, die sich oft doppelt durchkreuzen, in allen Fächern unter den obern Fensterbrüstungen getrieben ist. Das folgende Stockwerk tritt, was auf eine bestimmte Weise den Holzbau characterisirt, stets über das untere vor; die Balkenköpfe sind geschnitzt und werden von ausgeschnitzten Winkelbändern unterstützt, vor denen gewöhnlich aus Holz geschnitzte Bilder stehen; auch sind in den obern Stockwerken die Brüstungsfächer häufig mit Bohlen ausgefüllt, welche mit Reliefs verziert sind. Nicht selten treten in den obern Stockwerken Erker vor, welche auf Stützbändern ruhen und dem Gebäude eine kräftige und characteristische Zierde geben. Aufser den profilirten Balkenköpfen, Winkelbändern u. s. w. sind namentlich die Saumschwellen und Rahmen, so wie auch die Thür- und Fenstersäulen, mit spitzenartigem Schnitzwerk, oder mit Sprüchen verziert. Im Innern sind die Balken gekehlt; desgleichen die einzeln stehenden Trägersäulen; die letztern haben auch wohl Schnitzwerk und Reliefs; die Winkelbänder sind ebenfalls ausgekehlt, oder ausgeschnitzt. Die Balkenfelder werden durch die Bedielung, oder auch durch besonders eingeschobene Täfelungen aus dünnerem Holze gebildet und sind mit Leisten verziert. Diese Art Decken kommt auch in steinernen Wohngebäuden vor.

Der Holzbau mag in holzreichen Gegenden, wie es die meisten in Deutschland waren, von jeher, wenigstens bei den Wohngebäuden, üblich gewesen sein; jedoch mag es lange gedauert haben, ehe man sich dabei zu einem künstlerischen Standpunct erhob. Nur noch wenige Gebäude finden sich aus der ersten Hälfte des funfzehnten Jahrhunderts; bei weitem die meisten sind aus dem sechzehnten Jahrhundert, und es scheint, dafs die Ausbildung des Holzbaues erst dann eigentlich begann, als der Bau von Steinen, namentlich der Kirchenbau, schon etwas auszuarten anfing. Dieses Umstandes wegen hat sich noch so manches alte Holzgebäude erhalten, und selbst in denen aus dem siebzehnten Jahrhundert findet sich noch Vieles von mittelalterlicher Einrichtung und Anordnung; was theilweise gewifs auch den ältern Bauwerken aus Steinen eigen gewesen ist. Selbst grofse Gebäude hatten wenige eigentliche Wohnungsräume; eine bedeutende Fläche nimmt immer der ***Flur*** ein, der häufig durch zwei Stockwerke hindurch geht und mit Windeltreppen und Galerieen reichlich ausgestattet ist. Öfters beginnen schon im zweiten Stockwerk die Räume zur Getraideschüttung, ohne dafs aber deshalb das Äufsere weniger ausgebildet wäre. Selbst im Innern und in ganz untergeordneten Räumen findet man Schnitz-Arbeiten; was ein bedeutsames Licht auf die damaligen Zustände wirft; die Liebe zur Kunst war so tief eingedrungen, hatte sich so bis zu den untergeordnetsten Werkleuten verbreitet, dafs man gar nicht anders konnte; man mufste selbst da, wo Niemand es mit Interesse sah, die üblichen Zierden anbringen.

§. 179.
Die germanische Baukunst in den Niederlanden.

Wir sind, so weit es möglich war, der Entwicklung der germanischen Baukunst in Deutschland Schritt um Schritt gefolgt und die bedeutendsten Bauwerke ziemlich speciell durchgegangen. Es wird daher erlaubt sein, die Bauwerke der andern Völker schneller zu überblicken und nur der *abweichenden* Erscheinungen dabei zu gedenken. Es wurden oben die Niederlande ausgeschlossen, weil sich hier die germanische Architektur anders als in Deutschland, und zwar sehr zu ihrem Nachtheile gestaltete. Hätte der Raum es gestattet, und wären die Quellen nicht noch so sehr mangelhaft, so würden wir Gelegenheit gefunden haben, statt durch blofse gelegentliche Andeutungen, es näher nachzuweisen, dafs man, selbst in verschiedenen Gegenden Deutschlands, verschiedenartige Richtungen, oft auf eine auffallende und unerklärliche Weise verfolgte. Immer aber ist in Deutschland vorherrschend ein Gesammtstreben zu erkennen. Nicht so in den aufserdeutschen Ländern; zu welchen auch die ***Niederlande*** gerechnet werden müssen, weil sie immer, politisch, wie in der Kunst, eine nähere Verwandtschaft zu ***Frankreich*** hatten.

Die ***Niederlande*** sind überaus reich an mittelalterlichen Denkmalen; besonders aus der späteren Zeit. Aber fast allen fehlt der eigentliche Lebensnerv des germanischen Baustyls. Statt frei und kühn emporzustreben, dehnen sich die Massen in die Breite aus; die Mauern sind schwer und massenhaft, die Pfeiler im Innern stehen weit auseinander und sind, mit Ausnahme derer in einigen jüngern Kirchen, ungegliedert, so dafs die Gurtfortsetzungen, wo sie vorkommen, blofs bis zu den Capitälen hinunter gehn. Die Mittelschiffe der Kirchen haben ihrer Breite wegen, besonders in Holland, häufig hölzerne Gewölbe, und wo man das Äufsere reicher gestaltete, geschah es doch am Ende nur durch eine willkürliche Verzierung.

Die ältern Kirchen in den Niederlanden sind den Kirchen in Frankreich, wie wir sie §. 157. beschrieben haben, ganz ähnlich. Dies scheint aus der Nachahmung der arabischen Art, die Spitzbogen unmittelbar auf antike Säulen zu stellen, hervorgegangen und hier länger als selbst in Frankreich gewöhnlich gewesen zu sein; wahrscheinlich, weil die dadurch erleichterte Ausdehnung in die Breite, die mehr das Bedürfnifs als die Kunst berücksichtigte, dem practischen Geiste der betriebsamen Niederländer besonders zusagte. Als später die Einwirkung von Deutschland aus sich geltend machte, mochte man wohl gern seinen Geldreichthum auch an den Gebäuden zur Schau tragen. Man begnügte sich aber, wie es in solchen Fällen gewöhnlich ist, damit, die bisher kahlen Massen mit germanischen Verzierungen zu beladen, unbekümmert, ob dadurch ein harmonisches Ganze hervorgebracht werde, oder nicht.

Die berühmteste und verhältnifsmäfsig gelungenste Kirche ist *der Dom zu Antwerpen.* Dieses Gebäude ist an 500 F. lang, in seinen fünf Schiffen 230 F. breit, und der vollendete Thurm ist 447 F. hoch. Das Schiff ist aus dem vierzehnten Jahrhundert und soll im Innern durch seine grofsartigen Verhältnisse eine überwältigende Wirkung machen; leider fehlen die Zeichnungen zu einer gründlichen Critik. Die westliche Seite der Kirche, mit den Thürmen, wurde 1422 begonnen und es wurde daran bis ins sechzehnte Jahrhundert gebaut, ohne sie zu vollenden; der eine Thurm ist nur bis zur Hälfte aufgebaut, und es mag auch an dem vollendeten Thurm mancher beabsichtigte Schmuck weggeblieben sein. Das Vorhandene reicht indessen hin, um zu sehen, dafs selbst dieses späte Bauwerk sich nicht von den Banden der frühern Bau-Art ganz hat befreien können. Wir haben auch in Deutschland aus jener Zeit Gebäude, welche in hohem Grade verfehlt sind; aber nur weil man zu reich und deshalb mitunter willkürlich baute. Hier ist es anders; man trifft nur wenige, durch Überverfeinerung verderbte und durchaus keine der edlern germanischen Formen an. Die Thürme sind zwar von unten an markirt; auch fehlt dem vollendeten Thurme der schmalere Aufsatz nicht; aber das ist auch ziemlich Alles, worin sich der germanische Geist ausspricht. Die Strebepfeiler gehen, ohne merklich abzusetzen, mit viereckigem Querschnitt glatt und lothrecht in die Höhe, haben oben Giebel und sind an den Stirnseiten blofs mit flachem Nieschenwerk einförmig besetzt. Die Felder dazwischen werden beinahe ganz von breiten und hohen Fenstern eingenommen, deren lothrechtes Stabwerk sehr eng und auf ganz ungermanische Weise von Querstäben unterbrochen wird. Die Galerie unter dem Aufsatz springt weit heraus und bedeckt alle Strebepfeiler. Die Form des Aufsatzes, besonders der durchbrochnen Laterne darüber, ist im höchsten Grade wunderlich; doch wollen wir dies gern auf Rechnung der spätern Zeit setzen. Im Zwischenbau ist ein Spitzbogenportal, welches noch am meisten die rein germanische Form hat; es ist tief eingeschnitten, in der Laibung einfach gegliedert und hat im Grunde zwei kleinere Spitzbogenpforten, von welchen nur, als ungermanisch, zu bemerken ist, dafs sie, statt mit den Hauptbögen dieselbe Kämpferhöhe zu haben und in das obere Spitzbogenfeld einzuschneiden, mit ihrem Schlufs unter dem wagerecht durchgezogenen Kämpfergesims bleiben. So unbedeutend diese Abweichung scheinen mag, so sehr ist sie doch dem germanischen Geiste zuwider. Der äufserste Portalbogen ist mit einem kleinen Sims bedeckt, welcher sich, in gelinder Eselsrückenform, zur Krone erhebt; auch ist die erste Hohlkehle mit Blumen verziert. Aufserdem kommen an dem ganzen Gebäude wenig Blumen und Kronen vor, und die vorhandenen sind so unbedeutend, dafs man sie kaum bemerkt. Über die dicht über dem Portal hinlaufende Blendenreihe folgt ein verzierter Fries, und dann ein weites, aber nicht sehr hohes Fenster, mit nicht weniger als 7 freistehenden Stöcken, die sämmtlich Basen und Capitäle haben. Übler noch ist es, dafs dieses mächtige Fenster durch einen Halbkreisbogen geschlossen ist. Darauf folgt dann das wagerechte Gesims, mit Galerie darauf, und dann der mit scheinbarer Durchbrechung verzierte Giebel, ziemlich stumpf und ebenfalls ohne Krone.

Ungleich erfreulicher, als an den Kirchen, entfaltet sich der germanische Baustyl an den profanen Bauwerken in den *Niederlanden;* und namentlich an den *Rathhäusern.* Diese, aus dem dortigen reichen Aufblühen des Städtewesens erklärliche Erscheinung stimmt sehr wohl mit Dem zusammen, was wir am Kirchenbaustyl auszusetzen fanden; denn das Letztere war, dafs die Kirchen zu wenig emporstrebend, zu sehr in die Breite ausgedehnt, zu hallenartig waren. Damit ist ausgesprochen, dafs der ächt germanische Baustyl dort nicht heimisch war; denn dieser hatte es fast nur mit den Kirchen zu thun.

Unter den *Rathhäusern* nimmt *das zu Löwen* die erste Stelle ein. Es ist ein einfaches oblonges Gebäude von drei Stockwerken, auf einem nicht unbedeutenden Unterbau stehend. Die vier Ecken sind mit starken achteckigen Thürmen verstärkt, welche, von unten her aufgehend, sich bedeutend bis über das Dach erheben. Zwei eben so gestaltete Thürme stehen vor den Giebelspitzen, reichen aber nur am Dachgiebel herunter; wo sie auf einer bedeutenden Auskragung ruhen. Zwischen den Thürmen an den Ecken sind die Fronten durch zierliche, mit ihren Spitzen bis über das Dachgeländer sich erhebende Pfeiler in zehn, die Giebel in drei Felder getheilt; in jedem Felde und Stockwerk ist ein Spitzbogenfenster mit reicher Durchbrechung und Mittelstock; und um den aufgehenden Fensterflügeln einen Anschlag zu geben, befindet sich ein Querstock unmittelbar unter der Durchbrechung. Vor der Dachgalerie und zwischen den in schlanke freistehende Thürmchen endigenden Pfeilern sind reichdurchbrochene Zinnen angebracht, welche auch vor den zurückgesetzten Dachgiebeln und um die Eckthürmchen herumlaufen. Von hier ab sind die freistehenden Theile der Eckthürmchen noch zweimal, in der Mitte und unter der steilen Dachspitze, mit einer weit ausladenden Galerie umgürtet; längs den steilen Giebeln laufen sonderbarerweise auch noch durchbrochene Geländer hinauf, und die Dachforst hat eine sehr zierliche fortlaufende Krönung. Dabei ist nun der ganze Bau, von oben bis unten, und zwar im reinen Styl und, was sonst selten, auf ganz *gleichmäfsige* Weise verziert. Die Pfeiler sind von zierlicher schlanker Form und in jeder Etage mit Bilderblenden und Baldachinen geschmückt, und werden von den unter allen Fensterreihen wagerecht umlaufenden Brüstungsgesimsen umfafst, wodurch das Emporstreben des hier angewendeten Kirchenbaustyls, wenn gleich nicht hinreichend, gemildert wird. Die spitzbogigen Fenster sind in den Einfassungen zierlich gegliedert; mit Gesimschen darüber, welche, zur Eselsrückenform übergehend, mit Blumen und Kronen verziert sind; das Mauerfeld darüber ist mit einfachen, scheinbaren Durchbrechungen verziert. Auch die Eckthürmchen sind mit kleinen anliegenden Spitzpfeilerchen, mit Blenden und Spitzbogen darüber, mit Baldachinen u. s. w. von unten bis oben reich verziert. Im Ganzen gilt hier Dasselbe, was wir schon bei Gelegenheit der Betrachtung der Rathhäuser zu *Braunschweig* und *Tangermünde* sagten: es ist lediglich der Kirchenbaustyl befolgt; jedoch wird derselbe durch die wagerechten Gesimse, durch die weit ausladenden Galerieen der Eckthürme, durch die Zinnen, durch die Querstöcke in den Fenstern, und hauptsächlich durch die Anordnung im Gauzen so gemildert, dafs der übrig bleibende Widerspruch nur noch wenig auffällt. Hätte man die wagerechten Gliederungen noch etwas mehr hervorgehoben, oder vielleicht nur die hochstrebenden Pfeilerchen mehr unterbrochen und namentlich die zu häufigen blinden, steilen Verdachungen vermieden, die freien Thürmchen zwischen den Zinnen, zu deren Character sie durchaus nicht passen, weggelassen, den für den Zweck nothwendigen Querstock in den Fenstern vielleicht etwas mehr hinunter gerückt und im Ganzen nur ein wenig einfacher gebauet: so würde sich, abgesehen von dem ernsten Charakter eines Rathhauses, wenig gegen die Architektur desselben erinnern lassen: vorausgesetzt, dafs die Spitzbogenfenster und die Pfeiler durch Überwölbung innerhalb der Etage gehörig motivirt waren; was aus der bedeutenden Höhe der Stockwerke zu vermuthen ist.

An den meisten andern Rathhäusern finden sich leichte und mitunter bedeutende Glockenthürme; wie zu ***Brüssel, Oudenarde*** u. s. w.

Das Stadthaus zu Brüssel, von grofser Ausdehnung, hat ebenfalls Thürme, an den Ecken jedoch von einfacher Gestalt. Die Fronte ist ebenfalls durch schlanke Pfeiler in Felder getheilt, in deren jedem sich aber zwei Fenster befinden. Die Fenster im zweiten Stock sind viereckig, die im dritten haben blinde Spitzbogen oder Giebel über dem geraden Sturz; zwischen beiden zieht sich eine Reihe Bilderblenden mit Statuen und Giebelchen hin. Das untre Stockwerk hat statt der Fenster eine offene Galerie mit Kleeblattbögen. Der Glockenthurm ist hoch, und leicht gebaut.

Eine ähnliche Anordnung hat das kleine ***Rathhaus zu Oudenarde;*** nur sind die Fenster gröfser und mit Rundbogen überwölbt, die sich oben zu Eselsrücken erheben. Die offne Halle, unten, hat gebrechlich dünne Pfeiler und die Architektur ist hier nichts weniger als lobenswerth, obgleich sie sehr reich ist; sie macht (einer kleinen Zeichnung zufolge) im Ganzen fast den Eindruck des Renaissancestyls. Auch die Architektur am ***Brüsseler*** Rathhause ist mager und steht der des ***Löwener*** Rathhauses bedeutend nach. Dagegen spricht bei dem erstern und bei den meisten andern die Anlage im Ganzen den Character eines Rathhauses bestimmter aus; denn das Rathhaus zu ***Löwen*** hat im Grunde wenig Characteristisches, und es läfst sich fast nur von seiner Bedeutenheit auf seine Bestimmung schliefsen. Wir werden also auch hier darauf hingewiesen, dafs, sobald man vom Kirchenstyl abwich, die Architektur an Werth verlor, oder, mit andern Worten, dafs man nur einen ausgebildeten Kirchenbaustyl, nicht aber zugleich einen ausgebildeten Profanbaustyl hatte.

§. 180.
Der germanische Baustyl in Frankreich.

Wir haben in §. 157. die Bauwerke des nordöstlichen Frankreichs aus dem Ende des zwölften und dem Anfange des dreizehnten Jahrhunderts ihrer wesentlichen Art nach betrachtet und die Meinung, dafs aus ihnen der germanische Baustyl hervorgegangen sei, zu widerlegen versucht. Wir haben bei Gelegenheit des Cölner Doms zwar zugegeben, dafs er ältere französische Vorbilder gehabt habe, jedoch geäufsert, dafs solches nicht den Baustyl, sondern mehr nur die Grund-Anlage betreffe; welche in der That noch romanisch genannt werden müsse. Wir haben endlich im vorigen Paragraph gesehen, dafs in den Niederlanden die weitere Entwicklung dieses Systems zu den, dem germanischen Baustyl ganz entgegengesetzten characteristischen Eigenschaften der Massenhaftigkeit und der Ausdehnung in die Länge und Breite geführt habe, welche auch von der Einwirkung deutscher Kunst nicht ganz verdrängt werden konnten. Diejenigen, welche in den Kirchen Frankreichs den Anfang des germanischen Baustyls sehen, geben zu, dafs es weder hier noch in den Niederlanden zu einer weitern Ausbildung dieses Styls gekommen sei und dafs die spätern Gebäude Frankreichs den *deutschen* Einflufs zu erkennen geben. Da wir nun aber zugleich sehen, dafs in den ältern germanischen Bauwerken in Deutschland, von denen doch zugegeben wird, dafs aus ihnen der germanische Styl weiter herausgebildet worden sei, keine Spur mehr von dem System der französichen Kirchen gefunden wird, so können wir nicht anders, als dieses französische System nur für einen *Versuch,* nicht der Erfindung des germanischen Baustyls, sondern nur der Einführung des Spitzbogens und der Strebepfeiler in die damalige romanische Baukunst erklären; welcher Versuch indessen andrerseits ungleich besser, und selbst mehr im germanischen Geiste, bei den letzten romanischen Bauwerken in *Deutschland* selbst, z. B. bei dem Chor des *Magdeburger* Doms, bei der Kirche *St. Georg zu Limburg* etc. gelungen war. Für germanisch können wir jene französischen Bauwerke nicht halten. In der That drückt das unmittelbare Aufstellen des Spitzbogens auf die antike Säule, von welcher arabischen Gewohnheit die Kirchen Frankreichs ausgingen, eher ein Niederhalten als ein Emporstreben aus; und dies konnte unmöglich, consequent entwickelt, den aufstrebenden germanischen Kirchenbaustyl geben, wenn auch gleich auf diese Weise vielleicht zu einem *profanen* germanischen Style zu gelangen sein mochte. Allerdings scheint man das Unpafsliche der Säule bald gefühlt zu haben; man machte sie deshalb stärker und ohne Verjüngung, bis darauf die Rundstäbe, welche die Gurte der Gewölbe unterstützen, an ihr hinunter gingen, und versah es zuletzt nur darin, dafs man der Hauptsäule ihr besonderes Capitäl liefs. Hätte man dem Capitäl eine weniger antike Form gegeben, dasselbe um die Rundstäbe mitherumgeführt und die Seitenschiffe mit dem Mittelschiffe gleich hoch gebaut, so würde man ganz die Form der Pfeiler in der ***Elisabethkirche zu Marburg*** und in vielen andern deutschen Kirchen erlangt haben (S. weiter unten im folgenden Paragraph); allein grade darin, dafs man selbst die unbedeutende Veränderung des Capitäls nicht fand, liegt der Beweis, dafs man von einem falschen Anfangspuncte ausging und des Zieles sich nicht bewufst war; wo es dann leicht kam, dafs man, ohne es zu wissen, dem Ziele nahe war, und nur den letzten Schritt verfehlte. Natürlich finden sich an den französischen Kirchen (denn sonst würde man jenen letzten Schritt wohl gethan haben) auch noch andere bedeutende Verstöfse gegen den germanischen Geist; und zwar auch noch an denen, die gebaut wurden, nachdem sich der ächte germanische Baustyl schon über Frankreich verbreitet hatte; freilich nicht ohne einzelne Ausnahmen. Betrachten wir jetzt einige der berühmtesten Gebäude in Frankreich etwas näher.

Vor allem wichtig ist die Kirche ***Nötre-Dame zu Paris,*** nicht allein als Cathedrale der Hauptstadt, sondern auch, weil die Zeit ihrer Erbauung (1163 bis 1360) in diejenige der Entstehung, Ausbildung und Blüthe des germanischen Baustyls in Deutschland fällt. Der Grundrifs der Kirche ist noch völlig romanisch: nemlich der einer ausgedehnten fünfschiffigen, noch durch Seitencapellen verbreiterten Basilica, mit stark vortretenden Kreuz-Armen, lang gestrecktem und noch rund geschlossenem Chor, um welchen die Abseiten und Capellen mitherumlaufen. Das Mittelschiff ist doppelt so breit, als die Abseiten; die Abstände der Säulen nach der Länge sind nur halb so grofs, als nach der Breite; dennoch bilden die Kreuzgewölbe des Mittelschiffs Quadrate und umfassen also zwei Seitenbögen und Mauerfelder, jedoch so, dafs vom Schlusse der Kreuzgurtung nach beiden Seiten hin ebenfalls Quergurte hinlaufen, welche selbst nicht einmal leichtere Gurtträger haben, als die Hauptquergurte. Die Durchschneidung des Kreuzes hat natürlich die mittlern Quergurte nicht, und bildet ein regelmäfsiges Kreuzgewölbe. Nach dieser mifsverstandenen Anordnung hat jedes Kreuzgewölbe 6 Kappen, und die Fensterbögen der Fronten verstecken sich zum Theil hinter die Kreuzgurte.

Die Säulen des Mittelschiffs haben Sockel, attische Basen und corinthische Capitäle, auf deren dünnem Abacus die Gurtträger oder *Dienste* mit ihren Basen, so wie die Gurte selbst aufstehen. Sie haben mit dem Sockel etwa $6\frac{1}{2}$ Durchmesser zur Höhe, sind jedoch nur etwa Einfünftel so hoch, als die Kirche selbst, mithin von sehr schwerfälligem, mit dem zierlichen Capitäl wenig übereinstimmendem Character. Einzelne Säulen, namentlich in den Abseiten, sind mit Rundstäbchen, die ihre besondern Capitäle haben, besetzt; welche jedoch mit den Gurtträgern über den Capitälen in keinem unmittelbaren Zusammenhange stehen. Nur die vier stärkern Pfeiler in der Durchschneidung des Kreuzes, und die beiden noch stärkern Pfeiler, auf welchen die Mauern der, nicht vor, sondern in der Kirche stehenden Thürme ruhen, haben nach früh-germanischer Art Rundstäbe ohne Hohlkehlen. Die innern Seitenschiffe haben nach alter Art ein zweites Stockwerk, welches sich nach dem Mittelschiffe hin galerieartig öffnet; jeder Bogen im Chore ist mit zwei, im Schiffe mit drei kleinen, auf Säulchen ruhenden Bögen ausgefüllt; der Zwischenraum zwischen diesen kleinern und den Hauptbögen ist durch eine zurückgesetzte dünne Wand geschlossen, welche im Chor voll ist und im Schiff von einer runden Öffnung ohne Ausfüllung durchbrochen wird. Die Capellen sind mit den äufsern Abseiten gleich hoch und am richtigsten als Abseiten zu betrachten, welche durch Querwände in lauter quadratische, nach innen zu ganz offne Räume getheilt sind, so dafs man die Kirche siebenschiffig nennen könnte; die äufsersten Schiffe sind zu Capellen eingerichtet. Am Schiffe sind die Capellenmauern aufsen ganz glatt und haben vier Strebepfeiler; auf den starken Quermauern erheben sich, nach den zweistöckigen Abseiten und nach dem Mittelschiff hin, Strebebögen, oder eigentlich unterwölbte Strebemauern, die ganz glatt sind und vorn keine Pfeiler haben; dazwischen sind die Capellen mit flachen Giebeln bedeckt; in jedem ist eine Kleeblattverzierung. Am Chore sind die Strebebögen auch noch einfach, ohne Deckgesims, Gliederung und Durchbrechung; aber sie stützen sich aufsen gegen einfache Pfeiler, welche in ein freilich sehr plumpes und niedriges Bilderhäuschen endigen. Diese Pfeiler gehen zum Theil als flache Strebepfeiler aufsen bis zur Erde hinunter; zum Theil stehen sie auf der glatten Brüstungsmauer. Unten, in der Höhe der Fenster, sind sie, etwas mager, mit Bilderblenden geschmückt, über welche sich jedoch, wie über den Mauerfeldern dazwischen, abwechselnd kleine und gröfsere steile Giebel mit glatten Gesimsen ohne Blumen und Kronen erheben. Diese Anordnung ist *germanisch,* jedoch insofern verfehlt, dafs die Giebel dicht an einander gereihet und nicht durch Spitzpfeiler getrennt sind. Die bis dicht auf die Fensterbögen hinuntergreifenden Giebel sind natürlich unten nur Reliefs; die Winkel vor der Capellenmauer sind ausgefüllt und haben oben Geländer. Die erhöheten innern Abseiten haben eine ganz flache steinerne Bedachung, mit Geländer. Vor den Mauern des Mittelschiffs und Chors treten ganz schlichte Pfeiler vor, die aber nicht etwa in freistehende Spitzen enden, sondern unterm Dachgesimse durch ganz flache Stichbögen verbunden sind. Die Fenster sind sehr breit, eben wie die innern Bögen, ohne irgend eine kräftige Einfassung und, ganz nach romanischer Art, unten mit Säulchen, oben mit Steinplatten ausgefüllt, die, mit Spitzbögen über den Säulenweiten unterschnitten, darüber theils ganz voll sind, theils blofs kreisrunde Öffnungen haben; ohne alle Ausfüllung. Reicher sind die Kreuz-Arme verziert. Sie haben übergiebelte Portale, vortretende, doch oben sehr plumpe, in Bilderhäuschen endigende Eckpfeiler, Stabwerk und an der Stelle des hierhergehörigen Spitzbogenfensters eine durchbrochene Rosette mit viereckiger Einrahmung; jedoch ist auch hier blofs das *Detail* germanisch, und dies keineswegs rein zu nennen. Der ziemlich niedrige Dachgiebel, mit kleinerer Rosette, auf romanische Weise blofs mit Kreisen ausgefüllt, und die beiden ganz unpassend angebrachten halben Kleeblattverzierungen daneben, verderben wieder, was unterwärts gut zu nennen wäre. An der westlichen Fronte mufste und konnte sich der germanische Geist am kräftigsten aussprechen. Hier ist ein breiter und etwa eben so hoher Vorbau, der die First der Kirche nur so eben überragt und den oben eine Plateform schliefst. Auf derselben stehen zwei, nicht hohe Thurm-Aufsätze, ebenfalls wagerecht geschlossen; die Thurmspitzen darauf fehlen. Der Unterbau wird durch die an den Ecken und auf den Grenzen zwischen den Thürmen und dem Mittelbau vortretenden viereckigen, allerdings ein paarmal eingezogenen Strebepfeiler in drei Felder getheilt: um aber das dadurch erzielte Emporstreben gleichsam gründlich wieder aufzuheben, sind die Pfeiler mit der Plateform gerade abgeschnitten. In der Mitte und oben unter dem Gesimse sieht man die den französischen Kirchen eigenen kleinen bedeckten Galerieen, beide mit Säulchen, die untere noch ganz romanisch, mit Kleeblattbogen, die obere zierlicher und durch stärkern Rücktritt der hintern Mauer zugleich kräftiger mit germanischen Durchbrechungen geschlossen; sie sind quer über die westliche Seite hin-, und die letztere ist um den ganzen Unterbau herumgeführt; alle Gesimse, Geländer und die Galerieen sind, letztere als Blenden, um die Pfeiler herum verkröpft, so dafs das Wagerechte auffallend vorherrscht.

In den untern drei Feldern sind die gewöhnlichen drei Spitzbogenportale, mit breiten, germanisch gegliederten Laibungen, ohne Vortritt und Giebel in die starke Mauer eingelegt; blofs das nördliche Portal hat ein magres Gesims von flacher Giebelform über sich; die eigentlichen Pforten sind klein, besonders an den Seiten, und die dadurch entstehenden Hinterwände sind reich mit Bildwerk bedeckt. In der zweiten Etage ist in dem Mittelfelde die grofse durchbrochne Rosette; die Seitenfelder haben blofse Spitzbogennischen; in jeder sind noch zwei kleinere Nischen und eine Rosette darüber; die Einfassungen sind reich, aber alles ist noch romanisch; in den Ecken der Felder sind kleine Kleeblattbögen. Die Thurm-Aufsätze (wahrscheinlich die jüngsten Theile des Gebäudes) haben mehr den germanischen Typus. Die Eckpfeiler sind achteckig und auf die untern Zweidrittheile der Höhe zierlich mit Eckrundstäbchen und reich verzierten Giebelchen besetzt; die Felder haben je zwei schlanke, reich eingefafste Spitzbogen-Öffnungen; allein auch hier sind die Eckpfeiler durch das Gesims und Geländer der Plateformen wagerecht abgeschnitten; die Öffnungen sind ohne Durchbrechungen und die obern Geländer und Gesimse sind ziemlich schwer.

Wie verhält sich nun dieses Gebäude zu den gleichzeitigen Bauwerken in Deutschland? Die ausgedehnte Grund-Anlage wollen wir gern als fränkisches Erzeugnifs und zugleich als Vorbild ähnlicher, etwas neuerer deutschen Kirchen anerkennnen; wir wollen ferner zugeben, dafs eine so ausschliefsliche Anwendung des Spitzbogens in Deutschland so früh nicht vorkommt; obgleich sich auch dort, wenn nicht als Fensterdach, als Bogen zwischen Schiff und Abseiten, eine vielleicht noch frühzeitigere systematische Anwendung davon findet; z. B. in der Kirche zu ***Memleben,*** in den ***Domen zu Naumburg, Bamberg, Basel*** u. s. w., und weil die Kirche zu ***Limburg,*** so wie der Chor zu ***Magdeburg,*** wo auch nur Spitzbogen vorkommen, vielleicht nur wenig jünger sind; wir wollen endlich anerkennen, dafs die dünnen Mauern mit Strebepfeilern wahrscheinlich früher in Frankreich als in Deutschland versucht worden sind. Alle diese Einzelnheiten, selbst der Spitzbogen, machen aber noch keineswegs den germanischen Baustyl aus. Sehen wir auf die romanischen Bauwerke Deutschlands aus der letzten Hälfte des zwölften Jahrhunderts, so werden wir, wie schon gesagt, diese dem wahren germanischen Geiste im Wesentlichen weit näher gerückt finden; denn die Säule als Bogenstütze dürfte sich um jene Zeit in Deutschland nur noch sehr selten finden, und lange vorher war hier das unpassende antike Capitäl verbannt; die Umwandlung der Säule in den

Pfeiler war aber unbedingt die nothwendigste Vorbereitung des germanischen Styls. Was ist denn nun an dem ganzen, zum Theil so späten Bau der Nôtre-Dame Germanisches zu finden? Mit Ausnahme der Spitzbogen, der wenigen gegliederten Pfeiler, der westlichen Portale und einiger Details, nichts, am wenigsten das geistige Element des Styls.

Eine andre merkwürdige, 1252 bis 1334 gebauete Kirche ist *Nôtre-Dame zu Dijon.* Sie ist eine Kreuzkirche mit Abseiten, die nicht um den Chor herum fortgehen, und mit Mittelthurm. Auch hier stehen die Bögen im Innern auf Säulen; aufsen treten indessen schon Strebepfeiler vor, die sich von ganz schlichter viereckiger Form über die Abseiten frei bis zur Höhe des Mittelschiffs erheben, dort aber ohne Spitze enden und ganz ungehörig mit Thierfiguren besetzt sind. Von da laufen die gewöhnlichen, ganz schlichten Strebebögen nach dem Mittelschiff hinüber. Ein merkwürdiges Beispiel unpassender Anordnung zeigt sich hier an der westlichen Seite. Sie bildet eine breite Vorhalle mit zwei Thürmen, die aber mit flachen Zeltdächern die First des Mittelschiffs kaum überragen und an der westlichen Seite durch eine Mauer vereinigt sind, so dafs sie hier verschwinden und man nur noch einen einzigen breiten Vorbau sieht, der zwischen zwei stumpf abgeschnittnen Eckpfeilern unten drei offne Portale und darüber zwei, gleichmäfsig quer durchlaufende bedeckte Galerieen hat. Der Mittelthurm ist äufserst ärmlich. Interessant aber ist die Kühnheit des Baues. So z. B. sind die durch eine innere Galerie geschwächten Mauern des Mittelschiffes nur 7 Zoll stark.

Der Dom zu Chartres, 1260 eingeweiht, hat eigenthümlich strenge Formen, jedoch bereits die Säulen im Innern mit Rundstäben besetzt; sonderbarerweise aber so, dafs runde Säulen mit eckigen Stäben, und achteckige Säulen mit runden Stäben abwechseln. Die Thürme sind hier bis unten hinunter markirt, und der Zwischenbau ist mit einem nicht hohen Giebel bedeckt. Dagegen ist die Gestaltung des Details schwerfällig; die Pfeiler sind glatt und wagerecht abgeschnitten und von den sämmtlichen Gesimsen umfafst; im obern Stockwerk des südlichen Thurms ist der Rundbogen angebracht; das Dach ist steil, aber im Verhältnifs zu der geringen Höhe des Thurms zu plump, und hat unten Giebel, während die Eckthürme des obern, etwas zurückgesetzten Stockwerks zwar freistehen, aber in eben so plumpe Pyramidalspitzen endigen. Der nördliche Thurm ist nach neuerer germanischer Art höher. Ist nun gleich der Unterbau hier nicht eine einzige Masse, und fehlt auch die durchlaufende Quergalerie, so ist auf andere Weise dafür gesorgt, dafs es nicht an romanischen Anklängen fehle. Der Zwischenbau erhebt sich in drei Stockwerken; die beiden untern sind durch wagerechte Gesimse getheilt, welche von förmlichen Pilastern unterstützt zu werden scheinen. Jedes der dadurch gebildeten drei Felder hat unten ein Portal und oben ein Fenster von ärmlicher Gestalt. Das dritte Stockwerk hat die gewöhnliche grofse Rosette.

Die Cathedrale von Rheims, 1211 bis 1250 erbaut, hat im Innern Säulen mit Rundstäben umgeben, an welchen ausnahmsweise das Capitäl in derselben Höhe herumgeführt ist. Die westliche Front wird als die edelste des französischen Cathedralenstyls gerühmt; es ist mithin wichtig, auch hier nachzuweisen, dafs daran der ächte germanische Geist nicht vorwaltet. Zunächst sind die drei Portale, mit ihren äufsern vortretenden Laibungsflächen, dicht an einander geschlossen; die Spitzbögen derselben haben über dem Kämpfergesimse erst noch eine lothrechte Fortsetzung; was besonders den sehr schmalen und doch fast in gleicher Höhe mit dem mittlern sich erhebenden Seitenportalen ein sehr verzerrtes Verhältnifs giebt. Die Spitzbogenfelder über den geraden Thürsturzen sind, das mittlere mit einer grofsen und drei kleinen Rosetten von romanischer Form, die der Seitenportale mit zwei Kleeblättern über einander verziert. Neben den äufsern Portalen sind noch Nischen an den Eckpfeilern, und den Portalbau schliefsen fünf Giebel, welche die ganze Breite der Front bis zu den äufsersten Ecken einnehmen. Im zweiten Stockwerk treten, die Ecken stützend und die Grenzen zwischen Thurm und Mittelbau andeutend, starke Pfeiler vor, welche plump und schwer auf den Vorsprüngen der Portallaibungen stehen, statt dafs sie, dieselben durchschneidend, bis zur Erde hinuntergehen sollten. In der Mitte der Höhe sind die Pfeiler, auf die öfter gemifsbilligte schwerfällige Art, zu Bilderblenden umgeschaffen, über welche sich hohe, scheinbar durchbrochene und noch dazu weit ausladende Giebel erheben; so dafs, bei der überhaupt geringen Höhe, die Strebepfeiler nur wie Bilderhäuschen aussehen. Die Mauerfelder dazwischen sind mit magern Durchbrechungen und mit Giebeln darüber verziert; das mittlere aber hat die gewöhnliche Rosette, die hier doppelt unangenehm aussieht, weil sie von einem Spitzbogen eingerahmt ist: es ist, mit andern Worten, hier eine sehr breite Spitzbogennische angebracht, welche auf ganz ungermanische Weise, statt von emporstrebender Durchbrechung, von einer Rosette ausgefüllt wird. Dicht über den Pfeilergiebeln schliefst das zweite Stockwerk ein wagerecht umlaufendes Gesims, und es folgt nun eine zierlich durchbrochene Galerie, ohne alle Unterbrechung und sogar ohne Eckbegränzung, so dafs sie nicht allein auf das Entschiedenste alles Emporstreben vernichtet, sondern auch im höchsten Grade den Schein des Gebrechlichen hat. Auch im Detail ist diese Galerie nicht zu loben; nicht allein, dafs statt der Stöcke schlanke Säulchen angebracht sind (was noch hingehen möchte), sind auch die Spitzbögen über den Zwischenweiten überhöhet, nicht gegliedert, und mit Steinplatten ausgefüllt, welche unten nach dem Kleeblattbogen hin ausgeschnitten und darüber noch mit einem kleinern Kleeblatt durchbrochen sind. Die Fläche über den Spitzbögen schliefst eine Reihe von Giebeln, die aber ohne trennende Pfeilerchen mit ihren Gesimsen aneinander stofsen und einen sehr unangenehmen Zickzack bilden; statt der trennend hinuntergehenden Pfeiler sind kleine Spitzpfeiler auf die Giebelwinkel stumpf aufgesetzt. Oben in jedem Giebel wiederholt sich der Kleeblattbogen, so dafs deren drei dicht übereinanderstehen; die ganze Galerie sieht sehr flach aus. Von hier aus erheben sich nur die isolirten Thurm-Aufsätze, zwischen welchen die Giebelspitze des Dachs vom Zwischenbau hervorschaut. Die Thurm-Aufsätze haben an den Ecken ganz luftige achtseitige Treppenthürmchen, die aber nur etwa viermal so hoch als breit sind, eigentlich nur aus den Ecksäulchen und Riegeln bestehen und oben zeltförmig flach bedeckt sind. Dazwischen befindet sich eine schlanke Spitzbogen-Öffnung mit romanischer Durchbrechung und Giebel darüber, über welchen das pyramidale Thurmdach kaum hervorragt, so dafs auch diesen Thürmen, die aufserdem wenig höher als breit sind, die eigentliche Spitze und, bei aller Kühnheit, jegliches Emporstreben fehlt. Der ganze westliche Vorbau deckt in der Höhe nur so eben die dahinter liegende Kirche.

Einen reinern germanischen Styl hat die Façade von ***S. Jean zu Lyon;*** aber auch hier nur in den Details, während die Anordnung im Ganzen der alten Bau-Art treu bleibt. Auch hier ist der Unterbau vereinigt; jedoch deuten im ersten Stockwerk zwei vortretende Pfeiler die Grenze zwischen den Thürmen und dem Mittelbau an, und sowohl diese als die Eckpfeiler sind flach, breit und glatt; Gesims und Geländer sind um sie herum verkröpft, jedoch sind wenigstens an den Ecken Geländerpfeiler. Dicht unter dem Gesimse läuft die Galerie herum, von kräftiger Gestalt. Die drei Portale treten bis zu den Pfeilern heraus, haben jedoch steile, reich mit scheinbarer Durchbrechung nach einer guten Zeichnung verzierte Giebel, mit Blumen und Kronen über sich, deren mittler sich vor der Galerie bis über das Geländer erhebt. Unten sind vor den Pfeilern, correspondirend mit den Portalen, reiche Spitzbogennischen, mit Bilderblenden, Stabwerk und Giebeln; alles nach der besten

Zeichnung. Das zweite Stockwerk ist bedeutend eingezogen und ohne alle Pfeiler und sonstige Unterbrechungen. In der Mitte prangt die grofse Rosette; daneben, zu beiden Seiten, sind gekuppelte Bilderblenden, mit je zwei Giebeln darüber. Auch dieses Stockwerk schliefst ein wagerechtes Gesims und eine Galerie, letztre jedoch von den Eckthürmen unterbrochen, welche sich, mit kleiner quadratischer Grundform, zu beiden Seiten des Unterbaues, also nur an einer Ecke jedes Thurmes als eine lothrechte Fortsetzung der untern Wände erheben und, etwas höher, auf eine einfache und gefällige Weise ins Acht-Eck übergehen. Die Thurm-Aufsätze selbst sind sehr niedrig und oben wagerecht von einem Gesims und Geländer, welche auch die anschliefsenden Treppenthürme umgeben, geschlossen; die Thurmspitzen fehlen. Zwischen beiden Thürmen erhebt sich, höher als sie, der Giebel des Zwischenbaues; von guter germanischer Form. Alle Details sind entschieden den besten germanischen Mustern nachgebildet.

Eine andere Kirche im südlichen Frankreich, deren Erbauungszeit (1282 bis 1512) ziemlich die ganze germanische Periode umfafst, giebt ein treues Bild von der frühern massenhaften Bau-Art in jenen Gegenden und der spätern Entartung in übertriebene Eleganz. Es ist dies die *Cathedrale zu Alby*. Sie ist eine langgestreckte einschiffige Basilica, statt mit Abseiten, mit quadratischen Capellen umgeben. Vor der westlichen Front erhebt sich ein massiger Thurm; das östliche Ende ist fünfseitig geschlossen und demgemäfs haben auch die den Schlufs umgebenden fünf Capellen die fünfseitige Form. In der östlichen Hälfte der Kirche ist die niedrige, den Chor abschliefsende Wand, welche sich sonst zwischen den Pfeilern des Mittelschiffs befindet, frei *im Schiffe* aufgestellt, so dafs dadurch in diesem selbst ein Umgang entsteht. Der Thurm erhebt sich ziemlich schwerfällig mit vier Absätzen ohne Spitze. Die beiden untern Absätze haben massige runde Eckpfeiler, die nach oben zu abgesetzt sind und deren einer, wahrscheinlich als Treppenthurm, bis zum flachen Dache emporsteigt. Die untern Mauerfelder haben breite und schwere Rundbogennischen, die obern leichtere Fenster, deren Schlufs in die Bogenfriese übergeht. Jeden Absatz schliefst ein Gesims und Geländer; die beiden untern laufen um die Eckpfeiler herum; der obere Absatz ist achteckig und hat schlanke Eckpfeiler, welche frei in Spitzen endigen; vor den abgeschrägten Seiten stehen sehr schlanke Eckthürmchen, mit leichten Bogenstreben nach dem Acht-Eck hinüber. Der Thurm ist in seinen untern Absätzen ganz schmucklos und äufserst plump; die obern spätern Aufsätze (der vorletzte ohne Eckpfeiler) sind leichter und mehr germanisch. Das Langhaus hat sonderbarerweise ebenfalls halbrunde, oder vielmehr halb-elliptische Strebepfeiler, einmal abgesetzt und stumpf unter die vortretende Traufe des flachen Daches stofsend. Die in den Mauerfeldern angebrachten Spitzbogenfenster haben edle Verhältnisse. Im Innern ist die Kirche auf das Eleganteste decorirt, doch sehr überladen; namentlich in einem Raume, welcher nach der, etwas unverständlichen Zeichnung einer der vorhandenen Anbaue zu sein scheint. Hier sieht man ungemein reich gegliederte Pfeiler ohne Capitäle und getheilte Gurtbögen, welche in der Mitte bis zu der Kämpferhöhe schwer herunterhängen, als ob der Gewölbepfeiler nachträglich weggenommen wäre; die Kappen sind geschmackvoll mit rosetten- und sternförmigen Rippen verziert und die Fenster haben zwischen den geraden Stöcken eingeflochtene gebogene Stöcke. Die Bögen sind mit freien Zacken verziert, und auch die Gliederungen sind häufig gemustert. So vereinigt sich in diesem Bauwerke die roheste Schwerfälligkeit mit der reichsten Pracht.

Als derjenigen Kirche, welche sich am meisten dem reinen germanischen Baustyl nähert, ist noch der Abteikirche *S. Jean des Vignes zu Soisson* im nördlichen Frankreich zu gedenken. Sie soll nach *Quaglios* Angabe 1229 gebaut sein; was aber nicht wohl glaublich ist. Es stehen von ihr nur noch die Thürme, und diese sind entschieden jünger. Sie steigen mit kräftigen Eckpfeilern von unten auf in die Höhe, nur dafs sie auf den vortretenden Portallaibungen stehen, und endigen neben den steilen Thurmdächern in pyramidale Spitzen. Obgleich die Galerieen um die Pfeiler herumgeführt sind, ragen sie doch nicht über, vielmehr setzen sich die Pfeiler auf der Galerie, sich zurückziehend, ab, und die vor den Pfeilern angebrachten Bilderblenden zeigen sich als vortretende leichte Verzierungen und sind nicht in die Pfeiler eingeschnitten, haben auch nicht die hier unschickliche Form der Bilderhäuschen. Der Zwischenbau hat statt der Rosette (die Zeichnung ist nicht ganz deutlich) eine Spitzbogen-Öffnung, und die verschiedenen Thurmstockwerke sind mit gut durchbrochnen Spitzbogenfenstern verziert. Die sonst übliche Zwerggalerie fehlt zwar nicht, beschränkt sich aber doch auf die Thürme, und geht nicht mit über den Zwischenbau hinweg; auch schliefst diesen ein Giebel, und die Thurmdächer sind steile achtseitige Pyramiden, an deren Ecken Blumen emporgehen; indessen stehen oben auf den Spitzen, statt der Blätterkronen, Kreuze. So sind denn die antigermanischen Elemente der andern französischen Kirchen hier zwar nicht ganz vermieden, jedoch sehr gemildert, und obgleich die Pfeiler noch immer von den Gesimsen umschlossen werden, auch die bedeckte Galerie um dieselben scheinbar fortgeführt ist, die freien Endigungen der Pfeiler ziemlich plump sind, der Giebel des Zwischenbaues glatt und voll ist, die achteckigen Aufsätze fehlen, oder vielmehr statt derselben, besonders am südlichen Thurme, auf eine sehr unangenehme Weise die steilen und schweren pyramidalen Dächer der Thürme unten in geringer Höhe lothrecht abgeschnitten sind, hat doch das Ganze den Stempel des germanischen Geistes; wenn gleich derselbe nicht im Einzelnen durchgeführt ist.

Zuletzt mag auch noch der *Cathedrale zu Orleans* rühmend erwähnt werden, als eines der jüngsten germanischen Bauwerke; denn, obgleich erst 1601 bis 1790 gebaut, hat sie doch noch im Wesentlichen ganz die germanische Bildungs-Art und ist selbst im Einzelnen ziemlich frei von moderner Einmischung. Dabei zeigt sie indessen auch die Eigenthümlichkeiten der ältern Kirchen; namentlich den breiten Unterbau mit der Plateform, und die durchlaufenden bedeckten Galerieen.

Verschieden vom übrigen Frankreich mufste sich der germanische Baustyl in der *Normandie* gestalten, wo der romanische Styl schon eine so reiche und eigenthümliche, in mancher Hinsicht dem germanischen verwandte Ausbildung erlangt hatte. Wir haben früher behauptet, dafs bei den Normannen die zu frühzeitige Vermischung des romanischen mit dem arabischen Baustyl der Entstehung des ächt christlichen Baustyls hinderlich war. Ist dem so, so dürfen wir eine reine Auffassung und Ausbildung des germanischen Baustyls in der Normandie so wenig wie im übrigen Frankreich erwarten. Und so ist es denn auch wirklich. Die frühern germanischen Kirchen der Normannen, wie die Cathedralen zu *Bayeux* und *Coutances* und der Chor der Kirche *St. Etienne zu Caen,* halten sich zwar fern von der oben beschriebenen französischen Bau-Art, allein sie unterscheiden sich, indem sie den dortigen romanischen Styl zunächst noch festhalten, zugleich wesentlich von den deutschen Bauwerken. Auch in Deutschland tritt freilich nicht überall der germanische Baustyl mit gleicher Entschiedenheit auf; allein das Festhalten des normännisch-romanischen Styls war, seiner zierlichen und consequenteren Ausbildung wegen, in der Normandie ungleich nachtheiliger. Hier findet sich kein einziges, weder gleichzeitiges, noch späteres Bauwerk, welches sich in geistiger Eigenthümlichkeit mit der *Elisabethkirche in Marburg* vergleichen liefse. Später siegte zwar auch hier, und zwar entschiedener als im übrigen Frankreich, der germanische Styl, aber doch nur mehr in den Details, welche ohnehin zu dem normannischen Styl eine ziemlich nahe Verwandtschaft hatten und welche man von ihm aufnahm. Es sind hier besonders die Kirchen zu *Rouen* als entscheidende Beispiele anzuführen.

An der *Cathedrale zu Rouen* ist der südliche Thurm 1485 bis 1507, der Zwischenbau 1509 bis 1530 erbaut. Der nördliche Thurm ist viel, das Schiff um etwas älter, und es zeigt sich, namentlich an der westlichen Seite, wie wenig man den eigentlichen Geist des germanischen Baustyls erfafst hatte, obgleich die Abweichungen ganz andere sind, als an den oben beschriebenen französischen Kirchen. Sie sind indessen gröfstentheils von der Art, dafs sie nicht etwa von der späten Bauzeit allein herkommen können, weil sonst auch der nördliche Thurm davon frei sein müfste. Zunächst stehen die Thürme auffallend weit auseinander, und der Zwischenbau ist bei weitem nicht so hoch als breit; was ein widerliches, gespreiztes Verhältnifs giebt, das dem Emporstreben der Thürme sehr hinderlich ist. Der ältere nördliche Thurm geht ziemlich ganz lothrecht in die Höhe, ohne bemerkbare Strebepfeiler, die sich fast nur als romanische Lisenen zeigen. Er hat sechs Stockwerke, und jedes Stockwerk ist durch einen in der Mitte hinaufgehenden Pfeiler in zwei Felder getheilt; die Gurtgesimse umfassen die Pfeiler mit. In den untern vier Stockwerken hat jedes Feld zwei Spitzbogenfenster ohne Durchbrechung, im fünften und sechsten Stockwerk aber nur ein breiteres Fenster mit romanischer Durchbrechung; das fünfte Stockwerk schliefst eine Galerie, in welche die untern Pfeiler als plumpe Geländerthürmchen sich endigen; das sechste Stockwerk ist ein wenig zurückgesetzt und bedeutend höher als die untern, die Fenster haben mehrere Mittelstöcke und merkliche Querstöcke. Das Dach ist ein steiles und schwerfälliges Zeltdach, mit ganz kurzer First; unten hat dasselbe in jeder Front vier steile Giebel. Der südliche Thurm ist bedeutend höher und hat gröfsere, mit Durchbrechungen verzierte Fenster und dreieckig vortretende Pfeiler, die von Bilderhäuschen unterbrochen und dadurch trotz der zierlichen Details schwerfällig sind, weil die volle Masse auf dem durchbrochnen Bilderhäuschen steht. Er hat einen achteckigen Aufsatz, aber ohne Spitze, und mit wagerechter Geländerkrönung. Im Ganzen ist der Eindruck, welchen dieser Thurm macht, nicht viel anders, als bei dem vorigen, und namentlich fehlt auch, wegen der vielen Gurtgesimse und des Mangels kräftiger Absätze, das Emporstreben. Der Zwischenbau hat die gewöhnlichen drei Portale; nur dafs sie hier in dem Mittelbau vereinigt sind, statt dafs sich sonst die Seitenportale unter den Thürmen befinden. Zwischen und vor den Portalen stehen zwei runde Thürmelungen, oben von Kuppeln geschlossen und von oben bis unten auf die ungeschickteste Weise mit Reihen von Bilderblenden und Statuen überladen. Zwischen den Seitenportalen und Thürmen treten noch viereckige, gerade abgeschlossene Vorbaue vor. Das mittlere Portal ist im äufsern Bogen nach der Eselsrückenform überwölbt; über demselben befindet sich ein hoher Giebel, mit reichen Durchbrechungen, Blumen und Krone. Hinter dem Giebel läuft das zweite Stockwerk des Zwischenbaues durch, aus lauter Stabwerk und Bilderblenden bestehend und von einer Reihe steiler und reicher Giebel geschlossen, welche in der Mitte von der in einem grofsen Spitzbogen angebrachten Rosette unterbrochen wird. Aus dem Zwischenbau erheben sich freistehend vier Thürmchen, und zwischen den beiden mittlern ein reich, aber etwas verworren verzierter Aufsatz. Der Mittelthurm ist viel höher als die westlichen Thürme; seine Architektur ist viel magerer und noch weniger germanisch, als bei jenen, obgleich der Thurm eine sehr steile, nur unten zu stark eingezogene und ganz glatte Spitze hat. Der obere, etwas eingezogene oder zurückgesetzte Aufsatz ist in lauter sehr niedrige Etagen getheilt, mit kleinen Galerieen, scheinbar mit Rundbogen, bedeckt; auch kommen in der Abbildung mehrfach flache Giebel vor.

Die *Abteikirche S. Ouen zu Rouen,* an welcher von 1318 bis ins sechzehnte Jahrhundert gebaut wurde, wird als das brillanteste und gelungenste germanische Bauwerk aller Länder gerühmt. Sie ist ungemein lang gestreckt, hat drei Schiffe mit Abseiten und zwei diagonal vortretende, jedoch das Kirchendach kaum überragende westliche und einen höhern Mittelthurm; der Chor ist dreiseitig geschlossen und aufsen, von der umlaufenden Abseite aus, an jeder Seite von drei quadratischen, einer kleinern und einer gröfsern vieleckigen, und gen Osten von einer weit heraustretenden, wiederum dreiseitig geschlossenen Capelle umgeben. Die Architektur ist in der That äufserst brillant, und namentlich ist die kräftige Gestaltung der Strebepfeiler lobenswerth; indefs ist nicht zu verkennen, dafs es doch hauptsächlich nur die Zierden sind, welche die Aufmerksamkeit erregen, und dafs diese von sehr willkürlicher und spielender Art sind. Namentlich sind die Unbedeutenheit und der stumpfe Schlufs der westlichen Thürme, die mangelnde Spitze und die pfefferbüchsenähnliche Form der Eckthürmchen am Mittelthurm, die Rosetten statt der Spitzbogenfenster in den Kreuz-Armen, die übergrofse Breite der Fenster, die ganz unorganische Form ihrer Durchbrechung, die sichtbaren

Querstäbe in den Fenstern, die balconartige Bedeckung der Vorhalle vor den Kreuz-Armen u. s. w. nicht unwesentliche Abnormitäten; und so kann denn auch diese Kirche, zumal sie spät genug erbaut ist, um in ihr eine Nachahmung deutscher Bauwerke voraussetzen zu dürfen, nicht als Beweis anerkannt werden, dafs der germanische Baustyl in der Normandie ***entstanden*** sei.

Aufser den Kirchen in der ***Normandie*** sind die, jedoch sämmtlich aus der neuern Zeit herrührenden ***Schlösser*** als Beispiele einer zierlichen und glänzenden, aber auch überladenen und nur verzierenden Architektur zu erwähnen; namentlich das ***Palais de Justice*** und ***La maison de Bourgtheraude*** zu ***Rouen;*** letzteres aufsen in lothrechte Felder getheilt, welche dicht gedrängt mit Reliefs angefüllt sind; das Schlofs von ***Chinon,*** der Palast des Bischofs zu ***Evreux,*** bei dessen Erwähnung der Augenzeuge ***Gally Knight*** ausdrücklich sagt, dafs man bei den Wohngebäuden stets die durch den Kirchenbau festgestellte Bau-Art beibehalten zu haben scheine. In der That eignete sich auch die normannisch-romanische Bau-Art weit mehr als die rein germanische zu profanen Bauwerken, weil ihr der gediegene Ernst, die feierliche Würde und das Emporstreben beim Kirchenbaustyl abging.

§. 181.
Der germanische Baustyl in England.

England, mit seinen wohlerhaltenen zahlreichen Monumenten, seinem regen Interesse an denselben und seinem theilweisen Festhalten an den mittelalterlichen Baustyl bis in die neueste Zeit, hat lange die Ehre der Erfindung des germanischen Baustyls beansprucht; und noch jetzt giebt man allgemein zu, dafs hier, wie in Frankreich, der germanische Baustyl früher als in Deutschland geübt sei. Es giebt allerdings geschichtliche Thatsachen, welche eine Einwirkung von Schottland aus auf Deutschland im Mittelalter zu erkennen geben (z. B. die Schotten-Klöster), und es scheint, als ob sich die Baubrüderschaften ebenfalls am frühesten in Schottland und England geregt hätten; allein Letzteres ist sehr ungewifs; die Einwirkung von Schottland aus geschah nur vereinzelt und läfst sich nicht unbedingt auf die Baukunst ausdehnen; am wenigsten folgt aus obigen beiden Umständen die Unbegründetheit der Behauptung, dafs der germanische Baustyl in Deutschland nicht blofs ausgebildet, sondern auch entstanden sei. Die Monumente selbst müssen entscheiden.

Die Engländer nehmen im Allgemeinen drei Perioden an:

1) Den Übergangsstyl; von der Mitte des zwölften bis in den Anfang des dreizehnten Jahrhunderts;

2) Den ersten englisch-romanischen Styl; von da bis ins vierzehnte Jahrhundert;

3) Den sogenannten Perpendicularstyl.

Aus der *ersten* Periode sind folgende Bauwerke anzuführen.

Die ***Kirche des Klosters Kirkhall,*** 1153 bis 1183 erbaut, mit spitzbogigen Arcaden auf dicken Säulen; die Fenster und Portale mit Rundbogen. Sie hat noch ganz den normannischen Character.

Die ***Kirche des Rochusklosters in Yorkshire;*** aus derselben Zeit und von derselben Bau-Art; nur nicht ganz so schwerfällig.

Der ***Chor der Cathedrale zu Canterbury.*** Die Bogen ruhen hier ebenfalls auf runden oder achteckigen Säulen, deren einige von dünnen Rundstäben umgeben sind. Dieser Chor hat sein eignes Querschiff und wurde 1174 bis 1185 erbaut. Ein Zeitgenosse, der Mönch ***Gervasius,*** sagt von diesem Bauwerke, im Verhältnifs zu der abgebrannten Kirche: „Nun aber mufs „ich berichten, welches der Unterschied beider Werke sei. Die alten und die „neuen Säulen sind von gleicher Form und Dicke, aber von verschiedener „Höhe; denn die neuen Säulen sind fast um 12 F. länger. Die alten Knäufe „waren einfach: die neuen haben feine Sculpturen; doch waren im Umkreise „des Chors 22 Säulen: hier sind ihrer 28. Dort waren die Bogen und alles „Andere einfach nur mit der Haue, nicht mit dem Meifsel bearbeitet: hier ist „fast überall angemessene Sculptur-Arbeit. Dort war keine einzige Marmor-„säule: hier sind deren unzählige. Dort waren im Umgange hinter dem Chor „herum einfache Gewölbe: hier haben die Gewölbe Rippen und Schlufssteine. „Dort trennte die Mauer, welche über den Säulen hinweglief, die Kreuzflügel „vom Chore: hier scheinen die Kreuzflügel durch keine Zwischenwand vom „Chore getrennt zu sein; sie scheinen in den einen Schlufsstein in der Mitte „des grofsen Gewölbes, welches auf den vier Hauptpfeilern ruhet, zusammen-„zulaufen." (Diese dunkle Stelle versteht ***Knight*** so, dafs früher die Bögen zwischen der Vierung und den Kreuzflügeln wenig höher als die Abseiten waren; es erklärt sich aber die Stelle leicht aus der folgenden: es war unter der hölzernen Decke die Aufmaurung der Bögen zu sehn, unter den Gewölben nicht.) „Dort war die hölzerne Decke" (über dem Mittelschiff, Chor und Kreuz nemlich; die Abseiten waren gleich dem Chor-Umgange auch früher wohl überwölbt) „mit vortrefflicher Malerei geziert: hier ist ein Gewölbe aus

„Stein und leichtem Tuff. Dort war nur eine erhöhete Galerie: hier sind deren „zwei im Chore und eine dritte über den Abseiten der Kirche."

Der Rotundenbau der ***Templerkirche zu London,*** eine Nachbildung der Heiligen-Grabkirche zu Jerusalem. Er hat Spitzbögen, auf Bündeln von je vier schlanken Säulen stehend, und eine lebhaft bewegte Gliederung. Das Gebäude soll 1185 geweihet sein; doch vermuthet ***Kugler*** aus der Ähnlichkeit der Architektur mit der des anschliefsenden Langhauses, welches erst 1240 vollendet wurde, dafs sich die Weihe nur auf die Grundsteinlegung bezogen habe.

Dagegen hat wieder die prachtvolle Ruine der ***Fountains-Abtei in Yorkshire,*** welche Abtei erst 1204 erbaut ist, nachdem die eben erst vollendete Kirche bis auf den Grund abgebrannt war, das alte Gepräge. Die Arcaden zwischen Schiff und Abseiten haben Spitzbögen, auf dicken Säulen stehend, die Fenster und Portale dagegen sind halbrund; Alles auf einfache romanische Weise.

Was ist nun an allen diesen Kirchen *germanisch* zu nennen, und wie verhalten sie sich zu den gleichzeitigen Bauwerken in Deutschland und Frankreich? Wenn wir die reichen Gliederungen und Verzierungen, die aber schon der englisch-normannischen Bau-Art eigen waren, ausnehmen, so bleibt nur der Spitzbogen übrig; und zwar gröfstentheils nur in den Arcaden, und genau nach derselben consequenten Anordnung, wie wir ihn an den gleichzeitigen, zum Theil noch ältern Kirchen in Deutschland (z. B. zu ***Memleben, Freiburg,*** an der *Sebalduskirche* in ***Nürnberg*** und an den Domen zu ***Naumburg, Merseburg, Bamberg*** und ***Basel***) sehen; nur mit dem wesentlichen Unterschiede, dafs hier nur Pfeiler, in England dagegen Säulen zu Stützen dienen; von welchen wir schon nachwiesen, dafs sie am wenigsten zum germanischen Baustyl hinführen konnten. Da wir nun bei der Untersuchung der deutschen Bauwerke sogar noch den ***Limburger*** Dom und den untern Theil vom Chore des ***Magdeburger*** Doms (obgleich sich hier fast nur Spitzbogen finden) ***romanisch*** nennen mufsten, so mufs auch Das, was man in England den Übergangsstyl nennt, noch als durchaus ***normannisch-romanisch,*** nur mit Spitzbogen statt Rundbogen, bezeichnet werden. Man darf wohl den Character dieser Periode als den Kampf des Spitzbogens mit dem Rundbogen, aber nicht als den Kampf des germanischen Baustyls mit dem romanischen ansehen. Nur allein die mit Rundstäben besetzten Säulen in England und Frankreich könnten, mit den Pfeilern in der ***Elisabethkirche zu Marburg*** und in andern deutschen Kirchen (darunter die sehr alte ***Liebfrauenkirche zu Trier***) verglichen, zu der Vermuthung leiten, dafs diese nicht unwesentliche Form in ***beiden*** Ländern entstanden sei. Die Frage verdient eine nähere Untersuchung; zumal da sie Gelegenheit giebt, die sich gegenüberstehenden Verhältnisse ins Licht zu setzen.

Abgesehen von der immer noch Statt findenden Verschiedenheit in der Bildung, und angenommen, dafs das höhere Alter der runden, mit Rundstäben umgebenen Pfeiler oder Säulenbündel in Frankreich und England erwiesen wäre: so ist es doch unzweifelhaft, dafs hier, bei der Beibehaltung der alten Basilikengestalt, die den antikenähnlichen Säulen, als Stützen der obern Mauer des Mittelschiffs, den Pfeilern unmittelbar vorangingen. Die von oben als Gurtträger heruntergeführten Rundstäbe setzten sich stumpf auf die dünne, einer solchen Last nicht gewachsene Capitälplatte auf; sprang die letztere nicht weit genug vor, so war die fernere Herunterführung des Rundstabes am Stamme der Säule als ein äufserlich aufgezwungenes Auskunftsmittel nothwendig. Diese zufällige Entstehungs-Art und das völlig unorganische Wesen einer solchen Composition zeigt sich beim ersten Blick; die innere Säule wird verstümmelt, die Rundstäbe behalten scheinbar ihre Selbstständigkeit, das Ganze aber verbindet sich für das ästhetische Gefühl nicht zu *einer* Masse; wie sich denn auch wirklich in England Beispiele finden, wo die Rundstäbe isolirt vor der Säule stehen. Erst nachdem die Säulen höher wurden und die Verjüngung und die den antikenähnlichen Capitäle verloren, nachdem sie zu schlanken Säulenbündeln wurden, verschwanden die Unvollkommenheiten und die Stützen nahmen den früh-germanischen Character an. Dies geschahe, z. B. an der *Westminsterkirche* in London, welche 1270 zu bauen angefangen ist, erst später, und könnte nun sehr wohl als Nachahmung deutscher Bauwerke angesehen werden. In Deutschland dagegen war die Säule längst mit dem viereckigen Pfeiler vertauscht, an welchem die Rundstäbe der Gurte und Gurtträger sich eben so natürlich fortsetzen mufsten, als an der obern Mauer, und es fehlte nur die weitere Ausbildung, um den gegliederten germanischen Pfeiler daraus zu gestalten. War das Mittelschiff höher als die Seitenschiffe, so konnte naturgemäfs, wie wir §. 175. sahen, die runde Kernform des Pfeilers nicht entstehen: für gleich hohe Schiffe dagegen, wie in der ***Elisabethkirche zu Marburg*** war der runde Pfeiler angemessener, als der viereckige. Übrigens ist noch zu erinnern, dafs der runde, mit Rundstäben besetzte Pfeiler nur als früh-germanisch betrachtet werden kann, dafs jedoch schon in der ***Marburger*** Kirche die vier Hauptpfeiler statt des runden Kerns die mehr ausgebildete germanische Form mit kleinen Hohlkehlen zwischen den Rundstäben haben; wovon in Frankreich und England nur wenige, viel spätere Beispiele vorkommen: z. B. die Hauptpfeiler in *Nôtre-Dame* zu *Paris* u. s. w. sind aus Rundstäben und Ecken zusammengesetzt.

Die Untersuchung der Pfeilergestalt führt uns auf eine noch unerklärte Verschiedenheit der Bau-Art der Normannen in England und in der Normandie. Man sollte glauben, dafs in der frühern Zeit der Baustyl in beiden Ländern *derselbe* gewesen wäre. In England findet sich aber dieselbe sicilisch-arabische unmittelbare Aufstellung der Spitzbögen auf Säulen, die zwar im nordöstlichen Frankreich, aber sonderbarerweise nicht in der Normandie vorkommt; nur dafs in England, wahrscheinlich durch eine Nachwirkung der derben sächsischen Bau-Art, die Säulen bei weitem massiger sind und, obgleich keine Würfelcapitäle, so doch auch keine den antiken ähnliche Capitäle, vielmehr nur einfach herumlaufende Gesimse haben. Wir müssen die Aufklärung dieser Sonderbarkeit von der Zukunft erwarten.

So sehen wir denn also in England in der ersten sogenannten Übergangsperiode, bis zum Anfange des dreizehnten Jahrhunderts, in Wahrheit noch ganz romanisch bauen; und zwar lassen sich die wenigen Veränderungen an den oben beschriebenen und andern Bauwerken jener Zeit durchaus nicht mit dem zu derselben Zeit in Deutschland aufs Bestimmteste hervortretenden consequenten Streben nach eigenthümlicher Gestaltung der christlichen Baukunst vergleichen. Dadurch fanden wir uns veranlafst, diesem Bestreben ein klar erkanntes Ziel abzusprechen und die Entstehung des germanischen Baustyls erst dem Hinzutreten anderer Umstände zuzuschreiben.

Aus der *zweiten* Periode, in welcher sich allerdings ein eigenthümlich englischer Baustyl entwickelte, mögen vorzugsweise folgende Beispiele angeführt werden.

Das *Langhaus der Templerkirche zu London,* wie schon gesagt, 1240 vollendet, hat Säulen von Rundstäben umfafst. Die Gliederungen haben noch viel Normannisches und die Fenster schlanke Spitzbogen-Öffnungen, je drei gekuppelt und ohne Durchbrechung. Als eine in England sonst nicht vorkommende Eigenthümlichkeit ist nicht zu übergehen, dafs alle drei Schiffe der Kirche dieselbe Höhe haben. Wir haben früher diese Anordnung für eine Wirkung der Ideen erklärt, welche den germanischen Baustyl hervorriefen: allein dieses einzelne, ohne Nachahmung gebliebene Beispiel kann hier für die Entstehung jenes Baustyls in England um so weniger den Beweis geben, da die Kirche von den ***Tempelrittern*** erbaut ist. Auch die mit ihr verbundene Rotunde ist nicht englisch. Die geheimen Lehren des Templerordens, so sehr sie auch späterhin vielleicht ausarteten, scheinen in ihrem Ursprunge eine nahe Verwandtschaft mit den im Morgenlande und durch die Kreuzzüge erlangten neuen Vorstellungen gehabt zu haben.

Die ***Cathedrale von Salisbury*** (1220 bis 1258 erbaut) ist eins der umfassendsten Beispiele der frühern englisch-germanischen Architektur und kann fast als ein Canon desselben angesehen werden. Die Kirche ist sehr lang und hat ein erhöhetes Mittelschiff, und Abseiten. Der Chor ist ziemlich so lang, als das Langhaus. Er ist ebenfalls dreischiffig und hat einen *geraden* Schlufs. Es sind zwei Querschiffe (vier Kreuz-Arme) vorhanden; das eine, ziemlich in der Mitte, ist dreischiffig und tritt bedeutend vor; das andre, nahe neben dem ersten, also am Chor, tritt weniger vor und hat sonderbarerweise nur eine Abseite. An der östlichen Wand des Chors ist in der Verlängerung desselben eine oblonge Capelle, die sogenannte ***Lady-Capelle,*** angebaut. Die westliche Fronte hat zwei kleine Thürmchen, welche jedoch das Dach der Kirche kaum überragen. Sehr hoch und schlank erhebt sich dagegen der achteckige Mittelthurm, mit einer sehr steilen Dachspitze. Die Säulen im Innern der Kirche sind mit Rundstäben besetzt, welche jedoch nicht als Gurtträger weiter an den Mauern in die Höhe gehen; die letzteren stehen vielmehr in Höhe des Bandgesimses über den Arcaden auf Kragsteinen: wiederum ein Beweis, dafs die Form der runden und mit Rundstäben besetzten Pfeiler nicht aus der innern Entwicklung hervorgegangen war. Zwischen dem Bandgesimse und dem Brustgesims der obern Fenster zieht sich die gewöhnliche normannische Galerie hin; mit Durchbrechungen, welche letztere aber von breiten Rundbögen geschlossen werden. Die Fenster haben dieselbe ungermanische Form, wie die am Langhause der ***Templerkirche*** zu ***London.*** Jedes besteht aus drei schmalen und einfachen, von Spitzbogen geschlossenen, gekuppelten kleinen Öffnungen. Die Strebepfeiler sind ganz einfach und stumpf unter dem Dachgesims abgeschnitten, welches letztere ein gleichmäfsig fortlaufendes Geländer ohne Pfeiler trägt. Der Mittelthurm tritt in quadratischer Grundform aus dem Dache hervor, hat über demselben zwei achteckige Stockwerke, galerieartig und sehr zierlich, aber auch in spielender Art verziert, ist ohne Eckpfeiler, und hat im Wesentlichen noch den romanischen Character. Die steile Dachspitze ist mehreremal mit einer Reihe leichter Verzierungen nmgürtet. Die westlichen Thürme haben eher eine germanische Gestalt, scheinen indessen fast nur starke Eckpfeiler zu sein. Die Gewölbe im Innern der Kirche sind einfache Kreuzgewölbe; blofs das Gewölbe unter dem Mittelthurm ist ein Sterngewölbe. Wegen dieses Umstandes und wegen der überaus zierlichen Gestaltung des Mittelthurms ist es wahrscheinlich, dafs letzterer erst später erbaut ist.

Der Chor der *Cathedrale zu Ely* (das Schiff ist älter) ist ebenfalls winkelrecht geschlossen und hat eben solche Säulen und abgeschnittene Rundstäbe zu Gurtträgern, wie die Kirche in *Salisbury;* nur zwischen dem dritten und vierten Bogen, vom Mittelthurme aus, und dem sechsten und siebenten vom östlichen Ende her, geht an jeder Seite ein breiter gegliederter Gurtträger bis zum Fufsboden hinunter, welcher zugleich eine Verschiedenheit in der Anordnung der obern Galeriebögen und Fenster scheidet, die im Übrigen ganz gleichförmig sind; die Kragsteine, auf welchen die andern Gurtträger stehen, haben die steife Form ungeheuerer, schneckenförmig abgedreheter schlanker Zapfen. Die Bögen der Galerie sind, ganz nach romanischer Art, mit wenig durchbrochnen Steinplatten ausgefüllt; die ersten drei Öffnungen haben jede drei Mittelsäulchen, mit vier hufeisenförmig ausgehauenen Bögen darüber; die andern sechs sind zweitheilig und haben Kleeblattbögen; die Platten unter den Spitzbogen sind mit einem von vier Kreisen umgebenen kreuzförmigen Kleeblatt von geringer Gröfse durchbrochen. Eine ähnliche romanische Gestalt haben die Fenster. Bei der Vergleichung mit dem noch ganz romanischen Langhause findet man bei dem letztern nicht allein eine weit mehr organische Durchbildung, sondern theilweise sogar eine mehr auf den ächten germanischen Geist deutende Architektur. Die Bögen zeigen sich weniger gespreizt; die Verhältnisse sind schlanker; statt der Säulen stehen unten Pfeiler, und die vorliegenden Rundstäbe gehen, die Kämpfer durchbrechend, von unten bis zur Decke hinauf; während im Chor die Kämpfergesimse oder Capitäle unter den Bögen um die Gurtträger herumlaufen und bei den ersten drei Bögen die Säulen sogar noch von Bögen umschlossen werden.

Ähnliches zeigt sich noch an vielen andern Kirchen in England, von welchen besonders die *Cathedrale von Wells* wegen der ziemlich harmonisch durchgebildeten Façade und wegen der zur Unterstützung des Mittelthurms unter den ihn tragenden Bögen im Innern angebrachten äufserst rohen Strebebögen, statt welchen in andern Kirchen wohl durchbrochene Zwischenbaue (vielleicht nachträglich) angebracht sind, und ferner die *Cathedrale von Exeter* als ein gelungenes Muster strenger und consequenter Durchführung dieses ältern Styls zu nennen sind.

Weiter ausgebildet ist die Architektur an der *Westminsterkirche zu London,* welche zugleich in der Grund-Anlage Ähnlichkeit mit den französischen Kirchen hat und 1270 zu bauen angefangen ist. Sie hat nämlich einen fünfseitigen geschlossenen, übrigens ebenfalls sehr langen Chor, mit einem, den Abseiten des geraden Theils entsprechenden Kranz von fünf vielseitigen Capellen um den Schlufs, und noch zwei dergleichen Capellen, einer gröfsern und einer kleinern, in den östlichen Winkeln der Kreuz-Arme. Dabei aber treten, nach englischer Art, die Kreuz-Arme sehr weit vor und sind, gleich dem Langhause, dreischiffig. Auch im Äufsern zeigt sich an diesem Gebäude zuerst die germanische Bildung, wenn gleich, aufser an den westlichen Thürmen, noch sehr einfach; blofs an den Thürmelungen der Kreuz-Arme und an den Fenstern ist die Gestaltung reicher. Die Mauern sind glatt, und eben so die Strebepfeiler, welche mehrmals abgesetzt sind, bis über die Höhe der Mauern des Schiffs sich erheben und hier theilweis stumpf abgeschnitten sind (wenn die Spitzen nicht etwa blofs fehlen); theils endigen sie auch in Spitzen. Die Fenster haben einfache germanische Durchbrechungen, aus zwei, auf den Mittelstock zusammenlaufenden Spitzbögen und einer Rosette darüber bestehend. Die Kreuz-Arme haben Eckthürmchen und dazwischen Giebel mit der gewöhnlichen Rosette; die Thürmchen sind mit Blumen und Kronen verziert. Aber es fehlen auch nicht die englischen Eigenthümlichkeiten und die Abweichungen vom reinen Styl. So sind die Abseitenmauern, wie die des Mittelschiffs, statt mit Geländern, mit kleinen Zinnen besetzt, und über den Abseitenfenstern hat man noch einmal dreiseitige Fenster, aus Segmenten gebildet, gesetzt, welche mit Rosetten ausgefüllt sind. Der Mittelthurm steigt viereckig aus dem Dache hervor und ist nicht vollendet. Im Innern finden sich die in England gewöhnlichen, aus Rundstäben zusammengesetzten Säulenbündel; sie sind auf Ein- und Zweidrittheil der Höhe umgürtet und haben einfache kelchförmige Capitäle, auf welchen die einfachen, ebenfalls mit Ringen umgebenen Rundstäbe oder Gurtträger stumpf aufstehen. Der westliche Vorbau gehört offenbar einer etwas spätern Zeit an; es zeigt sich daran schon das System des ***Perpendicularstyls.*** Der wagerecht geschlossene Unterbau hat statt der germanischen Strebepfeiler die romanischen Eck- und Mittellisenen, welche letztere die Thürme von dem in gleicher Ebene liegenden Zwischenbau trennen. Die Lisenen sind von unten bis oben mit Stabwerk besetzt, welches viermal mit leichten Gesimsen und Spitzbogenwerk quer durchzogen ist. In den Mauerfeldern der Thürme sind drei Spitzbogenfenster übereinander; das untere ist von der Form der Abseitenfenster; das Fenster darüber ist den dreieckigen Fenstern der Abseiten entsprechend und hat blofse Spitzbögen über einem durchbrochenen Fries, mit drei Rosetten ausgefüllt; das obere, breitere und höhere Fenster ist, wie das den ganzen Mittelbau einnehmende sehr grofse Spitzbogenfenster, mit dem später in England allgemein üblichen gewundenen lothrechten Stabwerk ausgefüllt: dem Perpendicularstyle gemäfs; es stöfst, auf eine sehr constructionswidrige Weise, stumpf unter den Spitzbogen und ist von leichtem Bogenwerk und sonstigen Verschlingungen mehreremal quer durchzogen. Den Zwischenbau schliefst ein einfacher, nicht sehr hoher Giebel, mit Rosette. Unten ist eine Vorhalle vorgebaut, mit einfachem Portal, Stabwerk und Geländer darüber, und mit Eckpfeilern, die sich in freistehende Thürmchen endigen; sonst kommt diese, dem reichern germanischen Styl unentbehrliche emporstrebende Endigung nirgend am ganzen Unterbau vor. Die etwas zurückgesetzten quadratischen Thurm-Aufsätze sollen erst 1700 gebaut sein, haben jedoch ziemlich treu den Styl des Unterbaues; sie endigen sich, wie die meisten englischen Thürme, in pyramidale Spitzen auf den Lisenen und zinnenartigen Verzierungen dazwischen; also nicht in eigentliche Spitzen.

Der berühmte *Münster zu York* hat wieder die ächt englische oblonge Grundform, mit gerade geschlossenem Chor, weit vortretenden Kreuz-Armen, einem Mittelthurm und zwei westlichen Thürmen. Er ist dreischiffig, mit Abseiten. Das Querschiff ist, und zwar der südliche Kreuz-Arm, 1227, der nördliche 1250 bis 1260, das Schiff 1291 bis 1330, der Chor 1361 bis 1405 und die Westseite 1402 erbaut. Der nördliche Kreuz-Arm, als Beweis, dafs in England mindestens eben so spät wie in Deutschland der Spitzbogen vorherrschend wurde, hat zwar Strebepfeiler, ist aber sonst noch ganz romanisch; mit einem ziemlich steilen, vielleicht jedoch jüngeren Pultdach über den Abseiten und dem wenig darüber hervorragendem Mittelschiff; das Profil tritt in der Front unverdeckt hervor; die Fenster sind halbrund geschlossen und im Giebel ist eine Rosette. Auch der nördliche Kreuz-Arm hat noch eine alterthümliche Bau-Art. Das Langhaus dagegen ist in einem ziemlich reinen, den Bauwerken Deutschlands gemäfsen germanischen Styl erbaut; das Äufsere mit Strebepfeilern, mit pyramidalen Endigungen und Bogenstreben von edler Einfachheit, das Innere dagegen reich, überall entweder mit wirklichen, oder mit scheinbaren Durchbrechungen; die Gewölbe des Mittelschiffs sind Sterngewölbe, die der Abseiten einfache Kreuzgewölbe. Im Chor zeigt sich noch mehr Reichthum, aber zugleich auch viel Willkür. Noch weniger gut ist die Thurmfaçade. Die Thürme haben zwar, nach deutscher Art, stark vortretende, mehrmals abgesetzte Eckpfeiler; der Unterbau aber ist nicht mit einer Plateform abgeschlossen, vielmehr steigen die Thürme von unten auf steil in die Höhe; der Zwischenbau hat statt der Rosette ein hohes Spitzbogenfenster; dieses, das Portal und die untern Thurmfenster haben Giebel über sich; die kleinern Durchbrechungsfelder schliefsen reiche, mit Blumen und Kronen geschmückte Giebelchen u. s. w. Indessen sind die Pfeiler-Absätze überall sattelförmig bedeckt; die Fensterdurchbrechungen haben entweder die schwerfällige romanische Plattendurchbrechung, oder das parallele Stabwerk des Perpendicularstyls; den Zwischenbau schliefst ein flacher Giebel mit zinnenartigen Verzierungen; die obern Thurm-Aufsätze sind viereckig und werden durch dünne, nicht mit den untern Pfeilern verbundene Thürmchen geschlossen, mit den für eine Kirche unpassenden Zinnen dazwischen. Die ganze Façade, Mauern und Pfeiler, letztere von schlichter viereckiger Form, sind von oben bis unten mit dem widrigen lothrechten Stabwerk besetzt und in geringen Zwischenräumen von Bogen- und Giebelreihen wagerecht durchzogen, so dafs das Ganze im höchsten Grade mager und ungermanisch aussieht u. s. w.

(Die Fortsetzung folgt.)

Inhaltsverzeichnifs des dritten Hefts sieben und zwanzigsten Bandes.

Berlin, gedruckt bei G. Reimer.

Journal
für
die Baukunst.

In zwanglosen Heften.

Herausgegeben

von

Dr. A. L. Crelle,

Königlich-Preufsischem Geheimen-Ober-Baurathe, Mitgliede der Königlichen Akademie der Wissenschaften zu Berlin, Correspondenten der Kaiserlichen Akademie der Wissenschaften zu St. Petersburg und der Königlichen Akademieen der Wissenschaften zu Neapel und Brüssel, auswärtigem Mitgliede der Königlichen Akademie der Wissenschaften zu Stockholm, Ehrenmitgliede der Hamburger Gesellschaft zur Verbreitung der mathematischen Wissenschaften.

Sieben und zwanzigster Band.

Viertes Heft.

Berlin.

Bei G. Reimer.

1849.

11.

Anhang zu des Grafen v. Pambour Theorie der Dampfmaschinen, Band 23—27.

Enthaltend Zusätze zu dieser Theorie; nächst einigen Bemerkungen über dieselbe.

(Vom Herausgeber dieses Journals.)

I. Bemerkung zu der allgemeinen Theorie der Dampfmaschinen im vierten Abschnitt.

528.

In ihren Grundzügen ist diese Theorie unzweifelhaft richtig; indessen dürfte sich vielleicht noch mehrere Übereinstimmung der Ergebnisse der Rechnung mit der Wirklichkeit erreichen lassen, wenn man noch etwas weniger a priori schlösse und noch etwas mehr von unmittelbaren Messungen der wirklichen Ergebnisse ausginge; was auch ganz thunlich sein dürfte.

529.

Der Herr Verfasser bringt in (§. 239.) für den *bis zur* Absperrung in den Stiefel strömenden Dampf eine *mittlere* Spannung P_1 in Rechnung und nimmt dann in (§. 242. Formel 96.) für die Spannung des nach der Absperrung sich ausdehnenden, den Kolben weiter treibenden Dampfs, eben diese *mittlere* Spannung P_1 an. Wenn nun die Spannung des Dampfs im Stiefel *vor der* Absperrung *veränderlich* ist (und das ist sie ohne Zweifel, und sie *wächst* wahrscheinlich bis zur Absperrung), so mufs allerdings für das Moment bis zur Absperrung eine *mittlere* Spannung P_1 in Rechnung kommen, und zwar diejenige, die, mit dem Kolbenlauf λ_1 bis zur Absperrung und dessen Fläche a multiplicirt, das *wirkliche* Moment des Drucks giebt: aber diese *mittlere* Spannung ist dann *nicht* diejenige des Dampfs, der, *nach* der Absperrung sich ausdehnend, den Kolben weiter treibt; auch ist es *nicht* diejenige, die in Formel (96.) zu setzen ist, um die zu verdampfende Wassermasse zu finden, sondern für Beides ist es die (wahrscheinlich *gröfsere*) Spannung, welche *im Augenblick der Absperrung* selbst Statt findet; denn der in *diesem* Augenblick in dem Stiefel befindliche Dampf ist es, der, sich ausdehnend, den Kolben weiter treibt, und er ist es auch, welchen das zu verdampfende Wasser zu liefern hat. Wenn man also wie der Herr Verfasser rechnet, so schätzt man die Wirkung des Dampfs *nach* der Absperrung etwas zu *gering;* dagegen aber auch die zu verdampfende Wassermasse ebenfalls um etwas zu gering: denn der im Augenblick der ***Absperrung*** in den Stiefel gelangte Dampf ist es, welchen der Kessel zu liefern hat, und so ist es wohl möglich, daſs meistens der Unterschied sich ausgleicht und das End-Ergebniſs nicht bedeutend von der Wahrheit abweicht. Aber die Unterschiede können möglicherweise auch weniger sich ausgleichen, und es ist also noch Genaueres und Sichereres zu wünschen.

Auch für den Gegendruck p des niedergeschlagenen Dampfs auf den Kolben, der wahrscheinlich nicht wenig veränderlich ist und der während des Kolbenlaufs *abnimmt,* darf man nach (§. 245.) nur einen *mittlern* Werth setzen.

530.

Eine noch weitere Vervollkommnung der Theorie wäre hier vielleicht auf folgende Weise ausführbar.

Wenn man nemlich mit dem *Watt*'schen Spannungsmesser nach (§. 118. etc.) die Dampfspannung im Stiefel unter recht vielen verschiedenen Umständen unmittelbar mäſse, so würde man nicht allein die *mittlere* Spannung des Dampfs *vor* der Absperrung, sondern auch die Spannung im Augenblick der Absperrung, desgleichen die *mittlere* Spannung p des gegenwirkenden, niedergeschlagenen Dampfs (da, wo nicht etwa die Gegenwirkung, wenn kein Niederschlag des Dampfs Statt findet, in dem Druck der atmosphärischen Luft besteht) finden; und diese Beträge der Dampfspannungen wären dann in die Formeln zu setzen.

531.

Gesetzt, es fände sich durch solche Messungen, daſs, wenn $\boldsymbol{P}_0$ die Spannung des Dampfs *im Augenblick der Absperrung* bezeichnet, die *mittlere* Spannung $\boldsymbol{P}_1$ des Dampfs vor der Absperrung

$$691. \quad \boldsymbol{P}_1 = \tau \boldsymbol{P}_0$$

gesetzt werden müsse, wo τ ein Zahlen-Coëfficient < 1 ist, der auch, je nach der Art der Maschine, nach der Absperrung und nach der Spannung $\boldsymbol{P}$ des Dampfs im *Kessel* ein anderer sein kann: so ist in (Formel 89.) $\boldsymbol{P}_0$ statt $\boldsymbol{P}_1$ zu setzen; hingegen in (Formel 90.) bleibt $\boldsymbol{P}_1$: also verändert sich die (Formel 91.) in

$$692. \quad a(\lambda_1+c)(n+P_0)\log\text{nat}\frac{\lambda+c}{\lambda_1+c}-na\lambda+na\lambda_1+\tau P_0 a\lambda_1$$

und die (Formel 94.) in

$$693. \quad R\lambda = (\lambda_1+c)(n+P_0)\log\text{nat}\frac{\lambda+c}{\lambda_1+c}-n(\lambda-\lambda_1)+\tau P_0\lambda_1.$$

Eben so ist in (Formel 100.) P_0 statt P_1 zu setzen, was $\frac{mS}{n+P_0} = \frac{av(\lambda_1+c)}{\lambda}$ und

$$694. \quad P_0 = \frac{m\lambda S}{av(\lambda_1+c)}-n$$

giebt. Dies in (693.) gesetzt giebt dann

$$R\lambda = \frac{m\lambda S}{av}\log\text{nat}\frac{\lambda+c}{\lambda_1+c}+\tau\lambda_1\left(\frac{m\lambda S}{av(\lambda_1+c)}-n\right)-n(\lambda-\lambda_1) \text{ oder}$$

$$(R+n)\lambda+n(\tau-1)\lambda_1 = \frac{m\lambda S}{av}\left(\log\text{nat}\frac{\lambda+c}{\lambda_1+c}+\frac{\tau\lambda_1}{\lambda_1+c}\right) \text{ und}$$

$$695. \quad v = \frac{m\lambda S}{a[(R+n)\lambda+n(\tau-1)\lambda_1]}\left[\log\text{nat}\frac{\lambda+c}{\lambda_1+c}+\frac{\tau\lambda_1}{\lambda_1+c}\right],$$

statt (101.); wonach nun die weitern Rechnungen sich ändern. Für $\tau=1$ oder $P_1=P_0$ (691.) geht (695.) wie gehörig in (101.) über. Statt (107.) ist jetzt

$$696. \quad \log\text{nat}\frac{\lambda+c}{\lambda_1+c}+\frac{\tau\lambda_1}{\lambda_1+c} = k$$

zu setzen und statt (110.) erhält man

$$697. \quad v = \frac{mS\lambda k}{a[(n+(1+\delta)r+p+\varphi)\lambda+n(\tau-1)\lambda_1]}.$$

Dies giebt $av[((1+\delta)r+n+p+\varphi)\lambda+n(\tau-1)\lambda_1]=mS\lambda k$, also statt (111.):

$$698. \quad ar = \frac{mSk}{(1+\delta)v}-\frac{a[(n+p+\varphi)\lambda+n(\tau-1)\lambda_1]}{(1+\delta)\lambda}$$

und statt (114.):

$$699. \quad W = arv = \frac{mkS}{1+\delta}-\frac{av[(n+p+\varphi)\lambda+n(\tau-1)\lambda_1]}{(1+\delta)\lambda}.$$

Statt (126.) ergiebt sich, wie in (§. 256.), für die der möglich-gröfsten Nutzwirkung W_1 entsprechende Geschwindigkeit:

$$700. \quad v_1 = \frac{mS\lambda}{a(n+P)(\lambda_1+c)},$$

und Dies in (699.) gesetzt, giebt für die möglich-gröfste Nutzwirkung selbst:

$$701. \quad W_1 = \frac{mS}{1+\delta}\left[k-\frac{\lambda(n+p+\varphi)+\lambda_1 n(\tau-1)}{(n+P)(\lambda_1+c)}\right], \text{ statt (127.).}$$

Ferner erhält man statt (143.), zufolge (695.):

$$702. \quad W_1 = \frac{mS}{1+\delta}\left[\log\text{nat}\,\frac{\lambda+c}{\lambda_1+c}+\frac{\tau\lambda_1}{\lambda_1+c}-\frac{\lambda(n+p+\varphi)+\lambda_1 n(\tau-1)}{(n+P)(\lambda_1+c)}\right].$$

Dieses wie in (§. 266.) differentiirt, um die Absperrung λ_1 für die *unbedingt-gröfste* Nutzwirkung zu finden, giebt

$$-\frac{1}{\lambda_1+1}+\frac{\tau}{\lambda_1+c}-\frac{\tau\lambda_1}{(\lambda_1+c)^2}-\frac{n(\tau-1)}{(n+P)(\lambda_1+c)}+\frac{\lambda(n+p+\varphi)+\lambda_1 n(\tau-1)}{(n+P)(\lambda_1+c)^2}=0 \text{ oder}$$

$$(\tau-1)(\lambda_1+c)-\tau\lambda_1-\frac{n(\tau-1)(\lambda_1+c)}{n+P}+\frac{\lambda(n+p+\varphi)+\lambda_1 n(\tau-1)}{n+P}=0 \text{ oder}$$

$$((\tau-1)c-\lambda_1)(n+P)-cn(\tau-1)+\lambda(n+p+\varphi)=0 \text{ oder}$$

$$\lambda(n+p+\varphi)-(n+P)\lambda_1+Pc(\tau-1)=0, \text{ also}$$

$$703. \quad \lambda_1=\frac{\lambda(n+p+\varphi)+c(\tau-1)P}{n+P}, \text{ statt (145.);}$$

was wieder für $\tau=1$ wie gehörig in (145.) übergeht

532.

Die von der krummen Linie (Fig. 10. Taf. No. 1.), welche der *Watt*sche Spannungsmesser zeichnet, umschlossene Fläche, nach §. 123. genommen, drückt unmittelbar das *Moment* der Wirkung des Dampfs aus, sowohl für Maschinen ohne Absperrung, als mit Absperrung; denn die Ordinaten der krummen Linie sind die Spannungen des Dampfs an den verschiedenen Stellen des Kolbenlaufs, und die Abscissen bezeichnen das Fortrücken des Kolbens. Von *vorhandenen* Maschinen kann man also die Kraft durch Messung mit dem *Watt*'schen Werkzeuge unmittelbar finden und es ist dann nur die Formel (694.) nöthig, um auf die Verdampfung des Wassers zu kommen; und überhaupt kann man an *vorhandenen* Maschinen Alles unmittelbar messen. Aber für Maschinen, die erst gebaut werden sollen, ist eine Vorausberechnung und also allerdings eine Theorie nöthig. Die Elemente für dieselbe wird man aber immer so viel als möglich aus Messungen an vorhandenen Maschinen zu nehmen suchen müssen und so wenig als möglich Schlüssen *a priori* überlassen dürfen.

II. Dynamische Berechnung der Wirkung von Dampfmaschinen.

A. Maschinen mit Kurbel und Schwungrad, die in der Richtung des Kurbelkreises einen unveränderlichen Widerstand zu überwinden haben; mit und ohne Rücksicht auf die Masse des Wagebalkens.

533.

Der Herr Verfasser setzt für den Fall, dafs die Bewegung der Maschine zur *Gleichförmigkeit* gelangt ist, das heifst, die Kolbenschläge einzeln gleich viel *Zeit* wegnehmen, überall die *Summe* oder das *Integral* der verschiedenen Wirkungen der Kraft des Dampfkolbens dem *Integrale* des *Widerstandes,* welchen die Maschine fortbewegt, gleich; obschon die einzelnen Wirkungen in den verschiedenen Zeitpuncten der Bewegung, oder ihre Differentiale, keinesweges denen des Widerstandes gleich, sondern vielmehr *sehr* davon verschieden sind; zumal wenn die Maschine eine *Kurbel* hat, welche die *geradlinige* Bewegung des Dampfkolbens in eine *drehende* verwandelt. In der That ist in solchem Fall die Kraft des Dampfkolbens, besonders wenn der Dampf im Stiefel *abgesperrt* wird, nicht allein nicht unveränderlich stark, sondern auch der Widerstand der Kurbel, in der Richtung der Bläuelstange, oder der Dampfkolbenstange, ist noch weniger unveränderlich: er ist am kleinsten, wenn die Kurbel mit der Richtung der Bläuelstange einen rechten Winkel macht, und wächst immerfort, so wie die Kurbel sich weiter bewegt, bis er in dem Puncte, wo die Kurbel in die Richtung der Bläuelstange selbst gelangt ist, sogar *unendlich grofs* wird; wo dann das Beharrungsvermögen (die Trägheit) der Masse des *Schwungrades* allein die Kurbel weiter treiben mufs. Die Kraft des Dampfkolbens ist also *weit entfernt,* dem Widerstande, welchen sie zu überwinden hat, in jeder Stellung der Kurbel *gleich* zu sein.

Das Verfahren des Herrn Verfassers gründet sich darauf, dafs, sobald die Bewegung überhaupt zur Gleichförmigkeit gelangt ist, in dem Sinne, dafs ein Kolbenschlag, oder eine halbe Umdrehung der Kurbel, so lange dauert, als die andere, *keine lebendige Kraft verloren* geht. Diese Erwägung giebt auch, wie sich zeigen wird, ganz das Richtige. Indessen dürfte es nicht ohne Interesse sein, die Bewegung nicht blofs gleichsam *statisch,* sondern so, wie sie wirklich mit ihren *veränderlichen* Geschwindigkeiten vor sich geht, *dynamisch* zu untersuchen. Es ist dies sogar *nöthig,* da man nur auf diese Weise Auskunft über Das erhält, was das *Schwungrad* betrifft, welches von *drehenden* Maschinen einen wesentlichen und ganz unentbehrlichen Theil ausmacht.

ohne welchen die Bewegung sogar völlig *unmöglich* wäre, indem ohne das Schwungrad die Kraft des Dampfkolbens den unendlich grofsen Widerstand, der, wie oben bemerkt, in dem Puncte Statt findet, wo die Richtung der Kurbel in die der Dampfkolbenstange fällt, gar nicht würde überwinden können. Wir geben daher in Folgendem zunächst die

a. Berechnung der Geschwindigkeit der Kurbelwarze.

534.

Es werde der ***Widerstand,*** welchen die Maschine in der ***Richtung der Tangente*** des Kreises, den der Angriffspunct der Kurbel beschreibt, in Bewegung zu setzen hat, wie er es in der Wirklichkeit gewöhnlich sein wird, *unveränderlich* stark angenommen. Er werde durch R bezeichnet. Die Länge der Kurbel, welche, wenn die beiden Arme des Wagebalkens gleich lang sind, dem halben Laufe λ des Dampfkolbens gleich sein mufs, sei, für den Fall, wo etwa die Arme des Wagebalkens *ungleich* lang sind, $=\varrho$, so dafs das Verhältnifs der Länge der Arme des Balkens $=\frac{\lambda}{2\varrho}$ ist. Die Kurbelwelle, an welcher das Schwungrad steckt, kann auch eine andere sein, als die Radwelle, welche den Widerstand treibt.

Ferner wollen wir annehmen, die Richtung der Bläuelstange der Kurbel bleibe stets sich selbst und der Dampfkolbenstange *parallel.* Dieses ist zwar in der Wirklichkeit niemals der Fall: aber wenn die Bläuelstange gegen die Kurbel bedeutend *lang* ist, so ist die Abweichung nur gering; und wollte man die *wirkliche* Richtung der Stange in Rechnung bringen, so würde die Rechnung ungemein verwickelt werden und am Ende nur mühsam durch unendliche Reihen aufgelöset werden können; welche Mühe mindestens keinen verhältnifsmäfsigen Zweck haben würde, da, wie bemerkt, die Abweichung von der Wahrheit durch die Abkürzung nur gering sein kann.

Die Masse des ***Schwungrades,*** auf den Angriffspunct der Kurbel gebracht, sei $=M$; nemlich so, dafs $M\varrho^2$ dem Momente des Beharrungsvermögens (Moment der Trägheit) der wirklichen Masse des Schwungrades gleich ist.

Die Masse des Wagebalkens und was sonst die Maschine an Massen *in der Richtung der Dampfkolbenstange* in Bewegung zu setzen hat, ebenfalls und eben so auf den Angriffspunct der Kurbel gebracht, sei gleich N.

Der Winkel, welchen die Kurbel mit der Richtung des Bläuels, oder der Dampfkolbenstange, in dem Augenblick macht, wo z. B. von unten nach oben der Dampfkolben den Weg x zurückgelegt hat, sei $= \psi$, und für den Augenblick, wo der Dampf im Stiefel *abgesperrt* wird, also wo der Kolben die Länge λ_1 durchlaufen hat, $= \varepsilon$.

Die Geschwindigkeit der Kurbelwarze sei in der Richtung der Tangente des Kreises, welchen sie durchlauft, $= v$ und in der Richtung der Bläuel- oder Dampfkolbenstange, also in gerader, senkrechter Richtung, $= u$.

535.

Mit diesen Bezeichnungen ist die Rechnung folgende.

A. Wenn der Dampfkolben von unten nach oben den Weg x durchlaufen hat, so hat sich die Bläuelstange der Kurbel um $x \cdot \frac{2\varrho}{\lambda}$ von oben nach unten bewegt, und der Angriffspunct der Kurbel um $\varrho(1-\cos\psi)$; also ist $x \cdot \frac{2\varrho}{\lambda} = \varrho(1-\cos\psi)$, folglich

$$704. \quad x = \tfrac{1}{2}\lambda(1-\cos\psi).$$

Auf gleiche Weise ist also auch

$$705. \quad \lambda_1 = \tfrac{1}{2}\lambda(1-\cos\varepsilon).$$

B. Die Kraft des *Dampfkolbens* werde einstweilen, für den Augenblick, wo der Kolben den Weg x, also die Kurbel den Winkel ψ durchlaufen hat, allgemein durch Q bezeichnet, so ist für diesen Augenblick die Kraft des *Kurbelbläuels*, welche Q_1 sein mag,

$$706. \quad Q_1 = Q \cdot \frac{\lambda}{2\varrho}.$$

C. Diese Kraft Q_1, in der geradlinigen senkrechten Richtung der Bläuel- oder Dampfkolbenstange wirkend, hat nun *Dreierlei* zu leisten, nemlich:

Erstlich, den Widerstand *R in der Richtung des Kurbelkreises* zu überwinden.

Zweitens, der Masse *M in eben dieser Richtung* die Geschwindigkeit v, und

Drittens, der Masse *N*, *in ihrer eigenen Richtung*, nemlich in geradliniger *senkrechter* Richtung, die Geschwindigkeit u beizubringen.

D. Die zu der letzten, dritten Wirkung nöthige *bewegende* Kraft werde einen Augenblick durch X bezeichnet: so ist die *beschleunigende* Kraft, welche sie hervorbringt, $= \frac{X}{N}$, und es ist nach den allgemeinen Gesetzen der

Bewegung:

$$707. \quad \partial u = 2g \cdot \frac{X}{N} \partial t;$$

wo t die Zeit und $2g$ die Geschwindigkeit $2.15\frac{5}{8} = 31\frac{1}{4}$ F. bezeichnet, welche ein frei in luftleerem Raum hinunterfallender Körper in der ersten Secunde erlangt. Desgleichen ist der Weg, welchen die Kurbelwarze, also die Masse N, in der Zeit ∂t senkrecht hinunter in der Richtung der Bläuelstange durchläuft, einerseits $= \partial(\varrho(1-\cos\psi)) = \varrho \sin\psi \partial\psi$, andrerseits $= u\partial t$, also ist

$$708. \quad u\partial t = \varrho \sin\psi \partial\psi,$$

und aus (707. und 708.) zusammen folgt

$$709 \quad u\partial u = 2g \cdot \frac{X}{N} \varrho \sin\psi \partial\psi \quad \text{oder} \quad Nu\partial u = 2gX\varrho \sin\psi \partial\psi.$$

E. Die Kraft X, in der Richtung der Kraft Q_1, mufs von dieser hergegeben werden: also bleibt zu den andern beiden Wirkungen nur noch die Kraft $Q_1 - X$ übrig. Diese Kraft $Q_1 - X$ kann in die zwei Kräfte $(Q_1 - X)\cos\psi$ in der Richtung des Kurbel-Armes, und $(Q_1 - X)\sin\psi$, senkrecht auf derselben, zerlegt werden. Die erste Kraft $(Q_1 - X)\cos\psi$ wird von der Festigkeit der Kurbelwelle aufgehoben und hat keine Wirkung, weder zur Überwindung des Widerstandes R, noch zur Hervorbringung der Geschwindigkeit v. Die zweite Kraft $(Q - X)\sin\psi$ dagegen hat ihre *volle* Wirkung zu beiden. Und da nun der Widerstand R ihr gerade *entgegen* wirkt, so bleibt nach Überwindung desselben noch die Kraft $(Q_1 - X)\sin\psi - R$ übrig, um der Masse M die Geschwindigkeit v beizubringen. Es ist also dazu die *beschleunigende* Kraft $\frac{(Q_1 - X)\sin\psi - R}{M}$ vorhanden und es ist, ähnlich wie in (707.):

$$710. \quad \partial v = 2g \cdot \frac{(Q_1 - X)\sin\psi - R}{M} \partial t.$$

Der Raum, welchen die Masse M in eben der Zeit ∂t durchläuft, in welcher N den Weg $\partial(\varrho(1-\cos\psi)) = \varrho \sin\psi \partial\psi$ zurücklegt, ist einerseits $= \varrho\partial\psi$, andrerseits $= v\partial t$, also ist

$$711. \quad v\partial t = \varrho\partial\psi,$$

und aus (710. und 711.) folgt

$$712. \quad v\partial v = 2g \cdot \frac{(Q_1 - X)\sin\psi - R}{M} \cdot \varrho\partial\psi \quad \text{oder}$$

$$Mv\partial v = 2g(Q_1 \sin\psi - R)\varrho\partial\psi - 2gX\varrho \sin\psi \partial\psi.$$

Setzt man hierin den Werth von $2gX\varrho \sin\psi \partial\psi$ aus (709.), so erhält man

$$713.\quad Mv\partial v + Nu\partial u = 2g\varrho(Q_1 \sin\psi - R)\partial\psi$$

$$= 2g\varrho\left(Q\frac{\lambda}{2\varrho}\sin\psi - R\right)\partial\psi\,(706.) = 2g(\tfrac{1}{2}Q\lambda\sin\psi - R\varrho)\partial\psi,$$

oder auch, wenn man der Kürze wegen

$$714.\quad \tfrac{1}{2}Q\lambda\sin\psi\partial\psi = \partial Z_\psi \text{ setzt,}$$

$$715.\quad Mv\,\partial v + Nu\,\partial u = 2g(\partial Z_\psi - R\varrho\,\partial\psi).$$

F. Dieses giebt, integrirt,

$$716.\quad Mv^2 + Nu^2 = 4g(Z_\psi - R\varrho\psi) + \text{Const.}$$

Nun folgt aber aus (708. und 711.) $\frac{u\partial t}{v\partial t} = \frac{\varrho\sin\psi\partial\psi}{\varrho\partial\psi}$ oder

$$717.\quad u = v\sin\psi,$$

mithin giebt (716.)

$$718.\quad Mv^2 + Nv^2\sin\psi^2 = 4g(Z_\psi - R\varrho\psi) + \text{Const.}$$

Es sei $v = v_0$ und $Z_\psi = Z_0$ für $\psi = 0$, so giebt (718.)

$$Mv_0^2 = 4gZ_0 + \text{Const.}$$

und es ist vollständig:

$$(M + N\sin\psi^2)v^2 = 4g(Z_\psi - Z_0 - R\varrho\psi) + Mv_0^2,$$

und hieraus, wenn man durch v_ψ anzeigt, dafs v zu dem Winkel ψ gehört:

$$719.\quad v_\psi^2 = \frac{4g(Z_\psi - Z_0 - R\varrho\psi) + Mv_0^2}{M + N\sin\psi^2}.$$

Dies ist der allgemeine Ausdruck der Geschwindigkeit v der Kurbelwarze.

536.

Für $\psi = \pi$, oder am Ende des halben Kurbel-Umlaufs, ist $\sin\psi = 0$, also aus (719.)

$$720.\quad v_\pi^2 = \frac{4g(Z_\pi - Z_0 - R\varrho\pi)}{M} + v_0^2.$$

Soll nun die Bewegung der Maschine zum Beharrungsstande gelangen, so mufs die Geschwindigkeit der Kurbelwarze am *Ende* des halben Umlaufs der Kurbel wieder so grofs sein, als am *Anfange;* also mufs $v_\pi = v_0$ sein: mithin mufs, zufolge (720.),

$$721.\quad Z_\pi - Z_0 = R\varrho\pi$$

sein.

Aus (704.) ist $\partial x = \frac{1}{2}\lambda\sin\psi\partial\psi$, also ist in (714.)

$$722.\quad \partial Z_\psi = Q\partial x,$$

und Z, von $\psi = 0$ bis $\psi = \pi$ genommen, ist das Integral von $Q\partial x$; eben so genommen. Aber $Q\partial x$ ist nichts anderes als das ***Differential des Moments der Kraft des Dampfkolbens:*** also ist $Z_\pi - Z_0$ (721.) das gesammte Moment dieser Kraft für den halben Kurbel-Umlauf. Andrerseits ist $R.\varrho\pi$ ***das Moment des Widerstandes an der Kurbel:*** also folgt aus dem Obigen, namentlich aus (721.), dafs für den ***Beharrungsstand*** der Bewegung der Maschine jene beiden Momente ***einander gleich*** sein müssen.

Dies ist gerade Das, worauf Herr ***v. Pambour,*** als Voraussetzung, seine Rechnungen gründet: mithin sind seine Ergebnisse in allen den verschiedenen Fällen drehender Maschinen, man mag blofs die Masse des Schwungrades, oder auch die des Wagebalkens u. s. w. in Betracht ziehen, vollkommen richtig.

Zugleich folgt aus (721.), dafs durch die ***Kurbel*** für die Maschine ***keine Kraft verloren geht;*** weshalb denn auch, im Vorbeigehen bemerkt, das Bemühen Derer, die, in der Meinung, die Kurbel verursache einen Verlust an bewegender Kraft, immerfort Dampfmaschinen zu erfinden suchen, die, um eine ***drehende*** Bewegung hervorzubringen, nicht der Vermittlung der Kurbel bedürfen, sondern in welchen der Dampf unmittelbar die drehende Bewegung giebt, unnütz ist.

Setzt man den Werth von $R\varrho$ aus (721.) in (719.), so ergiebt sich

$$723. \quad v_\psi^2 = \frac{4g\left(Z_\psi - Z_0 - (Z_\pi - Z_0)\frac{\psi}{\pi}\right) + Mv_0^2}{M + N\sin\psi^2}$$

für den allgemeinen Ausdruck der Geschwindigkeit der Kurbelwarze.

b. Berechnung des Gewichts des Schwungrades.

537.

Es kommt nun weiter näher auf Das an, was das ***Schwungrad*** betrifft; namentlich darauf, welches ***Gewicht*** dasselbe haben müsse, damit die Maschine nicht allein nicht stillstehe, sondern auch die Geschwindigkeit der Kurbelwarze an keiner Stelle ihres Umlaufs weiter als bis auf einen ***bestimmten Theil*** der Geschwindigkeit, welche sie am Anfange und am Ende des halben Umlaufs hat, abnehme, also dafs v_ψ für keinen Winkel ψ kleiner sei als z. B.

$$724. \quad v_\psi = \mu v_0.$$

A. Setzt man diesen Werth von v_ψ in (723.), so ergiebt sich

$$\mu^2 v_0^2 (M + N\sin\psi^2) = 4g\left(Z_\psi - Z_0 - (Z_\pi - Z_0)\frac{\psi}{\pi}\right) + Mv_0^2,$$

und daraus folgt

$$725.\quad M = \frac{4g\left((Z_\pi - Z_0)\frac{\psi}{\pi} - (Z_\psi - Z_0)\right) + \mu^2 v_0^2 N \sin\psi^2}{v_0^2(1-\mu^2)}.$$

B. Das Gewicht des *Schwungrades selbst* sei $= M_1$ und der ***Durchmesser*** des Kreises, in welchem der Durchschnitt des Beharrungsvermögens des Rades liegt und welcher ziemlich durch den Mittelpunct des Querschnitts des *Schwungringes* gehen wird, sei $= \delta$, so ist

$$726.\quad M\varrho^2 = \tfrac{1}{4}M_1\delta^2,\quad \text{also}\quad M_1 = \frac{4\varrho^2}{\delta^2}\cdot M,$$

und (725.) giebt.

$$727.\quad M_1 = \frac{4\varrho^2}{\delta^2 v_0^2(1-\mu^2)}\left[4g\left((Z_\pi - Z_0)\frac{\psi}{\pi} - (Z_\psi - Z_0)\right) + \mu^2 v_0^2 N \sin\psi^2\right].$$

C. Aus diesem Ausdrucke mufs man den ***gröfsten*** Werth von M_1 nehmen, der sich daraus für ***irgend ein*** ψ ergiebt: dieses ***gröfste*** M_1 ist dasjenige Gewicht des Schwungrades, welches macht, dafs die Geschwindigkeit der Kurbelwarze, von v_0 an, nirgend weiter als bis auf μv_0 hinabsinkt. Zugleich ist dasjenige ψ, für welches das gröfste M_1 Statt findet und welches durch ψ_m bezeichnet werden mag, der Winkel, unter welchem die Kurbel ihre ***kleinste*** Geschwindigkeit μv_0 erreicht. Der Beweis hiervon ist folgender.

Nähme man nemlich aus (727.) für irgend ***einen beliebigen Winkel*** ψ_n den zugehörigen Werth von M_1, welcher $= M_{1,n}$ sein mag, so würde derselbe *dasjenige* Gewicht des Schwungrades sein, welches ***unter diesem Winkel*** ψ_n der Kurbel die Geschwindigkeit μv_0 giebt. Für jeden andern Winkel, z. B. ψ_k, wird sich ein ***anderer*** Werth $M_{1,k}$ von M_1 ergeben. Denn wäre es nicht so, sondern $M_{1,k} = M_{1,n}$, so müfste zufolge (727.)

$$M_{1,k} = \frac{4\varrho^2}{\delta^2 v_0^2(1-\mu^2)}\left[4g\left((Z_\pi - Z_0)\frac{\psi_k}{\pi} - (Z_{\psi_k} - Z_0)\right) + \mu_2 v_0^2 N \sin\psi_k^2\right]$$

$$= \frac{4\varrho^2}{\delta^2 v_0^2(1-\mu^2)}\left[4g\left((Z_\pi - Z_0)\frac{\psi_n}{\pi} - (Z_{\psi_n} - Z_0)\right) + \mu^2 v_0^2 N \sin\psi_n^2\right] = M_{1,n},$$

also

$$4g\left((Z_\pi - Z_0)\frac{\psi_k - \psi_n}{\pi} - (Z_{\psi_k} - Z_{\psi_n})\right) + \mu^2 v^2 N(\sin\psi_k^2 - \sin\psi_n^2) = 0 \quad \text{oder}$$

$$728.\quad \frac{4g\left((Z_\pi - Z_0)\frac{\psi_k - \psi_n}{\pi} - (Z_{\psi_k} - Z_{\psi_n})\right)}{\sin\psi_n^2 - \sin\psi_k^2} = \mu^2 v_0^2 N = \text{einer } \textit{\textbf{unveränderlichen}}$$

Gröfse sein; was für *jede* Abhängigkeit der Gröfse Z von ψ und für jeden

Werth von ψ keineswegs der Fall ist. Daraus folgt, dafs, wenn man für diesen oder jenen Winkel ψ die Geschwindigkeit μv_0 hervorgebracht wissen wollte, immer ein *anderes* Gewicht des Schwungrades dazu nöthig sein würde. Und da nun das immer positive M_1 nicht Null sein soll und nicht unendlich sein kann, weil für ein unendlich grofses M_1 die anfängliche Geschwindigkeit v_0 ***gar nicht,*** also auch nicht bis μv_0 abnehmen würde (wie aus (723.) folgt, was nemlich für $M=\infty$, wenn man oben und unten mit M dividirt, $v_\psi^2=v_0^2$ giebt): so folgt zunächst, dafs es in (727.) für irgend ein $\psi=\psi_m$ wirklich einen ***gröfsten*** Werth $M_{1,m}$ von M_1 ***geben müsse.***

Ferner geben die Formeln (723. und 727.):

$$729. \quad v_0^2-v_\psi^2 = \frac{Nv_0^2\sin\psi^2-4g\left(Z_\psi-Z_0-(Z_\pi-Z_0)\frac{\psi}{\pi}\right)}{M_1\frac{\delta^2}{4\varrho^2}+N\sin\psi^2},$$

und daraus folgt, dafs v_ψ für ***jedes ein und dasselbe*** ψ mit M_1 zugleich gröfser und kleiner ist; denn da M_1 rechts nur im Nenner vorkommt, so nimmt, wenn alles Übrige bleibt, $v_0^2-v_\psi^2$ ab und folglich v_ψ zu, wenn M zunimmt, und $v_0^2-v_\psi^2$ nimmt zu und folglich v_ψ ab, wenn M abnimmt. Giebt man also dem Schwungrade sein *gröfstes* Gewicht $M_{1,m}$, welches es haben kann und welches dann für den Winkel ψ_m die Geschwindigkeit $v_{\psi_m}=\mu v_0$ hervorbringt, so bringt dasselbe der Kurbel für *jeden* andern Winkel ψ_n eine *gröfsere* Geschwindigkeit bei, als μv_0: denn schon das Gewicht $M_{1,n}<M_{1,m}$ bringt für *diesen* Winkel die Geschwindigkeit μv_0 hervor, und sie ist also für das *gröfsere* $M_{1,m}$ nach (729.) gröfser. Gäbe man dem Schwungrade dagegen nur das *kleinere* Gewicht $M_{1,n}$, so würde *dieses* Gewicht zwar *für den Winkel* ψ_n die Geschwindigkeit μv_0 hervorbringen, aber für den Winkel v_{ψ_m} eine *kleinere* Geschwindigkeit: denn um für *diesen* Winkel die Geschwindigkeit μv_0 hervorzubringen, ist das *gröfsere* Gewicht $M_{1,m}$ nöthig. Also hat ***nur*** das *gröfste* M_1, welches (727.) giebt, die Eigenschaft, zu machen, dafs v_ψ für keinen Winkel ψ weiter als bis auf μv_0 hinabsinke. Für den Winkel ψ_m, welcher das *gröfste* M_1 in (727.) giebt, ist die Geschwindigkeit der Kurbelwarze wirklich $=\mu v_0$, und für jeden andern Winkel ψ ist sie *gröfser.*

D. Zu bemerken ist, dafs der *gröfste* Werth von M_1, welchen (727.) giebt, auch ganz eben so derjenige, ist, welcher macht, dafs v für kein ψ *gröfser* wird als z. B. $\mu_1 v_0$, wo jetzt $\mu_1>1$ ist, statt dafs vorhin $\mu<1$ war: denn statt (729.) nehme man $v_\psi^2-v_0^2$; zu welchem Ende blofs dem Zähler in (729.) das entgegengesetzte Zeichen zu geben ist. Dann folgt, ähnlich wie in (*C.*), dafs für ein und dasselbe ψ, v_ψ *abnimmt*, wenn M_1 *zunimmt;* und umgekehrt. Giebt man also dem Schwungrade sein *gröfstes* Gewicht $M_{1,m}$, welches für den Winkel ψ_m die Geschwindigkeit $\mu_1 v_0$ hervorbringt, so bringt dasselbe für jeden andern Winkel ψ_n eine *kleinere* Geschwindigkeit als $\mu_1 v_0$ hervor, denn $M_{1,n} < M_{1,m}$ bringt für *diesen* Winkel die Geschwindigkeit $\mu_1 v_0$ hervor, und sie ist also für das gröfsere $M_{1,m}$ *kleiner.* Gäbe man dagegen dem Schwungrade nur das *kleinere* Gewicht $M_{1,n}$, so würde *dieses* Gewicht für den Winkel ψ_n zwar die Geschwindigkeit $\mu_1 v_0$ hervorbringen, aber für den Winkel ψ_m eine *gröfsere* Geschwindigkeit: denn um für *diesen* Winkel die Geschwindigkeit $\mu_1 v_0$ hervorzubringen, ist das *gröfsere* Gewicht $M_{1,m}$ nöthig. Also hat *nur* das *gröfste* Gewicht M_1, welches (727.) giebt, die Eigenschaft, zu machen, dafs v_ψ für kein ψ weiter als bis auf $\mu_1 v_0$ zunimmt. Für den Winkel ψ_m, welchen das *gröfste* M_1 in (727.) giebt, ist die Geschwindigkeit der Kurbelwarze wirklich $= \mu_1 v_0$, und für jeden andern Winkel ψ ist sie kleiner.

Wenn man also aus (727.) die *gröfsten* Werthe von M_1 für μ und μ_1 sucht, so erhält man eben sowohl das Gewicht des Schwungrades, welches macht, dafs v_ψ nicht weiter als bis auf μv_0 *hinabsinkt,* als dasjenige, mit welchem v_ψ nicht weiter als bis auf $\mu_1 v_0$ *zunimmt.*

E. Man könnte auch erst aus (723.) für ein *unbestimmtes,* aber unveränderliches M, dasjenige ψ suchen, welches für *dieses* M z. B. der *kleinsten* Geschwindigkeit v_ψ zugehört, dann diese kleinste Geschwindigkeit danach ausdrücken (welcher Ausdruck M enthalten würde), hierauf die kleinste Geschwindigkeit $= \mu v_0$ setzen und nun M aus diesem Ausdruck entwickeln; welches M dann die verlangte Eigenschaft haben würde; allein dies Verfahren wäre offenbar viel weitläuftiger als das in (*C.*).

F. Auch noch folgende Erwägung ist anzumerken, weil sie in andern Fällen benutzt werden könnte.

Da nemlich die Geschwindigkeit zunächst von v_0 und von $\psi = 0$ an *abnimmt,* so mufs die *beschleunigende* Kraft, welche die Kurbelwarze treibt, Anfangs nothwendig *negativ* sein und die Geschwindigkeit mufs weiter *abnehmen,* so lange die beschleunigende Kraft negativ *bleibt.* Aber diese Kraft mufs auch nothwendig irgendwo aufhören, negativ zu sein, also ins Positive über- und folglich *durch Null* gehen: denn sonst würde die Geschwindigkeit der Kurbelwarze von v_0 *immerfort* abnehmen und könnte nicht am *Ende* des halben Umlaufs wieder $= r_0$ sein. Da, wo die beschleunigende Kraft $= 0$ ist, wird also die *kleinste* Geschwindigkeit Statt finden. Es käme daher nur darauf an, die beschleunigende Kraft, welche die Kurbelwarze treibt, auszudrücken und sie $= 0$ zu setzen.

Sie sei $= q$, so ist $\partial v = 2gq\,\partial t$ und $v\,\partial t = \varrho\,\partial\psi$ (711.); woraus $v\,\partial v = 2gq\varrho\,\partial\psi$ folgt. Da nun $q = 0$ sein soll, so muſs man $v\,\partial v = 0$ setzen, und dies ist Dasselbe, als wenn man die *kleinste* Geschwindigkeit sucht; so daſs die Erwägung weiter auf das Verfahren in (*E.*) führt.

G. Der *gröſste* Werth M_1 findet sich nun aus (727.), wenn man $\frac{\partial M_1}{\partial\psi}$ gleich Null setzt. Dieses giebt:

$$730.\quad \frac{\partial M_1}{\partial\psi} = \frac{4\varrho^2}{\delta^2 v_0^2(1-\mu^2)}\left[4g\left(\frac{Z_\pi - Z_0}{\pi} - \frac{\partial Z_\psi}{\partial\psi}\right) + 2\mu^2 v_0^2 N \sin\psi\cos\psi\right],$$

oder, weil $\frac{\partial Z_\psi}{\partial\psi} = \frac{1}{2}Q\lambda\sin\psi$ ist (714):

$$4g\left(\frac{Z_\pi - Z_0}{\pi} - \tfrac{1}{2}Q\lambda\sin\psi\right) + 2\mu^2 v_0^2 N\sin\psi\cos\psi = 0 \quad \text{oder}$$

$$731.\quad 4g(Z_\pi - Z_0 - \tfrac{1}{2}\pi Q\lambda\sin\psi) + \pi\mu^2 v_0^2 N\sin\psi\cos\psi = 0.$$

Der aus dieser Gleichung sich ergebende Werth von ψ ist in (727.) zu setzen und giebt dann das nöthige Gewicht M_1 des Schwungrades.

H. Ob der Werth von ψ, welchen man aus (731.) findet, einen *gröſsten*, oder vielleicht einen *kleinsten* Werth von M_1 gebe, entscheidet der Werth von $\frac{\partial^2 M_1}{\partial\psi^2}$, der zufolge (730.)

$$\frac{\partial^2 M_1}{\partial\psi^2} = \frac{4\varrho^2}{\delta^2 v_0^2(1-\mu^2)}\left[-\frac{\partial^2 Z_\psi}{\partial\psi^2} + 2\mu^2 v_0^2 N(\cos\psi^2 - \sin\psi^2)\right],$$

oder wegen $\frac{\partial Z_\psi}{\partial\psi} = \frac{1}{2}Q\lambda\sin\psi$ (714.),

$$732.\quad \frac{\partial^2 M_1}{\partial\psi^2} = \frac{2\varrho^2\lambda}{\delta^2 v_0^2(1-\mu^2)}\left[-\frac{\partial(Q\sin\psi)}{\partial\psi} + \frac{4\mu^2 v_0^2 N}{\lambda}\cos 2\psi\right]$$

ist. Je nachdem $\frac{\partial^2 M_1}{\partial\psi^2}$ für den Werth von ψ, welchen (732.) giebt, *negativ* oder *positiv* ist, giebt der nemliche Werth von ψ ein *gröſstes* oder ein *kleinstes* M_1.

538.

Wir wollen nun zuerst den Fall weiter untersuchen, wenn *keine* Absperrung des Dampfs im Stiefel Statt findet.

A. In diesem Fall ist Q *unveränderlich*, von $\psi = 0$ bis $\psi = \pi$; wenigstens nimmt es der Herr Verfasser in (§. 241.) so an, indem er

$$733. \quad Q = aP_1$$

setzt; wo P_1 die Spannung des Dampfs im Stiefel auf 1 Q. F. Kolbenfläche bezeichnet.

B. Demnach ist aus (714.)

$$734. \quad Z_\psi = -\tfrac{1}{2}Q\lambda\cos\psi, \text{ also } Z_0 = -\tfrac{1}{2}Q\lambda \text{ und } Z_\pi = +\tfrac{1}{2}Q\lambda;$$

also ist hier die Gleichung (731.), welche ψ für M_1 (728.) bestimmt,

$$735. \quad 2gQ\lambda(1-\tfrac{1}{2}\pi\sin\psi)+\pi\mu^2 v_0^2 N\sin\psi\cos\psi = 0.$$

Dies giebt, wenn man der Kürze wegen

$$736. \quad \frac{\pi\mu^2 v_0^2 N}{gQ\lambda} = e$$

setzt,

$$737. \quad (\pi\sin\psi - 2) = e\sin\psi\cos\psi, \text{ also}$$

$$\pi^2\sin\psi^2 - 4\pi\sin\psi + 4 = e^2\sin\psi^2(1-\sin\psi^2) \text{ oder}$$

$$738. \quad \sin\psi^4 - \left(1-\frac{\pi^2}{e^2}\right)\sin\psi^2 - \frac{4\pi}{e^2}\sin\psi + \frac{4}{e^2} = 0.$$

Aus dieser Gleichung vom *vierten* Grade wäre $\sin\psi$ zu suchen und dann ψ in (728.) zu setzen.

C. In der Regel wird aber N gegen die Masse M so unbeträchtlich sein, dafs es aufser Acht gelassen werden kann; denn N ist blofs die auf den Angriffspunct der Kurbel reducirte Masse des Wagebalkens, nebst der Masse der Bläuelstange, des Dampfkolbens, der Dampfkolbenstange, der Kalt- und Heifswasserpumpen-Kolben und Stangen, und der Steuerungsstangen; was Alles zusammen gegen M nicht bedeutend ist. Dient die Maschine, Pumpen in Bewegung zu setzen, so ist N allerdings *sehr* bedeutend, aber dann ist R gleich Null; die Untersuchung ist dann eine ganz andere und die gegenwärtigen Formeln passen dafür nicht.

D. Man kann also *näherungsweise* $N = 0$ setzen. Dieses giebt in (735.):

$$739. \quad \sin\psi = \frac{2}{\pi} = 0{,}6366198, \text{ also den Winkel } \begin{cases}\psi = 39^0\,32'\,25'', \\ \psi = 140^0\,27'\,35''.\end{cases}$$

Die Gleichung (732.) giebt, da hier Q *unveränderlich* ist,

$$740. \quad \frac{\partial^2 M_1}{\partial\psi^2} = \frac{2\varrho^2\lambda}{\partial^2 v_0^2(1-\mu^2)}\cdot - Q\cos\psi,$$

also giebt das *kleinere* $\psi = 39^0 32' 25''$, für welches $\cos\psi$ *positiv* ist, den verlangten *gröfsten* Werth von M_1, und folglich ist zufolge (727.) und (734.):

$$M_1 = \frac{4\varrho^2}{\delta^2 v_0^2 (1-\mu^2)}\left[4g\left(Q\lambda \cdot \frac{\psi}{\pi} - \tfrac{1}{2} Q\lambda(1-\cos\psi)\right)\right] \text{ oder zufolge (733.)}$$

$$741. \quad M_1 = \frac{16\lambda\varrho^2 g a P_1}{\delta^2 v_0^2 (1-\mu^2)}\left(\frac{\psi}{\pi} - \tfrac{1}{2}(1-\cos\psi)\right).$$

Für $\psi = 39^0\, 32''\, 25''$ ist

$$742. \quad \frac{\psi}{\pi} + \tfrac{1}{2}(\cos\psi - 1) = 0{,}1054,$$

also ist schliefslich

$$743. \quad M_1 = \frac{0{,}1054 . 16\lambda g\varrho^2 a P_1}{\delta^2 v_0^2 (1-\mu^2)}$$

das nöthige Gewicht des Schwungrades.

E. Wir wollen ein Beispiel geben. Es sei die Dampfspannung im Stiefel etwa $1\frac{1}{2}$ Atmosphären stark, also

744.
- $P_1 = 22.144 = 3168$ Pfd.
- Die Kolbenfläche a sei $= 3$ Q F.,
- Der Kolbenhub $\lambda = 3$ F.,
- Der Kurbelbug $\varrho = 1$ F.,
- Der Durchmesser des Schwungrades $\delta = 10$ F.,
- Die Geschwindigkeit der Kurbelwarze am Anfange und am Ende des halben Umlaufs $v_0 = 1\frac{1}{2}$ F.,
- $\mu = \frac{1}{2}$.

Für diese Zahlen giebt (743.)

$$745. \quad M_1 = 4452 \text{ Pfd.} = 44\tfrac{1}{2} \text{ Ctr.}$$

So viel also mufs das Schwungrad wiegen, damit die Geschwindigkeit der Kurbelwarze nirgend bis auf weniger als die ***Hälfte*** der anfänglichen abnehme. Soll sie nur bis auf $\mu = \frac{2}{3}$ abnehmen, so ist $1-\mu^2 = \frac{5}{9}$, statt $\frac{3}{4}$, und das Schwungrad mufs $\frac{3}{4} : \frac{5}{9} \cdot 44\frac{1}{2} = \frac{27}{20} \cdot 44\frac{1}{2} = 60$ Ctr. wiegen.

F. Will man N ***nicht*** aufser Acht lassen, so kann man in (743.), nach (728.), noch

$$746. \quad \frac{4\varrho^2\mu^2 N \sin\psi^2}{\delta^2(1-\mu^2)}$$

zu M_1 addiren, indem man ***näherungsweise*** für den Winkel ψ den Werth (739.) setzt, der $N = 0$ entspricht. Dieses würde noch, wenn z. B. $N = 2000$ Pfd. wäre, 11 Pfd. betragen; was, wie man sieht, unbedeutend ist.

539.

Wir kommen jetzt zu dem ***zweiten*** Falle, wenn der Dampf im Stiefel nach dem Theile

747. $\lambda_1 = \frac{1}{2}\lambda(1-\cos\varepsilon)$ (705.)

seines Laufs *abgesperrt* wird.

A. Hier ist, von $\psi=0$ bis $\psi=\varepsilon$, eben wie in (733.),

748. $Q = aP_1$;

aber von $\psi=\varepsilon$ bis $\psi=\pi$ ist nach (87.)

749. $Q = a\left(\frac{\lambda_1+c}{x+c}(n+P_1)-n\right) = a\left(\frac{\frac{1}{2}\lambda(1-\cos\varepsilon)+c}{\frac{1}{2}\lambda(1-\cos\psi)+c}(n+P_1)-n\right)$.

Hier ist also in (714.)

750. $\partial Z_\psi = \frac{1}{2}aP_1\lambda\sin\psi\partial\psi$, von $\psi=0$ bis $\psi=\varepsilon$, und

751. $\partial Z_\psi = \frac{1}{2}a\lambda\left(\frac{\frac{1}{2}\lambda(1-\cos\varepsilon)+c)}{\frac{1}{2}\lambda(1-\cos\psi)+c}(n+P_1)\sin\psi\partial\psi - n\sin\psi\partial\psi\right)$, von $\psi=\varepsilon$ bis $\psi=\pi$;

oder, da aus (704. und 705.)

752. $\frac{1}{2}\lambda\sin\psi\partial\psi=\partial x$, $\frac{1}{2}\lambda(1-\cos\psi)=x$ und $\frac{1}{2}\lambda(1-\cos\varepsilon)=\lambda_1$ ist,

753. $\partial Z_\psi = aP_1\partial x$, von $x=0$ bis $x=\lambda_1$, und

754. $\partial Z_\psi = a\left(\frac{\lambda_1+c}{x+c}(n+P_1)\partial x - n\partial x\right)$, von $x=\lambda_1$ bis $x=\pi$.

B. Zuerst (753.) integrirt, giebt

755. $Z_\psi = aP_1x$, $Z_0=0$ und $Z_\varepsilon = aP_1\lambda_1$, von $x=0$ bis $x=\lambda_1$.

Ferner ist das Integral von (754.):

756. $Z_\psi = a((\lambda_1+c)(n+P_1)\log\text{nat}(x+c)-nx)+\text{Const.}$

Da hier $x=\lambda_1$ und $Z_\psi = aP_1\lambda_1$ ist (755.), für $x=\lambda_1$, so giebt (756.)

757. $\text{Const.} = aP_1\lambda_1 - a((\lambda_1+c)(n+P_1)\log\text{nat}(\lambda_1+c)-n\lambda_1)$,

also ist in (756.) vollständig:

$$Z_\psi = a\left[P_1\lambda_1+(\lambda_1+c)(n+P_1)\log\text{nat}\frac{x+c}{\lambda_1+c}-n(x-\lambda_1)\right] \text{ oder}$$

758. $Z_\psi = a\left[(n+P_1)(\lambda_1+c)\left(\log\text{nat}\frac{x+c}{\lambda_1+c}+\frac{\lambda_1}{\lambda_1+c}\right)-nx\right]$, von $\psi=\varepsilon$ bis $\psi=\pi$.

Demnach ist, da $x=\lambda$ ist, für $\psi=\pi$:

759. $Z_\pi = a\left[(n+P_1)(\lambda_1+c)\left(\log\text{nat}\frac{\lambda+c}{\lambda_1+c}+\frac{\lambda_1}{\lambda_1+c}\right)-n\lambda\right]$,

oder auch, wie in (107.)

760. $\log\text{nat}\frac{\lambda+c}{\lambda_1+c}+\frac{\lambda}{\lambda_1+c} = k$ gesetzt:

761. $Z_\pi = a[(n+P_1)(\lambda_1+c)k-n\lambda]$.

In ψ ausgedrückt ist zufolge (758.)

$$762.\quad Z_\psi = a\Big[(n+P_1)(\lambda_1+c)\Big(\log\text{nat}\frac{\frac{1}{2}\lambda(1-\cos\psi)+c}{\frac{1}{2}\lambda(1-\cos\varepsilon)+c}+\frac{\lambda_1}{\lambda_1+c}\Big) - n\big(\tfrac{1}{2}\lambda(1-\cos\psi)-\lambda_1\big)\Big].$$

C. Die Gleichung (727.) giebt auch hier, ganz wie im ersten Falle, das nöthige Gewicht des Schwungrades, und (731.) giebt den darin zu setzenden Werth von ψ. Aber Q hat hier die ***beiden*** verschiedenen Werthe (748. und 749.). Der erste gilt, wenn das ψ, welches er nach (731.) giebt, ***kleiner*** als ε, der andere, wenn er ***gröfser*** als ε ist.

Setzt man in (731.), wie oben, N, wegen der Unbedeutenheit seiner Einwirkung auf M_1, *gleich Null,* so giebt (731.), da hier, durch x ausgedrückt, $Z_0=0$ ist, (755.):

$$763.\quad \sin\psi = \frac{2Z_\pi}{\pi\lambda Q},$$

also für den Werth (748.) von Q, vermöge (761.):

$$764.\quad \sin\psi = \frac{2Z_\pi}{\pi\lambda a P_1} = \frac{2((n+P_1)(\lambda_1+c)k-n\lambda)}{\pi\lambda P_1},$$ *insofern* dieses $\psi<\varepsilon$ ist;

und für den Werth (749.) von Q:

$$765.\quad \sin\psi = \frac{2Z_\pi}{\pi\lambda a\Big(\frac{\frac{1}{2}\lambda(1-\cos\varepsilon)+c}{\frac{1}{2}\lambda(1-\cos\psi)+c}(n+P_1)-n\Big)}.$$

Der Ausdruck (764.) giebt, durch x statt durch ψ ausgedrückt, weil aus (704.) $\cos\psi = 1-\frac{2x}{\lambda}$, also

$$766.\quad \sin\psi = \sqrt{\Big(1-1+\frac{4x}{\lambda}-\frac{x^2}{\lambda^2}\Big)} = \frac{2\sqrt{(x(\lambda-x))}}{\lambda}$$ und $x(\lambda-x)=\frac{1}{4}\lambda^2\sin\psi^2$

ist:

$$767.\quad x(\lambda-x) = \frac{Z_\pi^2}{\pi^2a^2\Big(\frac{\lambda_1+c}{x+c}(n+P_1)-n\Big)^2} = \frac{Z_\pi^2(x+c)^2}{a^2\pi^2[(\lambda_1+c)(n+P_1)-n(x+c)]^2},$$ *insofern* $\psi>\varepsilon$ ist.

Im Allgemeinen würde dies eine Gleichung vom *vierten* Grade für x geben. ***Näherungsweise*** kann man x finden, wenn man, sowohl hier als in (761.), das einzeln stehende n, welches gegen $\frac{\lambda_1+c}{\lambda+c}(n+P_1)$ nicht bedeutend ist, gleich ***Null,*** also statt (761.)

$$768.\quad Z_\pi = a(n+P_1)(\lambda_1+c)k$$

setzt. Alsdann giebt (767.)

$$\pi^2 x(\lambda - x) = (x+c)^2 k^2, \text{ also } x^2(k^2+\pi^2)-(\pi^2\lambda-2ck^2)x+c^2k^2 = 0 \text{ und}$$

$$x = \frac{\frac{1}{2}\pi^2\lambda - ck^2 \pm \sqrt{((\frac{1}{2}\pi^2\lambda - ck^2)^2 - c^2k^2(k^2+\pi^2))}}{k^2+\pi^2}, \text{ oder}$$

$$x = \frac{\frac{1}{2}\pi^2\lambda - ck^2 \pm \sqrt{(\frac{1}{4}\pi^4\lambda^2 - \pi^2 c\lambda k^2 - \pi^2 c^2 k^2)}}{k^2+\pi^2}, \text{ oder}$$

769. $$x = \frac{\frac{1}{2}\pi^2\lambda - ck^2 \pm \pi\sqrt{(\frac{1}{4}\pi^2\lambda^2 - ck^2(\lambda+c))}}{k^2+\pi^2}.$$

Man kann nun dieses x in (767.) setzen, indem man dort n seinen wirklichen Werth giebt, und so x weiter berichtigen.

D. In der Gleichung (732.), welche entscheidet, ob das gefundene ψ einen *gröfsten*, oder einen *kleinsten* Werth von M_1 giebt und in welcher jetzt N ebenfalls $=0$ zu setzen ist, ist für den Werth (748.) von Q:

770. $$-\frac{\partial(Q\sin\psi)}{\partial\psi} = -aP_1\cos\psi,$$

und dies ist, insofern das in (763.) gefundene $\psi<\varepsilon$ ist und die Absperrung in den *ersten* Quadranten fällt, so dafs $\varepsilon<\frac{1}{2}\pi$, *immer negativ:* also giebt das ψ (764.) einen *gröfsten* Werth von M_1 und ist folglich das gesuchte.

E. Im andern Falle, für den Werth von (749.) von Q, ist

771. $$-\frac{\partial(Q\sin\psi)}{\partial\psi} = -Q\cos\psi - \sin\psi\cdot\frac{\partial Q}{\partial\psi}$$

und aus (749.) ist

772. $$\frac{\partial Q}{\partial\psi} = -\frac{a(\lambda_1+c)\partial x}{(x+e)^2\partial\psi}(n+P_1) = -\frac{a(\lambda_1+c)(n+P_1)}{(x+c)^2}\cdot\tfrac{1}{2}\lambda\sin\psi \text{ (704.)}$$
$$= -\frac{Q+an}{x+c}\cdot\tfrac{1}{2}\lambda\sin\psi \text{ (749.)},$$

also in (771.)

$$-\frac{\partial(Q\sin\psi)}{\partial\psi} = -Q\cos\psi + \tfrac{1}{2}\lambda\sin\psi^2\cdot\frac{Q+an}{x+c},$$

oder aus (704. und 766.)

$$-\frac{\partial(Q\sin\psi)}{\partial\psi} = -Q\Big(1-\frac{2x}{\lambda}\Big)+\frac{2x(\lambda-x)}{\lambda(x+c)}(Q+an),$$

oder, wenn man wie in (*C.*) $n=0$ setzt,

$$-\frac{\partial(Q\sin\psi)}{\partial\psi} = \frac{R}{\lambda}\Big(2x-\lambda+\frac{2x(\lambda-x)}{x+c}\Big) = \frac{Q}{\lambda}\Big(\frac{2x^2+2cx-\lambda x-\lambda c+2\lambda x-2x^2}{x+c}\Big)$$

oder

773. $$-\frac{\partial(Q\sin\psi)}{\partial\psi} = \frac{Q}{\lambda}\cdot\frac{\lambda(x-c)+2cx}{x+c}.$$

Dies ist nur negativ, wenn $\lambda x + 2cx < \lambda c$, also

$$774. \quad x < \frac{\lambda}{\lambda + 2c} \cdot c, \text{ folglich } x < c \text{ ist.}$$

F. Es ist aber die Absperrung ***niemals*** kleiner als der Spielraum c zwischen dem Boden des Dampfstiefels und dem Dampfkolben am Ende seines Laufs; denn dieser Spielraum beträgt gewöhnlich noch nicht den 20ten Theil des Kolbenlaufs λ, und die Absperrung λ_1 ist wohl nie weniger als der 10te Theil. Also fällt der Werth von ψ, welcher das *gröfste* M_1 giebt, jedenfalls *vor* die Absperrung, und daher ist x nicht aus (769.), sondern vielmehr $\sin\psi$ für das gesuchte gröfste M_1 aus (764.) zu nehmen. Z_ψ und Z_0 sind aus (755.) und Z_π ist aus (761.) zu nehmen; also ist in (727.)

$$M_1 = \frac{4\varrho^2}{\delta^2 v_0^2(1-\mu^2)}\Big[4g\Big((a(n+P_1)(\lambda_1+c)k - n\lambda)\frac{\psi}{\pi} - aP_1 x\Big) + \mu^2 v_0^2 N \sin\psi^2\Big],$$

oder zufolge (704.)

$$775. \quad M_1 = \frac{4\varrho^2}{\delta^2 v_0^2(1-\mu^2)}\Big[4ag\Big(((n+P_1)(\lambda_1+c)k - n\lambda)\frac{\psi}{\pi} - \tfrac{1}{2}\lambda P_1(1-\cos\psi)\Big) + \mu^2 v_0^2 N \sin\psi^2\Big],$$

wo nach (764. und 761.)

$$776. \quad \sin\psi = \frac{2((n+P_1)(\lambda_1+c)k - n\lambda)}{\pi\lambda P_1}, \text{ also } (n+P_1)(\lambda_1+c)k - n\lambda = \tfrac{1}{2}\sin\psi\,\pi\lambda P_1$$

zu setzen ist, so dafs auch M_1 durch

$$777. \quad M_1 = \frac{4\varrho^2}{\delta^2 v_0^2(1-\mu^2)}\Big[2ag\Big(\pi\lambda P_1 \sin\psi \cdot \frac{\psi}{\pi} - \lambda P_1(1-\cos\psi)\Big) + \mu^2 v_0^2 N \sin\psi^2\Big],$$

oder, da $1-\cos\psi = 2\sin\frac{1}{2}\psi^2$ und $\sin\psi = 2\sin\frac{1}{2}\psi\cos\frac{1}{2}\psi$, also $\frac{1-\cos\psi}{\sin\psi} = \tang\frac{1}{2}\psi$ ist, durch

$$778. \quad M_1 = \frac{4\varrho^2 \lambda P_1 \sin\psi}{\delta^2 v_0^2(1-\mu^2)}\Big[2ag(\psi - \tang\tfrac{1}{2}\psi + \frac{\mu^2 v_0^2 N \sin\psi}{\lambda P_1}\Big]$$

ausgedrückt werden kann.

540.

Es kann die Frage sein, wie es sich mit dem Schwungrade verhalte *für* eine ***gleich starke*** Maschine mit und ohne Absperrung.

Die Wirkung der Maschine ist nach (721.) *immer* $R\varrho\pi = Z_\pi - Z_0$. ***Ohne*** Absperrung ist nach (734.)

$$779. \quad R\varrho\pi = Z_\pi - Z_0 = Q\lambda = aP_1\lambda.$$

Mit Absperrung ist, wenn man hier die Dampfspannung zum Unterschiede durch P_2 bezeichnet, nach (761.), weil hier $Z_0 = 0$ ist,

$$780. \quad R\varrho\pi = a[(n+P_2)(\lambda_1+c)k - n\lambda].$$

Sollen also beide Wirkungen gleich sein, so mufs

$$aP_1\lambda = a[(n+P_2)(\lambda_1+c)k - n\lambda], \text{ also}$$

$$\lambda(n+P_1) = (n+P_2)(\lambda_1+c)k \text{ und folglich}$$

$$781. \quad P_2 = \frac{\lambda}{(\lambda_1+c)k}(n+P_1) - n$$

sein. Dieser Werth von P_2 ist also in (776. und 777.) statt P_1 zu setzen.

Wir wollen das Beispiel einer Maschine *mit* Absperrung geben, von *derselben* Wirkung, wie die in (§. 538. *E.*) ohne Absperrung.

Die Absperrung betrage den 5ten Theil des Kolbenlaufs, der Spielraum den 20ten Theil desselben, so dafs

$$782. \quad \lambda_1 = \tfrac{1}{5}\lambda \quad \text{und} \quad c = \tfrac{1}{20}\lambda$$

ist. Dies giebt, da hier $\lambda_1 + c = \frac{1}{4}\lambda$ und nach der Tabelle (§. 270.) für $\lambda_1 = 0{,}2\lambda$, k gleich 2,235 ist, $\frac{\lambda}{(\lambda_1+c)k} = \frac{4}{2{,}235} = 1{,}789$. Wenn der Dampf niedergeschlagen werden soll, so ist nach (59. 1.) $n = 257$ zu setzen, also mufs, da in (744.) $P_1 = 3168$ Pfd. angenommen wurde, nach (781.)

$$783. \quad P_2 = 1{,}789(257+3168) - 257 = 5870 \text{ Pfd.}$$

sein. Mit dieser Dampfspannung hat die Maschine *mit* Absperrung *dieselbe* Wirkung wie mit 3168 Pfd. Spannung *ohne* Absperrung.

Dies giebt nun in (776.), weil hier $(\lambda_1+c)k = \frac{1}{4}k\lambda = 0{,}559\lambda$ ist,

$$784. \quad \sin\psi = \frac{2((n+P_2).0{,}559 - n)}{\pi P_2} = 0{,}3435, \text{ für } \psi = 20^0, 5', = 0{,}3505,$$

$$\text{tang}\,\tfrac{1}{2}\psi = 0{,}17708.$$

Der Winkel ε für die Absperrung ergiebt sich aus (705.). Es ist für $\lambda_1 = \frac{1}{5}\lambda$, $1 - \cos\varepsilon = \frac{2}{5}$, also $\cos\varepsilon = \frac{3}{5}$ und $\varepsilon = 53^0\,47'$; woraus sich zeigt, dafs das ψ für das gröfste M_1 *weit vor* der Absperrung Statt findet.

Aus (778.) findet man weiter für die Werthe von P_2, ψ_2 (783. und 784.) und diejenigen der übrigen Buchstaben, wenn auch hier $N = 0$ gesetzt wird,

$$785. \quad M_1 = 2331 \text{ Pfd.} = 19 \text{ Ctr.}$$

Statt des $44\frac{1}{2}$ Ctr. schweren Schwungrades für den Fall *ohne* Absperrung ist also hier, *mit* Absperrung, für dieselbe Wirkung nur ein 19 Ctr. schweres Schwungrad nöthig; *was ebenfalls ein Vortheil der Absperrung ist.*

540 *a.*

Es kommt auch noch darauf an, ob nicht etwa für das gefundene M_1 die *gröfste* Geschwindigkeit, welche die Kurbelwarze erreicht, *zu grofs* sei.

Der allgemeine Ausdruck der Geschwindigkeit v_ψ der Kurbelwarze ist zufolge (723. und 727.), wenn man sogleich $N=0$ setzt,

$$786.\quad v_\psi^2 = \frac{4g\left(Z_\psi - Z_0 - (Z_\pi - Z_0)\frac{\psi}{\pi}\right)}{M} + v_0^2$$

$$= \frac{16\varrho^2 g\left(Z_\psi - Z_0 - (Z_\pi - Z_0)\frac{\psi}{\pi}\right)}{M_1\delta^2} + v_0^2.$$

Die gröfste Geschwindigkeit findet sich, wenn man das erste Differential hievon $=0$ setzt. Dies giebt

$$787.\quad \frac{\partial Z_\psi}{\partial\psi} - \frac{(Z_\pi - Z_0)}{\pi} = 0,$$

also, da $\frac{\partial Z_\psi}{\partial\psi} = \frac{1}{2}Q\lambda\sin\psi$ ist (714.)

$$\tfrac{1}{2}Q\lambda\sin\psi = \frac{Z_\pi - Z_0}{\pi} \text{ und}$$

$$788.\quad \sin\psi = \frac{2(Z_\pi - Z_0)}{Q\lambda\pi}.$$

Dies ist *derselbe* Werth von $\sin\psi$, welchen für $N=0$ auch (731.) giebt. Aber da ψ *zwei* Werthe hat, den einen im ersten, den andern im zweiten Quadranten, und der erste der *kleinsten* Geschwindigkeit entspricht, so mufs man hier in (786.) den *zweiten* Werth von ψ setzen.

A. Für den Fall *ohne* Absperrung ist $Z_\psi - Z_0 = \frac{1}{2}Q\lambda(1-\cos\psi)$ $= \frac{1}{2}aP_1\lambda(1-\cos\psi)$ und $Z_\pi - Z_0 = Q\lambda = aP_1\lambda$ (734.), also ist für diesen Fall in (786.)

$$789.\quad v_\psi^2 = \frac{16g\varrho^2 aP_1\lambda\left(\frac{1}{2}(1-\cos\psi) - \frac{\psi}{\pi}\right)}{\delta^2 M_1} + v_0^2.$$

Es ist aber der Werth des *hier* zu setzenden ψ gleich $\pi-\psi$, wenn man den Werth des *dortigen* ψ nehmen will: also ist hier statt $1-\cos\psi$, $1+\cos\psi$ und statt ψ, $\pi-\psi$ zu setzen; was für $\frac{1}{2}(1-\cos\psi) - \frac{\psi}{\pi}$ hier $\frac{1}{2}(1+\cos\psi) - 1 + \frac{\psi}{\pi} = \frac{\psi}{\pi} - \frac{1}{2}(1-\cos\psi)$, also Dasselbe giebt wie (742.). Daher erhält man, wenn man in (789.) den Werth von

$$\delta^2 M_1 = \frac{16\lambda\varrho^2 gaP_1}{v_0^2(1-\mu^2)}\left(\frac{\psi}{\pi} - \tfrac{1}{2}(1-\cos\psi)\right) \text{ aus (741.) setzt,}$$

$$790. \quad v_\psi^2 = v_0^2(1-\mu^2) + v_0^2 = v_0^2(2-\mu^2).$$

Für $\mu = \frac{1}{2}$, wie in (744.), ist also das Quadrat der *gröfsten* Geschwindigkeit $= \frac{7}{4}v_0^2$ und die gröfste Geschwindigkeit $= 1{,}32\,v_0$. Während daher die Geschwindigkeit v_0 der Kurbelwarze am Anfange und am Ende des halben Umlaufs nicht weiter als bis auf die *Hälfte abnimmt, steigt* sie gegentheils nirgend höher als auf $1{,}32\,v_0$.

B. Für den Fall der Absperrung ist der Werth von $\sin\psi$, welcher (788.) für die *gröfste* Geschwindigkeit giebt und welcher, da $Z_0 = 0$ ist, auch durch

$$791. \quad \sin\psi = \frac{2Z_\pi}{\pi\lambda Q}$$

ausgedrückt werden kann, aus (765.) und also näherungsweise aus (769.) zu nehmen. Denn der Ausdruck von $\sin\psi$ (791.) ist *derselbe*, wie der (763.), welcher sich für das gröfste M_1 ergiebt und für welchen, wegen des Werthes von (749.), den hier Q hat, der Ausdruck von $\sin\psi$ der (765.) ist, aus welchem sich näherungsweise x (769.) ergiebt. Nur ist hier von den *beiden* Werthen von ψ, welche (763. und 765.) giebt, der *gröfsere* zu nehmen, weil die gröfste Geschwindigkeit in den *zweiten* Quadranten fallen mufs; denn es giebt (wenn man die *Näherung* (§. 539. *C.*) zuläfst) *nur zwei* Werthe von ψ, und da der kleinere im *ersten* Quadranten das *gröfste* M_1 giebt und hier die kleinste Geschwindigkeit geben würde, wenn sie *nach* der Absperrung Statt fände, so mufs der *gröfsere* Werth von ψ, der nothwendig in den *zweiten* Quadrant, aber sicher *nach* der Absperrung fällt, hier die verlangte *gröfste* Geschwindigkeit geben. Man mufs also auch in (769.) von x den *gröfsern* Werth

$$792. \quad x = \frac{\frac{1}{2}\pi^2\lambda - ck^2 + \pi\sqrt{(\frac{1}{4}\pi^2\lambda^2 - ck^2(\lambda+c))}}{k^2+\pi^2}$$

annehmen. Mit *diesem* x und dem zu ihm gehörigen ψ, welches zufolge (704.)

$$793. \quad \psi = \arccos\left(1 - \frac{2x}{\lambda}\right)$$

ist, ist dann weiter, für (786.):

$$794. \begin{cases} 1. & Z_\psi = a\left[(n+P_1)(\lambda_1+c)\left(\log\text{nat}\cdot\frac{x+c}{\lambda_1+c} + \frac{\lambda_1}{\lambda_1+c}\right) - nx\right] \text{ (758.),} \\ 2. & Z_\pi = a[(n+P_1)(\lambda_1+c)k - n\lambda] \text{ (761.) und} \\ 3. & Z_0 = 0 \text{ (755.).} \end{cases}$$

Wegen $Z_0 = 0$ ist nun in (786.) für die *gröfste* Geschwindigkeit der Kurbelwarze:

$$795. \quad v_\psi^2 = \frac{16 g \varrho^2 \left(Z_\psi - Z_\pi \cdot \frac{\psi}{\pi}\right)}{M_1 \delta^2} + v_0^2;$$

wo M_1 den nach (776.) für die *kleinste* Geschwindigkeit gefundenen Werth hat.

Hiernach für das Beispiel in (539.) gerechnet, ergiebt sich

$$796. \quad \begin{cases} 1. & x = 0{,}629 . \lambda = 1{,}887 \text{ Fufs}, \\ 2. & \psi = 104^0\, 57 = 1{,}8317, \\ 3. & Z_\psi = 23347, \\ 4. & Z_\pi = 28503 \text{ und} \end{cases}$$

$$797. \quad v_\psi = 1{,}72 \text{ F.};$$

so dafs die *gröfste* Geschwindigkeit $v_0 = 1{,}5$ nur wenig v_0 übersteigt, während die *kleinste,* der Bestimmung zufolge, $= \frac{1}{2} v_0 = 0{,}75$ F. ist.

541.

Wenn man die *Zeitdauer* der Bewegung der Kurbelwarze berechnen wollte, könnte es aus (711. und 723.) geschehen, was

$$798. \quad \partial t = \frac{\varrho \partial \psi}{v} = \frac{\varrho \partial \psi \sqrt{(M + N \sin \psi^2)}}{\sqrt{\left[4g\left(Z_\psi - Z_0 - (Z_\pi - Z_0)\frac{\psi}{\pi}\right) + M v_0^2\right]}}$$

giebt, wo noch für M, nach (726.), $M = \frac{\frac{1}{4} M_1 \delta^2}{\varrho^2}$ und für M_1 der für die bestimmte Grenze der Abnahme von v_0 gefundene Werth zu setzen wäre. Man würde in (798.) Zähler und Nenner in Reihen mit Potenzen von ψ auflösen, darauf ∂t durch eine solche Reihe, multiplicirt mit $\varrho \partial \psi$ ausdrücken müssen und dann zu integriren haben; was aber, selbst wenn man $N = 0$ setzt, sehr weitläuftige Rechnungen erfordern würde. Indessen hätte auch die Berechnung von t keinen besondern practischen Nutzen: denn die Zeitdauer des Umlaufs der Kurbel hangt von der *Masse des im Kessel verdampften Wassers* ab, und da die Geschwindigkeit v_0, beim Anfange und beim Ende des halben Umlaufs, während desselben sowohl ab- als zunimmt, und dies nicht gar zu bedeutend, so kann man in der Ausübung füglich v_0 für die *mittlere* Geschwindigkeit annehmen.

542.

Thut man man Dies, so hangt unmittelbar v_0 selbst von der Verdampfung ab; mithin auch das nöthige Gewicht des Schwungrades. Da v_0 der Weg ist, welchen die Kurbelwarze in 1 Sec. zurücklegt, so bedarf dieselbe zu einem halben Umlauf $\frac{\varrho\pi}{v_0}$ Secunden oder $\frac{\varrho\pi}{60\,v_0}$ Minuten; sie macht also $\frac{60\,v_0}{\varrho\pi}$ halbe Umläufe in der Minute. Die Zahl der halben Umläufe oder der Kolbenschläge wird in (98.) durch $k=\frac{v}{\lambda}$ bezeichnet, also ist $\frac{60\,v_0}{\varrho\pi}=\frac{v}{\lambda}$ und $v=\frac{60\lambda v_0}{\varrho\pi}$. Dieses v ist nach (109.) $=\frac{mSk}{a(n+R_1)}$, also ist $\frac{mSk}{a(n+R)}=\frac{60\lambda v_0}{\varrho\pi}$, woraus

$$799.\quad v_0=\frac{m\varrho\pi Sk}{60\,a\lambda(n+R_1)}$$

folgt, wo S die Zahl der Cubikfufse Wasser bezeichnet, die in einer Minute im Kessel verdampft werden, und R_1 den Widerstand auf den Quadratfufs Dampfkolbenfläche, den der Kolben zu überwinden hat. Sein Moment ist $=a\lambda R_1$: das Moment des R, hier oben in unserer Rechnung, ist $R\varrho\pi$, also ist $a\lambda R_1=R\varrho\pi$ und $R_1=\frac{R\varrho\pi}{a\lambda}$. Setzt man dies in (799.), so findet sich

$$800.\quad v_0=\frac{m\varrho\pi Sk}{60(na\lambda+R\varrho\pi)}.$$

So also hangt v_0 von dem im Kessel verdampften Wasser S und von dem Widerstande R ab, welchen die Kurbelwarze zu überwinden hat. Der Widerstand läfst sich nicht ändern, und folglich hangt v_0 *blofs* von S ab.

Wäre etwa das Schwungrad *zu leicht,* so müfste man, damit die Geschwindigkeit der Kurbel nicht zu sehr abnehme, oder die Maschine gar stillstehe, v_0 vergröfsern: denn, wie aus (728.) zu sehen, ist M_1 unter übrigens gleichen Umständen um so kleiner, je gröfser v_0 ist. Dazu müfste aber dann nach (800.) auch S vergröfsert, das heifst, mehr Wasser verdampft werden. Dies aber wäre nicht allein ein Verlust, sondern die zu grofse Geschwindigkeit könnte auch schädlich sein. Es ist daher vielmehr v_0 für den gehörigen Gang der Maschine immer als bestimmt anzunehmen und es ist folglich ganz wichtig und unumgänglich nöthig, dafs das Schwungrad sein gehöriges, oben gefundenes Gewicht bekomme.

B. Maschinen mit Kurbel und Schwungrad, die in der Richtung der Dampfkolbenstange einen unveränderlichen Widerstand zu überwinden haben.

543.

Dies wären Dampfmaschinen, welche z. B. Wasser mittels Pumpen entweder aus der Tiefe herausheben, oder es über sich auf eine gewisse Höhe hinauftreiben sollen.

A. Ist das Wasser aus großer Tiefe herauszuheben, so kann das bloße Gewicht der Pumpenkolbenstange zur bewegenden Kraft werden, die dann mittels einer ***Druckpumpe*** das Wasser in die Höhe treibt, wie es bei den von dem Herrn Verfasser beschriebenen ***einfach-wirkenden Cornwallisschen*** Maschinen der Fall ist; dann hat die Maschine die ***Masse*** der Dampfkolbenstangen in Bewegung zu setzen. Ist sie nebst den Pumpen ***doppeltwirkend,*** so muß am andern Ende des Wagebalkens ein Gegengewicht sein, welches dem Gewicht der Pumpenstange die Wage hält. Die Maschine hebt dann beim Niedergange des Dampfkolbens die Pumpenstangen, und das Gegengewicht ist die bewegende Kraft, welche das Wasser in die Höhe treibt: beim Aufsteigen des Dampfkolbens hebt die Maschine das Gegengewicht, und die Last der Pumpenkolbenstangen drückt das Wasser nach oben. Die Maschine hat also dann die ***beiden*** Massen, der Pumpenstangen und des Gegengewichts, in Bewegung zu setzen.

B. Ist das Wasser nach oben ***über*** den Standpunct der Maschine in die Höhe zu treiben, so hat die Maschine, sie sei doppelt- oder einfach-wirkend, das Wasser mittels einer doppelten oder einfachen Druckpumpe in einen ganz verschlossenen Behälter neben den Pumpen zu treiben, in welchen das eingetriebene Wasser die Luft zwischen sich und der Decke des Behälters zusammenpreßt, worauf dann die zusammengepreßte Luft in einer Steigeröhre es nach oben treibt: entweder in einen oben offenen Behälter, oben in der Höhe, oder auch bloß in der Standröhre, aus welcher es auch, z. B. zu Wasserleitungen in einer Stadt, mit der erlangten Druckhöhe sogleich wieder hinuntergeleitet werden kann. In diesen Fällen des Wasserhebens über den Standpunct der Maschine hinaus, besteht die ***Masse,*** welche die Maschine in Bewegung zu setzen hat, nur in dem Wagebalken, dem Kolben, den kurzen Pumpen- und Kolbenstangen etc., und ist also nicht bedeutend.

C. Man wird alle diese Fälle umfassen, wenn man, wie in (§. 534. *C.*) allgemein eine durch N zu bezeichnende, ***in der Richtung der Dampfkol-***

benstange in Bewegung zu setzende Masse in Rechnung bringt. Je nach den obigen Umständen ist blofs der *Werth* von N verschieden. Am gröfsten ist er in dem Fall einer doppelt wirkenden Maschine, die das Wasser aus der ***Tiefe*** hebt, am kleinsten bei Maschinen, die das Wasser ***über*** sich hinauftreiben.

544.

A. Wird der Dampf im Dampfstiefel der Maschine ***nicht*** abgesperrt, so dafs sein Druck auf den Kolben während des ganzen Laufs desselben ungefähr unveränderlich stark ist, so ist zur Ausgleichung der Geschwindigkeit der Bewegung eigentlich *kein* Schwungrad nöthig; denn da auch der Widerderstand des Wassers in den Pumpen, welchen die Maschine zu überwinden hat, ungefähr stets unveränderlich derselbe ist, selbst in dem Fall, wo die Maschine durch Vermittlung eines Luftkessels das Wasser ***über*** sich hinauftreiben soll, so sind bewegende Kraft und Widerstand stets nahe einander ***gleich***, und die Geschwindigkeit der Bewegung wird nur durch das weitere Zuströmen des Dampfs aus dem Dampfkessel hervorgebracht und bestimmt; nemlich durch einen wechselnden kleinen Überschufs der bewegenden Kraft über den Widerstand. Dieser bringt die Massen erst aus der Ruhe in Bewegung und hört von selbst auf, sobald die Bewegung die dem regelmäfsigen Zuströmen des Dampfs angemessene Geschwindigkeit erreicht hat; welche dann *gleichförmig* dieselbe bleibt, bis zum Ende des Kolbenlaufs, wo die Massen, entweder durch die an der andern Seite des Kolbens eingesperrte geringe Dampfmasse, indem der Kolben dieselbe zusammenprefst, oder auch durch irgend eine andere Vorrichtung wieder zur Ruhe gebracht werden. Indessen wird doch auch in diesem Fall ein Schwungrad immer nützlich sein; nicht sowohl um die Geschwindigkeit der Bewegung bei ihrer Erzeugung und Wiedervernichtung mehr auszugleichen, sondern noch mehr, weil die ***Kurbel,*** die für das Schwungrad nöthig ist, gerade ein gutes Mittel abgiebt, zu verhindern, dafs der Dampfkolben auf den Boden des Stiefels aufstöfst. Man könnte dem Gewichte des Schwungrades, welches nöthig sein würde, die Geschwindigkeit nach irgend einer voraus bestimmten Regel mehr auszugleichen, z. B. auch in dem Fall, wo die Pumpen das Wasser zunächst in einen ***Luftbehälter*** pressen, ebenfalls berechnen; doch wollen wir dies, da es nichts eben Wesentliches ist, der Kürze wegen übergehen. Jedenfalls wird hier schon ein nicht bedeutend schweres Schwungrad hinlänglich sein; denn nur die ***Kurbel,*** nicht das ***Schwungrad***, ist hier die Hauptsache.

B. Wird dagegen der Dampf im Dampfstiefel ***abgesperrt,*** ehe der Kolben seinen Lauf vollendet hat, so ist ein Schwungrad ***ganz wesentlich*** nothwendig, damit die Geschwindigkeit der Bewegung nicht allzu ungleichförmig werde, und es kann kommen, dafs das Schwungrad zu diesem Zweck ein ***sehr bedeutendes*** Gewicht haben mufs. Denn in diesem Fall ist zwar der von der Maschine zu überwindende ***Widerstand,*** wie vorhin, nahe unveränderlich, dagegen die ***bewegende Kraft*** des Dampfkolbens ist es bei weitem nicht. Sie mufs vom Anfange der Einströmung des Dampfs an, bis zur Absperrung, nothwendig ***stärker*** sein, als der Widerstand: denn ***nach*** der Absperrung dehnt sich der Dampf aus und seine Kraft nimmt ab, sogar möglicherweise selbst bis zu der nur noch sehr geringen Spannung des ***niedergeschlagenen*** Dampfs, und sie ***darf kleiner*** werden als der Widerstand, weil ihr der Überschufs der Kraft, der ***vor*** der Absperrung vorhanden war, noch zu Hülfe kommt; und diese nachhaltige Benutzung jenes Überschusses geschieht eben durch Vermittlung des ***Schwungrades,*** und ***nur*** durch dieselbe. Wird der Dampf im Stiefel ***nicht abgesperrt,*** so ist die Kraft des Dampfkolbens ***selbst*** fortwährend dem Widerstande ungefähr ***gleich:*** wird der Dampf ***abgesperrt,*** so ist die Kraft ***selbst*** dem Widerstande sehr ***ungleich,*** und nur noch die ***Momente*** beider sind wieder gleich.

Wir werden daher in Betreff des Schwungrades ***insbesondere*** den Fall zu untersuchen haben, wenn der Dampf im Dampfstiefel ***abgesperrt wird,*** ehe der Kolben seinen Lauf vollendet hat.

a. Berechnung der Geschwindigkeit der Kurbelwarze.

545.

Es ist nicht nöthig, die obigen Untersuchungen ganz von Neuem anzufangen, sondern die Ergebnisse können aus den obigen Grundformeln entnommen werden.

A. Es kommt nemlich auch hier, ganz wie in (§. 534.), die Masse M für das Schwungrad in Rechnung: dagegen der dortige Widerstand R, in der Richtung der Tangente des Kreises, welchen die Kurbelwarze beschreibt, ist hier nicht vorhanden, sondern der Widerstand wirkt hier in der Richtung der Bläuelstange der Kurbel der Kraft Q_1 derselben (§. 534. ***B.***) gerade entgegen. Es ist also nur nöthig, in den Formeln (§. 534.)

801. $R = 0$ und $Q_1 - R$ statt $Q_1 = Q \cdot \frac{\lambda}{2\varrho}$, also $Q - \frac{2\varrho}{\lambda} \cdot R$ statt Q

zu setzen. N ist auch hier, eben wie in (§. 534.), die gesammte, von der Maschine in Bewegung zu setzende, auf die Bläuelstange der Kurbel gebrachte Masse.

B. Dies giebt zunächst, statt (713.), hier

802. $$Mv\partial v + Nu\partial u = 2g\cdot\tfrac{1}{2}\lambda\sin\psi\left(Q-\frac{2\varrho}{\lambda}\cdot R\right)\partial\psi$$
$$= 2g\left[\tfrac{1}{2}Q\lambda\sin\psi\partial\psi - R\varrho\sin\psi\partial\psi\right],$$

und wenn man wieder, wie in (714.),

803. $$\tfrac{1}{2}Q\lambda\sin\psi\partial\psi = \partial Z\psi \text{ setzt},$$

804. $$Mv\partial v + Nu\partial u = 2g(\partial Z_\psi - R\varrho\sin\psi\partial\psi),$$

also, da R ***unveränderlich*** angenommen wird,

805. $$Mv^2 + Nu^2 = 4g(Z_\psi + \varrho R\cos\psi) + \text{Const.},$$

oder auch vermöge (717.)

806. $$(M + N\sin\psi^2)v_\psi^2 = 4g(Z_\psi + \varrho R\cos\psi) + \text{Const.}$$

Setzt man wieder, wie in (§. 534. *F.*), $v = v_0$ für $\psi = 0$, so giebt (806.)

807. $$Mv_0^2 = 4g(Z_0 + \varrho R) + \text{Const. und Const.} = Mv_0^2 - 4g(Z_0 + \varrho R),$$

also ist in (806.) vollständig

$$(M + N\sin\psi^2)v_\psi^2 = 4g(Z_\psi - Z_0 + \varrho\lambda(\cos\psi - 1)) + Mv_0^2 \text{ und}$$

808. $$v_\psi^2 = \frac{4g[Z_\psi - Z_0 + \varrho R(\cos\psi - 1)] + Mv_0^2}{M + N\sin\psi^2}.$$

Dies ist der allgemeine Ausdruck der Geschwindigkeit der Kurbelwarze für den gegenwärtigen Fall.

C. Für $\psi = \pi$ giebt (808.)

809. $$v_\pi^2 = \frac{4g[Z_\pi - Z_0 - 2\varrho R]}{M} + v_0^2.$$

Soll nun die Bewegung der Maschine zum Beharrungsstande gelangen, so mufs $v_\pi = v_0$, also zufolge (809.)

810. $$Z_\pi - Z_0 = 2\varrho R$$

sein. Wie in (§. 536.) ist $Z_\pi - Z_0$ nichts anderes als das ***Moment*** der Kraft des Dampfkolbens, und $2\varrho R$ ist hier das ***Moment*** des in der Richtung der Kolbenstange durch den Weg 2ϱ getriebenen Widerstandes R, beides für ***einen*** Kolbenlauf; also müssen die beiden ***Momente*** im Beharrungsstande der Maschine wieder ***gleich*** sein, während indessen keineswegs etwa $Q = R$ ist; denn R ist für jedes ψ dasselbe, Q nicht.

D. Setzt man in (808.) den Werth, welchen ϱR nach (810.) nothwendig haben mufs, damit der Beharrungstand der Bewegung Statt finde, so ergiebt sich

811. $$v_\psi^2 = \frac{4g[Z_\psi - Z_0 - \frac{1}{2}(Z_\psi - Z_0)(1-\cos\psi)] + Mv_0^2}{M + N\sin\psi^2}.$$

b. Berechnung des Gewichts des Schwungrades.

546.

A. Setzt man wieder, wie in (§. 537.), die *kleinste* Geschwindigkeit, bis zu welcher die Kurbelwarze soll gelangen dürfen, $=\mu v_0$, so ist, wie dort, μv_0 hier in (811.) statt v_ψ zu setzen und daraus M zu nehmen. Dies giebt

$$\mu^2 v_0^2(M + N\sin\psi^2) = 4g[Z_\psi - Z_0 - \tfrac{1}{2}(Z_\pi - Z_0)(1-\cos\psi)] + Mv_0^2 \text{ und}$$

812. $$M = \frac{4g[Z_\psi - Z_0 - \frac{1}{2}(Z_\pi - Z_0)(1-\cos\psi)] - \mu^2 v_0^2 N\sin\psi^2)}{v_0^2(\mu^2-1)},$$

oder vermöge (726.):

813. $$M_1 = \frac{4g[\frac{1}{2}(Z_\pi - Z_0)(1-\cos\psi) - (Z_\psi - Z_0)] + \mu^2 v_0^2 N\sin\psi^2}{v_0^2(1-\mu^2)} \cdot \frac{4\varrho^2}{\delta^2}.$$

B. Der *gröfste* Werth dieses M_1 giebt, aus dem Grunde (§. 537. *C.* und *D.*), dasjenige Gewicht M_1 des Schwungrades, welches macht, dafs die Geschwindigkeit der Kurbelwarze nirgend weiter als bis auf μv_0 hinabsinkt, oder für $\mu = \mu_1$ nicht weiter als bis auf $\mu_1 v_0$ steigt.

Man hat also, wie in (730.), $\frac{\partial M_1}{\partial\psi}$ aus (813.) gleich Null zu setzen. Dies giebt

814. $$4g\left(\tfrac{1}{2}(Z_\pi - Z_0)\sin\psi - \frac{\partial Z_\psi}{\partial\psi}\right) + 2\mu^2 v_0^2 N\sin\psi\cos\psi = 0,$$

und da aus (803.) $\frac{\partial Z_\psi}{\partial\psi} = \frac{1}{2}Q\lambda\sin\psi$ ist,

$$4g(\tfrac{1}{2}Z_\pi - \tfrac{1}{2}Z_0 - \tfrac{1}{2}Q\lambda) + 2\mu_2 v_0^2 N\cos\psi = 0 \text{ oder}$$

815. $$g(Z_\pi - Z_0 - Q\lambda) + \mu^2 v_0^2 N\cos\psi = 0,$$

aus welcher Gleichung ψ gesucht und in (813.) gesetzt werden mufs. Die Masse N darf hier nicht wie in (538. *D.*) gleich Null gesetzt werden.

C. Da es hier nur auf den Fall ankommt, wo der Dampf *abgesperrt* wird, so ist nach (761. und 755.)

816. $$Z_\pi = a[(n+P_1)(\lambda_1 + c)k - n\lambda] \text{ und } Z_0 = 0,$$

also in (815.)

817. $$g[a((n+P_1)(\lambda_1+c)k - n\lambda) - Q\lambda] + \mu^2 v_0^2 N\sin\psi = 0$$

und folglich

818. $$\cos\psi = \frac{g[Q\lambda - a(n+P_1)(\lambda_1+c)k + an\lambda]}{\mu^2 v_0^2 N}.$$

D. Bis zur Absperrung, also bis $\psi = \varepsilon$, ist

819. $$Q = aP_1 \text{ (748.)},$$

also wäre in (818.)

$$\cos\psi = \frac{ag[P_1\lambda - (n+P_1)(\lambda_1+c)k + n\lambda]}{\mu^2 v_0^2 N} \text{ oder}$$

820. $$\cos\psi = \frac{ag(n+P_1)(\lambda - k(\lambda_1+c))}{\mu^2 v_0^2 N}.$$

Giebt dieser Ausdruck ein ψ, welches *kleiner* ist als ε, so ist es das gesuchte; nemlich dasjenige, für welches die Geschwindigkeit v der Kurbelwarze ihren kleinsten Werth μv_0 erreicht. Es giebt also dann, in (813.) gesetzt, das dem Schwungrade nöthige Gewicht M_1. Ist es dagegen gröfser, so kommt die kleinste Geschwindigkeit μv_0 erst *nach* der Absperrung vor und man mufs in (818.) den *nach* der Absperrung Statt findenden Werth von Q setzen.

E. Nach der Absperrung ist

821. $$Q = a\left[\frac{\frac{1}{2}\lambda(1-\cos\varepsilon)+c}{\frac{1}{2}\lambda(1-\cos\psi)+\varepsilon}(n+P_1) - n\right] \text{ (749.)},$$

also giebt für diesen Fall (818.):

$$\cos\psi\mu^2 v_0^2 N = ag\left[\lambda(n+P_1)\frac{\frac{1}{2}\lambda(1-\cos\varepsilon)+c}{\frac{1}{2}\lambda(1-\cos\psi)+c} - n\lambda - (n+P_1)(\lambda_1+c)k + n\lambda\right],$$

oder

822. $$N\mu^2 v_0^2 \cos\psi = ag(n+P_1)\left[\lambda\cdot\frac{\frac{1}{2}\lambda(1-\cos\varepsilon)+c}{\frac{1}{2}\lambda(1-\cos\psi)+c} - k(\lambda_1+c)\right];$$

woraus ψ zu entwickeln ist.

F. Will man in (822. und 813.) x statt ψ einführen, so ist vermöge (704., 761.) zuerst aus (822.):

$$N\mu^2 v_0^2\cdot\left(1 - \frac{2x}{\lambda}\right) = ag(n+P_1)\left[\lambda\cdot\frac{\lambda_1+c}{x+c} - k(\lambda_1+c)\right], \text{ oder}$$

823. $$N\mu^2 v_0^2(\lambda - 2x)(x+c) = ag\lambda(n+P_1)(\lambda_1+c)(\lambda - k(x+c)).$$

Dies giebt, wenn man der Kürze wegen

824. $$\begin{cases} 1. & N\mu^2 v_0^2 = A \text{ und} \\ 2. & ag\lambda(n+P_1)(\lambda_1+c) = B \text{ setzt,} \end{cases}$$

$$A(x+c)(\lambda - 2x) = B(\lambda - k(x+c)) \text{ oder}$$

$$A(-2x^2 - 2cx + \lambda x + \lambda c) = B(\lambda - kc) - Bkx \text{ oder}$$

$$x^2 - \frac{Bk + A(\lambda - 2c)}{2A} x + \frac{B(\lambda - kc) - A\lambda c}{2A} = 0, \text{ also}$$

$$x = \frac{Bk + A(\lambda - 2c) \pm \sqrt{[(Bk + A(\lambda - 2c))^2 - 8A(B(\lambda - kc) - A\lambda c)]}}{4A} \text{ oder}$$

$$x = \frac{Bk + A(\lambda - 2c) \pm \sqrt{[B^2k^2 + 2ABk(\lambda - 2c) + A^2(\lambda - 2c)^2 - 8AB(\lambda - kc) + 8A^2\lambda c]}}{4A} \text{ oder}$$

$$x = \frac{Bk + A(\lambda - 2c) \pm \sqrt{[B^2k^2 + 2AB(k(\lambda + 2c) - 4\lambda) + A^2(\lambda + 2c)^2]}}{4A} \text{ oder}$$

825.
$$\begin{cases} x = \frac{Bk + A(\lambda - 2c) \pm \sqrt{[(Bk + A(\lambda + 2c))^2 - 8\lambda AB]}}{4A}, \text{ oder auch} \\ x = \frac{1}{4}\left[\frac{B}{A}k + \lambda - 2c \pm \sqrt{\left(\left(\frac{B}{A}k + \lambda + 2c\right)^2 - 8\lambda \frac{B}{A}\right)}\right]. \end{cases}$$

In (813.) giebt die Einführung von x statt ψ, vermöge (704., 758., 816. und 766.):

$$M_1 = \frac{4\varrho^2}{\delta^2} \cdot \frac{4g\left[((a(n+P_1)(\lambda_1+c)k - an\lambda)\frac{x}{\lambda} - a(n+P_1)(\lambda_1+c)\left(\log\text{nat}\frac{x+c}{\lambda_1+c} + \frac{\lambda_1}{\lambda_1+c}\right) + anx\right] + \mu^2 v_0^2 N \cdot \frac{4x(\lambda - x)}{\lambda^2}}{v_0^2(1-\mu^2)};$$

oder, mit Rücksicht auf (760.):

826. $M_1 =$

$$\frac{16\varrho^2}{\delta^2 v_0^2(1-\mu^2)} \cdot \left\{ag(n+P_1)(\lambda_1+c)\left[\frac{x}{\lambda}\log\text{nat}\frac{\lambda+c}{\lambda_1+c} - \log\text{nat}\frac{x+c}{\lambda_1+c} + \frac{\lambda_1}{\lambda_1+c}\left(\frac{x}{\lambda} - 1\right)\right] + \frac{x(\lambda - x)}{\lambda^2}\mu^2 v_0^2 N\right\},$$

oder auch, mit Rücksicht auf (824.):

827. $$M_1 = \frac{16\varrho^2}{\delta^2 v_0^2 \lambda^2 (1-\mu^2)}\left[B\left(x\log\text{nat}\frac{\lambda+c}{\lambda_1+c} - \lambda\log\text{nat}\frac{x+c}{\lambda_1+c} + (x-\lambda)\frac{\lambda_1}{\lambda_1+c}\right) + x(\lambda - x)A\right].$$

In (820.) giebt die Einführung von x statt λ:

$$1 - \frac{2x}{\lambda} = \frac{ag(n+P_1)(\lambda - k(\lambda_1+c))}{\mu^2 v_0^2 N} = \frac{\frac{B}{\lambda_1+c} - \frac{Bk}{\lambda}}{A} \text{ (824.)} = \frac{B(\lambda - k(\lambda_1+c))}{A\lambda(\lambda_1+c)},$$

also

$$\lambda - 2x = \frac{B(\lambda - k(\lambda_1+c))}{2A(\lambda_1+c)} \text{ und}$$

828. $$x = \tfrac{1}{2}\lambda - \frac{B(\lambda - k(\lambda_1+c))}{2A(\lambda_1+c)}.$$

547.

Um zu erfahren, ob die obigen Ausdrücke (820. und 822.) einen *größten* oder etwa einen *kleinsten* Werth von M_1 geben, muſs man sehen, ob $\frac{\partial^2 M_1}{\partial \psi^2}$ für das gefundene ψ *negativ* oder *positiv* sei.

A. Aus (813. und 814.) ergiebt sich

$$829. \quad \frac{\partial^2 M_1}{\partial \psi^2} = \frac{4\varrho^2}{\delta^2 v_0^2 (1-\mu^2)} \Big[4g\Big(\tfrac{1}{2}(Z_\pi - Z_0)\cos\psi - \frac{\partial^2 Z_\psi}{\partial \psi^2}\Big) + 2\mu^2 v_0^2 N(\cos\psi^2 - \sin\psi^2)\Big],$$

und da aus (803.) $\frac{\partial Z_\psi}{\partial \psi} = \frac{1}{2} Q\lambda \sin\psi$, desgleichen für den Fall, wo ψ *vor* die Absperrung fällt, $Q = aP_1$ (819.), also $\frac{\partial Z_\psi}{\partial \psi} = \frac{1}{2} a\lambda P_1 \sin\psi$ und folglich

$$\frac{\partial^2 Z_\psi}{\partial \psi^2} = \tfrac{1}{2} a\lambda P_1 \cos\psi \text{ ist:}$$

$$830. \quad \frac{\partial^2 M_1}{\partial \psi^2} = \frac{4\varrho^2}{\delta^2 v_0^2 (1-\mu^2)} [2g(Z_\pi - Z_0 - a\lambda P_1)\cos\psi + 2\mu^2 v_0^2 N(\cos\psi^2 - \sin\psi^2)];$$

worin der Werth von ψ zu setzen ist, welchen (815.) giebt.

Für diesen Werth ist, weil hier $Q = aP_1$ (819.) sein soll,

$$831. \quad g(Z_\pi - Z_0 - a\lambda P_1) = -\mu^2 v_0^2 N \cos\psi;$$

also ist in (830.)

$$\frac{\partial^2 M_1}{\partial \psi^2} = \frac{4\varrho^2}{\delta^2 v_0^2 (1-\mu^2)} [-2\mu^2 v_0^2 N \cos\psi^2 + 2\mu^2 v_0^2 N(\cos\psi^2 - \sin\psi^2)] \text{ oder}$$

$$832. \quad \frac{\partial^2 M_1}{\partial \psi^2} = -\frac{8\varrho^2 \mu^2 v_0^2 N \sin\psi^2}{\delta^2 v_0^2 (1-\mu^2)} = -\frac{8\varrho^2 \mu^2 N \sin\psi^2}{\delta^2 v_0^2 (1-\mu^2)}.$$

Dieser Werth von $\frac{\partial^2 M_1}{\partial \psi^2}$ ist *immer negativ;* also giebt es einen gröfsten Werth von M_1, für einen kleinsten Werth von ψ, *insofern* der Werth von ψ, welchen für diesen Fall (820.) giebt, kleiner als ε ist.

B. Ist es anders und fällt die kleinste, oder die gröfste Geschwindigkeit nicht *vor,* sondern *hinter* die Absperrung, so ist für (829.):

$$833. \quad \frac{\partial^2 Z_\psi}{\partial \psi^2} = \frac{\partial(\frac{1}{2} Q\lambda \sin\psi)}{\partial \psi} \text{ (803.)} = \tfrac{1}{2} Q\lambda \cos\psi + \tfrac{1}{2}\lambda \sin\psi \frac{\partial Q}{\partial \psi},$$

also in (829.)

$$834. \quad \frac{\partial^2 M_1}{\partial \psi^2} = \frac{4\varrho^2}{\delta^2 v_0^2 (1-\mu^2)} \Big[2g(Z_\pi - Z_0 - Q\lambda)\cos\psi - 2g\lambda \sin\psi \cdot \frac{\partial Q}{\partial \psi} + 2\mu^2 v_0^2 N(\cos\psi^2 - \sin\psi^2)\Big];$$

worin nun wieder der Werth von ψ zu setzen ist, welchen (815.) giebt; also

$$835. \quad g(Z_\pi - Z_0 - Q\lambda) = -\mu^2 v_0^2 N \cos\psi.$$

Dies giebt in (834.)

$$836. \quad \frac{\partial^2 M_1}{\partial \psi^2} = \frac{4\varrho^2}{\delta^2 v_0^2 (1-\mu^2)} \Big[-2\mu^2 v_0^2 N \sin\psi^2 - 2g\lambda \sin\psi \cdot \frac{\partial Q}{\partial \psi}\Big].$$

Da hier Q den Werth (821.) hat, so ist

837. $$\frac{\partial Q}{\partial \psi} = a(n+P_1)(\tfrac{1}{2}\lambda(1-\cos\varepsilon)+c)\cdot-\frac{\frac{1}{2}\lambda\sin\psi}{(\frac{1}{2}\lambda(1-\cos\psi)+c)^2},$$

oder auch, wenn man hier, so wie in (836.), nach (766.), x statt ψ einführt,

838. $$\frac{\partial Q}{\partial \psi} = -\frac{a(n+P_1)(\lambda_1+c)}{(x+c)^2}\cdot\tfrac{1}{2}\lambda\sin\psi$$

und in (836.)

839. $$\frac{\partial^2 M_1}{\partial \psi^2} = \frac{4\varrho^2\sin\psi^2}{\delta^2 v_0^2(1-\mu^2)}\left[-2\mu^2 v_0^2 N+\frac{g\lambda^2 a(n+P_1)(\lambda_1+c)}{(x+c)^2}\right],$$

oder auch, mit Rücksicht auf (824.),

840. $$\frac{\partial^2 M_1}{\partial \psi^2} = \frac{4\varrho^2\sin\varphi^2}{\delta^2 v_0^2(1-\mu^2)}\left[-2A+\frac{B\lambda}{(x+c)^2}\right],$$

und es kommt nun darauf an, ob $-2A+\frac{B\lambda}{(x+c)^2}$ mit dem Werthe von x, welchen (825.) giebt, positiv oder negativ ist. Ist er ***negativ,*** so giebt es ***nach*** der Absperrung ein ***gröfstes*** M_1, für eine ***kleinste*** Geschwindigkeit μv_0. Ist er ***positiv,*** so giebt es ein ***gröfstes*** M_1, für eine ***gröfste*** Geschwindigkeit $\mu_1 v_0$, wo $\mu_1>1$, folglich $1-\mu_1^2$ negativ und mithin $\frac{\partial^2 M_1}{\partial \psi^2}$ wiederum ***negativ*** ist.

548.

Wir wollen nun ein Beispiel in Zahlen, und zwar an einer grofsen Maschine geben. Es sei

841.

Der Kolbenlauf im Dampfstiefel	$\lambda = 8$ F.,
Die Absperrung	$\lambda_1 = 2$ F.,
So dafs nach der Tafel in (§. 270.)	$k = 2{,}085$ ist.
Die Kolbenfläche sei	$a = 20$ Q. F.,
Die Länge des Kurbel-Arms	$\varrho = 2$ F.,
Der Durchmesser des Schwungrades	$\delta = 16$ F.,
Die Geschwindigkeit der Kurbelwarze am Anfange und am Ende des halben Umlaufs .	$v_0 = 1$ F.,
Die kleinste Geschwindigkeit der Kurbelwarze	$\mu v_0 = \frac{1}{2}$ F.,
Die gröfste Geschwindigkeit derselben . . .	$\mu_1 v_0 = 2$ F.,
Die Dampfspannung im Stiefel auf den Quadratfufs	$P_1 = 8000$ Pfd.,
Gemäfs (478.)	$n = 257$,
Und, wie überall angenommen ist, ...	$c = \frac{1}{20}\lambda = 0{,}4$ F.

Dieses giebt zunächst für das Moment der Kraft des Dampfkolbens, nach (816.),

842. $Z_\pi - Z_0 = 20[8257.2,4.2,085 - 257.8] = 785240$,

also für die Kraft des Dampfkolbens selbst:

843. $\frac{Z_\pi - Z_0}{\lambda} = \frac{785240}{8} = 98155$ Pfd.

Mit dieser Kraft vermag die Maschine die Pumpen in Bewegung zu setzen, und zwar mit dem Hube $\lambda = 8$ F. Soll sie doppelt wirken, so mufs ein ungefähr gleiches *Gegengewicht* vorhanden sein. Es ist also an jeder Seite des Drehpuncts des Wagebalkens ein Gewicht von 98155 Pfd. in Bewegung zu setzen. Dies Gewicht N ist aber in (§. 545. *A.*) auf die Bläuelstange der *Kurbel* gebracht angenommen; also ist nach dem Gesetz des Beharrungsvermögens:

844. $N.(2\varrho)^2 = 98\,155.\lambda^2$ oder $16N = 64.98\,155$ und also
$N = 392620$ Pfd.

Da hierzu noch die Masse des Wagebalkens, der Kolben, Stangen, etc. kommt, so mag

845. $N = 400\,000$ Pfd.

gesetzt werden.

Dies giebt in (824.)

846. $\begin{cases} 1. & A = 400\,000.(\frac{1}{2})^2 = 100000 \text{ und} \\ 2. & B = 20.15\frac{5}{8}.8.8257.2,4 = 49\,542\,000 \end{cases}$ und $\frac{B}{A} = 495,42.$

Ferner, zunächst in (828.),

847. $x = 4 - \frac{49\,542\,000.(8 - 2,4.2,085)}{200\,000.2,4} = -306$;

also fällt kein gröfster oder kleinster Werth von v *vor* die Absperrung, und man mufs folglich x aus (825.) nehmen. Dies giebt

848. $x = \frac{1}{4}[495,42.2,085 + 7,2 \pm \sqrt{((495,42.2,085 + 8,8)^2 - 8.8.495,42)}]$
$= 3,43$ F.

Für dieses x würde ein gröfstes oder kleinstes M Statt finden. Nach (840.) ist für den Werth von x (848.) $\frac{\partial^2 M_1}{\partial \psi^2}$ offenbar bei weitem *positiv;* also giebt x (848.) nicht das gesuchte *gröfste* M_1, sondern man mufs M_1 und x nicht für die *kleinste*, sonderu für die *gröfste* Geschwindigkeit $\mu_2 v_0 = 2$ F., welche Statt finden soll, suchen.

Für diese ist in (824.)

849. $\begin{cases} 1. & A = 400000.2^2 = 1600000 \\ 2. & B \text{ wie vorher } = 49542000 \end{cases}$ und $\frac{B}{A} = 30{,}97$

und ferner nach (825.)

850. $x = \frac{1}{4}[30{,}98.2{,}085 + 7{,}2 \pm \sqrt{((30{,}97.2{,}085 + 8{,}8)^2 - 8.8.30{,}97)}]$
$= 5{,}56$ F.

Für dieses x ist in (840.)

851. $-2A + \frac{B\lambda}{(x+c)^2} = -3200000 + \frac{49542000.8}{5{,}96^2} > 0,$

also ist, da jetzt $1 - \mu_1^2 = -3$ negativ ist, $\frac{\partial^2 M_1}{\partial \psi^2}$ ***negativ***, und es giebt ein ***gröfstes*** M_1.

Für das zu dem x (850.) gehörige ψ ist

852. $\cos\psi = 1 - \frac{2x}{\lambda} = 1 - \frac{11{,}12}{8} = -0{,}39$ und $\sin\psi^2 = 0{,}8479.$

Ferner ist aus (758.) das dazu gehörige

853. $Z_\psi = 20\left[8257.2{,}4\left(\log\text{nat}\frac{5{,}96}{2{,}4} + \frac{2}{2{,}4}\right) - 257.5{,}56\right] = 662202.$

Dies nebst (845 und 842.) in (813.) gesetzt, giebt

854. $M_1 = \frac{4.15\frac{5}{8}[0{,}695.785240 - 662202] + 4.400000.0{,}8479}{(1-4)^2} \cdot \frac{4.4}{16^2}$
$= 41555$ Pf. $= 378$ Ctr.

Dies ist das dem Schwungrade nöthige Gewicht, damit die Geschwindigkeit nirgend um mehr als das *Doppelte* zunehme.

Wie aus (813.) zu sehen, wenn man diese Formel wie folgt schreibt:

855. $M_1 = \frac{4\varrho^2}{\delta^2}\left[\frac{4g}{v_0^2(1-\mu^2)}\left(\frac{1}{2}(Z_\pi - Z_0) - (Z_\psi - Z_0)\right) + \frac{\mu^2}{1-\mu^2} N \sin\psi^2\right],$

ist das nöthige Gewicht des Schwungrades um so geringer, je gröfser v_0 und δ ist. Je gröfser man also das Schwungrad macht, um so leichter kann es sein, und je geschwinder die Maschine sich bewegt, um so besser thut das vorhandene Schwungrad seine Dienste; um so weniger nemlich ist die Geschwindigkeit der Kurbel veränderlich.

In dem obigen Beispiele giebt es, wie sich zeigte, gar keine ***kleinste,*** sondern nur eine ***gröfste*** Geschwindigkeit. Dies wird auch in der Regel der Fall sein: denn gäbe es eine kleinste Geschwindigkeit $< v_0$, so müfste die Geschwindigkeit der Kurbelwarze wieder ***zunehmen,*** damit sie am Ende des halben Umlaufs wieder das Maafs v_0 erreiche; was aber nicht zu erwarten ist, da die Spannkraft des Dampfs fortwährend abnimmt. Doch folgt aus dieser Erwägung nicht unbedingt, dafs es hier nie eine kleinste Geschwindigkeit gebe. Um dies zu ermitteln, müfste man in (811.) den ersten Differential-Coëfficienten von v_ψ^2 gleich Null setzen, den daraus folgenden Werth von ψ in den zweiten Differential-Coëfficienten setzen und sehen, ob dann derselbe immer blofs *negativ* sei; was wir aber der Kürze wegen, als eben nicht sehr wesentlich, übergehen.

C. Doppelt wirkende Dampfmaschine mit Schwungrad, welche eine doppelt wirkende Luftpumpe zu treiben hat.

549.

Eine solche Maschine kommt sehr in Betracht, wenn man sich der Spannung *zusammengeprefster Luft* als bewegender Kraft auf Eisenbahnen bedienen will; auf die Weise, dafs man auf dem Zugwagen statt einer Dampfmaschine zusammengeprefste Luft in Behältern mit sich führt und ihre Spannkraft die Stelle der Dampfkraft vertreten läfst. Es wird daher interessant sein, eine solche Maschine zu untersuchen.

Da hier stets zusammengeprefste Luft von der *stärksten* nöthigen Spannung vorräthig sein mufs, um daraus das, was für die cylinderförmigen Behälter des Luftwagens nöthig ist, jederzeit nehmen zu können, so mufs ein *Sammelbehälter* da sein, in welchem die Luft durch die Pumpe stets auf die *stärkste* nöthige Spannung *erhalten* wird. Damit die Spannung nicht höher steige, werden, sobald dies zu erwarten, im Vorrath Cylinder für die Luftwagen daraus gefüllt. Wir nehmen den Sammelbehälter so grofs an, dafs darin durch *einen* Kolbenschlag der Luftpumpe, und selbst durch einige mehrere, die Spannung der Luft nicht merklich erhöht wird. Z. B. wenn die Luftpumpe bei jedem Kolbenschlage 100 C. F. atmosphärische Luft in den Behälter treibt, möge derselbe 200mal so viel, also 20 000 C. F. *atmosphärische* Luft fassen, also, wenn die Luft z. B. auf 10 Atm. Spannung zusammengeprefst werden soll, 2000 C. F. grofs sein. Er kann aus mehreren, mit einander in Verbindung stehenden Cylindern von angemessenem Durchmesser und mit halbkugelförmigen Böden bestehen. So kann man dann für die Maschine die stärkste Spannung der Luft, welche die Pumpe in den Behälter treibt, ohne merklichen Fehler als *unveränderlich* betrachten.

550.

A. In dem grofsen Luftpumpenstiefel müssen, eben so wie in einem Dampfkolbenstiefel, an den Böden *Spielräume* sein, damit der Luftkolben nicht *aufstofse.* In dem Spielraum, z. B. am untern Boden der Pumpe, wird sich also beim Anfange eines Ganges des Luftkolbens von unten nach oben und des Dampfkolbens von oben nach unten, *unter* dem Luftkolben Luft von der *stärksten* Spannung befinden, während *über* dem Luftkolben nur atmosphärische Luft ist. Die Spannung jener zusammengeprefsten und, so wie der Kolben weicht, allmälig sich ausdehnenden Luft, kommt daher der Wirkung des Dampfs auf den Dampfkolben im Anfange der Bewegung zu *Hülfe;* und zwar so lange, bis sich die *unter* dem Kolben befindliche Luft so weit ausgedehnt hat, dafs ihre Spannung nur noch der *über* dem Kolben befindlichen, jetzt schon etwas zusammengeprefsten atmosphärischen Luft *gleich* ist. Alsdann ist die *Hülfe* für die Dampfkraft *Null* geworden. Dies ist der *erste* Theil der Bewegung des Luftkolbens.

B. Da jetzt die Luft *unter* dem Luftkolben der *über* dem Kolben schon etwas zusammengeprefsten Luft das Gleichgewicht hält, so wird sie sich weiter ausdehnen, bis sie nur noch die Spannung der atmosphärischen Luft selbst hat, während die Luft *über* dem Kolben weiter zusammengeprefst wird. Hier also wirkt schon die Luft der Dampfkraft *entgegen.* Dies ist der *zweite* Theil der Bewegung des Luftkolbens.

C. Die Luft *unter* dem Luftkolben hat jetzt nur noch die Spannung der atmosphärischen Luft; diese tritt nunmehr von aufsen in den Luftstiefel ein. Die Luft *über* dem Kolben dagegen wird ferner zusammengeprefst; und dies geht so lange fort, bis sie über dem Kolben die *stärkste* verlangte Spannung erlangt hat. Auch hier wirkt die Luft dem Dampf *entgegen;* und dies ist der *dritte* Theil der Bewegung des Luftkolbens.

D. Von da, wo die Luft über dem Kolben die stärkste Spannung erlangt hat, wird sie nicht weiter zusammengeprefst, sondern der weiter aufsteigende Kolben treibt die zusammengeprefste Luft in den *Behälter.* Bis zum Ende des Kolbenlaufs ist also die Spannung der Luft *über* dem Kolben unveränderlich die *stärkste* verlangte, und *unter* dem Kolben ist sie die der Atmosphäre. Also wirkt wieder die Luft dem Dampf *entgegen.* Dies ist der *vierte* und letzte Theil der Bewegung des Luftkolbens.

Beim Zurückgange des Luftkolbens wiederholt sich der Reihe nach das Beschriebene; und so immer weiter.

E. Durch jeden Kolbenlauf wird so viel *atmosphärische* Luft in den Behälter getrieben, als der ganze Luftstiefel mit Einschlufs *eines* der Spielräume fafst, nach Abzug der auf die stärkste Spannung zusammengeprefsten, in dem einen Spielraum zurückbleibenden Luft.

F. Die Bewegung des *Dampfkolbens* hat, wie immer, nur *zwei* Theile: den *vor* der Absperrung und den *nach* der Absperrung. In *welchen* der vier Theile der Bewegung des *Luftkolbens* die Absperrung falle, hangt von den Umständen, nemlich von der erlangten stärksten Spannung der Luft und von der Gröfse der Spielräume ab.

G. Da gegen das Ende der Bewegung, gerade da, wo die Luftspannung, der Dampfspannung entgegen, am *stärksten* geworden ist, die Dampfspannung am *schwächsten* ist, so ist hier ein *Schwungrad* ganz besonders nöthig und unentbehrlich; denn nur das Beharrungsvermögen seiner in Bewegung gesetzten Masse kann die Fortsetzung der Bewegung hervorbringen und machen, dafs die Geschwindigkeit der Kurbel, wie es sein soll, am Ende des halben Umlaufs wieder eben so stark ist, als sie es am Anfange war. Es kommt also hier auch *ganz besonders* auf das Schwungrad an.

a. Berechnung der Wirkung der Maschine.

551.

Es sei

α. ***Für den Dampfstiefel:***

1. a Q. F. die Fläche des Dampfkolbens, wie oben;
2. λ F. der ganze Lauf desselben, desgleichen;
3. $\lambda_1 = \sigma\lambda$ sein Lauf bis zur Absperrung des Dampfs;
4. $ac = a\eta\lambda$ C. F. der Inhalt jedes der beiden Spielräume des Kolbens, oben und unten;
5. P_1 Pfd. der Druck des Dampfs *vor* der Absperrung auf den Quadratfufs Kolbenfläche;
6. p Pfd. der Druck des niedergeschlagenen Dampfs, eben so;
7. x F. der vom Dampfkolben vom Anfange seiner Bewegung an während eines Laufs zurückgelegte Weg;
8. P_x Pfd. der Druck des Dampfs, nachdem der Kolben den Weg x zurückgelegt hat;
9. Q_x Pfd. die Kraft des Dampfkolbens, nach Abzug des Widerstandes der Luftpumpe, eben so.

β. Für die Luftpumpe:

10. $b = \nu a$ Q. F. die Fläche des Luftkolbens;
11. $s = \tau\lambda$ F. der ganze Lauf desselben;
12. $s_1 = \tau\lambda_1$ F. der Lauf desselben bis zur Absperrung des Dampfs im Dampfstiefel;
13. $s_0 = \tau\lambda_0$ F. der Lauf desselben bis dahin, wo der Druck auf den Luftkolben *Null* ist; also der *erste* Theil des Kolbenlaufs (§. 550. *A.*);
14. $s_\beta = \tau\lambda_\beta$ F. der Lauf des Luftkolbens bis dahin, wo die Luft *hinter* dem Kolben nur noch die Spannung der Atmosphäre hat, also bis zum Ende des *zweiten* Theils des Kolbenlaufs (§. 550. *B.*);
15. $s_m = \tau\lambda_m$ F. der Lauf des Luftkolbens bis dahin, wo die Luft *vor* den Kolben auf die verlangte *stärkste* Spannung zusammengepreſst ist, also bis zum Ende des *dritten* Theils des Kolbenlaufs;
16. $b\gamma = \gamma\nu a = es a\nu$ C. F. der Inhalt jedes der beiden Spielräume des Kolbens, oben und unten;
17. β Pfd. die Spannung der atmosphärischen Luft auf 1 Q. F.
18. $\mu\beta$ Pfd. die verlangte *stärkste wirksame* Spannung der zusammengepreſsten Luft auf 1 Q. F.; also der *Überschuſs* der Spannung der zusammengepreſsten Luft über die der Atmosphäre;
19. $z = \tau x$ F. der vom Luftkolben während eines Laufs von 0 an zurückgelegte Weg;
20. R_z Pfd. der *wirksame* Druck auf den Quadratfuſs des Luftkolbens am Ende dieses Weges;
21. R_1, R_2, R_3, R_4 Pfd. dieser veränderliche *wirksame* Druck während des ersten, zweiten, dritten und vierten Theils (§. 550. *A.* — *D.*) der Bewegung des Kolbens, auf den Q. F. Kolbenfläche;
22. ω die Zahl der Cubikfuſse atmosphärischer Luft, welche eine Pferdekraft durch die Luftpumpe in *1 Minute* in den Behälter bringt.

γ. Für die Kurbel und das Schwungrad.

23. ϱ F. die Länge des Kurbel-Arms, wie oben;
24. ψ der Winkel, welchen die Kurbel, nachdem der Dampfkolben den Weg x zurücklegte, durchlaufen hat;
25. ψ_1 dieser Winkel für $x = \lambda_1$;
26. ψ_0 dieser Winkel für $x = \sigma_0$;
27. ψ_m dieser Winkel für $x = \sigma_m$;

28. M Pfd. die auf den Angriffspunct der Kurbel gebrachte Masse des Schwungrades;

29. M_1 Pfd das Gewicht des Schwungrades;

30. Δ F. sein Durchmesser, so dafs $M\varrho^2 = \frac{1}{4} M_1 \Delta^2$ ist;

31. q_ψ die beschleunigende Kraft im Angriffspunct der Kurbel, senkrecht auf dieselbe;

32. v_ψ die Geschwindigkeit des Angriffspuncts der Kurbel für den Winkel ψ.

δ. *Für die Reibung:*

33. q Pfd. auf den Q. F. *Dampfkolbenfläche* der Betrag der Reibung der leergehenden Maschine;

34. δR_2 Pfd. auf den Quadratfufs *Luftkolbenfläche,* der Betrag der aus dem Widerstande R_z entstehenden Reibung.

ε. *Ferner, wie überall weiter oben:*

35. $2g = 31{,}25$ F. die Geschwindigkeit, welche ein Körper beim freien Falle nach der ersten Secunde erlangt.

ζ. *Endlich:*

36. D. Das gesammte *Moment* des *Dampfkolbens* für einen Kolbenlauf;

37. L das gesammte *Moment* des *Luftkolbens,* eben so.

552.

Da die von der Kurbel in Bewegung zu setzende Masse des Schwungrades *unveränderlich* ist und die Masse des Wagebalkens, deren Einflufs auf die Ergebnisse nur unbedeutend ist, der Kürze wegen aufser Acht gelassen werden kann, *so geht offenbar keine lebendige Kraft verloren* und man kann, ganz wie Herr *v. Pambour,* schliefsen, dafs das Moment der Wirkung des Dampfs auf den Dampfkolben dem der Luft auf den Luftkolben *gleich,* also dafs

856. $$D = L$$

sein mufs. Daraus mufs sich, wenn die Maafse der Luftpumpe gegeben sind, nebst der stärksten Spannung $\mu\beta$, auf welche die Luft zusammengeprefst werden soll, oder auch blofs die Masse atmosphärischer Luft, welche durch einen Kolbenschlag auf die Spannung $\mu\beta$ gebracht und in den Sammelbehälter getrieben werden soll, das Nöthige für den Dampfstiefel ergeben. Es sind daher zunächst die Ausdrücke der Momente D und L des Dampfkolbens und des Luftkolbens zu suchen.

553.

Das Moment D des *Dampfkolbens* ist das nemliche, wie bei jeder andern Dampfmaschine mit Absperrung. Es ist daher, da die Bezeichnungen hier dieselben sind, wie weiter oben, ganz nach (Form. 91.), und zwar nach Abzug des Moments $a\lambda(p+\varphi)$ der dem Dampfkolben entgegenwirkenden und unveränderlich angenommenen Spannung p des niedergeschlagenen Dampfs und der Reibung φ der leergehenden Maschine:

857. $$\begin{cases} D = a(\lambda_1+c)(n+P_1)\left(\log\frac{\lambda+c}{\lambda_1+c}+\frac{\lambda_1}{\lambda_1+c}\right)-a\lambda(n+p+\varphi), \text{ oder auch} \\ D = a\lambda[(\sigma+\eta)(n+P_1)k-(n+p+\varphi)] \text{ (§. 551. Form. 107.).} \end{cases}$$

554.

Von der Bewegung des *Luftkolbens* reicht

Der *erste* Theil von $z=0$ bis $z=s_0$,
Der *zweite* Theil von $z=s_0$ bis $z=s_\beta$,
Der *dritte* Theil von $z=s_\beta$ bis $z=s_m$,
Der *vierte* Theil von $z=s_m$ bis $z=s$.

Nur im *ersten* Theile der Bewegung kommt die Kraft bR_1 der Kraft des Dampfkolbens *zu Hülfe;* im *zweiten, dritten* und *vierten* Theile wirken die Kräfte bR_2, bR_3 und bR_4 der Kraft des Dampfkolbens *entgegen* (§. 550. *A, B, C, D*). Die aus allen vier Kräften bR_1, bR_2, bR_3 und bR_4 entstehenden *Reibungen* δbR_1, δbR_2, δbR_3 und δbR_4 wirken *sämmtlich* der Kraft des Dampfkolbens *entgegen.* Also ist das dem Moment D des *Dampfkolbens entgegenstehende* Moment L des *Luftkolbens:*

858. $$L = b(\delta+1)\left[\frac{\delta-1}{\delta+1}\int_0^{s_0}(R_1\partial z)+\int_{s_0}^{s_\beta}(R_2\partial z)+\int_{s_\beta}^{s_m}(R_3\partial z)+\int_{s_m}^{s}(R_4\partial z)\right].$$

555.

Es kommt nun zunächst auf die Werthe von s_0, s_β, s_m und von R_1, R_2, R_3, R_4 an.

A. Im Anfange der Bewegung ist die Spannung der *hinter* dem Luftkolben in dem *Spielraum* befindlichen, auf die *stärkste wirksame* Spannung $\mu\beta$ (§. 551. 18.) zusammengepreſsten Luftmasse $b\gamma$ (§. 551. 16.) gleich $(\mu+1)\beta$. Hat der Kolben den Weg z (§. 551. 19.) zurückgelegt, so hat sich diese Luftmasse in den Raum $b(\gamma+z)$ *ausgedehnt* und ihre Spannung ist also, dem *Mariotte*schen Gesetze zufolge, nur noch $=\frac{b\gamma}{b(\gamma+z)}(1+\mu)\beta$

859. $$=\frac{\gamma\beta(1+\mu)}{\gamma+z}.$$

Die *vor* dem Kolben im Anfange der Bewegung befindliche Luftmasse nimmt den Raum $b(\gamma+s)$ (§. 551. 11.) ein und hat die Spannung β (§. 551. 17.) der *atmosphärischen* Luft. Nachdem der Kolben den Weg z zurückgelegt hat, ist sie in den Raum $b(\gamma+s-z)$ *zusammengepreſst* worden. Ihre Spannung beträgt also dann $\frac{b(\gamma+s)}{b(\gamma+s-z)}\cdot\beta$

860. $$=\frac{\beta(\gamma+s)}{\gamma+s-z}.$$

Diese Spannung, (da in (858.) R_1 *negativ* eingeführt worden ist) von der (859.) *abgezogen*, giebt

861. $$R_1=\beta\cdot\frac{\gamma(1+\mu)}{\gamma+z}-\beta\cdot\frac{\gamma+s}{\gamma+s-z}\quad(\text{§. 551. 21.})$$

für die dem Dampf im *ersten* Theile der Bewegung des Luftkolbens *zu Hülfe kommende* Spannung der Luft im Luftstiefel, auf den Quadratfuſs Kolbenfläche.

Für $z=s_0$ soll $R_1=0$ werden; also ergiebt sich aus (861.), $R_1=0$ und $z=s_0$ gesetzt:

$$\gamma(1+\mu)(\gamma+s-s_0)=(\gamma+s_0)(\gamma+s)\text{ oder}$$
$$\gamma^2+\gamma s-\gamma s_0+\gamma^2\mu+\gamma s\mu-\gamma s_0\mu=\gamma^2+\gamma s+\gamma s_0+ss_0\text{ oder}$$
$$\gamma\mu(\gamma+s)=s_0(\mu\gamma+2\gamma+s)\text{ und}$$

862. $$s_0=\frac{\mu\gamma(\gamma+s)}{(\mu+2)\gamma+s}.$$

B. Im *zweiten* Theile der Bewegung des Kolbens ist die Luft *hinter* dem Luftkolben, für ein $z>s_0$, weiter bis auf die Spannung $\frac{\beta\gamma(1+\mu)}{\gamma+z}$ (859.) *ausgedehnt* und die Luft *vor* dem Kolben weiter bis auf die Spannung $\frac{\beta(\gamma+s)}{\gamma+s-z}$ (860.) *zusammengepreſst* worden. Aber da für diesen Theil der Bewegung R_2 in (858.) *positiv* eingeführt wurde, so ist jetzt für (858.)

863. $$R_2=\beta\cdot\frac{\gamma+s}{\gamma+s-z}-\beta\cdot\frac{\gamma(1+\mu)}{\gamma+z}$$

zu setzen.

Für $z=s_\beta$ (§. 551. 14.) soll die Spannung der Luft *hinter* dem Kolben nur noch die β der Atmosphäre sein: also giebt (859.) für $z=s_\beta$: $\frac{\gamma\beta(1+\mu)}{\gamma+s_\beta}=\beta$

oder $\gamma(1+\mu)=\gamma+s_\beta$ und folglich

$$864.\quad s_\beta=\gamma\mu.$$

C. Im *dritten* Theile der Bewegung des Kolbens hat die Luft *hinter* dem Kolben *unveränderlich* nur noch die Spannung β der Atmosphäre, während die Luft *vor* dem Kolben weiter auf die Spannung $\frac{\beta(\gamma+s)}{\gamma+s-z}$ (860.) zusammengeprefst worden ist: also ist

$$865.\quad R_3=\beta\cdot\frac{\gamma+s}{\gamma+s-x}-\beta=\beta\cdot\frac{z}{\gamma+s-z}.$$

Für $z=s_m$ (§. 651. 15.) soll die Luft *vor* dem Kolben die *stärkste* verlangte Spannung $(\mu+1)\beta$ (§. 551. 18.) erreicht haben; also giebt (860.): $\frac{\beta(\gamma+s)}{\gamma+s-s_m}=\beta(1+\mu)$, oder $\gamma+s=(1+\mu)(\gamma+s-s_m)$, oder $0=\mu(\gamma+s)-(1+\mu)s_m$, also

$$866.\quad s_m=\frac{\mu(\gamma+s)}{1+\mu}.$$

D. Im *vierten* Theile der Bewegung des Kolbens endlich hat die Luft *hinter* demselben wieder *unveränderlich* die Spannung β der Atm., und *vor* dem Kolben jetzt ebenfalls *unveränderlich* die *stärkste* Spannung $(1+\mu)\beta$, also ist

$$867.\quad R_4=(1+\mu)\beta-\beta=\mu\beta.$$

556.

Setzt man nun die Werthe von R_1, R_2, R_3 und R_4 (861., 863., 865. und 866.) in (858.), so erhält man

$$C=b\beta\begin{cases}\delta-1\Big(\int_0^{s_0}\frac{\gamma(1+\mu)}{\gamma+z}\cdot\partial z-\int_0^{s_0}\frac{\gamma+s}{\gamma+s-z}\cdot\partial z\Big)\\ +(\delta+1)\Big(\int_{s_0}^{s_\beta}\frac{\gamma+s}{\gamma+s-z}\cdot\partial z-\int_{s_0}^{s_\beta}\frac{\gamma(1+\mu)}{\gamma+z}\cdot\partial z\Big)\\ +(\delta+1)\Big(\int_{s_\beta}^{s_m}\frac{\gamma+s}{\gamma+s-z}\cdot\partial z-\int_{s_\beta}^{s_m}\partial z\Big)\\ +(\delta+1)\int_{s_m}^{s}u\,\partial z,\end{cases}$$

oder

$$868.\quad L=(1+\delta)b\beta\Big[(\gamma+s)\int_0^{s_m}\frac{\partial z}{\gamma+s-z}+\mu\int_{s_m}^{s}\partial z-\gamma(1+\mu)\int_0^{s_\beta}\frac{\partial z}{\gamma+z}-\int_{s_\beta}^{s_m}\partial z\Big]$$
$$-2\delta b\beta\Big[(\gamma+s)\int_0^{s_0}\frac{\partial z}{\gamma+s-z}-\gamma(1+\mu)\int_0^{s_0}\frac{\partial z}{\gamma+z}\Big].$$

Es ist

$$869.\quad \begin{cases} 1.\ \int \frac{\partial z}{\gamma+s-z} = -\log(\gamma+s-z)+\text{Const.}, \\ 2.\ \int \frac{\partial z}{\gamma+z} = +\log(\gamma+z)+\text{Const.}, \\ 3.\ \int \partial z = z+\text{Const.} \end{cases}$$

Dies giebt für $z=0$, in (869. 1.), Const. $=\log(\gamma+s)$, also

$$870.\quad \int_0^{s_m} \frac{\partial z}{\gamma+s-z} = \log\frac{\gamma+s}{\gamma+s-s_m} = \log\frac{\gamma+s}{\gamma+s-\frac{\mu(\gamma+s)}{1+\mu}}\ (866.) = \log(1+\mu)$$

und

$$871.\quad \int_0^{s_0} \frac{\partial z}{\gamma+s-z} = \log\frac{\gamma+s}{\gamma+s-s_0} = \log\frac{\gamma+s}{\gamma+s-\frac{\mu\gamma(\gamma+s)}{(\mu+2)\gamma+s}}\ (862.)$$

$$= \log\frac{(\mu+2)\gamma+s}{2\gamma+s}.$$

Ferner ist für (869. 2.) Const. $=-\log\gamma$; also ist

$$872.\quad \int_0^{s_\beta} \frac{\partial z}{\gamma+z} = \log\frac{\gamma+s_\beta}{\gamma} = \log\frac{\gamma+\gamma\mu}{\gamma}\ (864.) = \log(1+\mu) \text{ und}$$

$$873.\quad \int_0^{s_0} \frac{\partial z}{\gamma+z} = \log\frac{\gamma+s_0}{\gamma} = \log\frac{\gamma+\frac{\mu\gamma(\gamma+s)}{(\mu+2)\gamma+s}}{\gamma}\ (869.)$$

$$= \log\frac{(\mu+2)\gamma+s+\mu(\gamma+s)}{(\mu+2)\gamma+s} = \log\frac{(1+\mu)(2\gamma+s)}{(\mu+2)\gamma+s}.$$

Sodann giebt (869. 3.) für $z=s_m$: Const. $=-s_m$, und für $z=s_\beta$, Const. $=-s_\beta$; also ist

$$874.\quad \int_{s_m}^{s} \partial z = s-s_m = s-\frac{\mu(\gamma+s)}{1+\mu}\ (866.) = \frac{s-\mu\gamma}{1+\mu} \text{ und}$$

$$875.\quad \int_{s_\beta}^{s_m} = s_m-s_\beta = \frac{\mu(\gamma+s)}{1+\mu}-\gamma\mu\ (866. \text{ und } 864.)$$

$$= \frac{\mu\gamma+\mu s-\mu\gamma-\mu^2\gamma}{1+\mu} = \frac{\mu(s-\mu\gamma)}{1+\mu}.$$

Setzt man nun die Ausdrücke (870. bis 875.) in (868.), so findet sich

$$876.\quad L = (1+\delta)b\beta\Big[(\gamma+s)\log(1+\mu)+\mu\cdot\frac{s-\mu\gamma}{1+\mu}-\gamma(1+\mu)\log(1+\mu)-\mu\cdot\frac{s-\mu\gamma}{1+\mu}\Big]$$

$$-2\delta b\beta\Big[(\gamma+s)\log\frac{(\mu+2)\gamma+s)}{2\gamma+s}-\gamma(1+\mu)\log\frac{(1+\mu)(2\gamma+s)}{(\mu+2)\gamma+s}\Big].$$

Der Factor von $+2\delta b\beta$ ist

$$\gamma(1+\mu)\log(1+\mu)+\gamma(1+\mu)\log(2\gamma+s)-\gamma(1+\mu)\log(s+(\mu+2)\gamma)$$
$$+(\gamma+s)\log(2\gamma+s)-(\gamma+s)\log(s+(\mu+2)\gamma)$$
$$=\gamma(1+\mu)\log(1+\mu)+(s+(\mu+2)\gamma)\log(2\gamma+s)$$
$$-(s+(\mu+2)\gamma)\log(s+(\mu+2)\gamma),$$

877. $$=\gamma(1+\mu)\log(1+\mu)+(s+(\mu+2)\gamma)\log\frac{2\gamma+s}{s+(\mu+2)\gamma};$$

also ist in (876.)

$$L=(1+\delta)b\beta(s-\mu\gamma)\log(1+\mu)$$
$$+\left[\gamma(1+\mu)\log(1+\mu)+(s+(\mu+2)\gamma)\log\frac{2\gamma+s}{s+(\mu+2)\gamma}\right]2\delta b\beta \text{ oder}$$

$$L=b\beta\Big[(s-\mu\gamma)\log(1+\mu)$$
$$+\delta(s-\mu\gamma+2\gamma(1+\mu))\log(1+\mu)+2\delta(s+(\mu+2)\gamma\log\frac{2\gamma+s}{s+(\mu+2)\gamma}\Big] \text{ oder}$$

$$L=b\beta\Big[(s-\mu\gamma)\log(1+\mu)$$
$$+\delta(s+(\mu+2)\gamma)\Big(\log(1+\mu)+2\log\frac{2\gamma+s}{s+(\mu+2)\gamma}\Big)\Big] \text{ oder}$$

878. $$L=b\beta\Big[(s-\mu\gamma+\delta(s+(\mu+2)\gamma))\log(1+\mu)$$
$$+2\delta(s+(\mu+2)\gamma)\log\frac{2\gamma+s}{s+(\mu+2)\gamma}\Big].$$

Setzt man hierin noch nach (§. 551. 16.) $\gamma=es$, so erhält man

879. $$\begin{cases} L=sb\beta\Big[(1-\mu e+\delta(1+(\mu+2)e))\log(1+\mu) \\ \qquad +2\delta(1+(\mu+2)e)\log\frac{1+2e}{1+(\mu+2)e}\Big] \text{ oder} \\ L=sb\beta\Big[(1+\delta+e(2\delta+\mu(\delta-1)))\log\text{nat}(1+\mu) \\ \qquad -2\delta(1+e(\mu+2))\log\text{nat}\Big(1+\frac{\mu e}{1+2e}\Big)\Big], \end{cases}$$

für das ***Moment des Luftkolbens***, oder, wenn man der Kürze wegen

880. $$[1+\delta+e(2\delta+\mu(\delta-1))]\log\text{Brigg}(1+\mu)$$
$$-2\delta(1+e(\mu+2))\log\text{Brigg}\Big(1+\frac{\mu e}{1+2e}\Big)=H$$

setzt, weil die Briggische Logarithmen, mit $\log\text{nat}\,10=2{,}3026$ multiplicirt, die natürlichen geben:

881. $$L=sb\beta H\log\text{nat}\,10.$$

557.

A. Man setze, der Dampfkolben, und folglich auch der Luftkolben, mache

882. K Schläge in der Minute,

so ist das Moment der Luftpumpe

883. $KL = s b \beta H K \log \text{nat} 10$ für die Minute.

Dieses Moment betrage n Pferdekräfte $\varepsilon = 30800$ (116.) auf die Minute, so ist

884. $$n = \frac{s b \beta H K \log \text{nat} 10}{\varepsilon}.$$

B. Durch einen Kolbenschlag bringt nach (§. 550. *E.*) die Luftpumpe $b(s+\gamma) - b(\mu+1)\gamma = b(s-\mu\gamma)$ Cub.-F. *atmosphärische* Luft in den Behälter, folglich durch K Kolbenschläge

885. $Kb(s-\mu\gamma)$ Cub. F. atm. Luft.

Dies ist die Wirkung von n (884.) Pferdekräften, folglich ist die Zahl ω (§. 551. 22.) der Cubikfufse atmosphärischer Luft, welche *Eine* Pferdekraft in der Minute in den Behälter bringt:

886. $$\omega = \frac{Kb(s-\mu\gamma)}{n} = \frac{\varepsilon K b (s-\mu\gamma)}{s b \beta H K \log \text{nat} 10} \text{ (884.)} = \frac{\varepsilon(s-\mu\gamma)}{s \beta H \log \text{nat} 10} = \frac{\varepsilon(1-\mu e)}{\beta H \log \text{nat} 10},$$

oder, da $\varepsilon = 30800$ (116.), $\beta = 2173$ (50.) und $\log \text{nat} 10 = 2{,}3026$ ist,

887. $$\omega = 6{,}1557 \cdot \frac{1-\mu e}{H}.$$

Für $e = 0$ würde in (880.)

888. $$H = (1+\delta) \log \text{Brigg} (1+\mu),$$

also in (887.) blofs

889 $$\omega = \frac{6{,}1577}{(1+\delta) \log \text{Brigg} (1+\mu)}$$

sein.

C. Um zu sehen, welchen Einflufs die Gröfse des Spielraums $\gamma = se$ an den Böden des Luftpumpenstiefels auf die Wirkung der Pumpe hat, wollen wir

890. $e = 0{,}05$, $e = 0{,}02$, $e = 0{,}01$ und auch $e = 0$

annehmen. Setzt man dann für die Reibung, wie bei den *Cornwallis*schen Dampfmaschinen,

891. $\delta = 0{,}07$,

so ergiebt sich für die Zahl ω der Cubikfufse atmosphärischer Luft, welche *Eine Pferdekraft* in 1 Minute in den Behälter bringt, in welchem die Luft bis auf μ Atmosphären *wirksamer* Spannung zusammengeprefst sich befindet:

892.

Für $\mu=$	0,1	0,5	1	2	4	6	8	10	15	20	Atmosphären.
$\omega=$	138,98	32,62	19,04	11,96	8,079	6,588	5,731	5,128	3,862	0	für $e=0{,}05$,
$\omega=$	138,99	32,65	19,09	12,02	8,174	6,732	5,935	5,411	4,609	4,113	für $e=0{,}02$,
$\omega=$	139,00	32,66	19,10	12,04	8,203	6,771	5,991	5,471	4,704	4,255	für $e=0{,}01$,
$\omega=$	139,00	32,67	19,11	12,06	8,231	6,808	6,029	5,524	4,777	4,350	für $e=0$.

Hieraus ergiebt sich, dafs die Wirkung der Pumpe zwar allerdings abnimmt, so wie der Spielraum einen *gröfsern* Theil des Kolbenlaufs beträgt, aber keinesweges so bedeutend, als es vielleicht zu vermuthen gewesen wäre. Für geringe Spannungen μ der Luft im Behälter ist die Abnahme fast unmerklich, und selbst bei der sehr starken Spannung von 10 Atm. ist die Wirkung der Pumpe, wenn der Spielraum, wie in Dampfstiefeln gewöhnlich, den 20ten Theil des Kolbenlaufs beträgt, nur erst um etwas über 6 p. C. geringer, als wenn der Spielraum nur den 100ten Theil des Kolbenlaufs ausmacht. Die Ursache davon ist offenbar die, dafs die in dem Spielraum zurückbleibende, nicht in den Behälter gelangende zusammengeprefste Luft im Anfange der Bewegung des Kolbens der Kraft, die ihn treibt, zu Hülfe kommt. Es ist daher auch nicht nöthig, selbst bis zur Spannung von 10 Atm., den Spielraum gerade so klein zu machen, als möglich; vielmehr kann derselbe bis dahin recht gut, wie im Dampfstiefel, den 20ten Theil des Kolbenlaufs betragen. Für noch stärkere Spannungen, die indessen nur selten vorkommen dürften, mufs er allerdings kleiner sein; denn z. B. für 20 Atm. Spannung würde die Pumpe mit einem Spielraum von 5 p. C. des Kolbenlaufs *gar keine* Luft mehr in den Behälter bringen; wie aus (885.) zu sehen. Dann darf der Spielraum nur etwa der 100te Theil des Kolbenlaufs sein; was auch recht gut angeht, da schon die *Kurbel* den Kolben vom Aufstofsen zurückhält und jedenfalls leicht noch etwa nöthige Vorrichtungen gegen das Aufstofsen anzubringen sein werden. Da überhaupt bei einigermaafsen starken Spannungen, z. B. von 10 Atm., der Luftpumpenstiefel immer schon sehr grofs, wohl 6, 8, 10 und mehrere Fufs hoch nöthig sein wird, so kann man, wenn man will, auch schon bei 10 Atm. Spannung, und weniger, dem Spielraume blofs den 100ten Theil des Kolbenlaufs zur Höhe geben; es wird immer noch über ein Zoll für den Spielraum bleiben.

D. Die Masse atmosphärischer Luft, welche die Pumpe mit einem Hube in den Behälter bringt, nimmt freilich viel stärker ab, wenn der Spielraum gröfser ist; nemlich um $\mu\gamma=\mu se$ (885.). Sie beträgt, den Inhalt des ganzen Kolbenlaufs $=1$ gesetzt:

Für μ = 0,1 0,5 1 2 4 6 8 10 15 20 Atmosphären.

893. $\begin{cases} 0{,}995\; 0{,}975\; 0{,}95\; 0{,}90\; 0{,}80\; 0{,}70\; 0{,}60\; 0{,}50\; 0{,}25\; 0 \text{ für } e = 0{,}05, \\ 0{,}998\; 0{,}990\; 0{,}98\; 0{,}96\; 0{,}92\; 0{,}88\; 0{,}84\; 0{,}80\; 0{,}70\; 0{,}6 \text{ für } e = 0{,}02, \\ 0{,}999\; 0{,}995\; 0{,}99\; 0{,}98\; 0{,}96\; 0{,}94\; 0{,}92\; 0{,}90\; 0{,}85\; 0{,}8 \text{ für } e = 0{,}01, \end{cases}$

Indessen ist dies kein wesentlicher Nachtheil; denn man darf nur, damit die Pumpe eine bestimmte Masse Luft in einer bestimmten Zeit in den Behälter bringe, wenn man den Spielraum bis zum 20ten Theil des Kolbenlaufs vergröfsern will, die Pumpe schneller sich bewegen lassen, oder auch den Pumpenstiefel gröfser machen: an bewegender Kraft ist immer nur der aus (*C.*) zu ersehende *geringe* Zuschufs nöthig.

E. Um ein ***Beispiel*** zu geben, wollen wir annehmen, die Luftpumpe solle im Stande sein, in einer halben Stunde 24 000 C. F. atm. Luft in den Behälter bis auf $\mu = 8$ Atm. Spannung zusammenzupressen; was ungefähr das Bedürfnifs auf der Eisenbahn zwischen Berlin und Potsdam sein würde, wenn man sich auf derselben der Spannkraft auf der Zugmaschine mitgeführter zusammengeprefster Luft als bewegender Kraft bedienen wollte. (Man sehe §. 67. der Abhandlung über diesen Gegenstand in diesem Journal Band 22 S. 307.) Dann müfste also die Luftpumpe $\frac{24000}{30} = 800$ Cub. F. Luft in der Minute in den Behälter bis auf 8 Atm. Spannung zusammenzupressen vermögen und es wären demnach nach (892.) dazu nöthig:

894. $\begin{cases} \frac{800}{5{,}991} = 134 \text{ Pferdekräfte für } 0{,}01 \text{ Spielraum,} \\ \frac{800}{5{,}935} = 135 \text{ Pferdekräfte für } 0{,}02 \text{ Spielraum und} \\ \frac{800}{5{,}731} = 140 \text{ Pferdekräfte für } 0{,}05 \text{ Spielraum im Pumpenkolben.} \end{cases}$

558.

A. Um jetzt auf die ***Dampfmaschine*** zu kommen, welche die Luftpumpe in Bewegung setzen soll, ist nach (§. 552.) $D = L$ zu setzen.

Dieses giebt, vermöge (857 und 881.), wenn man noch der Kürze wegen

895. $$H \log \text{nat} 10 = H_1$$

setzt:

896. $$sb\beta H_1 = a\lambda[(\sigma+\eta)(n+P_1)k-(n+p+\varphi)],$$

oder, da $b = \nu a$ und $s = \tau\lambda$ ist (§. 551. 10. und 11.),

897. $\nu\tau\beta H_1 = (\sigma+\eta)(n+P_1)k-(n+p+\varphi)$.

Daraus folgt zunächst für die nöthige ***Dampfspannung*** im Dampfstiefel:

898. $P_1 = \frac{\nu\tau\beta H_1+n+p+\varphi}{k(\sigma+\eta)}-n$.

B. Wie in (§. 242.) sei S die Zahl der Cubikfuſse des in einer Minute verdampften Wassers. Der daraus erzeugte Dampf füllt nach (96.) im Stiefel den Raum

899. $\frac{mS}{n+P_1}$, wo $m = 4\,212\,576$ und $n = 257$ ist (59. 1.).

Für die K Kolbenschläge, welche die Maschine in 1 Minute machen soll (882.), bedarf sie

900. $aK(\lambda_1+c)$ Cub. F. Dampf von der Spannung P_1.

Die S Cub. F. in der Minute verdampften Wassers liefern $\frac{mS}{n+P_1}$ Cub. F. solchen Dampfs: also muſs

901. $aK(\lambda_1+c) = \frac{mS}{n+P_1}$

sein, und daraus folgt

902. $K = \frac{mS}{a(\lambda_1+c)(n+P_1)} = \frac{mS}{a\lambda(\sigma+\eta)(n+P_1)}$.

Das Moment der Dampfmaschine ist demnach für K Kolbenschläge, also für ***1 Minute,*** zufolge (857.):

903. $KD = \frac{mSa\lambda[(\sigma+\eta)(n+P_1)k-(n+p+\varphi)]}{a\lambda(\sigma+\eta)(n+P_1)} = mS\left[k-\frac{n+p+\varphi}{(\sigma+\eta)(n+P_1)}\right]$,

oder auch, da vermöge (897.) $(\sigma+\eta)(n+P_1)k = \nu\tau\beta H_1+n+p+\varphi$ ist:

904. $KD = \frac{mSk\nu\tau\beta H_1}{\nu\tau\beta H_1+n+p+\varphi}$.

C. Dieses Moment beträgt $\frac{KD}{\varepsilon}$ Pferdekräfte, und eine Pferdekraft bringt nach (886.) $\omega = \frac{\varepsilon(1-\mu e)}{\beta H_1}$ C. F. atm. Luft in den Behälter; also ist, wenn die Maschine

905. O C. F. atm. Luft in 1 Minute in den Behälter schaffen soll:

906. $O = \omega\cdot\frac{KD}{\varepsilon} = \frac{\varepsilon(1-\mu e)}{\beta H_1}\cdot\frac{mSk\nu\tau\beta H_1}{\varepsilon(\nu\tau\beta H_1+n+p+\varphi)} = \frac{m(1-\mu e)Sk\nu\tau}{\nu\tau\beta H_1+n+p+\varphi}$

und es sind folglich zu der verlangten Wirkung

907. $S = O\cdot\frac{\nu\tau\beta H_1+n+p+\varphi}{m(1-\mu e)k\nu\tau}$ Cub. F. Wasser

in der Minute zu verdampfen nöthig; was auch, um die obige Tafel (892.) der Werthe von ω benutzen zu können, da nach (886.)

$$908. \quad \beta H_1 = \frac{\varepsilon(1-\mu e)}{\omega}$$

ist, durch

$$909. \quad S = O \cdot \frac{\nu\tau\varepsilon(1-\mu e)+\omega(n+p+\varphi)}{m\omega k\nu\tau(1-\mu e)}$$

ausgedrückt werden kann. Eben so kann auch die im Dampfstiefel nöthige Dampfspannung P_1, statt wie in (898.), vermöge (908.) durch

$$910. \quad P_1 = \frac{\nu\tau\varepsilon(1-\mu e)+\omega(n+p+\varphi)}{k\omega(\sigma+\eta)} - n$$

ausgedrückt werden. Auch läfst sich, wenn P_1 nach (910.) berechnet ist, da nach (897.) $\nu\tau\beta H+n+p+\varphi = k(\sigma+\eta)(n+P_1)$ ist, S, statt wie in (907.), durch

$$911. \quad S = O \cdot \frac{k(\sigma+\eta)(n+P_1)}{m(1-\mu e)k\nu\tau} = O \cdot \frac{(\sigma+\eta)(n+P_1)}{m\nu\tau(1-\mu e)} \text{ ausdrücken.}$$

C. Setzt man für das Beispiel (§. 557. *E.*) den Spielraum c im Dampfstiefel gleich dem 20ten, den im Luftkolben gleich dem 50ten Theil des Kolbenlaufs, den Dampfstiefel und den Luftstiefel *gleich* hoch, aber den Luftkolben 2mal so grofs als den Dampfkolben; ferner, dafs der Dampf auf 30 p. C. des Kolbenlaufs *abgesperrt*, dafs die Luft im Behälter, wie schon in (§. 557. *E.*) angenommen, auf 8 Atm. wirksamer Spannung zusammengeprefst und dafs 800 Cub. F. atm. Luft in 1 Minute in den Behälter gebracht werden sollen: so ist nach (§. 551. 4. 3. 11. 10. und 16.):

$$912. \quad \begin{cases} \eta = 0{,}05, \quad \sigma = 0{,}3, \quad \tau = 1, \quad \nu = 2, \quad e = 0{,}02, \text{ und ferner} \\ \varepsilon = 30800 \ (116.), \quad \mu = 8, \quad \omega = 5{,}935 \ (892.), \quad n = 257 \text{ und} \\ m = 4\,212\,576 \ (59.\ 1.), \quad \varphi = 50 \text{ und } p = 111 \ (479.), \\ O = 800 \ (\S.\ 557.\ E.), \\ k = 1{,}955 \ (\text{Tafel in } \S.\ 270.), \quad \beta = 2173; \end{cases}$$

also giebt zunächst (910.):

$$913. \quad P_1 = \frac{2.1.30\,800(1-8.0{,}02)+5{,}935(257+50+111)}{1{,}955.5{,}935(0{,}3+0{,}05)} - 257 = 13095 \text{ Pfd.};$$

so dafs also der Dampf im Dampfstiefel etwa 6 Atm. wirksame Spannung haben mufs. Ferner giebt (911.)

$$914. \quad S = 800 \cdot \frac{(0{,}3+0{,}05)(13095+257)}{4212576.2.1(1-8.0{,}02)} = 0{,}528 \text{ C. F. Wasser;}$$

welche in einer Minute verdampft werden müssen.

Dies ist, was die Maschine *selbst* betrifft. Es kommt nun auf das *Schwungrad* an.

b. Berechnung des nöthigen Gewichts des Schwungrades.

559.

Um dieses Gewicht zu erfahren, ist die Geschwindigkeit der *Kurbelwarze* zu suchen. Das Gewicht des Schwungrades mufs dann so grofs sein, dafs die Geschwindigkeit der Warze nicht über einen vorausbestimmten Theil derjenigen hinaus ab- oder zunehme, welche sie am Anfange und am Ende eines halben Umlaufs der Kurbel hat und deren eine der andern *gleich* sein mufs, sobald die Bewegung in Beharrungsstand gekommen ist.

Um die Geschwindigkeit der Kurbelwarze zu finden, ist zunächst der Ausdruck der *bewegenden Kraft* und dann der Ausdruck der *beschleunigenden* Kraft nöthig, welche die Warze in der Richtung der Tangente ihrer Kreisbahn treibt. Jene ist nichts anderes, als die des Dampfkolbens, nach Abzug des Widerstandes des Luftkolbens; also, nach (§. 551. 9.), Q_x multiplicirt mit $\sin\psi$ und mit $\frac{\lambda}{2\varrho}$, folglich

$$915. \quad = \frac{Q_x \lambda \sin\psi}{2\varrho}.$$

Nur dieser Theil der Kraft wirkt senkrecht auf den Kurbel-Arm; der andere Theil $\frac{Q_x \lambda \cos\psi}{2\varrho}$ wird durch die Festigkeit der Kurbelwelle aufgehoben.

Die von der Kraft (915.) in Bewegung zu setzende *Masse* ist nur die des *Schwungrades* allein; denn die übrigen zu bewegenden Massen, des Wagebalkens, des Dampf- und des Luftkolbens u. s. w. können gegen dieselbe aufser Acht gelassen werden. Die Masse des Schwungrades, auf die Kurbelwarze gebracht, ist weiter oben durch M bezeichnet worden, und die *beschleunigende* Kraft, welche die Kurbelwarze forttreibt, durch q_x: also ist

$$916. \quad q_x = \frac{Q_x \lambda \sin\psi}{2\varrho M};$$

und es kommt nun darauf an, diese Kraft für die *verschiedenen Theile* der Bewegung der Kolben auszudrücken.

560.

A. Die Bewegung des *Luftkolbens* hat, wie in (§. 550.) auseinandergesetzt, *vier* verschiedene Theile, für welche der Ausdruck des Widerstandes R des Kolbens je ein anderer ist: die Bewegung des ***Dampfkolbens*** hat *zwei* verschiedene Theile: den *vor* und den *nach* der ***Absperrung***, für welche ebenfalls der Ausdruck der Kraft je ein anderer ist. Fällt daher die ***Absperrung*** nicht etwa zufällig gerade mit einem der Übergänge der Bewegung des Luftkolbens zusammen, so giebt es *fünf* verschiedene Theile der Bewegung der beiden Kolben, und folglich *fünf* verschiedene Ausdrücke von Q_x, welche durch

$$917.\quad Q_1,\ Q_2,\ Q_3,\ Q_4 \text{ und } Q_5$$

bezeichnet werden mögen.

B. Um die Ausdrücke dieser Q aufstellen zu können, ist es nöthig, im voraus zu wissen, in ***welchen*** der vier Theile der Bewegung des Luftkolbens die ***Absperrung*** im Dampfkolben für jeden besondern Fall treffen werde.

Die Abschnitte der vier Theile der Bewegung des Luftkolbens sind s_0, s_β und s_m (§. 551. 13. 14. und 15) und es ist

$$918.\ \begin{cases} 1.\ \dfrac{s_0}{s} = \dfrac{\mu\gamma(\gamma+s)}{s((\mu+2)\gamma+s)}\ (862.) = \dfrac{\mu es(es+s)}{s((\mu+2)es+s)}\ (\S.\ 551.\ 16.) = \dfrac{\mu e(1+e)}{1+(\mu+2)e}, \\ 2.\ \dfrac{s_\beta}{s} = \dfrac{\mu\gamma}{s}\ (864.) = \dfrac{\mu es}{s} = \mu e, \\ 3.\ \dfrac{s_m}{s} = \dfrac{\mu(\gamma+s)}{s(1+\mu)} = \dfrac{\mu(es+s)}{s(1+\mu)} = \dfrac{\mu(1+e)}{1+\mu}. \end{cases}$$

Dieses giebt, für die verschiedenen μ in (892.) und für $e = 0{,}05$, $0{,}02$ und $0{,}01$ berechnet, Folgendes:

919.

	Für $\mu =$ 0,1	0,5	1	2	4	6	8	10	15	20 Atmosphären.
$\frac{s_0}{s} =$	0,00475	0,0233	0,0457	0,0857	0,1616	0,225	0,280	0,328	0,426	0,500	für $e = 0{,}05$,
	0,00195	0,0095	0,0192	0,0378	0,0728	0,105	0,136	0,163	0,228	0,283	für $e = 0{,}02$,
	0,00099	0,0049	0,0098	0,0194	0,0381	0,056	0,073	0,090	0,129	0,166	für $e = 0{,}01$;
$\frac{s_\beta}{s} =$	0,005	0,025	0,05	0,10	0,20	0,30	0,40	0,5	0,75	1,0	für $e = 0{,}05$,
	0,002	0,010	0,02	0,04	0,08	0,12	0,16	0,2	0,30	0,4	für $e = 0{,}02$,
	0,001	0,005	0,01	0,02	0,04	0,06	0,08	0,1	0,15	0,2	für $e = 0{,}01$;
$\frac{s_m}{s} =$	0,0955	0,350	0,525	0,70	0,840	0,90	0,933	0,955	0,984	1,000	für $e = 0{,}05$,
	0,0927	0,340	0,510	0,680	0,816	0,874	0,907	0,927	0,956	0,971	für $e = 0{,}02$,
	0,0918	0,337	0,505	0,673	0,808	0,865	0,898	0,918	0,947	0,962	für $e = 0{,}01$.

Die ***Absperrung*** des Dampfs wird selten früher als auf ***30 p. C.*** des Kolbenlaufs Statt finden. Eine solche Absperrung fällt also, wie aus der vorstehenden Tafel zu sehen, selbst für 20 Atm. Spannung der Luft, nicht in den ***ersten*** Theil des Luftkolbenlaufs; denn für diese Spannung darf e gar nicht $= 0{,}05$, sondern mufs höchstens $= 0{,}02$ sein. Aber auch in den ***zweiten*** Theil des

Luftkolbenlaufs fällt die Absperrung 0,3 für $e = 0{,}02$ noch für 10 Atm. Spannung nicht. Man wird daher in den gewöhnlichen Fällen annehmen können, dafs die Absperrung gewöhnlich erst in den *dritten* Theil des Luftkolbenlaufs falle. Ist es in bestimmten Fällen anders, so ändert sich freilich die hier folgende Rechnung; aber sie wird dann wenigstens einen *ähnlichen* Gang nehmen. Wir wollen hier einstweilen setzen, die Absperrung falle erst in den *dritten* Theil des Luftkolbenlaufs.

561.

A. In dem *ersten* Theile des Luftkolbenlaufs treibt also den *Dampfkolben* unverändert die Dampfspannung P_1, nach Abzug der dem Kolben entgegenwirkenden Spannung p des niedergeschlagenen Dampfs und der Reibung φ der leergehenden Maschine; also die Kraft $a(P_1 - p - \varphi)$. Dieser Kraft *entgegen* wirkt die Reibung $\delta b R_1$ der Kraft bR_1 im Luftkolben; die Kraft bR_1 (861.) selbst aber kommt ihr ***zu Hülfe.*** Und zwar müssen diese beiden letzten Kräfte, da sie an einem τ mal so langen Hebels-Arm wirken, als P_1, noch mit τ multiplicirt werden. Die auf den Dampfkolben wirkende Kraft Q_1 ist folglich $= a(P_1 - p - \varphi) - \delta b\tau R_1 + b\tau R_1$, oder, da $b = \nu a$ ist (§. 550. 10.),

920. $$Q_1 = a[P_1 - p - \varphi + (1-\delta)\tau\nu R_1].$$

Hierin den Werth (861.) von R_1 gesetzt, der wegen $s = \tau\lambda$, $\gamma = es = e\tau\lambda$, $z = \tau x$ (§. 551. 11., 16. und 19.),

921. $$R_1 = \beta \cdot \frac{e\tau\lambda(1+\mu)}{e\tau\lambda + \tau x} - \beta \cdot \frac{e\tau\lambda + \tau\lambda}{e\tau\lambda + \tau\lambda - \tau x} = \beta\left(\frac{e\lambda(1+\mu)}{e\lambda + x} - \frac{\lambda(1+e)}{(1+e)\lambda - x}\right)$$

ist, giebt

922. $$Q_1 = a\left[P_1 - p - \varphi + (1-\delta)\beta\tau\nu\lambda\left(\frac{e(1+\mu)}{e\lambda + x} - \frac{1+e}{(1+e)\lambda - x}\right)\right].$$

Dieser Ausdruck der Kraft, welche den Dampfkolben treibt, gilt von $z = 0$ bis $z = s_0 = \frac{\mu\gamma(\gamma+s)}{(\mu+2)\gamma+s}$ (862.) $= \frac{\mu es(es+s)}{(\mu+2)es+s} = \frac{\mu es(1+e)}{(\mu+2)e+1} = \frac{\mu e\tau\lambda(1+e)}{1+(\mu+2)e}$, also, da $z = \tau x$ ist (§. 551. 19.),

923. $$\text{von } x = 0 \text{ bis } x = \frac{\mu e\lambda(1+e)}{1+(\mu+2)e}.$$

B. Im *zweiten* Theile der Bewegung des Dampfkolbens treibt denselben wieder die Kraft $a(P_1 - p - \varphi)$, und dieser entgegen wirkt der Widerstand des Luftkolbens R_2 (863.); sammt der Reibung: also ist

924. $$Q_2 = a[P_1 - p - \varphi - (1+\delta)\tau\nu R_2].$$

Hierin den Ausdruck von R_2 (863.) gesetzt, welcher derselbe ist, wie für R_1 (861.), nur umgekehrt genommen, giebt

925. $$Q_2 = a\left[P_1 - p - \varphi - (1+\delta)\beta\tau\nu\lambda\left(\frac{1+e}{(1+e)\lambda - x} - \frac{e(1+\mu)}{e\lambda + x}\right)\right].$$

Dieser Ausdruck gilt von $z = s_0$ bis $z = s_\beta = \gamma\mu$ (864.) $= e\tau\lambda\mu$, also

926. von $x = \frac{\mu e\lambda(1+e)}{1+(\mu+2)e}$ (923.) bis $x = e\lambda\mu$.

C. Im *dritten* Theile der Bewegung des Dampfkolbens treibt denselben ebenfalls noch die Kraft $a(P_1 - p - \varphi)$, *bis zur Absperrung* des Dampfs, von welcher in (§. 569.) angenommen wurde, dafs sie in diesen *dritten* Theil falle. Ihr entgegen wirkt der Widerstand R_3 (865.) des Luftkolbens; sammt der Reibung: also ist

927. $$Q_3 = a(P_1 - p - \varphi) - (1+\delta)bR_3 = a[P_1 - p - \varphi - (1+\delta)\nu\tau R_3].$$

Hierin den Werth (865.) von R_3 gesetzt, welcher $\beta\left(\frac{e\tau\lambda + \tau\lambda}{e\tau\lambda + \tau\lambda - \tau x} - 1\right)$ $= \left(\frac{\lambda(1+e)}{\lambda(1+e) - x} - 1\right)\beta$ ist, giebt

928. $$Q_3 = a\left[P_1 - p - \varphi - (1+\delta)\beta\tau\nu\left(\frac{\lambda(1+e)}{\lambda(1+e) - x} - 1\right)\right].$$

Dieser Ausdruck gilt von $z = s_\beta = e\tau\lambda\mu$ bis $z = s_1 = \tau\lambda_1$ (§. 551. 12.), also

929. von $x = e\lambda\mu$ bis $x = \lambda_1$.

D. Im *vierten* Theile der Bewegung, von der Absperrung des Dampfs im Dampfstiefel, bis dahin, wo die Luft im Luftstiefel *vor* dem Kolben die *stärkste* begehrte Spannung erlangt hat, treibt den Dampfkolben die Kraft $a\left(\frac{\lambda_1 + c}{x + c}(n + P_1) - n\right)$ (87. §. 241.), und ap und $a\varphi$, nebst $(1+\delta)R_3 b$ $= (1+\delta)R_3\nu a$, letzteres am τmal so grofsen Hebels-Arme, wirken ihr entgegen; also ist

930. $$Q_4 = a\left[\frac{\lambda_1 + c}{x + c}(n + P_1) - n - p - \varphi - (1+\delta)\nu\tau R_3\right],$$

oder, wie in (*C.*), den Werth von R_3 (865.) gesetzt:

931. $$Q_4 = a\left[\frac{\lambda_1 + c}{x + c}(n + P_1) - n - p - \varphi - (1+\delta)\beta\tau\lambda\left(\frac{\lambda(1+e)}{\lambda(1+e) - x} - 1\right)\right].$$

Dieser Ausdruck gilt von $z = s_1 = \tau\lambda_1$ bis $z = s_m = \frac{\mu(e\tau\lambda + \tau\lambda)}{1+\mu}$ (866.) $= \frac{\mu\tau\lambda(1+e)}{1+\mu}$, also, da $z = \tau x$ ist,

932. von $x = \lambda_1$ bis $x = \mu\lambda \cdot \frac{1+e}{1+\mu}$.

E. Im *fünften* Theile der Bewegung endlich treibt den Dampfkolben die Kraft $a\left(\frac{\lambda_1+c}{x+c}(n+P_1)-n\right)$, und ap und $a\varphi$, nebst $(1+\delta)R_4 b = (1+\delta)R_4.\nu a$, letzteres an einem τ mal so grofsen Hebels-Arme, wirken ihr entgegen; also ist

933. $$Q_5 = a\left[\frac{\lambda_1+c}{x+c}(n+P_1)-n-p-\varphi-(1+\delta)\nu\tau R_4\right],$$

und hierin $R_4 = \mu\beta$ (867.) gesetzt, giebt

934. $$Q_5 = a\left[\frac{\lambda_1+c}{x+c}(n+P_1)-n-p-\varphi-(1+\delta)\nu\tau\beta\mu\right].$$

Dieser Ausdruck gilt von $z = s_m = \frac{\mu\tau\lambda(1+e)}{1+\mu}$ bis $z = s = \tau\lambda$, also

935. $$\text{von } x = \mu\lambda\cdot\frac{1+e}{1+\mu} \text{ bis } x = \lambda.$$

F. Diese verschiedenen Werthe von Q, in (916.) gesetzt, geben für die ***beschleunigende*** Kraft q, welche die Kurbelwarze treibt und die Geschwindigkeit des Schwungrades hervorbringt, für die *fünf* verschiedenen Theile der Bewegung des Dampfkolbens Folgendes:

936.
$$\left\{\begin{array}{l}
1.\ q_1 = \frac{a\lambda\sin\psi}{2\varrho M}\left[P_1-p-\varphi+(1-\delta)\beta\tau\nu\lambda\left(\frac{e(1+\mu)}{e\lambda+x}-\frac{1+e}{(1+e)\lambda-x}\right)\right] \ (922.) \\
\qquad \text{von } x=0 \text{ bis } x=\frac{\mu e\lambda(1+e)}{1+(\mu+2)e} \ (923.), \\
2.\ q_2 = \frac{a\lambda\sin\psi}{2\varrho M}\left[P_1-p-\varphi+(1+\delta)\beta\tau\nu\lambda\left(\frac{e(1+\mu)}{e\lambda+x}-\frac{1+e}{(1+e)\lambda-x}\right)\right] \ (925.) \\
\qquad \text{von } x=\frac{\mu e\lambda(1+e)}{1+(\mu+2)e} \text{ bis } x=e\mu\lambda \ (926.), \\
3.\ q_3 = \frac{a\lambda\sin\psi}{2\varrho M}\left[P_1-p-\varphi+(1+\delta)\beta\tau\nu\left(1-\frac{\lambda(1+e)}{\lambda(1+e)-x}\right)\right] \ (928.) \\
\qquad \text{von } x=e\mu\lambda \text{ bis } x=\lambda_1 \ (929.), \\
4.\ q_4 = \frac{a\lambda\sin\psi}{2\varrho M}\left[\frac{\lambda_1+c}{x+c}(n+P_1)-n-p-\varphi+(1+\delta)\beta\tau\nu\left(1-\frac{\lambda(1+e)}{\lambda(1+e)-x}\right)\right] (930.) \\
\qquad \text{von } x=\lambda_1 \text{ bis } x=\mu\lambda\cdot\frac{1+e}{1+\mu} \ (932.) \\
5.\ q_5 = \frac{a\lambda\sin\psi}{2\varrho M}\left[\frac{\lambda_1+c}{x+c}(n+P_1)-n-p-\varphi-(1+\delta)\beta\tau\nu\mu\right] \ (934.) \\
\qquad \text{von } x=\mu\lambda\cdot\frac{1+e}{1+\mu} \text{ bis } x=\lambda \ (935.).
\end{array}\right.$$

562.

A. Nun erreicht offenbar die Geschwindigkeit der Kurbel in ***denjenigen*** Puncten, wo q gleich ***Null*** wird, und ***nur*** da, einen ***gröfsten,*** oder einen ***kleinsten*** Werth; und zwar einen ***gröfsten*** Werth da, wo ***q von Positiv durch Null zu Negativ,*** und einen ***kleinsten*** Werth da, wo ***q von Negativ durch Null zu Positiv*** übergeht: denn so lange die Kraft q ***positiv*** ist, ***wächst*** offenbar die Geschwindigkeit, welche sie hervorbringt; sie wächst also so lange, bis $q=0$ ist und ist folglich für $q=0$ am ***gröfsten*** geworden; ist dagegen q nun ***negativ*** geworden, so ***nimmt*** die Geschwindigkeit fortwährend ***ab,*** so lange q negativ ***bleibt,*** auch wenn q wieder zunimmt; sie nimmt fortwährend ab, selbst so lange bis q, wieder wachsend, bis zu ***Null*** gelangt ist, hat also, wenn nun $q=0$ ist und durch Null von Negativ zu Positiv übergeht, einen ***kleinsten*** Werth erreicht. Man findet daher die Stellen, oder die Werthe von x, wo die Geschwindigkeit v der Kurbelwarze am ***gröfsten*** und am ***kleinsten*** ist, unmittelbar aus der Gleichung

$$937.\quad q=0;$$

und zwar kommt es dabei darauf an, ob q, ehe es $=0$ wird, ***positiv*** oder ***negativ*** sei.

B. a. Im ***ersten*** Theile der Bewegung ist offenbar ***q immer*** positiv, kann also nicht Null werden, und folglich kann die Geschwindigkeit v hier ihren ***gröfsten*** Werth noch nicht erreichen; denn die Spannung der Luft im Luftkolben wirkt hier der Dampfspannung nicht ***entgegen,*** sondern kommt ihr ***zu Hülfe,*** vergröfsert also die Kraft des Dampfkolbens, und die ihr allein entgegenwirkende Reibung δR_1 ist kleiner, als das zu Hülfe kommende λ_1 selbst.

b. Im ***zweiten*** Theile der Bewegung wirkt allerdings die Kraft $(1+\delta)\nu\tau R_2$ der Dampfkraft $P_1-p-\varphi$ entgegen; und zwar fortwährend stärker, von Null an bis zu $(1+\delta)\nu\tau\beta\left(\frac{\gamma+s}{\gamma+s-z}-\frac{\gamma(1+\mu)}{\gamma+z}\right)$ (863.), für $z=s_\beta=\mu\gamma$ (864.) $=\mu es$, also bis zu $(1+\delta)\nu\tau\beta\frac{es+s}{es+s-\mu es}-\frac{es(1+\mu)}{es+\mu es})=(1+\delta)\nu\tau\beta\left(\frac{e+1}{e+1-\mu e}-1\right)$ $=(1+\delta)\nu\tau\beta\cdot\frac{\mu e}{e+1-\mu e}$: allein dies wird in den meisten Fällen die Wirkung der Dampfkraft noch bei weitem nicht ereichen. In dem Beispiele (§. 552. ***C.***) betrüge es $(1+0{,}07)2.1.2173\cdot\frac{8.0{,}02}{1-(8-1)0{,}02}=865$ Pfd., während nach (912. und 913.) $P_1-p-\varphi=13095-111-50=12930$ Pfd., also an 15 mal so viel ist. Folglich wird in der Regel auch im ***zweiten*** Theile der Bewegung q

noch nicht zu Null werden, und folglich auch hier die Kurbel ihre *gröfste* Geschwindigkeit noch nicht erreichen.

c. Also erst in dem *dritten* Theile der Bewegung kann $q=0$ werden. Setzt man nun in (936. 3.) $q_3=0$, so ergiebt sich

938. $$P_1-p-\varphi=(1+\delta)\beta\tau\nu\cdot\frac{x}{\lambda(1+e)-x},$$

und hieraus $(P_1-p-\varphi)(\lambda(1+e)-x)=(1+\delta)\beta\tau\nu x$ und

939. $$x=\frac{(P_1-p-\varphi)\lambda(1+e)}{P_1-p-\varphi+(1+\delta)\beta\tau\nu}.$$

Ist dieses x *kleiner* als λ_1, als bis wohin der Ausdruck (936. 3.) *gilt*, so erreicht für dasselbe die Kurbel wirklich ihre *gröfste* Geschwindigkeit. Da übrigens (939.) für x *nur einen* Werth giebt und q für ein kleineres x *positiv* ist, so wird es für gröfsere x nothwendig *negativ*. Es kann aber nicht wieder positiv werden; denn für den Rest des dritten Theils der Bewegung bleibt die Dampfkraft dieselbe, während die Gegenspannung der Luft im Luftstiefel immerfort *zunimmt;* letzteres ist auch im *vierten* Theile der Bewegung der Fall, während die Dampfkraft *abnimmt;* und im *fünften* Theile der Bewegung *nimmt* ferner die Dampfspannung *ab*, während die entgegenwirkende stärkste Luftspannung dieselbe bleibt. Also, wenn einmal q *negativ* geworden ist, kann es nicht wieder *positiv* werden, und folglich giebt es *gar keine kleinste* Geschwindigkeit der Kurbel, sondern *nur eine gröfste,* welche bis zum Ende der Bewegung abnimmt, wo sie noch der Geschwindigkeit im Anfange der Bewegung *gleich* sein mufs.

d. Aber es kann sehr wohl sein, dafs sogar erst im *vierten* Theile der Bewegung $q=0$ ist, und dafs also erst dann die Kurbel ihre *gröfste* Geschwindigkeit erlangt. Es wird dies sogar gewöhnlich *meistens* wirklich der Fall sein. In dem Beispiele (§. 559. *C.*) giebt (939.)

$$x=\frac{(13095-111-50)(1+0{,}02)\lambda}{13095-111-50+1{,}07.2173.1.2}=0{,}75\lambda;$$

welches bei weitem *gröfser* als $\lambda_1=\sigma\lambda=0{,}3\lambda$ ist (912.); also fällt hier wirklich die *gröfste* Geschwindigkeit der Kurbel *nicht* in den *dritten* Theil der Bewegung. Man mufs daher q_4 (936. 4.), statt q_3, gleich Null setzen. Dieses giebt

940. $$\frac{\lambda_1+c}{x+c}(n+P_1)-n-p-\varphi=(1+\delta)\beta\tau\nu\cdot\frac{x}{\lambda(1+e)-x}.$$

Man setze der Kürze wegen

941. $(\lambda_1+c)(n+P_1)=A$, $n+p+\varphi=B$, $(1+\delta)\beta\tau v=C$ und $\lambda(1+e)=\lambda_e$, so geht (940.) in

$$942. \quad \frac{A}{x+c}-B=\frac{Cx}{\lambda-x}$$

über, und dies giebt

$$A(\lambda_e-x)-B(x+c)(\lambda_e-x) = Cx(x+c), \text{ oder}$$
$$A\lambda_e-Ax-B\lambda_e x+Bx^2-Bc\lambda_e+Bcx = Cx^2+Ccx, \text{ oder}$$
$$(C-B)x^2+(Cc-Bc+B\lambda_e+A)x+(Bc-A)\lambda_e = 0, \text{ oder}$$

$$943. \quad x^2+\frac{(C-B)c+B\lambda_e+A}{C-B}+\frac{(Bc-A)\lambda_e}{C-B}=0;$$

also

$$944. \quad x=\frac{\pm\sqrt{[((C-B)c+A+B\lambda_e)^2+4(C-B)(A-Bc)\lambda_e]}-(C-B)c-A-B\lambda_e}{2(C-B)}.$$

Hier ist offenbar $A-Bc$, so wie $C-B$, (941.) *positiv:* also ist die Wurzelgröfse *gröfser* als das davon abzuziehende, ebenfalls positive $(C-B)c+A+B\lambda_e$; folglich kann *nur*

$$945. \quad x=\frac{+\sqrt{[((C-B)c+A+B\lambda_e)^2+4(C-B)(A-Bc)\lambda_e]}-(C-B)c-A-B\lambda_e}{2(C-B)}$$

sein. Der andere, *ganz negative* Werth von x kommt nicht in Betracht. Daher giebt es *nur einen* Werth von x, und folglich kann die Kurbel im *vierten* Theile der Bewegung nur eine *gröfste* Geschwindigkeit erreichen; *keine kleinste.*

e. In den *fünften* Theil der Bewegung kann die gröfste Geschwindigkeit nicht fallen, weil hier die Dampfspannung fortwährend abnimmt und der Widerstand der zusammengeprefsten Luft gleich stark bleibt.

Es giebt daher nur überhaupt eine *gröfste* Geschwindigkeit der Kurbel, keine kleinste; und jene *gröfste* Geschwindigkeit wird in der Regel in den *vierten* Theil der Bewegung fallen.

f. In dem obigen Beispiele (§. 559. *C.*) ist $c=0{,}05$ und nach (941. und 912.)

$$946. \quad \begin{cases} A=(0{,}3+0{,}05)\lambda(275+13095)=4673{,}2\lambda, \\ B=257+111+50=418, \\ C=1{,}07.2173.1.2=4650{,}22, \quad \lambda_e=1{,}02\lambda. \end{cases}$$

Dies giebt nach (945.)

$$947. \quad x=0{,}599\lambda:$$

also erlangt hier die Kurbel, bald nachdem sie *ein Viertel* ihres Umlaufs zurückgelegt hat, ihre *gröfste* Geschwindigkeit; lange *nach* der Absperrung des Dampfs, die bei $0{,}3\lambda$ Statt findet, und lange *vorher*, ehe die Luft im Luftkolben die *stärkste* Spannung erlangt hat, was hier nach (919.) für $0{,}907\lambda$ geschieht; etwa gerade in der *Mitte* des *vierten* Theils der Bewegung der Kolben.

563.

Um zu erfahren, welches die gröfste Geschwindigkeit der Kurbelwarze selbst sei, die, auf ein gröfstes vorausbestimmtes Vielfache der Geschwindigkeit am Anfange und am Ende des halben Umlaufs zu beschränken, das Schwungrad bestimmt ist, kommt es auf die Ausdrücke der Geschwindigkeit in den fünf verschiedenen Theilen der Bewegung und, für das obige Beispiel insbesondere, im vierten Theile der Bewegung an.

A. Die Kurbelwarze durchläuft in dem Element der Zeit ∂t den Weg $\varrho\partial\psi$, und das Element der von der beschleunigenden Kraft q hervorgebrachten Geschwindigkeit ist $2gq\partial t$; also ist

$$948.\quad v\partial t = \varrho\,\partial\psi \quad\text{und}\quad \partial v = 2gq\,\partial t.$$

Dies giebt

$$v\partial v = 2gq\varrho\,\partial\psi = 2g\cdot\frac{Q_x\lambda\sin\psi}{2\varrho M}\cdot\varrho\partial\psi = \frac{gQ_x\lambda}{M}\sin\psi\,\partial\psi,$$

oder, da nach (704.) $\partial x = \frac{1}{2}\lambda\sin\psi\partial\psi$ ist,

$$949.\quad v\partial v = \frac{2gQ_x}{M}\cdot\partial x \quad\text{und}\quad \frac{M}{2ga}\cdot v\partial v = \frac{Q_x}{a}\cdot\partial x;$$

wo für Q der Reihe nach die verschiedenen, in (§. 561.) gefundenen Werthe zu setzen sind.

Zu bemerken ist hier im Vorbeigehn, dafs, da aus (949.)

$$950.\quad \frac{v^2}{4g}\cdot M = \int(Q_x\partial x)$$

folgt und $\frac{v^2}{4g}$ die zu v gehörige freie Fallhöhe und $\int(Q_x\partial x)$ das Moment der auf den Kolben wirkenden Kraft ist, jene freie Fallhöhe, multiplicirt mit den in Bewegung zu setzenden Massen, in allen Puncten der Bewegung gleich dem Momente der bewegenden Kraft sein mufs.

B. Wir wollen zur Abkürzung, wie in (941.),

$$951.\quad \begin{cases} (\lambda_1+c)(n+P_1) = A,\quad n+p+\varphi = B,\quad (1+\delta)\beta w = C,\\ \qquad \lambda(1+e) = \lambda_e \text{ und dann noch}\\ P_1-p-\varphi = E \text{ und } (1+\mu)e = e_\mu \end{cases}$$

setzen. Alsdann ist für die fünf verschiedenen Theile der Bewegung der Kolben:

$$952. \begin{cases} 1. \ \frac{Q_1}{a} = E + (C - 2\beta\tau\nu\delta)\lambda\left(\frac{e_\mu}{e\lambda + x} - \frac{1+e}{\lambda_e - x}\right) (922.) \text{ für den } \textit{ersten} \text{ Theil;} \\ 2. \ \frac{Q_2}{a} = E - C\lambda\left(\frac{1+e}{\lambda_e - x} - \frac{e_\mu}{e\lambda + x}\right) (925.) \ . \text{ für den } \textit{zweiten} \text{ Theil;} \\ 3. \ \frac{Q_3}{a} = E - C\left(\frac{\lambda_e}{\lambda_e - x} - 1\right) (928.) \ \ldots \text{ für den } \textit{dritten} \text{ Theil;} \\ 4. \ \frac{Q_4}{a} = \frac{A}{x+c} - B - C\left(\frac{\lambda_e}{\lambda_e - x} - 1\right) (931.) \text{ für den } \textit{vierten} \text{ Theil;} \\ 5. \ \frac{Q_5}{a} = \frac{A}{x+c} - B - C_\mu \ (934.) \ \ldots . \text{ für den } \textit{fünften} \text{ Theil.} \end{cases}$$

C. Es erstreckt sich für diese Theile der Bewegung, deren ***Endpuncte*** für $x = x_1$, x_2, x_3, x_4 und x_5 angenommen werden sollen:

$$953. \begin{cases} 1. \ v_1 \text{ von } x = 0 \text{ bis } x_1 = \frac{\mu e\lambda(1+e)}{1+(\mu+2)e} \ (923.), \\ 2. \ v_2 \text{ von } x_1 \text{ bis } x_2 = e\lambda\mu \ (926.), \\ 3. \ v_3 \text{ von } x_2 \text{ bis } x_3 = \lambda_1 \ (929.), \\ 4. \ v_4 \text{ von } x_3 \text{ bis } x_4 = \mu\lambda \cdot \frac{1+e}{1+\mu} \ (932.), \\ 5. \ v_5 \text{ von } x_4 \text{ bis } x_5 = \lambda. \end{cases}$$

Es sei

Für $x = 0$, x_1, x_2, x_3, x_4 und x_5,

954. $v = (v_0)$, (v_1), (v_2), (v_3), (v_4) und (v_5).

D. Dann ist für den *ersten* Theil *der* Bewegung aus (950. und 951.):

$$\frac{M}{4ga} \cdot v_1^2 = Ex + (C - 2\beta\tau\nu\delta)\lambda(e_\mu \log(e\lambda + x) + (1+e)\log(\lambda_e - x)) + \text{Const.},$$

und da $v_1 = (v_0)$ ist für $x = 0$,

$$\text{Const.} = -(C - 2\beta\tau\nu\delta)\lambda(e_\mu \log(e\lambda) + (1+e)\log\lambda_e) + \frac{M}{4ga}(v_0)^2, \text{ also}$$

$$955. \quad \frac{M}{4ga} \cdot v_1^2 = Ex + (C - 2\beta\tau\nu\delta)\lambda\left[e_\mu \log\frac{e\lambda + x}{e\lambda} + (1+e)\log\frac{\lambda_e - x}{\lambda_e}\right] + \frac{M}{4ga}(v_0)^2.$$

Dies giebt die Geschwindigkeit ***innerhalb*** des *ersten* Theils der Bewegung, und für das ***Ende*** desselben ist

$$956. \quad \frac{M}{4ga}(v_1)^2$$

$$= Ex + (C - 2\beta\tau\nu\delta)\lambda\left[e_\mu \log\frac{e\lambda + x_1}{e\lambda} + (1+e)\log\frac{\lambda_e - x_1}{\lambda_e}\right] + \frac{M}{4ga}(v_0)^2.$$

E. Für den *zweiten* Theil der Bewegung ist aus (950. und 951.):

$$\frac{M}{4ga} \cdot v_2^2 = Ex + C\lambda[(1+e)\log(\lambda_e - x) + e_\mu \log(e\lambda + x)] + \text{Const.},$$

und da $v^2 = (v_1)$ ist für $x = x_1$, so ist

$$\text{Const.} = -Ex_1 - C\lambda[(1+e)\log(\lambda_e - x_1) + e_\mu \log(e\lambda + x_1)] + \frac{M}{4ga}\cdot(v_1)^2, \text{ also}$$

$$\frac{M}{4ga}\cdot v_2^2 = E(x-x_1) + C\lambda\Big[(1+e)\log\frac{\lambda_e - x}{\lambda_e - x_1} + e_\mu \log\frac{e\lambda + x}{e\lambda + x_1}\Big] + \frac{M}{4ga}(v_1)^2,$$

und hierin den Werth von $\frac{M}{4ga}(v_1)^2$ (955.) gesetzt:

957. $$\frac{M}{4ga}\cdot v_2^2 = Ex + C\lambda\Big[(1+e)\log\Big(\frac{\lambda_e - x}{\lambda_e}\Big) + e_\mu \log\frac{e\lambda + x}{e\lambda}\Big]$$
$$-2\beta\tau\nu\delta\lambda\Big[e_\mu \log\frac{e\lambda + x_1}{e\lambda} + (1+e)\log\frac{\lambda_e - x_1}{\lambda e}\Big] + \frac{M}{4ga}(v_0)^2.$$

Der Kürze wegen mag das Glied, welches sich nicht mehr verändert, nemlich

958. $$2\beta\tau\nu\delta\lambda\Big[e_\mu \log\frac{e\lambda + x_1}{e\lambda} + (1+e)\log\frac{\lambda_e - x_1}{\lambda_e}\Big] = G$$

gesetzt werden. Dann ist

959. $$\frac{M}{4ga}\cdot v_2^2 = Ex + C\lambda\Big[(1+e)\log\frac{\lambda_e - x}{\lambda_e} + e_\mu \log\frac{e\lambda + x}{e\lambda}\Big] - G + \frac{M}{4ga}(v_0)^2.$$

Dies giebt die Geschwindigkeit *innerhalb* des *zweiten* Theils der Bewegung. Für das *Ende* derselben, also für $x = x_2$, ist

960. $$\frac{M}{4ga}(v_2)^2 = Ex_2 + C\lambda\Big[(1+e)\log\frac{\lambda_e - x_2}{\lambda_e} + e_\mu \log\frac{e\lambda + x_2}{e\lambda}\Big] - G + \frac{M}{4ga}(v_0)^2.$$

F. Für den *dritten* Theil der Bewegung ist aus (950. und 951.):

$$\frac{M}{4ga}v_3^2 = Ex + C(\lambda_e \log(\lambda_e - x) + x) + \text{Const.},$$

und da $v_3 = (v_2)$ ist für $x = x_2$, so ist

$$\text{Const.} = -Ex_2 - C(\lambda_e \log(\lambda_e - x_2) + x_2) + \frac{M}{4ga}(v_2)^2, \text{ also}$$

$$\frac{M}{4ga}\cdot v_3^2 = E(x-x_2) + C\Big[\lambda_e \log\frac{\lambda_e - x}{\lambda_e - x_2} + x - x_2\Big] + \frac{M}{4ga}\cdot(v_2)^2.$$

Hierin den Werth von $\frac{M}{4ga}(v_2)^2$ aus (959.) gesetzt, erhält man, weil $\lambda(1+e) = \lambda_e$ ist (950.),

961. $$\frac{M}{4ga}\cdot v_3^2 = Ex + C\Big[\lambda_e \log\frac{\lambda_e - x}{\lambda_e} + \lambda e_\mu \log\frac{e\lambda + x_2}{e\lambda} + x - x_2\Big] - G + \frac{M}{4ga}(v_0)^2.$$

Dies giebt die Geschwindigkeit *innerhalb* des *dritten* Theils der Bewegung. Für das *Ende* derselben, also für $x = x_3$, ist

962. $$\frac{M}{4ga}(v_3)^2$$
$$= Ex_3 + C\Big[\lambda_e \log\frac{\lambda_e - x_3}{\lambda_e} + \lambda e_\mu \log\frac{e\lambda + x_2}{e\lambda} + x_3 - x_2\Big] - G + \frac{M}{4ga}(v_0)^2.$$

G. Für den *vierten* Theil der Bewegung ist aus (950. und 951.):

$$\frac{M}{4ga}\cdot v_4^2 = A\log(x+c) - Bx + C(\lambda_e\log(\lambda_e - x) + x) + \text{Const.},$$

und da $v_4 = (v_3)$ ist für $x = x_3$, so ist

$$\text{Const.} = -A\log(x_3+c) + Bx_3 - C(\lambda_e\log(\lambda_e - x_3) + x_3) + \frac{M}{4ga}(v_3)^2, \text{ also}$$

$$\frac{M}{4ga}\cdot v_4^2 = A\log\frac{x+c}{x_3+c} + B(x_3 - x) + C\left[\lambda_e\log\frac{\lambda_e - x}{\lambda_e - x_3} + x - x_3\right] + \frac{M}{4ga}(v_3)^2.$$

Hierin den Werth von $\frac{M}{4ga}(v_3)$ aus (961.) gesetzt, giebt

963. $$\frac{M}{4ga}\cdot v_4^2 = Ex_3 + A\log\frac{x+c}{x_3+c} + B(x_3 - x)$$
$$+ C\left[\lambda_e\log\frac{\lambda_e - x}{\lambda_e} + \lambda e_\mu\log\frac{e\lambda + x_2}{e\lambda} + x - x_2\right] - G + \frac{M}{4ga}(v_0)^2.$$

Dies giebt die Geschwindigkeit *innerhalb* des *vierten* Theils der Bewegung. Für das *Ende* desselben, also für $x = x_4$, ist

964. $$\frac{M}{4ga}(v_4)^2 = Ex_3 + A\log\frac{x_4+c}{x_3+c} + B(x_3 - x_4)$$
$$+ C\left[\lambda_e\log\frac{\lambda_e - x_4}{\lambda_e} + \lambda e_\mu\log\frac{e\lambda + x_2}{e\lambda} + x_4 - x_2\right] - G + \frac{M}{4ga}(v_0)^2.$$

H. Für den *fünften* Theil der Bewegung endlich ist aus (950. und 951.)

$$\frac{M}{4ga}\cdot v_5^2 = A\log(x+c) - Bx - C\mu x + \text{Const.}$$

und da $v_5 = (v_4)$ ist für $x = x_4$, so ist

$$\text{Const.} = -A\log(x_4+c) + Bx_4 + C\mu x_4 + \frac{M}{4ga}(v_4)^2, \text{ also}$$

$$\frac{M}{4ga}\cdot v_5^2 = A\log\frac{x+c}{x_4+c} + (B(x_4 - x) + C_\mu(x_4 - x) + \frac{M}{4ga}\cdot(v_4)^2.$$

Hierin den Werth von $\frac{M}{4ga}(v_4)^2$ aus (964.) gesetzt, giebt

965. $$\frac{M}{4ga}\cdot v_5^2 = Ex_3 + A\log\frac{x+c}{x_3+c} + B(x_3 - x)$$
$$+ C\left[\lambda_e\log\frac{\lambda_e - x_4}{\lambda_e} + \lambda e_\mu\log\frac{e\lambda + x_2}{e\lambda} + \mu(x_4 - x) + x_4 - x_2\right] - G + \frac{M}{4ga}(v_0)^2.$$

Dies giebt die Geschwindigkeit *innerhalb* des *fünften* Theils der Bewegung. Für das Ende derselben, also für $x = x_5$, ist

966. $$\frac{M}{4ga}\cdot(v_5)^2 = Ex_3 + A\log\frac{x_5+c}{x_3+c} + B(x_3 - x_5)$$
$$+ C\left[\lambda_e\log\frac{\lambda_e - x_4}{\lambda_e} + \lambda e_\mu\log\frac{e\lambda + x_2}{e\lambda} + \mu(x_4 - x_5) + x_4 - x_2\right] - G + \frac{M}{4ga}(v_0)^2.$$

I. Setzt man in diesen letzten Ausdruck die Werthe der verschiedenen Buchstaben aus (950., 952. und 957.), so ergiebt sich

$$\frac{M}{4ga}(v_5)^2 = (P_1-p-\varphi)\lambda_1+(\lambda_1+c)(n+P_1)\log\frac{\lambda+c}{\lambda_1+c}+(n+p+\varphi)(\lambda_1-\lambda)$$
$$+(1+\delta)\beta\tau\nu\left[(1+e)\lambda\log\frac{(1+e)\lambda-\frac{\mu\lambda(1+e)}{1+\mu}}{(1+e)\lambda}+\lambda(1+\mu)e\log\frac{e\lambda+e\lambda\mu}{e\lambda}\right.$$
$$\left.+\mu\left(\frac{\mu\lambda(1+e)}{1+\mu}-\lambda\right)+\frac{\mu\lambda(1+e)}{1+\mu}-e\lambda\mu\right]$$
$$-2\beta\tau\nu\delta\lambda\left[(1+\mu)e\log\frac{e\lambda+\frac{\mu e\lambda(1+e)}{1+(\mu+2)e}}{e\lambda}\right.$$
$$\left.+(1+e)\log\frac{(1+e)\lambda-\frac{\mu e\lambda(1+e)}{1+(\mu+2)e}}{(1+e)\lambda}\right]+\frac{M}{4ga}(v_0)^2$$

oder

$$\frac{M}{4y4}(v_5)^2 = (\lambda_1+c)(n+P_1)\left[\frac{\lambda+c}{\lambda_1+c}+\frac{\lambda_1}{\lambda_1+c}\right]-\lambda(n+p+\varphi)$$
$$+(1+\delta)\beta\tau\nu\left[(1+e)\lambda\log\frac{1}{1+\mu}+(1+\mu)e\lambda\log(1+\mu)\right]$$
$$-2\beta\tau\nu\delta\lambda\left[(1+\mu)e\log\frac{(1+\mu)(1+2e)}{1+(\mu+2)e}+(1+e)\log\frac{1+2e}{1+(\mu+2)e}\right]+\frac{M}{4ga}(v_0)^2,$$

oder

$$\frac{M}{4ga}(v_5)^2 = (\lambda_1+c)(n+P_1)\left[\log\frac{\lambda+c}{\lambda_1+c}+\frac{\lambda_1}{\lambda_1+c}\right]-\lambda(n+p+\varphi)$$
$$+(1+\delta)B\tau\nu\lambda(\mu e-1)\log(1+\mu)-2\beta\tau\nu\delta\lambda(1+\mu)e\log(1+\mu)$$
$$-2\beta\tau\nu\delta\lambda(1+(\mu+2)e)\log\frac{1+2e}{1+(\mu+2)e}+\frac{M}{4ga}(v_0)^2$$

oder

967. $$\frac{M}{4ga}(v_5)^2 = (\lambda_1+c)(n+P_1)\left[\log\frac{\lambda+c}{\lambda_1+c}+\frac{\lambda_1}{\lambda_1+c}\right]-\lambda(n+p+\varphi)$$
$$-\beta\tau\nu\lambda\left[(1-\mu e+\delta(1+(\mu+2)e))\log(1+\mu)\right.$$
$$\left.+2\delta(1+(\mu+2)e)\log\frac{1+2e}{1+(\mu+2)e}\right]+\frac{M}{4ga}(v_0)^2.$$

Zufolge (857. und 879.) ist, wegen $s=\tau\lambda$ und $b=\nu a$ (§. 551. 11. und 10.):

$$968.\quad \begin{cases} D = a(\lambda_1+c)(n+P_1)\left[\log\frac{\lambda+c}{\lambda_1+c}+\frac{\lambda_1}{\lambda_1+c}\right]-a\lambda(n+p+\varphi) \text{ und} \\ L = \nu\tau\beta\lambda a\Big[(1-\mu e+\delta(1+(\mu+2)e))\log(1+\mu) \\ \qquad\qquad +2\delta(1+(\mu+2)e)\log\frac{1+2e}{2+(\mu+2)e}\Big]; \end{cases}$$

also ist (967.) so viel als

$$969.\quad (v_5)^2 = \frac{4g}{M}(D-L)+(v_0)^2;$$

woraus, wenn die Geschwindigkeit (v_5), am Ende des halben Umlaufs der Kurbel, der (v_0) am Anfange derselben *gleich* sein soll, wie es für den Beharrungsstand der Bewegung nöthig ist, folgt, dafs

$$970.\quad D = L$$

sein mufs; welches die Gleichung (856.) ist, von welcher wir in (§. 552.) ausgingen.

564.

Ist nun nach (§. 562.) dasjenige, durch x_m zu bezeichnende x gefunden, für welches die Kurbel die *gröfste* Geschwindigkeit erlangt hat, und welche v_m sein mag, so ist x_m statt x in *denjenigen* der obigen Ausdrücke (955. 959. 961. 963. und 965.) der Geschwindigkeit der Kurbel in den fünf verschiedenen Theilen der Bewegung zu setzen, für welchen x_m pafst; z. B. in den Ausdruck (963.), wenn x_m in den *vierten* Theil der Bewegung fällt; wie in dem Beispiele (§. 559. *C.*). Das, was dann der Ausdruck giebt, werde kurz durch

$$971.\quad \frac{M}{4ga}\cdot v_m^2 = X+\frac{M}{4ga}(v_0)^2$$

bezeichnet. Dann findet sich hieraus $M(v_m^2-v_0^2) = 4gaX$ und

$$972.\quad M = \frac{4gaX}{v_m^2-v_0^2}$$

und, da nach (§. 551. 30.) $M_1 = \frac{4\varrho^2}{\varDelta^2}M_1$ ist,

$$973.\quad M_1 = \frac{16ga\varrho^2X}{\varDelta^2(v_m^2-v_0^2)}.$$

Dies ist das *Gewicht, welches das Schwungrad haben mufs,* damit die Geschwindigkeit, von v_0 an, nirgend höher als bis zu v_m steige.

565.

A. Fällt, wie in dem Beispiel (§. 559. *C.*), die gröfste Geschwindigkeit in den ***vierten*** Theil der Bewegung der Kolben, so ist zufolge (963.)

974. $$X = Ex_3 + A\log\frac{x_m+c}{x_3+c} + B(x_3 - x_m)$$
$$+ C\left[\lambda_e\log\frac{\lambda_e - x_m}{\lambda_e} + \lambda e_\mu\log\frac{e\lambda + x_2}{e\lambda} + x_m - x_2\right] - G.$$

In diesen Ausdruck die Werthe der verschiedenen Buchstaben aus (950. 953. und 958.) gesetzt, ergiebt sich

975. $$X = (P_1 - p - \varphi)\lambda_1 + (\lambda_1 + c)(n + P_1)\log\frac{x_m+c}{\lambda_1+c} + (n + p + \varphi)(\lambda_1 - x_m)$$
$$+ (1+\delta)\beta\tau\nu\left[(1+e)\lambda\log\frac{(1+e)\lambda - x_m}{(1+e)\lambda} + \lambda(1+\mu)e\log\frac{e\lambda + e\partial\mu}{e\lambda} + x_m - e\lambda\mu\right]$$
$$-2\beta\tau\nu\delta\lambda\left[(1+\mu)e\log\frac{e\lambda + \frac{\mu e\lambda(1+e)}{1+(\mu+2)e}}{e\lambda} + (1+e)\log\frac{(1+e)\lambda - \frac{\mu e\lambda(1+e)}{1+(\mu+2)c}}{(1+c)\lambda}\right],$$

oder wenn man, nächst $\lambda_1 = \sigma\lambda$ und $c = \eta\lambda$ (§. 551. 3. und 4.), $x_m = m_1\lambda$ und $\frac{X}{\lambda} = X_1$ setzt:

$$X_1 = (P_1 - p - \varphi)\sigma + (\sigma + \eta)(n + P_1)\log\frac{m_1+\eta}{\sigma+\eta} + (n + p + \varphi)(\sigma - m_1)$$
$$+ (1+\delta)\beta\tau\nu\left[(1+e)\log\frac{1+e-m_1}{1+e} + (\lambda+\mu)e\log(1+\mu) + m_1 - e\mu\right]$$
$$-2\beta\tau\nu\delta\left[(1+\mu)e\log\frac{(1+\mu)(1+2e)}{1+(\mu+2)e} + (1+e)\log\frac{1+2e}{1+(\mu+2)e}\right] \text{ oder}$$

976. $$X_1 = (\sigma+\eta)(n+P_1)\left[\log\frac{m_1+\eta}{\sigma+\eta} + \frac{\sigma}{\sigma+\eta}\right] - m_1(n+p+\varphi)$$
$$+ \beta\tau\nu\Big[(1+\delta)\Big((1+e)\log\frac{1+e-m_1}{1+e} + m_1 - e\mu\Big)$$
$$+ (1-\delta)(1+\mu)e\log(1+\mu) - 2\delta(1+(\mu+2)e)\log\frac{1+2e}{1+(\mu+2)e}\Big].$$

Dieses X_1 dann, in (973.) gesetzt, giebt für ***das nöthige Gewicht des Schwungrades:***

977. $$M_1 = \frac{16 g\varrho^2 X_1}{\varDelta^2(v_m^2 - v_0^2)}\cdot a\lambda.$$

B. Um hieraus M_1 berechnen zu können, kommt es auf $a\lambda$ oder auf die nöthige ***Gröfse des Dampfstiefels*** an. Diese ergiebt sich aus (857.) und ist

$$978. \quad a\lambda = \frac{D}{(\sigma+\eta)(n+P_1)k-(n+p+\varphi)};$$

wo D das Moment der Dampfmaschine ***für einen Kolbenschlag*** bezeichnet.

Ursprünglich gegeben ist die Zahl der Cubikfufse atm. Luft, welche die Pumpe in 1 Minute in den Behälter treiben und dann auf μ Atm. wirksame Spannung zusammenpressen soll. Sie war in dem obigen Beispiel (§. 557. ***E.***) 800, und μ war $=8$. Daraus fand sich, dafs in diesem Beispiele die Dampfmaschine $\frac{800}{5,935}=135$ Pferdekräfte, also ein Moment von $\frac{800}{5,935}\cdot\varepsilon=\frac{800\cdot 30800}{5,935}$ $=4\,151\,643$ haben müsse. Gesetzt nun, es solle die Maschine in 2 Secunden einen Kolbenschlag, also in der Minute 30 Kolbenschläge machen, so ist

$$979. \quad D = \frac{4151643}{30} = 138\,388;$$

und dies giebt in (978.) für die Werthe (912. und 913.), welche die Buchstaben in dem Beispielsfalle haben:

$$980. \quad a\lambda = \frac{138388}{(0,3+0,05)(257+13095)\,1,955-(257+111+50)} = 15,8736 \text{ C. F.},$$

für die nöthige ***Gröfse des Dampfstiefels.***

Für das x, bei welchem die Kurbel die *gröfste* Geschwindigkeit erreicht, ist in (§. 562. ***B. f.***) (immer für dasselbe Beispiel) $x=0,599\lambda$ gefunden worden; also ist $m_1=0,599$. Berechnet man danach und nach den Werthen der übrigen Buchstaben, X_1 (976.), so findet sich

$$981. \quad X_1 = 6187,972.$$

Man setze für den Kurbelarm und den Durchmesser des Schwungrades

$$982. \quad \varrho = 1 \text{ für } \Delta = 16 \text{ F.}$$

Da die Kurbel in 2 Secunden einen halben Umlauf von $\frac{1}{2}\pi.2=3,14$ F. lang machen mufs, so mufs sie in der Secunde 1,47 F. ***im Durchschnitt*** durchlaufen. Man wird also, wenn man annimmt, dafs die *gröfste* Geschwindigkeit v_m nicht mehr als ***doppelt*** so grofs sein soll, als die Geschwindigkeit v_0 am Anfange und am Ende des halben Umlaufs, $v_0=1$ F. und $v_m=2$ F. setzen können. Daraus findet sich in (977.) aus (980. 981. und 982.):

$$983. \quad M_1 = 31463 \text{ Pfd.} = 286 \text{ Ctr.}$$

Dieses Gewicht mufs das Schwungrad haben, damit die Geschwindigkeit nirgend weiter als bis auf das ***Doppelte*** zunehme. Findet man es zu beträchtlich, so mufs man den Durchmesser Δ des Schwungrades vergröfsern, z. B. von 16 bis auf 20 F.; dann ist schon ein 183 Ctr. schweres Schwungrad hinreichend. Oder man mufs die Maschine schneller gehen lassen; was das Gewicht des Schwungrades noch mehr vermindert. Wenn die Maschine m mal so schnell gehen, also m mal so viel Kolbenschläge in der Minute machen soll, so wird, wie aus (979. und 980.) zu sehen, D, und folglich $a\lambda$, m mal kleiner: also wird in (977.) der Zähler des Bruchs m mal kleiner, hingegen der Nenner m^2 mal gröfser, folglich M_1 m^3 mal kleiner. Läfst man daher die Maschine z. B. $1\frac{1}{2}$ mal so schnell gehen, als oben angenommen, so ist schon ein $\frac{8}{27}\cdot 286 = 86$ Ctr. schweres Schwungrad von 16 F. im Durchmesser hinreichend.

Man sieht, wie nöthig es ist, überall das dem Schwungrade nothwendige Gewicht wirklich zu berechnen. Dasselbe ist durchaus nicht etwa *willkürlich.*

III. *Einzelne Bemerkungen zu der Theorie der Dampfmaschinen.*

A. Von der Absperrung des Dampfs im Dampfkolben.

566.

A. Die Absperrung ist ein vorzüglich wirksames Mittel, mit der *gleichen* Masse S verdampften Wassers eine gröfsere Nutzwirkung hervorzubringen. Je früher der Dampf nach seinem Eintritt in den Stiefel abgesperrt wird: je gröfser ist der Gewinn. Es ist nemlich der Ausdruck der Nutzwirkung

$$984.\quad W = arv = \frac{mkS - av(n+p+\varphi)}{1+\delta}\quad (114.).$$

Setzt man in denselben den Werth von av aus (100.), nemlich

$$985.\quad arv = \frac{\lambda mS}{(n+P_1)(\lambda_1+c)},$$

so erhält man

$$986.\quad W = \frac{mkS}{1+\delta} - \frac{m\lambda S}{(n+P_1)(\lambda_1+c)}\cdot\frac{(n+p+\varphi)}{1+\delta} = \frac{mS}{1+\delta}\left[k - \frac{\lambda}{\lambda_1+c}\cdot\frac{n+p+\varphi}{n+P_1}\right];$$

wo

$$987.\quad k = \log\text{nat}\,\frac{\lambda+c}{\lambda_1+c} + \frac{\lambda_1}{\lambda_1+c}\ \text{ist (107.).}$$

Die nöthige Dampfspannung im Stiefel P_1, die allerdings um so stärker sein mufs, je früher der in den Stiefel eintretende Dampf abgesperrt wird, richtet sich nach dem vom Dampfkolben zu überwindenden Widerstand ar (§. 245. Erstlich). Zufolge (94. und 106.) ist nemlich

$$988.\quad R\lambda = \lambda((1+\delta)r+p+\varphi) = (\lambda_1+c)(n+P_1)\left[\log\text{nat}\,\frac{\lambda+c}{\lambda_1+c} + \frac{\lambda}{\lambda_1+c}\right] - n\lambda$$
$$= k(\lambda_1+c)(n+P_1) - n\lambda\ (987.);$$

woraus

$$989. \quad (\lambda_1+c)(n+P_1) = \frac{\lambda((1+\delta)r+n+p+\varphi)}{k}$$

folgt, was, in (966.) gesetzt,

$$W = \frac{mS}{1+\delta}\left[k - \frac{k(n+p+\varphi)}{((1+\delta)r+n+p+\varphi)}\right] = \frac{mSk}{(1+\delta)}\cdot\frac{(1+\delta)r}{(1+\delta)r+n+p+\varphi}$$

oder

$$990. \quad W = \frac{mSrk}{(1+\delta)r+n+p+\varphi}$$

giebt.

Hieraus folgt, dafs sich die Nutzwirkung W_1 für *dieselbe* Kraft des Dampfkolbens ar oder r, und für *dieselbe* verdampfte Wassermasse S, *wie* k *verhält.* Und da nun k nach der Tafel in (§. 270.) regelmäfsig zunimmt, so wie λ_1 abnimmt oder ein *kleinerer* Theil von λ ist: so nimmt W regelmäfsig zu, je kleiner λ_1 gegen λ ist. Für $\lambda_1=\lambda$, oder *ohne* Absperrung, ist $k=\frac{\lambda}{\lambda+c}$ $=\frac{1}{1,05}=0,952$. Es ist nach der Tafel

991. Für $\lambda_1 = 0,1.\lambda$ $0,2.\lambda$ $0,3.\lambda$ $0,4.\lambda$ $0,5.\lambda$ $0,6.\lambda$ $0,7.\lambda$ $0,8.\lambda$ $0,9.\lambda$ λ,
$k = 2,613$ $2,235$ $1,955$ $1,735$ $1,555$ $1,402$ $1,269$ $1,152$ $1,047$ $0,952$;

so dafs sich die Nutzwirkung, z. B. durch die Absperrung des Dampfs auf $\frac{1}{10}$ des Kolbenlaufs, bis auf $\frac{2,613}{0,952}=2,7436$, also bis auf 274 Procent verstärken läfst.

B. Für eine *bestimmte* Dampfspannung im Stiefel ist nach (145.) die *vortheilhafteste* Absperrung

$$992. \quad \lambda_1 = \lambda.\frac{n+p+\varphi}{n+P_1}.$$

Dies, nebst (987.), in (986.) gesetzt, giebt

$$993. \quad W = \frac{Sm}{1+\delta}\left[\log\text{nat}\frac{\lambda+c}{\lambda_1+c}+\frac{\lambda_1}{\lambda_1+c}-\frac{\lambda_1}{\lambda_1+c}\right] = \frac{mS}{1+\delta}\log\text{nat}\frac{\lambda+c}{\lambda_1+c}.$$

Und wenn man zugleich der Maschine die vortheilhafteste, nemlich die möglich-langsamste Bewegung geben kann, für welche die Dampfspannung P_1 im Stiefel der im Kessel P *gleich* sein mufs, ist λ_1 (992.) noch kleiner und folglich W (993.) noch gröfser.

C. Da auf diese Weise der Gewinn durch die Absperrung *sehr* bedeutend ist, so mufs man sie möglichst zu erlangen suchen. Denn wenn gleich der Absperrung wegen eine stärkere Dampfspannung im Stiefel und im Kessel nöthig ist, so sind doch nicht mehr Wasser zu verdampfen und folglich nicht mehr Wärme und mehr Brennstoff, folglich nicht mehr Kosten nöthig, indem der nöthige Brennstoff nach (§. 60.) derselbe bleibt, das Wasser mag unter einer niedrigen oder unter einer hohen Spannung zu verdampfen sein. Die starke Absperrung ist einer der Hauptgründe der ungemein guten Wirkung der *Cornwallis*schen Maschinen (§. 465. Siebentens), obgleich sie bei denselben noch nicht bis auf das *vortheilhafteste* Maafs getrieben ist.

D. Allein eine Absperrung, z. B. schon, nachdem der Kolben erst den 10ten Theil seines Laufs zurückgelegt hat, ist technisch zu schwierig, weil der Gang der Maschine zu ungleichförmig wird, auch die alsdann nöthige Genauigkeit beim Öffnen und Schliefsen der Klappen kaum zu erreichen sein dürfte. Man wird gewöhnlich mit der Absperrung nicht leicht weiter als bis auf den 3ten Theil des Kolbenlaufs gehen wollen; und dies vermindert den Gewinn sehr.

E. Daraus folgt denn, dafs eine Einrichtung der Dampfmaschinen, durch welche *wirklich* die vortheilhafte Absperrung erreichbar ist, bedeutende Vorzüge haben werde. Eine solche Einrichtung hat ganz die *Woolf*sche *Maschine* (Abschnitt 9.), mit *zwei* Dampfstiefeln, deren gröfserer insbesondere zur Ausdehnung des Dampfs bestimmt ist; denn es hindert nichts, zumal wenn man noch die Absperrung im kleinern Stiefel zu Hülfe nimmt, den gröfsern Stiefel so grofs zu machen, dafs sein Raum, zusammen mit dem Raum *unter* dem Kolben im kleinern Stiefel, ein *beliebiges* Vielfache des Raums ist, welchen der abgesperrte Dampf über dem Kolben im kleinern Stiefel einnimmt. Diese Maschine dürfte also ganz besonders zu berücksichtigen sein und es möge demnach darüber noch Einiges Nähere gesagt werden.

567.

Wir wollen die auf die *Woolf*sche Maschine sich beziehenden Formeln im 9ten Abschnitt in etwas veränderter Form geben.

A. Der Querschnitt des gröfsern Stiefels sei νmal so grofs, als der des kleinern; der Kolbenlauf im erstern τmal so lang als im letztern; die Absperrung im kleinern Stiefel sei σmal der Kolbenlauf; der Spielraum in beiden Stiefeln $e$mal ihr Kolbenlauf; endlich werde der von der Maschine zu überwindende Widerstand, wie überall bei den andern Maschinen, auf die Einheit der Fläche des Kolbens im kleinern Stiefel gebracht. Dann ist in (§. 379 bis 387.)

994. $A = \nu a, \quad L = \tau\lambda, \quad \lambda_1 = \sigma\lambda, \quad c = e\lambda, \quad C = e\tau\lambda, \quad R = ar, \quad h = \lambda.$

B. Dies giebt zunächst, statt (297.):

$$a\lambda(\sigma+e)(n+P_1)\left[\log\text{nat}\frac{1+e}{\sigma+e}+\log\text{nat}\frac{e+\nu\tau(1+e)}{1+e+\nu\tau e}+\frac{\sigma}{1+e}\right]-n\nu\tau\lambda a$$
$$=(1+\delta)ar\lambda+\varphi a\lambda+\varphi_1\nu\tau a\lambda+\nu\tau\mu\lambda \text{ oder}$$

995. $$(\sigma+e)(n+P_1)\left[\log\text{nat}\frac{1+e}{\sigma+e}+\log\text{nat}\frac{e+\nu\tau(1+e)}{1+e+\nu\tau e}+\frac{\sigma}{\sigma+e}\right]$$
$$=\nu\tau(n+p+\varphi_1)+(1+\delta)r+\varphi.$$

Ferner in (300. und 301.)

996. $$\frac{mS}{n+P_1}=av(\sigma+e) \text{ und}$$

997. $$k_1=\log\text{nat}\frac{1+e}{\sigma+e}+\log\text{nat}\frac{e+\nu\tau(1+e)}{1+e+\nu\tau e}+\frac{\sigma}{\sigma+e}.$$

C. Setzt man nun $(\sigma+e)(n+P_1)=\frac{mS}{av}$ in (995.), desgleichen k_1 aus (997.), so erhält man

$$\frac{mS}{av}\cdot k_1=\nu\tau(n+p+\varphi_1)+(1+\delta)r+\varphi \text{ und daraus}$$

998. $$W=avr=\frac{mSk_1}{1+\delta}-av\cdot\frac{\varphi+\nu\tau(n+p+\varphi_1)}{1+\delta}$$
$$=\frac{mS}{1+\delta}\left[k_1-\frac{\varphi+\nu\tau(n+p+\varphi_1)}{(\sigma+e)(n+P_1)}\right],$$

für den Ausdruck der Nutzwirkung

D. Für die *vortheilhafteste* Nutzwirkung mufs, wie sich in (§. 386.) durch Differentiation von W findet, für ein beliebiges P_1,

999. $$\frac{\lambda_1}{\lambda}=\sigma=\frac{\nu\tau(n+\nu+\varphi)+\varphi}{n+P_1}$$

sein. Dies giebt die vortheilhafteste Absperrung im kleineren Stiefel, wenn $\nu\tau$ oder das Verhältnifs der Gröfse der beiden Dampfstiefel *im Voraus* bestimmt ist. Ist gegentheils die Absperrung σ im kleineren Stiefel bestimmt, was eher der Fall sein wird, so giebt (973.) für die *vortheilhafteste* Gröfse des grofsen Stiefels:

1000. $$\nu\tau=\frac{\sigma(n+P_1)-\varphi}{n+p+\varphi_1}.$$

E. Setzt man (999. und 997.) in (998.), so ergiebt sich, *wenn* $\nu\tau$ gegeben ist, für die möglich-gröfste Nutzwirkung, weil dann $\frac{\varphi+\nu\tau(n+p+\varphi_1)}{(\sigma+e)(n+P_1)}$ nach (951.) $=\frac{\sigma}{\sigma+e}$ ist:

1001. $$W_{m_1} = \frac{mS}{1+\delta}\left[\log\text{nat}\frac{(1+e)(n+P_1)}{\nu\tau(n+p+\varphi_1)+\varphi+(n+P_1)e}+\log\text{nat}\frac{e+\nu\tau(1+e)}{1+e+\nu\tau e}\right].$$

Setzt man dagegen (1000. und 997.) in (998.), so erhält man, *wenn* σ *gegeben ist,* für die möglich-gröfste Nutzwirkung:

1002. $$W_{m_1} = \frac{mS}{1+\delta}\left[\log\text{nat}\frac{1+e}{\sigma+e}+\log\text{nat}\left(\frac{e(n+p+\varphi_1)+(1+e)(\sigma(n+P_1)-\varphi)}{(1+e)(n+p+\varphi_1)+e(\sigma(n+P_1)-\varphi)}\right)\right].$$

Aus (1001.) ist am leichtesten zu sehen, dafs die Nutzwirkung weiter noch gröfser wird, wenn P_1 zunimmt, und dafs also die unbedingt-gröfste Nutzwirkung Statt findet, wenn die Dampfspannung P_1 im Stiefel der P im Kessel gleich ist; welches letztere man auch möglichst wird erreichen können, da man durch σ machen kann, dafs nach (1000.) $\nu\tau$ nicht allzu grofs ausfällt.

F. In (1000.) ist $\nu\tau$ ***willkürlich*** und, wie man sieht, hat W_{m_1} (1001.) ***verschiedene*** Werthe, je nachdem man $\nu\tau$ annimmt. Es fragt sich also, welches $\nu\tau$ den gröfsten Werth von W_{m_1} gebe. Um dies zu finden, ist das Differential von W_{m_1}, nach $\nu\tau$ genommen, gleich Null zu setzen.

Dieses giebt, wenn man der Kürze wegen einen Augenblick

1003. $$\begin{cases} n+p+\varphi_1 = p_1 \text{ und} \\ \varphi+e(n+P_1) = Q \text{ setzt,} \end{cases}$$

$$-\frac{p_1}{p_1\nu\tau+Q}+\frac{1+e}{e+\nu\tau(1+e)}-\frac{e}{1+e+\nu\tau e} = 0 \text{ oder}$$

$$\frac{p_1}{\nu\tau p_1+Q} = \frac{1+2e}{(e+\nu\tau(1+e))(1+e+\nu\tau e)} \text{ oder}$$

$$p_1[e(1+e)(1+\nu^2\tau^2)+(e^2+(1+e)^2)\nu\tau] = (1+2e)(\nu\tau p_1+Q) \text{ oder}$$

$$p_1[e(1+e)(1+\nu^2\tau^2)+2e^2\nu\tau] = (1+2e)Q \text{ oder}$$

$$\nu^2\tau^2+\frac{2e^2}{e(1+e)}\nu\tau+1-\frac{1+2e}{e(1+e)}\cdot\frac{Q}{p_1} = 0, \text{ also}$$

$$\nu\tau = -\frac{e}{1+e}\pm\sqrt{\left[\frac{e^2}{(1+e)^2}-1+\frac{1+2e}{e(1+e)}\cdot\frac{Q}{p_1}\right]} \text{ oder}$$

$$\nu\tau = \frac{-e\pm\sqrt{\left[(1+2e)(1+e)\frac{Q}{p_1 e}-(1+2e)\right]}}{1+e} \text{ oder}$$

1004. $$\nu\tau = \frac{-e\pm\sqrt{\left[(1+2e)\left((1+e)\frac{Q}{ep_1}-1\right)\right]}}{1+e}.$$

Dies ist der vortheilhafteste Werth von $\nu\tau$, welcher dann weiter in (999.) das vortheilhafteste σ giebt.

G. Wäre zum Beispiel

1005. $P_1 = 5878,\quad n = 257_1,\quad p = 111,\quad \varphi = 50,\quad e = 0{,}05,$

so würde dies, wenn man auch noch $\varphi_1 = 50$ setzt,

1006. $p_1 = 418,\quad Q = 356{,}75,\quad \nu\tau = 4{,}06$ und in (999.) $\sigma = 0{,}28$

geben. Hier sind beide: $\nu\tau$ und σ, sehr gut zu erreichen: der grofse Stiefel läfst sich recht gut 4,06 mal so grofs machen, als der kleine, und eine Absperrung von $0{,}28\lambda$ ist auch noch nicht zu stark.

Für ein doppelt so grofses P_1 findet sich

1007. $\nu\tau = 5{,}58$ und $\sigma = 0{,}198;$

was ebenfalls noch ausführbar ist.

H. Setzt man den Werth von $\nu\tau$ (1004.) und zugleich die Werthe von p_1 und Q (1003.) in (1001.), so ergiebt sich

$$W_m = \frac{mS}{1+\delta}\left[\log\text{nat}\frac{(1+e)^2(n+P_1)}{(n+p+\varphi_1\sqrt{\left[(1+2e)\left((1+e)\frac{\varphi+e(n+P_1)}{e(n+p+\varphi_1)}-1\right)\right]}+\varphi+(n+P_1)e}\right.$$
$$\left.+\log\text{nat}\frac{\sqrt{\left[(1+2e)\left((1+e)\frac{\varphi+e(n+P_1)}{e(n+p+\varphi_1)}-1\right)\right]}(1+e)}{1+2e+e\sqrt{\left[(1+2e)\left((1+e)\frac{\varphi+e(n+P_1)}{e(n+p+\varphi_1)}-1\right)\right]}}\right] \text{ oder}$$

1008. $$W_m = \frac{mS}{1+\delta}\left[\log\text{nat}\frac{(1+e)^2(n+P_1)}{\sqrt{((1+2e)(n+p+\varphi_1))}\sqrt{\left[(1+e)\left(\frac{\varphi}{e}+n+P_1\right)-(n+p+\varphi_1)\right]}+\varphi+(n+P_1)e}\right.$$
$$\left.+\log\text{nat}\frac{(1+e)\sqrt{\left[(1+e)\left(\frac{\varphi}{e}+n+P_1\right)-n+p+\varphi_1)\right]}}{\sqrt{((1+2e)(n+p+\varphi_1))}+e\sqrt{\left[(1+e)\left(\frac{\varphi}{e}+n+P_1\right)-(n+p+\varphi_1)\right]}}\right].$$

Da hier noch P_1 unbestimmt ist, so fragt es sich endlich noch, für *welches* P_1 die Nutzwirkung W_m am gröfsten sei. Um dies zu finden, schreibe man den Ausdruck (1008.) wie folgt:

1009. $$W_m = \frac{mS}{1+\delta}\left[\log\text{nat}\frac{(1+e)^2}{\sqrt{\left(\frac{(1+2e)(n+p+\varphi_1)}{n+P_1}\right)}\sqrt{\left(1+e+\frac{(1+e)\frac{\varphi}{e}-(n+p+\varphi_1)}{n+P_1}\right)}+\frac{\varphi}{n+P_1}+e}\right.$$
$$\left.+\log\text{nat}\frac{1+e}{\sqrt{\left(\frac{(1+2e)(n+p+\varphi_1)}{(1+e)\left(\frac{\varphi}{e}+n+P_1\right)-n+p+\varphi_1)}\right)}+e}\right].$$

Hieraus zeigt sich, dafs die Nutzwirkung W_m mit der Dampfspannung P_1 im *Stiefel* fortwährend zunimmt, und folglich am möglich-gröfsten ist, wenn P_1 der Dampfspannung P im *Kessel* gleich kommt.

I. Setzt man $P_1 = 2.5878 = 11756$ Pfd., also $\frac{11756}{2173} = 5{,}41$ Atmosphären stark, so möchte dies so ziemlich die stärkste Dampfspannung sein, welche im Stiefel vorkommen wird.

Der Coëfficient von $\frac{mS}{1+\delta}$ mit den in (*G.*) gefundenen Werthen von $\nu\tau$ oder σ nach (1001.) oder (1002.) berechnet, ist

$$1010. \quad \begin{cases} 1.\ 2{,}308 \text{ für } P_1 = 5878 \text{ Pfd. und} \\ 2.\ 2{,}934 \text{ für } P_1 = 11756 \text{ Pfd.} \end{cases}$$

568.

A. Für Maschinen mit hohem Druck und Absperrung, aber ohne Niederschlag, oder eigentlich sogenannte Hochdruckmaschinen ist nach (145.) die vortheilhafteste Absperrung

$$1011. \quad \sigma = \frac{n+p+\varphi}{n+P_1}.$$

Dies giebt, da hier p den Druck der Atmosphäre $= 2173$ Pfd. bezeichnet und nach (59. 2.) $n = 633$, φ etwa $= 70$ anzunehmen ist,

$$1012. \quad \left.\begin{cases} 1.\ \sigma = 0{,}442 \text{ für } P_1 = 5878 \text{ Pfd., also } k = 1{,}656 \\ 2.\ \sigma = 0{,}232 \text{ für } P_1 = 11756 \text{ Pfd., also } k = 2{,}137 \end{cases}\right\} (\S.\ 270.)$$

und nach (993.) ist der Coëfficient $\log\text{nat}\frac{\lambda+c}{\lambda_1+c} = \log\text{nat}\frac{1+e}{\sigma+e}$ zu $\frac{mS}{1+\delta}$,

$$1013. \quad \begin{cases} 1.\ = 0{,}758 \text{ für } P_1 = 5878 \text{ Pfd. und} \\ 2.\ = 1{,}314 \text{ für } P_1 = 11756 \text{ Pfd.;} \end{cases}$$

m und $1+\delta$ haben aber hier andere Werthe.

B. Für Maschinen mit *niedrigem* Druck, ohne Absperrung, und mit Niederschlag, ist in (987.) $k = \frac{\lambda}{\lambda+c}$, und in (966.)

$$1014. \quad W = \frac{mS}{1+\delta}\cdot\frac{\lambda}{\lambda+c}\left(1 - \frac{n+p+\varphi}{n+P_1}\right) = \frac{mS}{1+\delta}\cdot\frac{P_1-p-\varphi}{(1+e)(n+P_1)};$$

wo nach (237.) $p = 591$, nach (238.) φ etwa $= 70$ und nach (240.) $n = 257$ zu setzen ist. Nimmt man eine Dampfspannung P_1 im Stiefel von 2500 Pfd. auf den Q. F., also von etwas mehr als 1 Atm. an, so giebt dies für den Coëfficienten von $\frac{mS}{1+\delta}$ die Zahl 0,751.

569.

Wir wollen die in den vorigen Paragraphen berechneten verschiedenen Beispiele *zusammenstellen* aber sogleich W in ***Pferdekräften*** ausdrücken, und zwar für $S = 1$ Cub. F. Wasser. m und δ bekommen dann, nach den Umständen, verschiedene Werthe. 1 Pferdekraft wird nach (116.) zu $\varepsilon = 30800$ angenommen.

Es findet sich Folgendes.

Ein Cubikfuſs in der Minute verdampftes Wasser bringt hervor:

a. Durch eine Dampfmaschine mit niedrigem Druck, von 2500 Pfd. auf den Q. F. im Stiefel, mit Niederschlag und ohne Absperrung, nach (§. 568. ***B.***):

1015. $$W = 0{,}751 \cdot \frac{m}{30800(1+\delta)} = \frac{0{,}751 \,.\, 4212576}{30800 \,.\, 1{,}14} \text{ (239. und 240.)} = 90 \text{ Pferdekräfte.}$$

b. Mit hohem Druck P_1 und Absperrung σ, aber ohne Niederschlag, nach (568. ***A.***):

1016.
1. $$W = 0{,}758 \cdot \frac{m}{30800(1+\delta)} = \frac{0{,}758 \,.\, 4461264}{30800 \,.\, 1{,}14} \text{ (59. 2.)} = 96 \text{ Pferdekräfte, für } P_1 = 5878 \text{ Pfd. und } \sigma = 0{,}442;$$
2. $$W = 1{,}314 \cdot \frac{m}{30800(1+\delta)} = \frac{1{,}314 \,.\, 4461264}{30800 \,.\, 1{,}14} \text{ (59. 2.)} = 166 \text{ Pferdekräfte, für } P_1 = 11756 \text{ Pfd. und } \sigma = 0{,}232.$$

c. Mit hohem Druck $P_1 = 5878$ Pfd. und Niederschlag und auf das beste nach Art der ***Cornwallis***schen Maschinen eingerichtet, so daſs n nur $= 257$, $p = 111$, $\delta = 0{,}07$ und $\varphi = 50$ gesetzt werden kann, nach (§. 566. ***B.***):

1017.
1. $$W = 0{,}888 \frac{m}{30800(1+\delta)} = \frac{0{,}888 \,.\, 4212576}{30800 \,.\, 1{,}07} \text{ (59. 1.)} = 114 \text{ Pferdekräfte, } \textit{ohne} \text{ Absperrung;}$$
2. $$W = 2{,}179 \cdot \frac{m}{30800(1+\delta)} = \frac{2{,}179 \,.\, 4212576}{30800 \,.\, 1{,}07} \text{ (59. 1.)} = 278 \text{ Pferdekräfte, } \textit{mit} \text{ der Absperrung } \sigma = 0{,}1, \text{ die aber schwer ausführbar ist;}$$
3. $$W = 2{,}381 \cdot \frac{m}{30800(1+\delta)} = \frac{2{,}381 \,.\, 4212576}{30800 \,.\, 1{,}07} = 304 \text{ Pferdekräfte, eben so und für } P_1 = 11756 \text{ Pfd.}$$

Die Beispiele in (§. 566. ***C.*** und ***D.***), mit der ***vortheilhaftesten*** Absperrung $\sigma = 0{,}0681$, mögen nicht in die Reihe treten, da eine so starke Absperrung nicht gut ausführbar ist.

d. Durch eine *Woolf*sche Maschine mit zwei Dampfstiefeln, mit hohem Druck, Niederschlag und dem vortheilhaftesten Verhältnifs der Absperrung zum Kolbenlauf und der Gröfse der Stiefel zu einander, nach (§. 567. *G.* und *I.*):

1018.
$$\begin{cases} 1.\quad W = 2{,}308 \cdot \frac{m}{30800(1+\delta)} = \frac{2{,}308 . 4212576}{30800 . 1{,}07} \quad (59.\ 1.\ \text{und}\ 988.\ 1.) \\ \quad = 295 \text{ Pferdekräfte, für } P_1 = 5878 \text{ Pfd. und } \sigma = 0{,}28,\ \nu\tau = 4{,}06; \\ 2.\quad W = 2{,}934 \cdot \frac{m}{30800(1+\delta)} = \frac{2{,}934 . 4212576}{30800 \cdot 1{,}07} \quad (59.\ 1.\ \text{und}\ 988.\ 2.) \\ \quad = 375 \text{ Pferdekräfte, für } P_1 = 11756 \text{ Pfd. und } \sigma = 0{,}198,\ \nu\tau = 5{,}58. \end{cases}$$

Man sieht aus dieser Vergleichung recht deutlich, wie grofs der Gewinn ist, der sich durch eine angemessene Einrichtung der Dampfmaschinen erlangen läfst. Die vortheilhafteste und sehr gut ausführbare *Woolf*sche Maschine leistet mit *demselben* verdampften Wasser, also mit dem *nemlichen* Brennstoff, und folglich mit den nemlichen *Feuerungskosten*, $\frac{375}{90} = 4{,}17$, also mehr denn *viermal* so viel, als eine Maschine mit niedrigem Druck; ferner $\frac{375}{166} = 2{,}25$, also $2\frac{1}{4}$mal so viel als eine Maschine mit gleich hohem Druck und der starken Absperrung 0,232, aber ohne Niederschlag, und noch $\frac{375}{304} = 1{,}23$mal so viel, oder 23 p. C. mehr, als die beste Maschine mit einem einzelnen Stiefel und der sehr starken, kaum noch ausführbaren Absperrung vom 10ten Theile des Kolbenlaufs, bei gleicher Dampfspannung von $P_1 = 11756$ Pfd. Die *Woolf*schen Maschinen sind daher unstreitig die vorzüglichsten; wenigstens wo eine bedeutende Kraft nöthig ist.

B. Vom Wassersturz (cataract).

570.

A. Durch den *Wassersturz*, dessen man sich bei einfach-wirkenden Maschinen, mit niedrigem und mit hohem Druck, bedient, also bei Maschinen, die insbesondere zum Heben des Wassers durch Pumpen bestimmt sind, können geringere oder gröfsere *Ruhezeiten* zwischen den Kolbenhuben hervorgebracht werden; wie es aus der Beschreibung solcher Maschinen im 11ten und 13ten Abschnitt zu sehen ist. Die Ruhezeiten können aber wohl nur den Zweck haben, dem Feuer der Esse Frist zu gewähren, mehr Wasser zu verdampfen, wenn Dampf von stärkerer Spannung nöthig ist; und dies wiederum kann nur vorkommen, wenn Grubenwasser aus *verschiedenen* Tiefen zu heben sind und die Maschine für die *gröfste* Tiefe nicht Kraft genug zum ununterbrochenen Gange hat; denn sonst würde der Verlust an *Zeit* keinen Zweck haben.

B. Aber einestheils ist der Wassersturz an sich ein künstliches, gebrechliches und mehr oder weniger unsicheres Werkzeug, was gleichsam nur eine Art von Nothhülfe zu sein scheint: andrerseits kann gerade der Verlust an *Zeit* sehr nachtheilig sein, wenn in den Gruben die Wasser ungewöhnlich sich häufen, und es kann gerade in *grofsen* Tiefen darauf ankommen, die Wasser *schnell* wegzuschaffen. Der Verlust an *Zeit* ist bei *einfach* wirkenden Maschinen schon beträchtlich, da sie nur beim Aufgange oder beim Niedergange des Dampfkolbens Wasser heben, nicht bei beiden; und durch den Wassersturz wird der Verlust noch gröfser. Will man die *Zeit* einbringen, so mufs die Maschine um so *stärker* sein.

C. Es scheint also, dafs vielmehr grade zur Bewegung von *Wasserpumpen*, sowohl für unveränderliche, als, wie es in Bergwerken vorkommen kann, für veränderliche Tiefen, *doppelt-wirkende* Maschinen, *ohne* Wassersturz und mit *Gegengewicht* für die langen und schweren Pumpenstangen, recht an ihrem Ort sein würden.

D. Da aber in solchen Maschinen die bewegende Dampfkraft unveränderlich stark sein würde, so müfste man die Wirkung derselben auf die auf- und abzubewegende Pumpenstangen nach Belieben verstärken und schwächen können. Dies scheint auch sehr einfach mit Hülfe eines zweiten einarmigen Hebels (Fig. 98. Taf. No. 24.) anzugehen. DMC ist der gewöhnliche Wagebalken der Maschine, der sich um M dreht; B_1N der zweite einarmige Hebel, dessen Drehpunct N ist. DD_1 ist die Dampfkolbenstange, P_1P_2 die Pumpenstange. Der einarmige Hebel wird mit dem Wagebalken durch eine Stange PP_1, BB_1 oder CC_1 verbunden. Je nachdem man diese Stange nach M, oder nach N zu rückt, ist offenbar die Wirkung der immer gleich starken Dampfkraft auf die Pumpen stärker oder schwächer. Die Dampfkraft sei $=Q$, $MP=DM=P_1N=a$, $BP=x$, so ist die Kraft, welche Q in B hervorbringt $=Q\cdot\frac{a}{a-x}$: also diejenige, welche durch die Stange BB_1 in P_1 hervorgebracht wird, $=Q\cdot\frac{a}{a-x}\cdot\frac{a+x}{a}=Q\cdot\frac{a+x}{a-x}$. Je nachdem also x positiv oder negativ ist, das heifst, die Verbindungsstange PP_1 nach M oder nach N hingerückt wird, ist die Wirkung der Dampfkraft Q auf die Pumpenstange gröfser oder kleiner als Q, und zwar bedeutend. Für $BP=x=\frac{1}{3}a$ ist sie schon $Q\cdot\frac{1+\frac{1}{3}}{1-\frac{1}{3}}$

$=\frac{3}{2}Q$, für $BP=x=\frac{1}{3}a$ ist sie $=Q\cdot\frac{1+\frac{1}{3}}{1-\frac{1}{3}}=2Q$, also schon *verdoppelt.* In gleichem Maafse wird sie geschwächt, wenn man die Verbindungsstange nach N hinrückt.

E. Freilich wird auch in *gleichem* Verhältnifs, wie die Wirkung auf die Pumpenstangen stärker, oder schwächer ist, der ***Hub*** des Pumpenkolbens kleiner, oder gröfser; aber dies darf bei ***Druckpumpen*** ohne Schwierigkeit der Fall sein. Man stelle sich zum Beispiel einen einfachen Pumpenstiefel vor, (so hoch als die *gröfste* Hubhöhe, also hoch genug für die *geringste* Tiefe, aus welcher das Wasser heraufgeschafft werden soll) ganz unter das zu hebende Wasser gesetzt. In jedem der Böden des Stiefels, oben und unten, sind zwei Klappen: eine Einlafsklappe, die sich nach *innen*, und eine Auslafsklappe, die sich in die Steigeröhren hinein nach aufsen öffnet; die beiden Steigeröhren vereinigen sich über dem Stiefel in eine einzige. Der Kolben ist ganz fest, und hat *keine* Klappen. Wird nun der Kolben, vom untern Boden des Stiefels an, nur bis auf *einen Theil* der Höhe des Stiefels hinaufgehoben, so drückt das Wasser der Grube sogleich die *untere* Eintrittsklappe auf und tritt in den Stiefel *unter* den Kolben; denn das Wasser in der untern Steigeröhre verschliefst die *untere* Austrittsklappe. Zu gleicher Zeit drückt der hinauf sich bewegende Kolben, indem sich die *obere* Eintrittsklappe verschliefst, von dem Wasser, welches sich über ihm befindet, *so viel* in die obere Steigeröhre, als den Raum ausfüllte, den der Kolben durchlaufen hat. Bewegt sich darauf der Kolben wieder hinunter, so drückt das Wasser der Grube die *obere* Eintrittsklappe auf, tritt in den Stiefel *über* den Kolben und füllt den Raum des Stiefels über dem Kolben wieder ganz aus; denn das Wasser in der obern Steigeröhre verschliefst die obere Austrittsklappe. Zugleich prefst der hinab sich bewegende Kolben das unter ihn eingetretene Wasser, indem sich die *untere* Eintrittsklappe schliefst, durch die *untere* Austrittsklappe in das *untere* Steigerohr; und so weiter. Und diese Wirkung erfolgt *immer,* um welchen *Theil* der Höhe des Stiefels auch der Kolben auf- und abbewegt werden mag. Die *Verschiedenheit* der Hubhöhe ist daher ganz zuläfslich. Die nöthige bewegende Kraft der Dampfmaschine ist immer *dieselbe.* Wenn nemlich durch den zweiten einarmigen Hebel die Kraft der Pumpenstangen gerade in das Verhältnifs der mehreren Tiefe gebracht ist, so ist es auch das Verhältnifs der Hubhöhe zu der Höhe des Stiefels, und es wird in *gleichem* Verhältnifs der gröfsern oder geringern Tiefe durch *dieselbe* Dampfkraft weniger oder mehr

Wasser gehoben. Auch die in Figur 69 Taf. No. 10. abgebildete Pumpe mit Saugeröhre dürfte sich benutzen lassen.

F. Die Kraft der Dampfmaschine mufs natürlich für das *gröfste* Bedürfnifs abgemessen sein; aber die *doppelt*-wirkende Maschine wird immer nur kleiner nöthig sein, als die *einfach*-wirkende, weil sie die *halbe Zeit* erspart. Eine doppelt-wirkende Maschine scheint also für Pumpen *auch dann* besser zu sein, als eine einfach-wirkende, wenn auch das Wasser aus *verschiedenen* Tiefen zu heben ist. Der Wassersturz ist natürlich für die doppeltwirkenden Maschinen nicht nöthig. Um seine Wirkung, durch welche nur auf Kosten der *Zeit* eine ungewöhnliche Verstärkung der Kraft hervorgebracht werden kann, zu ersetzen, dürfen nur Kessel und Esse so eingerichtet werden, dafs allenfalls, für aufserordentliche Fälle, durch Verstärkung des *Feuers* eine ungewöhnlich stärkere Spannkraft des Dampfs sich hervorbringen läfst: dann erlangt man die aufsergewöhnliche Kraft auch *ohne* Verlust an Zeit. Die dazu erforderliche mehrere Stärke des Kessels ist aber auch bei einfach-wirkenden Maschinen mit Wassersturz nöthig, indem auch da die aufsergewöhnliche Kraft nur durch die stärkere Dampfspannung erlangt wird.

Wegen des *Schwungrades* für Pumpenmaschinen haben wir das Nöthige in (§. 544. etc.) abgehandelt.

C. Über die Mittel, der Esse die zum Verbrennen des Brennstoffs nöthige Luft zuzuführen.

571.

A. Bei den meisten Dampfmaschinen, namentlich bei allen *feststehenden*, wird der Esse die zum Verbrennen der Kohlen oder des Holzes nöthige Luft nur dadurch zugeführt, dafs man die mehr oder weniger verbrannte Luft, nebst den noch unverbrannten Theilen des Brennstoffs, *heifs* durch den Schornstein entweichen läfst. Da die Wärme die Luft, wie jeden andern Körper, *ausdehnt*, und also ihr Eigengewicht verringert, so ist die heifse Luft im Schornsteine *leichter* als eine *gleich-hohe* Säule äufserer kälterer Luft, und folglich bekommt die auf die Mündung der Esse wirkende kältere Luftsäule, von der Höhe des Schornsteins, über die heifse Luftsäule im Schornsteine das Übergewicht und es entsteht ein Luftstrom in die Esse hinein, welche dem Brennstoff die zum Verbrennen nöthige neue Luft zuführt.

B. Daraus folgt, dafs der Schornstein ganz *nothwendig heifse* Luft ausströmen und dafs man also *nothwendig* auf diese Weise Wärmestoff verloren gehen lassen *mufs*. Den Mangel der Essen, dafs durch sie nur von einem Theil des Wärmestoffs der Nutzen erlangt wird, *darf* man also gar nicht *ganz* gehoben verlangen, sondern bis zu einem gewissen Maafs *mufs* nothwendig Wärmestoff ungenützt geopfert werden, weil sonst der Schornstein nicht ziehen und das Feuer in der Esse nicht brennen würde. Bei sehr guten Zimmer-Öfen kann man rechnen, dafs *wenigstens eben so viel Wärmestoff*, als in das Zimmer gelangt, durch den Schornstein ins Freie ungenutzt entweicht und nothwendig entweichen mufs, weil sonst das Feuer im Ofen nicht würde erhalten werden können; so dafs also nur die ***Hälfte*** des verbrauchten Brennstoffs wirklich benutzt wird und die eine Hälfte rein verloren geht, um erst zu dem Nutzen der andern zu gelangen. Bei grofsen Feuerungen und wo es, wie bei den Dampfmaschinen, darauf ankommt, eine beträchtliche Masse Brennstoff *rasch* zu verbrennen, um viel Wärmestoff zu entwickeln, damit durch denselben eine bedeutende Wassermasse schnell in Dampf verwandelt werde, ist der Verlust an Wärmestoff, und folglich an Brennstoff, wahrscheinlich *noch gröfser*, weil hier zum raschen Verbrennen verhältnifsmäfsig noch viel mehr Luft in die Esse hineingezogen, also ein noch stärkerer Luftstrom durch die heifse Luft im Schornstein hervorgebracht und folglich noch mehr Wärmestoff zum Erwärmen der Luft im Schornstein ungenutzt geopfert werden mufs.

C. Um das Übergewicht der kalten über die heifse Luft in dem Schornsteine zu verstärken, damit ein schnellerer Luftstrom von aufsen in die Esse hinein entstehe, pflegt man die Schornsteine *recht hoch* zu machen, weil dann die Luftsäulen, deren Gewichts-Unterschied die bewegende Kraft ist, *höher* sind. Aber die Erhöhung der Schornsteine allein bringt wohl, wenn nicht die Luft *unten* im Schornstein zugleich heifser ist, noch keine stärkere Wirkung hervor, weil sie beim Aufsteigen in den hohen Schornstein *erkältet* wird. Der höhere Schornstein kann nur dann mehr Luft nach sich ziehen, als der niedrige, wenn die *mittlere* Wärme der Luft in beiden gleich ist, und dazu mufs die entweichende Luft im höhern Schornsteine *unten* wärmer sein, als im niedrigen; und schon unten beim Eintritt in den Schornstein *nutzt* die Wärme nicht mehr. Sehr hohe Schornsteine sind in Städten dazu gut, um den ***Rauch*** hoch über die Häuser hinauszuführen, damit er die Einwohner der Stadt weniger belästige; aber das Verbrennen des Brennstoffs in der Esse befördern sie im Verhältnifs ihrer Höhe nur unter der obigen Bedingung. Ist aber auch wirklich die durch den Schornstein hervorgebrachte Geschwindigkeit des Zuges nur gering, so darf man nur die Essenthür vergröfsern; was dann freilich sein äufserstes Maafs ist.

D. Bei *Dampfwagenmaschinen*, die nur ganz niedrige Schornsteine haben *können*, wird der Luftzug in die Esse hinein dadurch hervorgebracht, dafs man den aus den Dampfstiefeln entweichenden *Dampf*, der seinen Dienst gethan hat, *in den Schornstein* hineinströmen läfst, wo er mit seiner noch starken Spannkraft die Luft stofsweise vor sich hertreibt, so dafs dadurch der Druck der äufsern Luft oben auf die Schornsteinmündung mehr oder weniger aufgehoben wird, der Druck auf die Essenmündung also das Übergewicht bekommt und so die Luft in die Esse hineingetrieben wird. Ohne dieses Mittel, welches nichts anders als ein wirkliches *Dampfgebläse* ist, würde es gar nicht möglich sein, hier der Esse so viel Luft zuzuführen, als nöthig ist, den Brennstoff schnell genug zu verbrennen und schnell genug so viel Wasser zu verdampfen, dafs die Maschine die ihr nöthige bewegende Kraft erlange. Da das Dampfgebläse dieser Maschinen kräftig sein mufs, wird es auch schwerlich angehen, hier die Vortheile der *Absperrung* des Dampfs in den Stiefeln ganz zu erlangen, weil der Dampf, wenn man ihn nicht mehr mit seiner vollen Kraft, sondern nur, durch die Absperrung schon geschwächt, in den Schornstein entweichen liefse, wahrscheinlich nicht mehr den nöthigen Luftstrom hervorzubringen vermögen würde. Dafs unter diesen Umständen bei den Dampfwagenmaschinen bedeutend viel Kraft ungenutzt verloren geht, ist klar. Denn einestheils entweicht die Luft in den niedrigen Schornstein *sehr heifs* und entführt eine Menge *Wärmestoff*, anderntheils geht auch noch bedeutend an *Dampfkraft* verloren, weil, wie vorhin bemerkt, die Absperrung hier nicht füglich in vollem Maafs zu benutzen sein wird.

572.

A. Der diesemnach auf alle Weise Statt findende Verlust an Wärme, oder an Kraft, und folglich an Brennstoff, ist offenbar ein grofser Übelstand, und es liegt darin eine noch sehr wesentliche Unvollkommenheit der jetzigen Benutzung der so mächtigen und so überaus nützlichen Kraft des Dampfs. Der Verlust durch die Schuld der Schornsteine beträgt vielleicht noch eben so viel, und mehr, als die neueren Maschinen gegen die älteren, insbesondere durch die *Absperrung*, gewonnen haben. Es ist daher die Frage, ob sich nicht auf *andere* Weise, als durch die Hitze der durch den Schornstein abziehenden Luft, die Kraft hervorbringen lasse, welche nöthig ist, die äufsere Luft in die Esse zu treiben; so dafs man nicht mehr *gezwungen* sei, die Luft durch den Schornstein *sehr heifs* entweichen zu lassen und dadurch eine namhafte Menge von Wärme und von Brennstoff ungenutzt zu opfern.

B. Es liegt ganz nahe, durch dasselbe Mittel, wie es z. B. bei den Hoch-Öfen *gewöhnlich* ist, der Esse, auch bei den feststehenden Dampfmaschinen, die zum Verbrennen nöthige Luft zuzuführen; nemlich durch ein *Gebläse,* welches die Dampfmaschine selbst in Bewegung zu setzen haben würde. Es wäre dies nicht etwa eine Erfindung, sondern nur die Anwendung von etwas schon vielfältig und längst *Gewöhnlichem;* auch wäre die Anordnung keineswegs unpassend und unangemessen; indem die Dampfmaschine, ganz eben so, wie sie sich selbst das nöthige heifse und kalte *Wasser* durch Pumpen zuführt, auch sehr wohl die ihrer Esse zum Verbrennen des Brennstoffs nöthige *Luft* ebenfalls durch eine Pumpe sich zubringen könnte.

C. Um aber zu erfahren, ob hierbei *Vortheil* sei, oder nicht, müfste man einerseits wissen, welcher Theil der aus dem Brennstoff entwickelten Wärme jetzt durch den Schornstein ungenützt verloren geht; und andrerseits, welchen Theil ihrer Kraft die Dampfmaschine anzuwenden haben würde, um ihr Gebläse in Bewegung zu setzen. Je nachdem der letztere Theil kleiner oder gröfser wäre, als der erstere, würde bei dem Gebläse Vortheil, oder Nachtheil sein.

D. Die durch den Schornstein *verloren gehende Wärme* läfst sich allenfalls auch *berechnen,* und man findet es hie und da gethan. Aus der zum Verbrennen des Brennstoffs nöthigen Luftmasse ergiebt sich nemlich, wenn die Gröfse der Einströmungsfläche in die Esse bestimmt ist, die nöthige Geschwindigkeit der Einströmung; so wie die der Ausströmung durch einen bestimmten Querschnitt des Schornsteins. Nun berechnet man, wie stark die Luft im Schornstein erwärmt sein mufs, damit durch das Übergewicht der äufsern kalten Luft über die warme Luft im Schornstein die nöthige Ausströmungsgeschwindigkeit hervorgebracht werde. Aus diesem Grade der Erwärmung der Luft im Schornstein ergiebt sich dann die durch den Schornstein entweichende Wärmemenge.

Allein die Erfahrungssätze, auf welche diese Berechnung sich zu gründen hat, sind so schwankend und die Zahlen-Angaben so abweichend, auch kommt so Vieles dabei in Betracht, was sich schwer oder gar nicht schätzen läfst, z. B. die Widerstände gegen die Strömung in der Esse und im Schornstein, die allmälige Erkältung der Luft im Schornstein u. s. w., ungerechnet die wenige Sicherheit und Übereinstimmung der Sätze über den Bedarf von Wärmestoff selbst, zur Erwärmung der Luft und des Wassers, dafs das Ergebnifs der Berechnung gar zu wenig zuverlässig ist. Am sichersten wird es noch immer sein, wenn man den allgemein ziemlich übereinstimmend zugestandenen Erfahrungssatz annimmt, dafs 40 bis 50 p. C. der aus dem Brennstoff entwickelten Wärme durch den Schornstein verloren gehen.

E. Sicherer ist die Berechnung *der Kraft, welche die Maschine anzuwenden haben würde,* um ihrer Esse die nöthige Luft durch ein Gebläse zuzuführen. Ziemlich sicher ist nemlich aus der Erfahrung die Luftmasse bekannt, welche zum Verbrennen einer bestimmten Masse Brennstoffs nöthig ist, also auch zum Verdampfen z. B. eines Cubikfufses Wasser; wovon unmittelbar die Zahl der Pferdekräfte der Maschine abhangt; je nach ihrer verschiedenen Art und Einrichtung. Ist nun die Gröfse der Einströmungs-Öffnung in die Esse, oder auch der Querschnitt der Leitröhre für die Luft, von dem Behälter der Luftpumpe nach der Esse hin, gegeben, so findet sich die Geschwindigkeit, mit welcher die Luft durch die Öffnung oder die Leitröhre getrieben werden mufs, und daraus die zur Hervorbringung dieser Geschwindigkeit nöthige wirksame Spannung der Luft im Behälter; aus dieser aber und der Luftmasse selbst, welche das Gebläse zu liefern hat, ergiebt sich, nach den Formeln weiter oben, unmittelbar die Zahl von Pferdekräften, welche für das Gebläse nöthig sind. Diese Berechnung wäre folgende.

573.

A. Es sei

1019.
1. L die Zahl der Cubikfufse Luft, welche in 1 Secunde nöthig sind, um so viel Brennstoff zu verbrennen, dafs dadurch 1 Cub. F. Wasser in der Minute verdampft wird;
2. e Quadratfufs der Querschnitt der Leitröhre für die Luft nach der Esse;
3. θe Quadratfufs der Querschnitt des Schornsteins;
4. $\gamma = 0{,}08242$ Pfd. das Gewicht eines Cubikfufses atmosphärischer Luft;
5. h die Höhe einer Luftsäule von 1 Q. F. Querschnitt, deren Gewicht der Spannung
6. $\beta = 2173$ Pfd. (50.) der atmosphärischen Luft auf den Quadratfufs gleich ist, so dafs

1020.

7. $h = \frac{\beta}{\gamma} = \frac{2173}{0,08242} = 26365$ F. ist;

8. μ Atmosphären die *wirksame* Spannung der Luft im Behälter der Luftpumpe;

9. v F. in der Secunde die Geschwindigkeit der durch die Leitröhre strömenden Luft von der Spannung $1+\mu$;

10. v_0 F. in der Secunde die Geschwindigkeit der durch die Leitröhre strömenden atmosphärischen Luft;

11. $g = 15\frac{5}{8}$ F. die freie Fallhöhe in der ersten Secunde;

12. $\varkappa = \frac{5}{8}$ der Coëfficient für die Zusammenziehung des Luftstrahles bei der Ausströmung.

B. Die Luft im Behälter der Luftpumpe von $1+\mu$ Atm. Spannung drückt auf den Quadratfufs so stark als eine Luftsäule von der Höhe h F. und von der Dichtigkeit $1+\mu$, also mit dem Gewicht $\gamma h(1+\mu)$ Pfd. Ihr entgegen wirkt die atmosphärische, h F. hohe Luftsäule, von der Dichtigkeit 1, also von γh Pfd. schwer. Es bleibt also ein Übergewicht von $\gamma h(1+\mu)-\gamma h = \gamma h\mu$ Pfunden. Dieses Übergewicht hat eine Luftsäule von der Höhe

$$1021. \quad \frac{\gamma h\mu}{\gamma(1+\mu)} = h\cdot\frac{\mu}{1+\mu};$$

und dies ist die ***Druckhöhe***, unter welcher die Luft von der Spannung $1+\mu$ ausgetrieben wird. Also ist die Ausströmungsgeschwindigkeit, nach dem gewöhnlich für *alle* Flüssigkeiten angenommenen ***Torricelli***schen Gesetz:

$$1022. \quad v = 2\varkappa\sqrt{\left(gh\cdot\frac{\mu}{1+\mu}\right)}.$$

C. Auf diese Weise berechnet man ***gewöhnlich*** die Ausströmungsgeschwindigkeit bei Gebläsen. Es scheint aber, dafs noch eine Verminderung der Geschwindigkeit berücksichtigt werden müsse, die ***hier*** nicht unbeträchtlich sein kann, nemlich die, welche durch den ***Widerstand der Luft*** entsteht, in welche das Gebläse die Luft aus dem Behälter hineintreibt. Bei dem Ausflufs von ***Wasser*** ist zur Überwindung ***dieses*** Widerstandes nur ein so geringer Theil der ***Druckhöhe*** nöthig, dafs er aufser Acht gelassen werden darf; aber bei der ***Luft*** kann dazu ein ***beträchtlicher*** Theil von der Drucksäule der viel leichtern ***Luft*** nöthig sein.

D. Es sei v_1 die Geschwindigkeit, mit welcher die in die Esse hineingetriebene Luft durch den Schornstein in die Atmosphäre wieder ausströmt. Man stelle sich vor, die ausströmende Luft treffe auf eine ***feste Fläche,*** und treibe dieselbe vor sich her, so ist der Widerstand, welchen die ausströmende Luft zu überwinden hat, demjenigen gleich, welchen die feste Fläche findet, und dieser ist wieder dem *Stofse* gleich, welchen die atmosphärische Luft auf die Fläche ausüben würde, wenn letztere *ruhte* und die Luft *ihrerseits* sich bewegte. Es kommt also auf die Kraft an, mit welcher die atm. Luft mit der Geschwindigkeit v_1 die ruhende Fläche *stofsen* würde.

E. Auf 1 Q. F. Fläche kommen in der Secunde v_1 C. F. Luft zum Stofs, also beträgt das Gewicht der stofsenden Masse γv_1 Pfunde. Diese Masse bewegt sich mit der Geschwindigkeit v_1. Es mufs also die Fläche, um die Wirkung des Stofses aufzuhalten, so viel Kraft anwenden, als nöthig ist, der Masse γv_1 in 1 Secunde die Geschwindigkeit v_1 *beizubringen.* Die *Schwere* bringt in 1 Secunde die Geschwindigkeit $2g$ hervor, also wird sich die *beschleunigende* Kraft des Stofses zu der Schwere verhalten müssen wie v_1 zu $2g$. Sie wird folglich $=\frac{v_1}{2g}$ sein. Und da nun dieselbe auf die Masse γv_1 wirkt, so ist die *bewegende* Kraft oder die Wirkung des Stofses auf 1 Q. F. $=\frac{\gamma v_1^2}{2g}$, und da dieselbe der Erfahrung zufolge noch mit einem Coëfficienten multiplicirt werden mufs, der ungefähr dem obigen $\varkappa$ gleich ist,

$$1023. \quad = \frac{\varkappa \gamma v_1^2}{2g}.$$

F. Diesem Widerstande gleicht das Gewicht einer Luftsäule von $1+\mu$ Dichtigkeit, die $\frac{\varkappa \gamma v_1^2}{2g\gamma(1+\mu)} = \frac{\varkappa v_1^2}{2g(1+\mu)}$ F. hoch ist. Eine solche Höhe geht also noch von der obigen Druckhöhe $h\cdot\frac{\mu}{1+\mu}$ (1021.) ab, und daher ist, statt wie in (1022.) vielmehr nur

$$1024. \quad v = 2\varkappa\sqrt{\left[g\left(h\frac{\mu}{1+\mu} - \frac{\varkappa v_1^2}{2g(1+\mu)}\right)\right]} \text{ zu setzen.}$$

In derselben Zeit, wo $ve(1+\mu)$ C. F. atmosphärische Luft in die Esse eingetrieben werden, strömen $v_1\theta e$ C. F. atm. Luft aus dem Schornstein aus: also ist $ve(1+\mu) = v\theta e$, und folglich

$$1025. \quad v_1 = v\cdot\frac{1+\mu}{\theta}.$$

Danach giebt (1024.) $v = 2\varkappa\sqrt{\left[\frac{gh\mu}{1+\mu} - \frac{\varkappa v^2(1+\mu)}{2\theta^2}\right]}$ und daraus folgt

$$v_2\left(1 + 4\varkappa^3\cdot\frac{(1+\mu)}{2\theta^2}\right) = 4\varkappa^2\cdot\frac{gh\mu}{1+\mu} \text{ und } v^2 = 4\varkappa^2\cdot\frac{gh\mu}{1+\mu}\cdot\frac{\theta^2}{\theta^2+2\varkappa^3(1+\mu)} \text{ und}$$

$$1026. \quad v = 2\varkappa\sqrt{\left[\frac{gh\mu}{(1+\mu)\left(1+\frac{2\varkappa^3(1+\mu)}{\theta^2}\right)}\right]}.$$

G. Die ev Cub. F. Luft von der Spannung $1+\mu$, welche in 1 Secunde durch die Leitröhre strömen, sind so viel als $(1+\mu)ev$ C. F. atm. Luft: also ist $(1+\mu)ev = ev_0$ und

$$1027. \quad v_0 = (1+\mu)v$$

und folglich findet sich aus (1026.)

$$1028. \quad v_0 = 2\varkappa \sqrt{\left[\frac{gh\mu(1+\mu)}{1+\frac{2\varkappa^3(1+\mu)}{\theta^2}}\right]}.$$

Dies wäre die Geschwindigkeit, mit welcher die atm. Luft von der wirksamen Spannung μ im Behälter durch die Leitröhre getrieben wird.

H. Läfst man den Widerstand der Luft gegen die Ausströmung aus dem Schornstein aufser Acht, so ist nach (1022.) blofs

$$1029. \quad v_0 = 2\varkappa \sqrt{[gh\mu(1+\mu)]}.$$

Ist der Schornstein vielmal weiter als die Leitröhre, also θ eine gröfsere Zahl, so ist der Unterschied zwischen (1028. und 1029.) nicht bedeutend; aber er ist, wie man sieht, bedeutend, wenn θ z. B. $=1$ oder gar <1 ist.

Hier wird man nicht zu viel thun, wenn man wirklich $\theta=1$ setzt; denn da die Röhre, durch welche die Luft durch den Dampfkessel hindurch und weiter bis in den Schornstein zu treiben ist, etwa die Weite der Leitröhre haben wird, so trifft die Luft mit der Geschwindigkeit in der Leitröhre wirklich schon unten im Schornstein auf fast ruhende atm. Luft, und aufserdem wird noch ein bedeutender Widerstand beim Durchgange durch den Feuerrost Statt finden. Wir wollen daher, um nicht zu wenig zu rechnen, in (1027.) $\theta=1$, also

$$1030. \quad v_0 = 2\varkappa \sqrt{\left[\frac{gh\mu(1+\mu)}{1+2\varkappa^3(1+\mu)}\right]}$$

setzen.

I. Gesetzt es sei $\mu=\frac{1}{10}$, so giebt (1029.)

$$1031. \quad v_0 = 2\cdot\tfrac{2}{3}\sqrt{\left[\frac{15\frac{5}{8}\cdot 26365\cdot\frac{1}{10}\cdot\frac{11}{10}}{1+2\cdot\frac{8}{27}\cdot\frac{11}{10}}\right]} = 222 \text{ F.}$$

Man sieht hieraus, dafs die Luft schon durch die geringe wirksame Spannung im Behälter von nur $\frac{1}{10}$ Atm. mit einer bedeutenden Geschwindigkeit durch die Leitröhre getrieben wird.

Um 1. Cub. F. Wasser zu verdampfen, sind, wie sich in (§. 461. *h.*) bei den *Cornwallis*schen Maschinen fand, etwa 7 Pfd. Steinkohlen zu verbrennen nöthig. Die Angaben der zum Verbrennen nöthigen Luft sind sehr verschieden, von 200 bis 300 Cub. F. für das Pfund Kohlen. Nimmt man 300 C. F. an, so ist die Luftmasse, welche nöthig ist, um in 1 Minute 1 C. F. Wasser zu verdampfen $= 7.300 = 2100$ C. F., und folglich ist

1032. $$L = \frac{2100}{60} = 35 \text{ C. F.}$$

So viel Luft müfste also in 1 Secunde durch die Leitröhre getrieben werden. Kann nun in derselben nach (1031.) 222 F. Geschwindigkeit hervorgebracht werden, so mufs die Leitröhre $\frac{35}{222}$ Q. F. $=$ 23 Q. Zoll Querschnitt haben, oder etwa $5\frac{1}{2}$ Zoll Durchmesser.

Hieraus geht wenigstens so viel hervor, dafs es ganz hinreichend sein wird, wenn man das Gebläse die Luft bis auf $\mu = \frac{1}{10}$ Atm. wirksamer Spannung zusammenpressen läfst.

K. Berechnet man nun nach (§. 557.) die für das Gebläse nöthige *Kraft* für $\mu = 0{,}1$, so findet sich aus (892.), für $e = 0{,}02$,

1033. $$\omega = 139 \text{ C. F. atm. Luft,}$$

die das Gebläse in 1 Minute mit der wirksamen Spannung $\mu = 0{,}1$, durch *eine Pferdekraft* in den Behälter bringt. Es waren in der Minute 2100 C. F. Luft nöthig, also mufs die Dampfmaschine, um ihrer Esse die nöthige Luft zuzuführen,

1034. $$\frac{2100}{129} = 15 \text{ Pferdekräfte}$$

anwenden; wofür, wegen der Reibung und sonstiger Hindernisse, 20 Pferdekräfte angenommen werden mögen.

L. Nun giebt 1 C. F. in der Minute verdampften Wassers nach (§. 569.) einer Dampfmaschine, je nach ihrer verschiedenen Anordnung und Einrichtung, 90 bis zu 375 Pferdekräfte: also würde die Maschine immer nur *einen kleinen Theil* ihrer Kraft gebrauchen, um ihrer Esse durch ein *Gebläse,* statt durch den *Schornstein,* die nöthige Luft zuzuführen; im ungünstigsten Fall nur den 4ten oder 5ten, im günstigsten Fall nur den 18ten bis 19ten Theil. Da aber jetzt durch den Schornstein vielleicht die *Hälfte* der Wärme und folglich des Brennstoffs ungenutzt verloren geht, so würde das Gebläse *jedenfalls* vortheilhafter sein, als die Erwärmung der Luft im Schornstein, um dadurch den nöthigen Luftzug hervorzubringen.

574.

A. Wenn nun ein Gebläse vorhanden ist, so ist es des Luftzuges wegen nicht mehr *nöthig,* die Luft *heifs* aus dem Schornstein entweichen zu lassen, sondern man kann nun die aus dem Brennstoff entwickelte Wärme so vollständig, als es nur immer möglich ist, zu benutzen suchen, und wenn sich der Feuerluft bei der Benutzung selbst *alle* Wärme entziehen liefse, könnte man die Luft, wenn es anginge, bis zu Null Grad kalt entweichen lassen. Denn dafs jedenfalls die durch das Gebläse in die Esse getriebene Luftmasse, zersetzt durch das Verbrennen und mit Kohlensäure gemischt, durch den Schornstein wieder ausgetrieben werden wird, ist offenbar. Häufte sich die Luft in der Esse an, so würde sie dieselbe bald *zersprengen.*

B. Dieserhalb wird denn die Esse *fester* zu bauen sein, als gewöhnlich; denn wenn, wie sonst, der Zug durch Erwärmung der Luft im Schornstein hervorgebracht wird, kann sich die Luft in der Esse *nicht* anhäufen, indem sie nur so lange zuströmt, als der Weg nach dem Schornstein und die Abströmung offen und frei ist: das Gebläse dagegen führt auch, so lange noch Dampf im Kessel vorhanden ist, der die Dampfmaschine fortbewegt, Luft hinzu, wenn gleich etwa der Weg nach dem Schornstein verstopft wäre. Es wird also auch irgend eine sichere Vorrichtung vorhanden sein müssen, um daran zu sehen, ob die Ausströmung aus dem Schornsteine noch hinreichend frei sei. Ein *Woltmann*scher Flügel, horizontal über die obere Schornsteinmündung gelegt, der durch die Zahl seiner Umdrehungen die Ausströmungsgeschwindigkeit anzeigt, wäre dazu vielleicht am passendsten. Sobald man an ihm bemerkt, dafs die Ausströmung abnimmt, müfste man die Zuströmung der Luft mäfsigen; welches leicht durch einen Hahn in der Zuleitungsröhre geschehen kann, der, um *etwas* gedreht, *einen Theil* der vom Gebläse herbeigeführten Luft ins Freie entweichen und nur den Rest in die Esse gelangen läfst, und der, um einen rechten Winkel gedreht, den Weg nach der Esse ganz sperrt und den Weg ins Freie öffnet. Das letztere müfste augenblicklich geschehen, wenn etwa die Ausströmung schnell abnehmen oder ganz aufhören sollte; was anzeigen würde, dafs der Weg nach dem Schornsteine hin verstopft ist. Das Feuer wird dann auch sehr bald verlöschen. Dafs aber sonst, wenn nur der Weg nach dem Schornstein hin zulänglich frei ist, die Ausdehnung der Luft durch die Hitze im Innern der Esse und der Feuerröhre keine weitere Gefahr habe, ist leicht zu sehen. Diese Ausdehnung wird freilich ungemein bedeutend sein, und wenn man annimmt, dafs die Hitze auf dem Heerd bis auf 1500 oder 1800 Centigrade steigt, so weit gehen, dafs die Luft sich in den 5 bis 6fachen Raum ausdehnt, indem die Ausdehnung für jeden hunderttheiligen Grad den 274ten Theil des Raums beträgt:

indessen kann dies weiter keine Nachtheile haben, da der Gegendruck auf die Feuerluft *immer* nur der der Atmosphäre auf den Schornstein und die treibende Kraft aus dem Gebläse hier jedenfalls stärker ist, so dafs die Luft immer durch den Schornstein hinaus getrieben wird. So wie die Hitze in der Esse zunimmt, wird die Ausströmung beschleunigt werden; bis sich das Gleichgewicht herstellt: ist die Hitze unveränderlich geworden, so wird auch die Ausströmung gleichförmig sein.

C. Ein ***Behälter,*** in welchen das Gebläse erst die Luft treibt, ehe sie in die Esse gelangt, wird immer ***nothwendig,*** wenigstens ***nützlich*** sein. Denn da sich der Luftkolben der Pumpe, wenn, wie es sein mufs, die Maschine ein Schwungrad hat, ungleich schnell bewegt, namentlich an den Böden der Pumpe seine Geschwindigkeit von Null anfängt, während die Spannung der Luft, die er vor sich her treibt, nur die der Atmosphäre ist, so würde, wenn man die Pumpe die Luft ***unmittelbar*** in die Esse treiben liefse, das ***Übergewicht*** des Drucks jedesmal beim Anfange der Kolbenschläge ***fehlen,*** und es könnte sein, dafs etwa durch einen Luftdruck oder Windstofs auf den Schornstein, Rauch und Feuer in das Gebläse zurückgetrieben würde; der Kolben triebe zwar das Eingedrungene wieder hinaus, allein die Pumpe würde Schaden leiden; besonders an ihren Klappen. Auch würde die Luftströmung auf das Feuer ungleich sein und stofsweise erfolgen; was dem Brennen nicht günstig wäre. Der Behälter verändert alles dies, insbesondere wenn er grofs genug ist, dafs darin die Luft eine ziemlich unveränderliche Spannung annehmen kann, die man dann durch einen Manometer mufs beobachten und messen können, um sie durch den Hahn in der Leitröhre immer auf gleicher Höhe zu erhalten. Dann wird ein gleichförmiger Luftstrom auf das Feuer Statt finden, der sich indessen durch den Hahn in der Leitröhre nach Erfordern verstärken oder schwächen läfst. Zu dem Ende mufs die Leitröhre und ihr Hahn so abgemessen sein, dafs für die mittlere oder normale Stärke des Luftstroms der Hahn noch nicht ganz geöffnet ist, jedoch dann auch noch keine Luft ins Freie entweichen läfst.

In dem obigen Beispiel (§. 573. *I.*), wo 1 C. F. Wasser in der Minute verdampft werden sollte (was wohl so ziemlich für die allerstärkste Maschine hinreichend sein würde), müfste, um die nöthigen 2100 C. F. Luft in der Minute herbeizuführen, wenn die Pumpe 30 Schläge in der Minute macht, der Luftpumpenstiefel $\frac{2100}{30} = 70$ C. F. Raum fassen; was noch kein sehr grofses Gebläse giebt. Ein *fünfmal* so grofser *Behälter,* also von 350 C. F. Raum, würde ebenfalls noch nicht sehr grofs sein. Er kann aus mehreren, mit einander in Verbindung stehenden, walzenförmigen, an den Enden halbkugelförmig geschlossenen einzelnen Behältern zusammengesetzt sein, zu welchen, wegen der geringen Spannung der Luft, nur dünnes Blech nöthig ist.

D. Die Thür zum Einbringen des Brennstoffs in die Esse, so wie die Aschenfallthür, mufs natürlich während des Ganges der Maschine so stark verschlossen sein, dafs sie nicht durch die gespannte Luft von innen nach aufsen aufgedrückt werden kann. Deshalb wird hier eine der auch sonst schon üblichen Vorrichtungen an ihrer Stelle sein, durch welche neuer Brennstoff *von selbst* nachfällt, so wie der Brennstoff auf dem Rost allmälig verzehrt wird, damit man die Öffnung zum Einschütten der Kohlen nicht zu oft öffnen dürfe. Die Leitröhre führt die Luft unter dem Rost in den Aschenfall, damit sie durch den Brennstoff und durch das Feuer streiche. Indessen darf wohl eine kleine, zu öffnende Thür vorhanden sein, um das Feuer *sehen* und *schüren,* nemlich den Brennstoff so auflockern zu können, dafs die in den Aschenfall eingeblasene Luft ihn hinreichend durchstreichen könne. Es wird nicht leicht eingeblasene Luft durch diese Thür entweichen, da die Atmosphäre immer zunächst über die heifse Luft in der Esse das Übergewicht bekommen mufs, indem ihr Gegendruck im Schornsteine fortgetrieben wird.

E. Um die aus dem Brennstoff entwickelte Wärme, wenn ein Gebläse vorhanden ist, möglichst vollständig zu benutzen, wird immer das nächste Mittel sein, die Feuerröhren so viel als möglich zu *verlängern.* Zu dem Ende lasse man das Feuer, nachdem es längsaus unter den Boden des Dampfkessels hingestrichen ist, in einer hinlänglich weiten Röhre im Innern des Dampfkessels, und so, dafs die Röhre immer vom Wasser ganz bedeckt ist, wenigstens *einmal,* wo möglich *zweimal,* und auch wohl, wenn der Kessel grofs ist, *dreimal* hin- und herströmen. Am Ende dieser Röhre wird die Feuerluft noch immer eine starke Hitze haben. Um selbige nicht zu verlieren, leite man sie noch nicht in den Schornstein, sondern in einen *zweiten Kessel,* eben so grofs als der Dampfkessel, und in dem Wasser desselben wieder *ein-, zwei-* bis *dreimal* hin und her. Entwickelt sich in dem zweiten Kessel noch *Dampf,* so kann derselbe mit dem in dem ersten Kessel in Verbindung gesetzt werden, und man gewinnt dann dadurch noch den Vortheil eines gröfsern *Dampfraums.* Man leite ferner die Luft auch aus dem zweiten Kessel noch nicht in den Schornstein, sondern in einen *dritten Kessel,* welcher *ganz* wird mit

Wasser gefüllt werden können, und in demselben ebenfalls mehremal hin und her; endlich von da in den Schornstein. So wird die Röhre, wenn z. B. die Kessel 20 F. lang sind, mehrere hundert Fufs lang werden, also so ziemlich aller Wärmestoff an das Wasser abgesetzt werden. Die drei Kessel kann man *übereinander* setzen; doch so, dafs ein Luftraum je zwischen der Decke des untern und dem Boden des obern Kessels bleibt, damit der Dampf im untern Kessel, und auch vielleicht im zweiten, nicht durch das weniger heifse Wasser im Kessel darüber erkältet werde. Züge in dem Mauerwerk der Esse, *zur Seite* der Kessel, um die Feuerluft durch sie hinströmen zu lassen, können wenig nutzen; sie verschwenden nur Wärme an das Mauerwerk. Im Gegentheil müfsten die Kessel durch verschlossene Zwischenräume gesondert sein, damit durch die darin eingeschlossene schwach-wärmeleitende Luft so wenig Wärme als möglich an das Mauerwerk gelange.

Wenn die Kessel übereinander stehen, mufs das kalte Speisewasser, so wie das aus dem Niederschlage des Dampfs gewonnene heifse Wasser, welches wohl am besten in den *zweiten* Kessel zu schaffen wäre, allerdings etwas höher gehoben werden, als jetzt; allein die nöthige Kraft, um z. B. 1 C. F. Wasser *in der Minute* etwas höher zu heben, ist ganz unbedeutend.

F. Um die Feuerröhren vom Rufs reinigen zu können, müfsten die in den Kesseln hin- und hergehenden Theile der Feuerröhre *gerade* sein und an den Enden Stöpsel haben, die recht fest verschlossen werden können. Die Verbindung der geraden Röhrentheile würde durch kurze und weite Querröhren geschehen. Indessen wird sich hier, wegen der vollkommeneren Verbrennung, wahrscheinlich weniger Rufs ansetzen, als gewöhnlich. Auch aus dem Schornstein wird weniger Rauch strömen; so dafs derselbe dann auch, des *Rauches* wegen, nicht mehr ungewöhnlich hoch nöthig ist.

G. Um im Anfange, wo die Maschine stillsteht, noch kein Dampf vorhanden ist und also auch das Gebläse noch keine Luft liefert, den Brennstoff erst anzünden und erst Dampf entwickeln zu können, der die Maschine in Bewegung setzt, mufs Anfangs auf die *gewöhnliche* Weise gefeuert werden können. Es mufs also die Aschenfallthür geöffnet werden können und eine Verbindung der Feuerröhre mit dem Schornstein schon von da ab, wo sie den ersten Kessel durchstrichen hat, vorhanden sein, die dann Anfangs geöffnet, nachher aber, wenn die Maschine in Gang ist und das Gebläse wirkt, verschlossen wird.

H. Wenn man nun auf diese Weise die aus dem Brennstoff entwickelte Wärme vollständiger benutzt, als gewöhnlich, so wird zur Verdampfung der gleichen Wassermasse, also zu derselben Kraft der Maschine, ***weniger Brennstoff*** nöthig sein, als jetzt. Mithin wird auch wieder ***weniger Luft*** zum Verbrennen nöthig sein und mithin das Gebläse auch noch weniger stark sein dürfen, als oben berechnet, so dafs auf dasselbe nur ein ***noch*** geringerer Theil der Kraft der Maschine aufgeht, oder, wenn die Kraft der Maschine dieselbe bleiben soll, von dem ersparten Brennstoff nur ein sehr kleiner Theil für das Gebläse zu verwenden nöthig ist. Gelingt es auch nicht, die jetzt verloren gehenden 50 p. C. der Wärme und des Brennstoffs ganz zu gewinnen, und also den Bedarf an Brennstoff auf die ***Hälfte*** zu vermindern, sondern vielleicht nur auf Zweidrittheile, so wird immer der Gewinn noch bedeutend sein, da nach den obigen Ergebnissen das Gebläse nur einen kleinen Theil davon erfordert.

I. Allerdings wird eine so angeordnete Dampfmaschine ***mehr kosten,*** als jetzt. Es kommen die Kosten des Gebläses, nebst Behälter, und die Kosten zweier Kessel hinzu, und nur der sehr hohe Schornstein wird erspart; allein die wahrscheinlich ***bedeutende*** Ersparung an Brennstoff wird Alles reichlich ersetzen. Wenn sich jetzt, nach den Berechnungen in (§. 569.), durch einen Cubikfufs verdampften Wassers bis zu 375 Pferdekräfte der Maschine erzielen lassen, so werden mit Hülfe des Gebläses, mit dem ***nemlichen*** Brennstoff, vielleicht 500 bis 600 Pferdekräfte und vielleicht noch mehr hervorgebracht werden können.

Wie der Verfasser so eben von einem Augenzeugen hört, hat man in ***Manchester*** schon den Versuch mit einem Gebläse bei Dampfmaschinen gemacht. Er hat aber nichts Näheres darüber erfahren können.

Besonders für die ***Dampfschifffahrt über das Meer,*** wo es so sehr auf Ersparung von Brennstoff ankommt, würden Gebläse ungemein nützlich sein. Jedenfalls verdient dieser Gegenstand die angelegentlichste Berücksichtigung.

Es wäre noch Manches über die Dampfmaschinen zu bemerken; z. B. über das ***Watt***sche Vierseitgelenk, bei welchem die Frage ist, ob nicht ***Reibungsrollen*** an der Kurbelstange besser sind, weil sie, anders wie jenes, den Zweck ***vollkommen*** erfüllen; über die Steuerung, über die Klappen u. s. w., denn überall sind noch Vervollkommnungen zu wünschen und werden auch nicht ausbleiben; indessen mag für jetzt das Vorstehende genügen.

Berlin, im April 1847.

Inhaltsverzeichnifs des vierten Hefts sieben und zwanzigsten Bandes.

Berlin, gedruckt bei G. Reimer.

95.

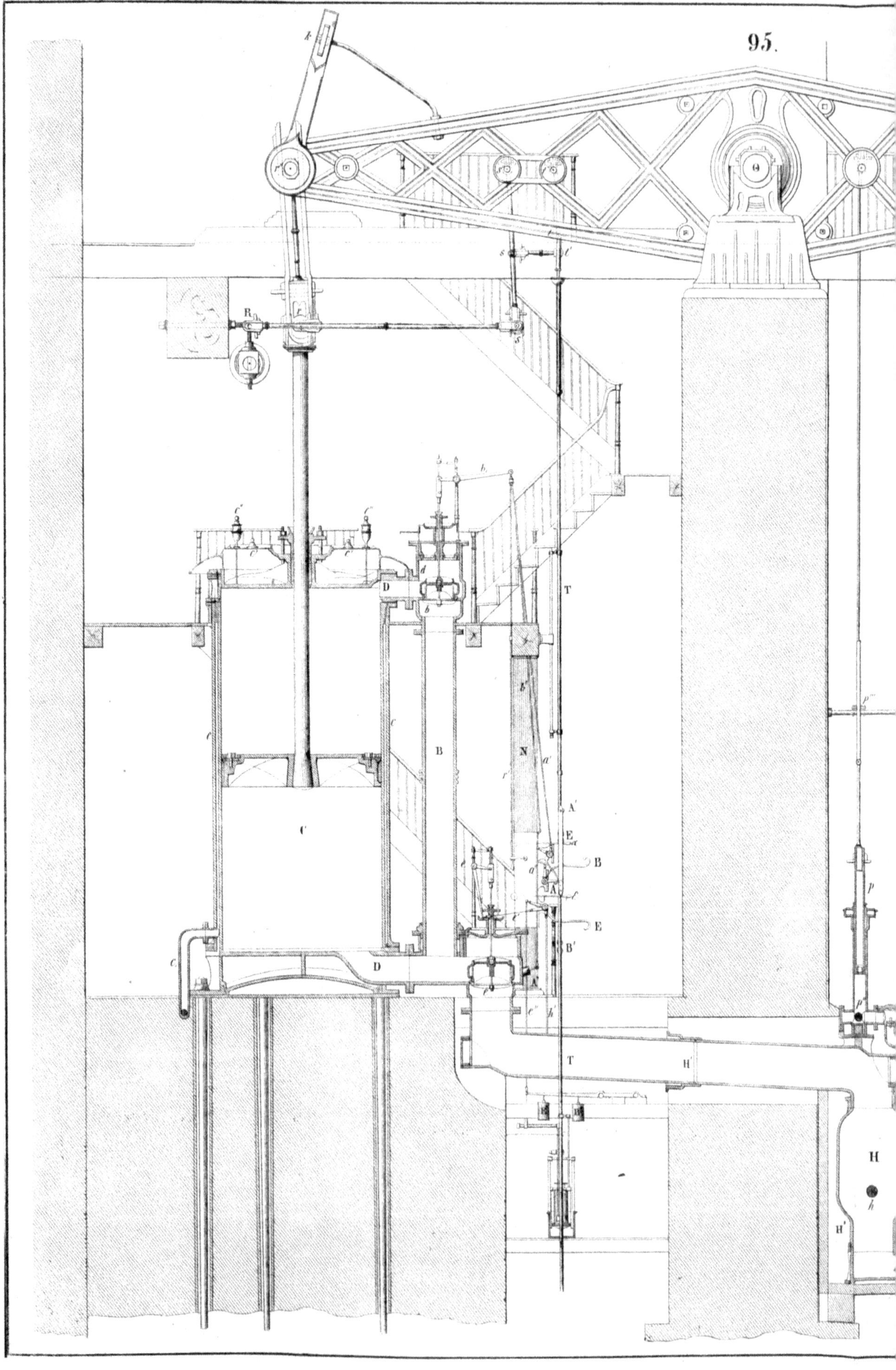

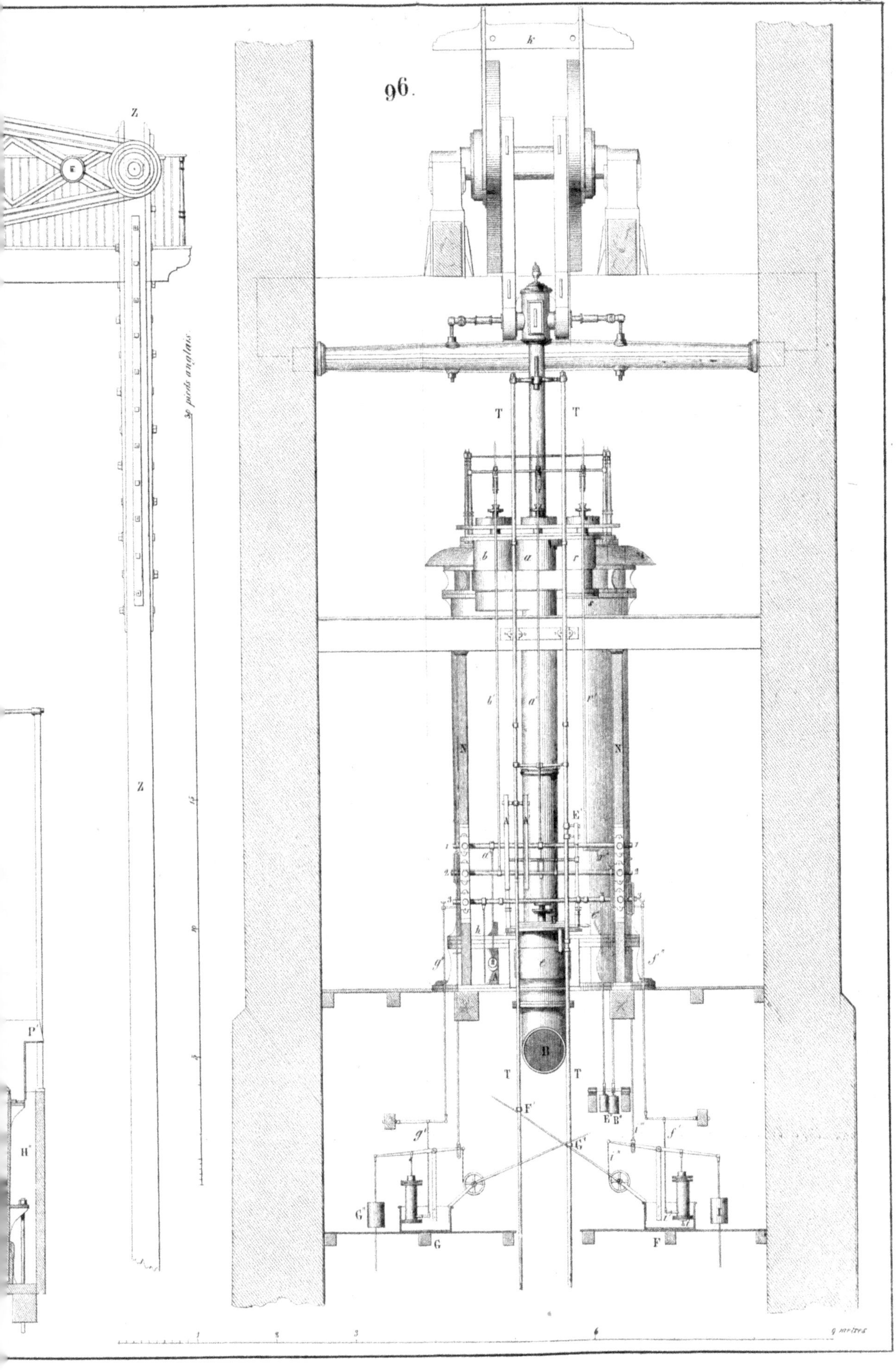

96.

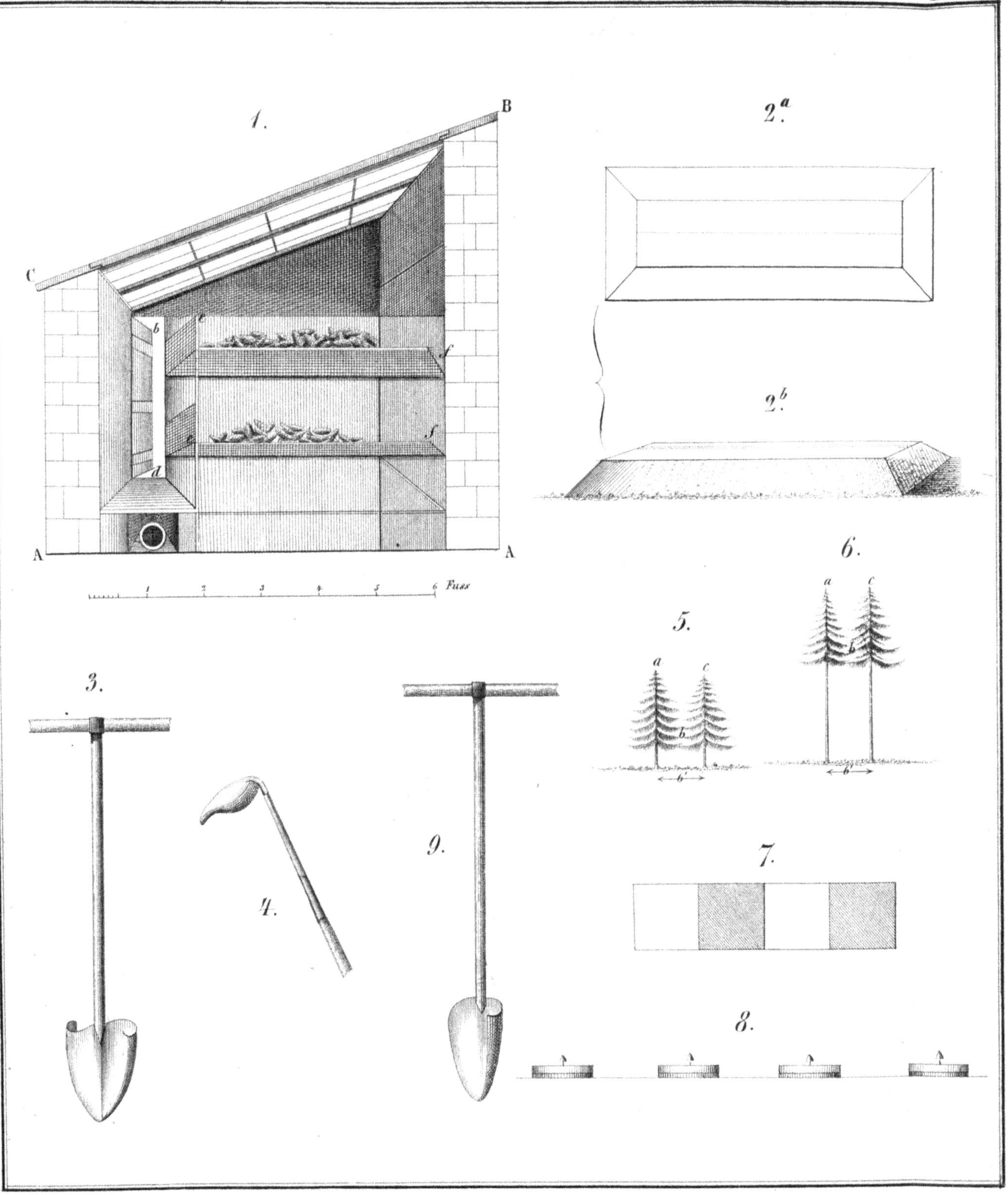
1.
B
C
A
A
b
e
f
d
1
2
3
4
5
6 Fuss
2.a
2.b
3.
4.
5.
6.
7.
8.
9.
a
b
c

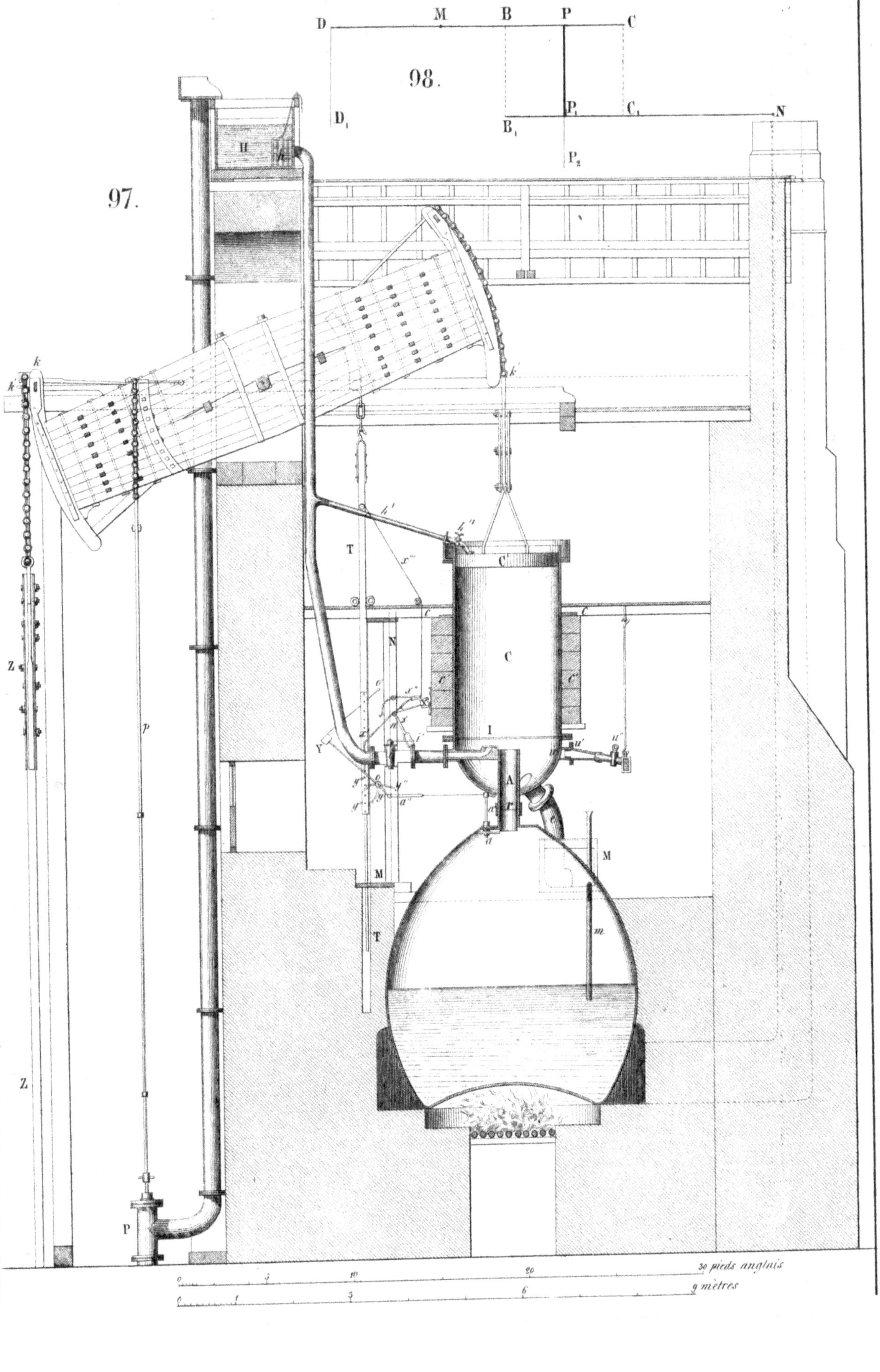
98.
D
M
B
P
C
D₁
B₁
P₁
C₁
N
P₂
97.
H
k
k'
Z
p
P
T
N
M
C
I
A
m
0 5 10 20 30 pieds anglais
0 1 3 6 9 mètres

Oberer und unterer Grundrifs

Fig. 1.

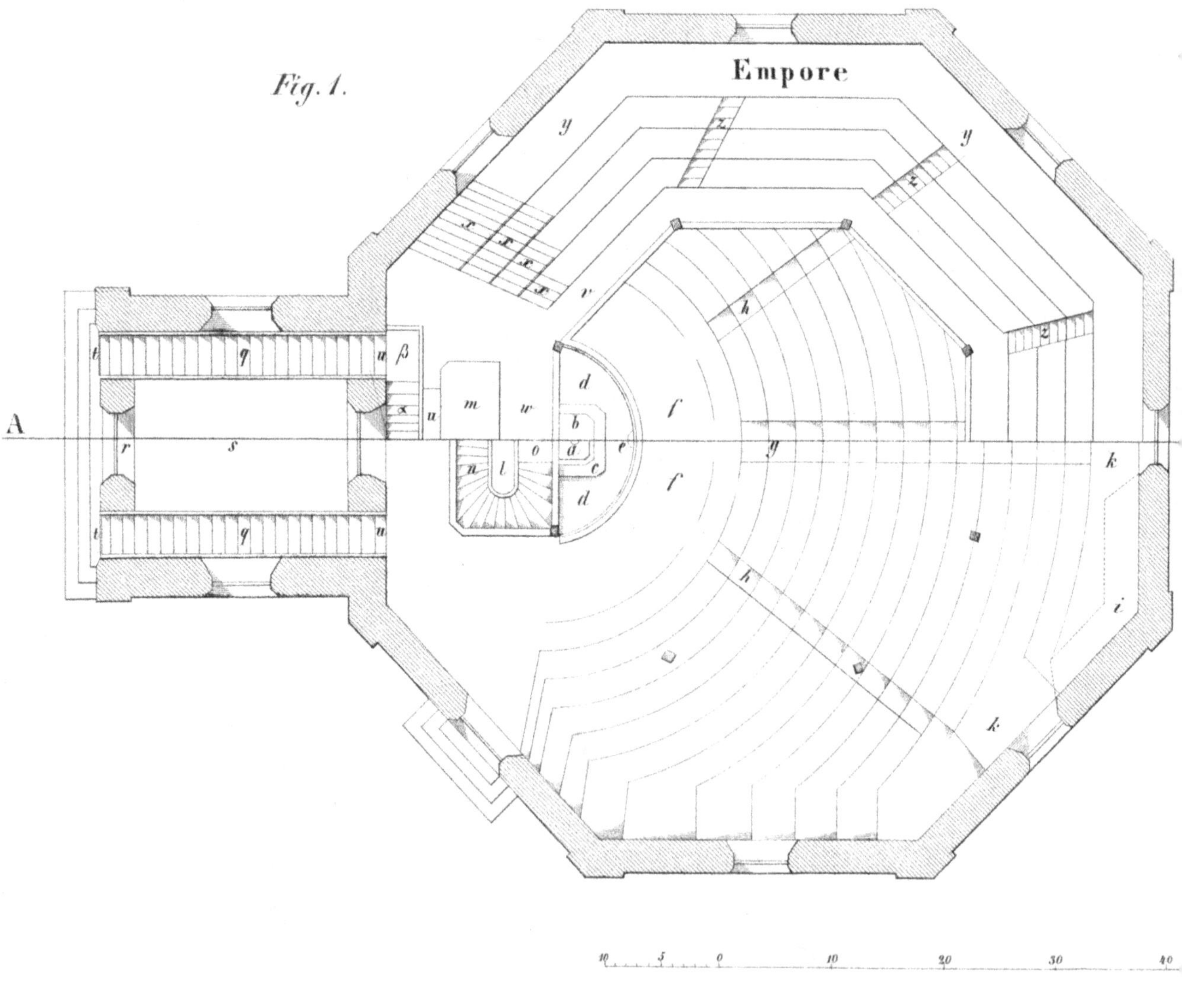

Fig. 2.

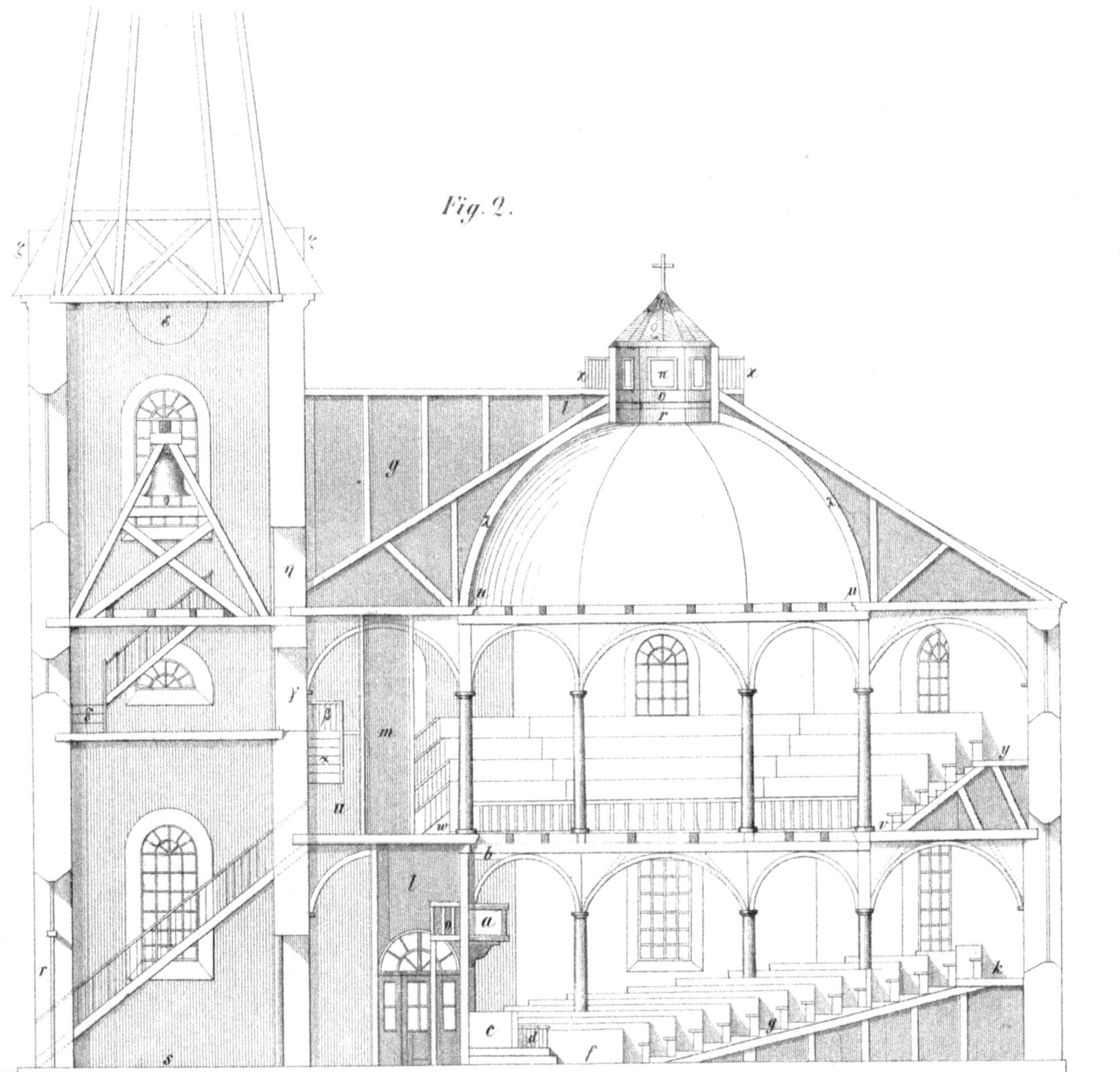

Längs-Durchschnitt

60 70 80 90 100 Hamburger Fass

Herwig, lith.

www.ingramcontent.com/pod-product-compliance
Lightning Source LLC
LaVergne TN
LVHW080754300926
849162LV00008BA/1808